Wolfgang Wenzel
Margarete J. Amann

LEXIKON der Gentechnologie

Springer-Verlag

Berlin Heidelberg New York
London Paris Tokyo
Hong Kong Barcelona
Budapest

Dr. Wolfgang Wenzel
Gotthard-Müller-Straße 22
W-7024 Filderstadt 1, BRD

Dr. Margarete J. Amann
Edenhallstraße 3
W-7000 Stuttgart 70, BRD

Mit 55 Abbildungen

ISBN-13:978-3-540-52097-9

CIP-Titelaufnahme der Deutschen Bibliothek
Wenzel, Wolfgang:
Lexikon der Gentechnologie / W. Wenzel ; M. J. Amann. –
Berlin ; Heidelberg ; New York ; London ; Paris ; Tokyo ;
Hong Kong ; Barcelona ; Budapest : Springer, 1991
ISBN-13:978-3-540-52097-9   e-ISBN-13:978-3-642-75379-4
DOI: 10.1007/978-3-642-75379-4

NE: Amann, Margarete J.: ; HST

Gesamtherstellung: Konrad Triltsch, Graphischer Betrieb, W-8700 Würzburg, BRD
31/3130-543210 – Gedruckt auf säurefreiem Papier

Vorwort

Im vorliegenden ‚Lexikon der Gentechnologie' ist die Gentechnik und die ihr zugrundeliegende Molekulargenetik für den biologisch vorgebildeten und interessierten Leser in wesentlichen Stichworten dargestellt. Gängige Labormethoden und -verfahren sind vor dem Hintergrund ihrer wissenschaftlichen Entstehung, ihrer praktischen Anwendung sowie ihrer Bedeutung für zukünftige Entwicklungsmöglichkeiten ausführlich beschrieben und durch Literaturangaben ergänzt. In der bestehenden Fachliteratur oft uneinheitlich verwendete Synonyme der deutschen und englischen Begriffe wurden im Text (in Klammern) konsequent mitgeführt. Um einen Überblick der Gesamtthematik anzubieten, wurden außerdem in gentechnischem Zusammenhang stehende Begleitthemen, wie z. B. die Reproduktionstechniken, aufgenommen. Der Leser erhält damit ein kompaktes Nachschlagewerk für schnelle Information, kann sich aber auch enzyklopädisch über zahlreiche Querverweise in thematisch übergeordnete Zusammenhänge einarbeiten.

An dieser Stelle danken wir allen Autoren und Institutionen, die in freundlich entgegenkommender Weise ihre Originalabbildungen für die Reproduktion zur Verfügung gestellt haben.

Herrn Dr. Peter Lange im Bundesministerium für Forschung und Technologie, Bonn, danken wir für Beratung sowie die Überlassung von aktuellem Informationsmaterial, Fragen der Sicherheit betreffend.

Unser besonderer Dank gilt dem Springer-Verlag für die großzügige Berücksichtigung aller Autorenwünsche.

Filderstadt, Stuttgart, Frühjahr 1991

WOLFGANG WENZEL
MARGARETE J. AMANN

Quellenverzeichnis der Abbildungen

[1] Jakubke H-D, Jeschkeit H (Hrsg) (1976) Lexikon Biochemie. Verlag Chemie, Weinheim, S. 54

[2] Hemleben V (1990) Molekularbiologie der Pflanzen. Gustav Fischer Verlag, Stuttgart New York, S. 283, Abb. 7.11

[3] Hemleben V (1990) Molekularbiologie der Pflanzen. Gustav Fischer Verlag, Stuttgart New York, S. 284, Abb. 7.12

[4] Simon R, Arnold W, Pühler A (1984) IncP1 Typing of Plasmid DNA by Southern Hybridization. In: Pühler A, Timmis KN (Eds) Advanced Molecular Genetics. Springer, Berlin Heidelberg New York Tokyo, p. 85, Fig. 4

[5] Guilley H et al. (1983) Structure and Expression of Cauliflower Mosaic Virus DNA. In: Robertson et al. (Eds) Plant Infectious Agents. Cold Spring Harbor Laboratory, New York, p. 18, Fig. 1

[6] Knippers R (1985) Molekulare Genetik, 4. Aufl. Georg Thieme Verlag, Stuttgart New York, S. 378, Abb. 16.25

[7] Winnacker E-L (1984) Gene und Klone. Verlag Chemie, Weinheim, S. 37, Abb. 2.2-7

[8] Strickberger MW (1988) Genetik. Carl Hanser Verlag, München Wien, S. 420, Abb. 21-16

[9] Maniatis T, Fritsch EF, Sambrook J (1982) Molecular Cloning. Cold Spring Harbor Laboratory, New York, p. 296, Fig. 9.5

[10] Sengbusch P v (1979) Molekular- und Zellbiologie. Springer, Berlin Heidelberg New York, S. 46, Abb. 6.4

[11] Strickberger MW (1988) Genetik. Carl Hanser Verlag, München Wien, S. 498, Abb. 24-21

[12] Lewin B (1988) Gene. Verlag Chemie, Weinheim, S. 64, Abb. 3-8

[13] Winnacker E-L (1984) Gene und Klone. Verlag Chemie, Weinheim, S. 111, Abb. 4-1

[14] Sengbusch P v (1979) Molekular- und Zellbiologie. Springer, Berlin Heidelberg New York, S. 14, Abb. 2.1

[15] Sengbusch P v (1979) Molekular- und Zellbiologie. Springer, Berlin Heidelberg New York, S. 47, Abb. 6.5

[16] Lewin B (1988) Gene. Verlag Chemie, Weinheim, S. 62, Abb. 3-7

[17] Strickberger MW (1988) Genetik. Carl Hanser Verlag, München Wien, S. 637, Abb. 31-7

[18] Lewin B (1988) Gene. Verlag Chemie, Weinheim, S. 79, Abb. 4-11

[19] Knippers R (1985) Molekulare Genetik, 4. Aufl. Georg Thieme Verlag, Stuttgart New York, S. 391, Abb. 16.33

[20] Jungermann K, Möhler H (1980) Biochemie. Springer, Berlin Heidelberg New York, S. 401, Abb. 8.1

[21] Sengbusch P v (1979) Molekular- und Zellbiologie. Springer, Berlin Heidelberg New York, S. 16, Abb. 2.4

[22] Strickberger MW (1988) Genetik. Carl Hanser Verlag, München Wien, S. 564, Abb. 27-11

[23] Lewin B (1988) Gene. Verlag Chemie, Weinheim, S. 237, Abb. 11-1

[24] Winnacker E-L (1984) Gene und Klone. Verlag Chemie, Weinheim, S. 374, Abb. 12-20

[25] Sengbusch P v (1979) Molekular- und Zellbiologie. Springer, Berlin Heidelberg New York, S. 503, Abb. 53.7

[26] Gassen HG, Martin A, Bertram S (1987) Gentechnik, 2. Aufl. Gustav Fischer Verlag, Stuttgart New York, S. 29, Abb. 15

[27] Knippers R (1985) Molekulare Genetik, 4. Aufl. Georg Thieme Verlag, Stuttgart New York, S. 385, Abb. 16.29

[28] Knippers R (1985) Molekulare Genetik, 4. Aufl. Georg Thieme Verlag, Stuttgart New York, S. 378, Abb. 16.25

[29] Gassen HG, Martin A, Bertram S (1987) Gentechnik, 2. Aufl. Gustav Fischer Verlag, Stuttgart New York, S. 171, Abb. 95

[30] Winnacker E-L (1984) Gene und Klone. Verlag Chemie, Weinheim, S. 117, Abb. 4-5

[31] Lewin B (1988) Gene. Verlag Chemie, Weinheim, S. 536, Abb. 28-4

[32] Gassen HG, Martin A, Bertram S (1987) Gentechnik, 2. Aufl. Gustav Fischer Verlag, Stuttgart New York, S. 98, Abb. 53

[33] Gassen HG, Martin A, Bertram S (1987) Gentechnik, 2. Aufl. Gustav Fischer Verlag, Stuttgart New York, S. 163, Abb. 91

[34] Gassen HG, Martin A, Bertram S (1987) Gentechnik, 2. Aufl. Gustav Fischer Verlag, Stuttgart New York, S. 60, Abb. 31

[35] Seitz HU, Seitz U, Alfermann W (1985) Pflanzliche Gewebekultur. Gustav Fischer Verlag, Stuttgart New York, S. 62, Tafel III

[36] Seitz HU, Seitz U, Alfermann W (1985) Pflanzliche Gewebekultur. Gustav Fischer Verlag, Stuttgart New York, S. 63, Tafel IV

[37] Austin CR, Short RV (1969) Reproduction in mammals: 5. Cambridge University Press, Cambridge London New York New Rochelle Melbourne Sydney, p. 37, Fig. 1.15

[38] Hemleben V (1990) Molekularbiologie der Pflanzen. Gustav Fischer Verlag, Stuttgart New York, S. 83, Abb. 2.28

[39] Sengbusch P v (1979) Molekular- und Zellbiologie. Springer, Berlin Heidelberg New York, S. 40, Abb. 5.7

[40] Gassen HG, Martin A, Bertram S (1987) Gentechnik, 2. Aufl. Gustav Fischer Verlag, Stuttgart New York, S. 327, Abb. 168

[41] Gassen HG, Martin A, Bertram S (1987) Gentechnik, 2. Aufl. Gustav Fischer Verlag, Stuttgart New York, S. 114, Abb. 60

[42] Gassen HG, Martin A, Bertram S (1987) Gentechnik, 2. Aufl. Gustav Fischer Verlag, Stuttgart New York, S. 116, Abb. 61

[43] Gassen HG, Martin A, Bertram S (1987) Gentechnik, 2. Aufl. Gustav Fischer Verlag, Stuttgart New York, S. 120/121, Abb. 62

[44] Lewin B (1988) Gene. Verlag Chemie, Weinheim, S. 565, Abb. 29-11

A

A-DNA (A form DNA). Auch A-Helix, spezielle Form der DNA-Sekundärstruktur ↑DNA-Topologie

α-Komplementation. Im N-Terminus der β-Galaktosidase defiziente *E. coli*-Stämme können durch ein Allel komplementiert werden, welches diesen N-terminalen Part, das 185 Aminosäuren lange sog. α-Peptid, codiert. M13mp-Vektoren und pUC-Plasmidderivate codieren das α-Peptid und komplementieren damit β-Galaktosidase-defiziente (*Δ* lac z) *E. coli*-Stämme ↑M13-Vektoren

Abortive Expression. Jede fehlerhafte oder veränderte Expression eines Gens in einem transgenen Organismus (z. B. induzierbare Expression in einem Standardwirt A, konstitutive Expression in einem neuen Wirt B). Ein Gen gilt im Wirt B als nicht exprimierbar, wenn in Wirt B kein Genprodukt nachweisbar ist, und wenn das Gen durch ein Genrescue (Genrückgewinnung, gene eviction über einen Apportiervektor; eviction vector, gene transplacement, gene replacement; ↑Rescue-Techniken) in einen Wirt A, in dem das Gen vor Übertragung in den Wirt B aktiv war, wieder in vollem Umfang aktiv ist. Analog zeigt Wirt B ein Muster abortiver (= fehlerhafter) Expression, wenn eine Rückgewinnung des Gens in den Originalwirt A wiederum nur in vollem Ausmaß ein dem Wirt A entsprechendes Expressionsmuster ergibt. Die Ursachen abortiver Expression müssen im andersartigen physiologischen Milieu, das von einem von Wirt A verschiedenen Gesamtgenbestand (gene set) des Wirtes B verursacht wird, gesucht werden. Die Abklärung der Interferenzen zwischen dem übertragenen Gen und dem genetischen Hintergrund (genetic background) eines neuen Wirts-

systems gehört im Detail zu den schwierigsten und aufwendigsten Aufgaben der Molekularbiologie. Vor etwaigen gezielten Freisetzungen (deliberate release) sind daher Langzeitbeobachtungen zur Stabilität der Expression des Fremdgens in einem transgenen Wirt unbedingt erforderlich.
↑Transkription

Abortive Transformation. Eine genetische Transformation verläuft abortiv, wenn das eingefügte Gen jeweils nur an eine statt an beide Tochterzellen weitergegeben wird.

Abundante RNA. mRNA, die in hoher Kopienzahl pro Zelle vorliegt ↑Transkription, ↑Genexpression in Eukaryonten

Abundanz. Kopienzahl einer mRNA pro Zelle

Abzyme. Abzyme sind Antikörper (antibodies) oder deren ↑Fab-Fragmente mit Enzymeigenschaften ↑Protein Engineering

A/C-Kompression. A/C-Kompression, Sequenzkompression, Gelkompression (A/C compression, sequence compression, gel compression) ↑Deaza-dATP

Adaptor (adaptor, adapter). ↑Modifikation von DNA-Enden

Adenin Phosphoribosyltransferase (APRT). Das APRT-Wildallel dient als selektierbares Markiergen (selectable marker) in der Säugergenetik (mammalian genetics, animal genetics) ↑Säugervektoren ↑Zell- und Gewebekultur

Adenovektoren. ↑DNA-Vektoren, die auf ↑Adenoviren basieren

Adeno-SV40-Hybridvektoren. ↑DNA-Vektoren, die auf Sequenzen von Adenoviren und dem SV40-Virus basieren

Adenoviren. Weitverbreitete Doppelstrang-DNA-Viren (ca. 32000 kb), die deshalb als Vektor geeignet sind. Adenoviren sind tier- und/oder humanpathogen und rufen akute Infektionen des Respirationsapparates hervor. Onkogenität einiger nicht an den Wirt adaptierter humanpathogener Virentypen wurde in Versuchstieren beschrieben.

ADH. Alkoholdehydrogenase Gen Promotoren (ADH-Promotoren) werden zur Konstruktion chimärer Hefegene z. B. in Hefeexpressionsvektoren verwendet. ↑Hefevektoren ↑Expressionsvektoren

Adventivembryonen. Aus Adventivembryonen (asexuelle Embryonen, somatische Embryonen, Embryoide), wie sie spontan, aber selten an vegetativen Teilen von Samenpflanzen erscheinen, lassen sich ganze Pflanzen regenerieren, was für die ↑Reproduktiontechniken bei höheren Pflanzen und deren Genetic Engineering bedeutsam ist.

AEC. Das chromogene Substrat AEC dient in ↑Gen Detektions Systemen mit Peroxidase-gekoppelten Antikörpern oder deren ↑Fab-Fragmenten als Farbreagenz ↑Blotting ↑Gene Screening ↑Enzym-conjugierte Antikörper

Aenzymatische Markierungen. Aenzymatische Markierungen (aenzymatic labelling) von Nukleinsäuren und Proteinen, z. B. mit *Peroxidasen* (PODs), verdrängen zunehmend die radioaktive oder chemische Markierung von Gensonden über markierte Substrate der DNA-Polymerasen ↑Enzym-conjugierte Antikörper

Affinitätschromatographie von DNA. ↑Chromatographie von Nukleinsäuren

Affinitätschromatographie von RNA. ↑Chromatographie von Nukleinsäuren

Agar (auch Agar Agar). Agar ist ein Extrakt aus verschiedenen Rotalgenarten (Rhodophyceen) und besteht zu 70% aus ↑Agarose und zu 30% aus sulfatiertem Agaropektin. Agar wird als inertes Geliermittel für feste Nährböden (1% = Festagar; ≤0,5% semisolid) zur Kultivierung von Bakterien, Pilzen, Zellen höherer Organismen (tierische und pflanzliche Zellkulturen) eingesetzt.

Agarose. Als Bestandteil des ↑Agars ist Agarose ein gelierfähiges Polysaccharid, das aus alternierenden Einheiten von β-1,3-verknüpften D-Galaktose und α-1,4-verknüpfter 3,6-Anhydro-L-Galaktose besteht. Die Galaktose ist teilweise in 6-Stellung methyliert. Agarose dient als Trägersubstanz (Matrix) in der Gelelektrophorese.

↑Elektrophorese

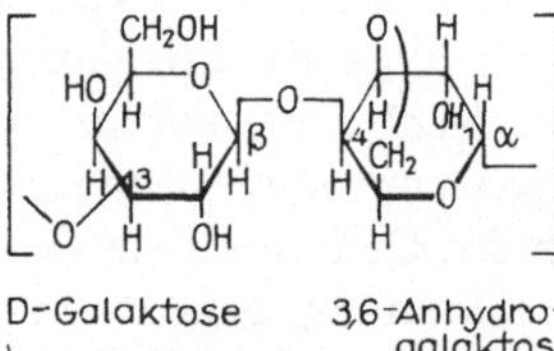

Abb. 1. Strukturformel Agarose. Aus: Lexikon Biochemie, Verlag Chemie, 1976 [1]

Agrobacterium rhizogenes. Gramnegative, stäbchenförmige Bakterien. *A. rhizogenes* ist nahe mit *A. tumefaciens* verwandt; es besitzt große Plasmide (Ri-Plasmide), die den Ti-Plasmiden aus *A. tumefaciens* sehr ähnlich sind. *A. rhizogenes* Stämme mit Ri-Plasmiden bedingen bei einigen Pflanzen ein tumorartiges Wachstum, die sog. Wurzelhaarkrankheit (root hair disease). Wie die Ti-Plasmide besitzen Ri-Plasmide eine transferierbare DNA (Transferable DNA, T-DNA).

↑Agrobakterien-vermittelter-Gentransfer

Literatur
Zambrysky P et al. (1989) Cell 56:193

Agrobacterium tumefaciens. Gramnegative, stäbchenförmige Bakterien. Viele Stämme verfügen über Ti-Plasmide mit transferierbarer DNA (Transferable DNA, T-DNA). *A. tumefaciens* befällt zweikeimblättrige Pflanzen (Dikotyledoneae) und verursacht Wurzelhalsgallen (crown galls). Der ↑Agrobakterien-vermittelte Gentransfer ist derzeit die Standardmethode in der pflanzlichen Gentechnologie.

Literatur
Zambrysky P et al. (1989) Cell 56:193

Agrobakterien-vermittelter Gentransfer. Der Agrobakterien-vermittelte Gentransfer (Ti-Plasmid vermittelter Gentransfer; Agrobacterium mediated gene transfer, Ti plasmid mediated gene transfer) ist als indirekter Gentransfer derzeit die Methode der Wahl zur Erzeugung transgener, dicotyler (zweikeimblättriger) Pflanzen. *Agrobacterium tumefaciens* besitzt die Fähigkeit, auf den meisten dicotylen Pflanzen Tumore zu erzeugen, sobald die Pflanze verletzt und die Wunde von einem virulenten Agrobakterienstamm infiziert wurde. Die molekulare Grundlage dieser Tumorinduktion basiert auf einer replizierfähigen, extrachromosomalen DNA des Bakteriums, dem Ti-Plasmid (*T*umor *i*nduzierendes Plasmid), das bei der Infektion über einen noch nicht völlig verstandenen Mechanismus die T-DNA (*t*ransferable DNA; eine Region des Ti-Plasmids) in Pflanzenzellen einschleust. Dazu sind hauptsächlich intakte Wildtypgene der vir-Region (vir für Virulenz; früher: D-Region) des Ti-Plasmids erforderlich. Die T-DNA wird über Funktionen der vir-Gene in Pflanzen übertragen und in hoher Rate stabil in die chromosomale DNA der infizierten Pflanze eingebaut. Die 7 eng gekoppelten Loci (Genorte) der vir-Region, deren Genprodukte den Transfer der T-DNA in die Pflanze bewerkstelligen, werden von virulenzinduzierenden Substanzen, z. B. Flavanderivaten der Wirtspflanze, induziert. Der beste Induktor der vir-Region ist das beim Tabak gefundene Acetosyringon. Neben den vom Ti-Plasmid codierten Funktionen sind für eine Anhaftung von Agrobakterien noch genomische Loci (chrA, chrB) verantwortlich.

In der Pflanze, d. h. unter der Kontrolle pflanzlicher Expressionssignale (↑Genexpression in Eukaryonten), codiert die T-DNA Funktionen (↑Onkogene), die den Phytohormonhaushalt stören und damit das unkontrollierte Tumorwachstum auslösen; des weiteren codiert die T-DNA Enzymfunktionen zur Synthese von Opinen (je nach Typ des Ti-Plasmids Agropin, Nopalin oder Oktopin), die als Aminosäurederivate dem Agrobakterienstoffwechsel als Kohlenstoff- und Stickstoffquelle dienen.

Die Tumorinduktion durch Agrobakterien stellt ein bisher einzigartiges System natürlicher Genmanipulation dar, bei dem nicht nur Artgrenzen, sondern fundamentale Barrieren (Prokaryont/höhere Eukaryonten) beim Austausch genetischer Information überwunden werden. Andere Formen natürlicher Genmanipulation, wie die Transduktion von Genen durch transduzierende Phagen, sind meist auf eine Bakterienart wie *E. coli* begrenzt. Sexduktion, also die Übertragung von Genen eines Bakteriums in ein anderes (innerartliche oder zwischenartliche Kreuzung) geschieht über natürlich vorkommende konjugative Plasmide (Konjugation). Dieser Vorgang ist – von dem broad host range Plasmid RP4 und seinen Derivaten (↑Plasmidvektoren) abgesehen – auf ein enges Spektrum bakterieller Arten begrenzt. Das Plasmid RP4 (und seine Abkömmlinge) kann sich na-

3

türlicherweise per Konjugation, über die Grenzen bakterieller Ordnungen hinaus, in allen gramnegativen Eubakterien verbreiten. Im Gegensatz dazu ist die Transduktion eukaryontischer Gene über Eukaryontenviren als natürliche Genmanipulation auf ein enges zwischenartliches Spektrum potentieller Wirte begrenzt. Außer in der T-DNA, die Gene mit pflanzlicher Genstruktur (↑Genstruktur in Eukaryonten) enthält, ist das Einbringen eukaryontischer Gene in Prokaryonten nur durch ↑molekulare Klonierung eukaryontischer Gene im Labor möglich. Ebenso ist die T-DNA als mobiles genetisches Element (↑Transposone) eine völlig singuläre Erscheinung. Die Transposition dieses Elements vom Ti-Plasmid in die genomische DNA der Pflanze erfolgt nämlich über einen auf dieses Element beschränkten Mechanismus, bei dem Einzelstrangkopien als Intermediate auftreten (STACHEL et al. 1987), völlig abweichend vom Verhalten aller anderen mobilen genetischen Elemente der Eukaryonten (transposonartige Elemente, Retroposone ↑Transposone). Die Transposition der T-DNA ist an endständige, direkte Sequenzwiederholungen (direct repeats) von 25 bp Länge gebunden, die als linke und rechte Bordersequenzen (left and right borders) bezeichnet werden. Mehreren Arbeitsgruppen (BARTON et al. 1983; BEVAN et al. 1983, 1984; FRALEY et al. 1983; HERRERA ESTRELLA 1983; HOEKEMA et al. 1983; ZAMBRYSKI et al. 1983) ist es fast gleichzeitig gelungen, aus natürlichen Ti-Plasmiden potente Genvektoren für die Genmanipulation höherer Pflanzen (= ‚grüne' Gentechnologie) zu erzeugen.

Generell unterscheidet man beim Agrobakterien-vermittelten Gentransfer zwischen Cointegratvektoren (= monären) und binären Vektoren. Bei Cointegrat-

vektoren (wie dem Genvektor pGV3850, ZAMBRYSKI et al. 1983) sind die tumorerzeugenden Gene der T-DNA durch Integration des Universalklonierungsvektors pBR322 (↑Plasmidvektoren) inaktiviert. Es handelt sich um ‚entschärfte' (deactivated) Ti-Plasmide. Das in die höhere Pflanze zu transferierende Gen wird während aller Schritte der molekularen Klonierung, z. B. der Erzeugung eines ↑chimären Gens in *E. coli*, in pBR322-Derivaten (Plasmide der pMON-Serie) gehalten. Das zu übertragende Plasmidkonstrukt mit dem Nutzgen (gene of interest) wird dann durch Transformation oder Elektroporation in einen *E. coli*-Stamm eingebracht, der eine Mobilisierung, also die konjugative Übertragung von *E. coli* auf *Agrobacterium tumefaciens*, das den Vektor pGV3850 enthält (*A. tumefaciens* pGV3850), gestattet. Das in *A. tumefaciens* pGV3850 übertragene Plasmidkonstrukt kann dort nicht replizieren, weil der oriV (vegetativer Replikationsursprung) des zugrundeliegenden Plasmids pBR322 in *A. tumefaciens* nicht funktionsfähig ist. Aufgrund der Homologie zwischen den pBR322-Anteilen des Vektors pGV3850 und dem eingebrachten Plasmidkonstrukt kommt es aber in hinreichender Zahl – über ein singuläres Crossing-over (single crossing over, looping in) – zu einer Integration des Plasmidkonstrukts in den Vektor pGV3850. Entsprechende *A. tumefaciens*-Klone mit in den Vektor pGV3850 integriertem Nutzgenkonstrukt (Cointegrat; pGV 3850 :: pMON) können einfach über eine von pBR322 codierte Antibiotikaresistenz (die dem Vektor pGV3850 fehlt) selektioniert werden. Mit Hilfe des so gewonnenen Stammes kann dann das Nutzgen über Cokultur mit pflanzlichen Protoplasten (MARTON et al. 1979) oder Blattscheiben (leaf disc transformation;

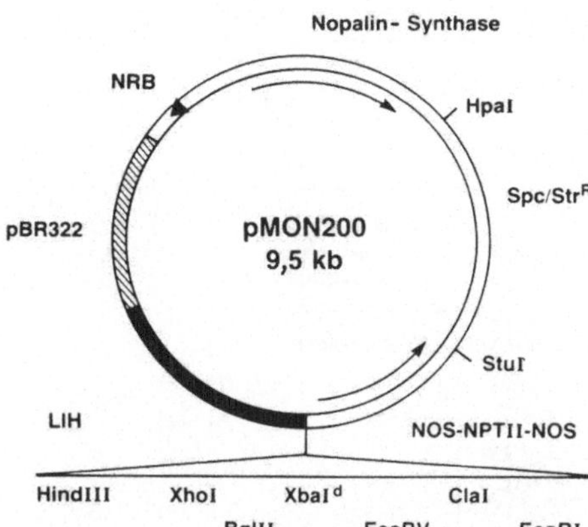

Abb. 2. pMON Genkarte. Genetische Karte eines mit dem Ti-Plasmid ein Cointegrat-bildenden intermediären Transformationsvektors. Der Vektor pMON200 enthält pBR322-Plasmidsequenzen, Spectinomycin- und Streptomycin-Resistenzgene und Anteile der T-DNA (Ti-homologe Bereiche), wie die rechten Grenzsequenzen (RB), das Nopalinsynthasegen (NOS-Gen) und als Markergen die Neomycinphosphotransferase (NPTII), d. h. das Kanamycin- oder Neomycin-Resistenzgen mit NOS-Promotor- und NOS-Terminatorsequenzen. Fremdgene können in den Bereich der singulären Restriktionsenzymschnittstellen gesetzt werden. Aus: Molekularbiologie der Pflanzen, Gustav Fischer Verlag, 1990 [2]

HORSCH et al. 1985) übertragen werden. Nachfolgend werden daraus transgene Pflanzen regeneriert.

Eleganter gestaltet sich die Übertragung von Genen mit Hilfe binärer Vektoren der pBIN-Serie (BEVAN et al. 1984). Ein zu übertragendes Nutzgen wird in einen Plasmidvektor zwischen die T-DNA-Bordersequenzen dieses Plasmids inseriert und dann in *E. coli* kloniert. In einer Dreielterkreuzung (triparentale Kreuzung; triparental mating) erfolgt – ausgehend von einem *E. coli*-Stamm mit conjugativem (= mobilisierbarem) Broad-host-range-Plasmid – ein Transfer dieses konjugativen Plasmids in den *E. coli*-Stamm, der das rekombinante Plasmid mit Nutzgen (gene of interest) enthält. Damit erhält dieser *E. coli*-Stamm die Fähigkeit,

das pBIN-Konstrukt mit Nutzgen in einen dritten Elter, einen *A. tumefaciens*-Stamm mit Deletion der Bordersequenzen der T-DNA seines Ti-Plasmids, zu übertragen. Die pBIN-Plasmide verfügen über einen Origin der Transferreplikation (oriT, sexueller ori, *b*asis of *m*obilisation = bom-site), der eine Mobilisierung über Transferfunktionen (tra-Gene) in trans-Stellung (transmobilisation; tra-Gene liegen auf dem konjugativen Plasmid) erlaubt. Wegen seines in *A. tumefaciens* funktionstüchtigen vegetativen Replikationsursprungs (oriV) kann der binäre Vektor mit dem Nutzgen in *A. tumefaciens* replizieren. Nach Selektion über Antibiotikaresistenz steht dieser Stamm dann für einen Gentransfer in Protoplasten oder eine Cokultur mit Blattscheibchen (leaf discs) zur Verfügung. Die Mobilisierung des von Bordersequenzen der T-DNA flankierten Nutzgens (gene of interest) erfolgt über eine intakte vir-Region auf dem Ti-Plasmid des *A. tumefaciens*-Systems. Nachfolgend lassen sich aus der Protoplastenkultur oder den Blattscheibchen ganze transgene Pflanzen gewinnen.

Wegen der geringen Suszeptibilität einkeimblättriger Pflanzen (Monocotyledonae) und deren schlechter Regenerierbarkeit zu ganzen Pflanzen, ist das Gentransfersystem bisher im wesentlichen auf leicht regenerierbare, suszeptible (= zugängliche) zweikeimblättrige Pflanzen (Dicodyledonae) begrenzt. Agroinfektion und erste Regenerationserfolge bei monocotylen Nutzpflanzen lassen aber eine Überwindung der Barrieren in absehbarer Zukunft als gegeben erscheinen (↑Gentransfer).

Literatur
Barton KA et al. (1983) Cell 32:1033
Bevan MW et al. (1983) Nature 304:184
Bevan MW (1984) Nucl Acid Res 12:8711

Agroinfektion

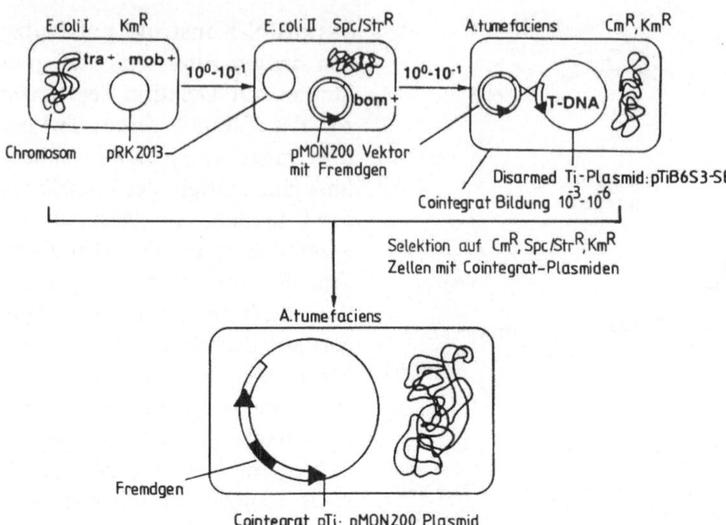

Abb. 3. Gentransfer. Vorgehen zum Übertragen eines Fremdgen-tragenden, Cointegratbildenden Transformationsvektors in *Agrobacterium tumefaciens*. Es wird eine triparentale Kreuzung durchgeführt von *E. coli*-Zellen, die ein Helferplasmid pRK2013 (tra$^+$- und mob$^+$-Funktion) tragen, mit *E. coli*-Zellen, die den Transformationsvektor pMON200 (mit bom$^+$-Funktion zur Mobilisierung) mit einem Fremdgen enthalten, und mit *Agrobacterium tumefaciens*-Zellen, die das „entwaffnete" Ti-Plasmid pTiB6S3-SE tragen. Es kommt nach einer Konjugation zur Cointegrat-Bildung zwischen dem pMON200 und dem Ti-Plasmid; durch Selektion auf die angegebenen Antibiotika-Marker werden die *Agrobacterium*-Zellen herausgefunden, die das Fremdgen auf einem Cointegrat-pTi::pMON200 tragen. Mit diesen Bakterien wird beispielsweise eine „leaf disc infection" von Pflanzen durchgeführt. Aus: Molekularbiologie der Pflanzen, Gustav Fischer Verlag, 1990 [3]

Fraley RT et al. (1983) Proc Natl Acad Sci 80:4803
Haberlandt G (1902) Sitzungsber Akad Wiss Wien, Math Naturwiss Kl Abt 2 b 111:69
Hemleben V (1990) Molekularbiologie der Pflanzen. UTB Gustav Fischer
Herrera Estrella L (1983) Nature 303:209
Hoekema A et al. (1983) Nature 303:179
Horsch RB et al. (1985) Science 227:1229
Koukolikova-Nicola Z et al. (1987) In: Hohn Th, Schell J (eds) Plant Infectious Agents. Springer
Marton L et al. (1979) Nature 277:129
Stachel SE, Timmerman B, Zambryski P (1987) EMBO J 16:857
Zambryski P et al. (1983) EMBO J 12:2143

Agroinfektion. Jede erfolgreiche Infektion mit Übertragung einer T-DNA wird als Agroinfektion (agroinfection) bezeichnet; speziell wird damit auch das Einschleusen viraler Genomkopien, die in die T-DNA integriert sind, benannt, wenn diese über einen Befall mit den entsprechenden Agrobakterien virusinfizierte Pflanzen erzeugen (Agroinfektion = Agrobakterien-vermittelte Virusinfektion) ↑Agrobakterien-vermittelter Gentransfer ↑Gentransfer

Agropin. Bestimmte Typen von Wurzelhalsgallen synthetisieren die von der T-DNA codierte seltene Aminosäure Agropin, andere synthetisieren weitere Opine, Nopalin oder Oktopin. Entsprechend der codierenden T-DNA werden die Ti-Plasmide deshalb in Agropin-, Nopalin- und Oktopin-Plasmide eingeordnet.

Alkalische Phosphatase (alkaline phosphatase). Phosphat-abspaltendes Enzym mit pH-Optimum im alkalischen Bereich (pH 8–9) zur Dephosphorylierung von DNA ↑DNA/RNA-modifizierende Enzyme, ↑DNA-Sequenzierung

Alkoholdehydrogenase. ↑ADH

Allel. ↑Gen

Alternate Gene (alternatives Gen). ↑Gen

Alternate Splicing. Gewebespezifisch unterschiedliches Spleißen bei alternativen Genen ↑Gen

Alu-Sequenzen. Alu-Sequenzen sind hochrepetitive DNA-Sequenzen, die in verschiedenen verwandten Sequenzfamilien (related families) in Primaten, also auch des Menschen vorkommen, und als gemeinsames Merkmal eine AluI-Schnittstelle besitzen. In transfektierten Maus- oder Hamsterzellinien kann menschliche DNA deshalb leicht über Alu-Sequenz-Gensonden nachgewiesen werden. Damit dienen die Alu-Sequenzen, die mehr als 100 000mal im menschlichen Genom vorkommen, als eine Art Marker.

Ambermutanten. Die in der Gentechnik verwendeten Wirtssysteme müssen verschiedene Mutationen tragen, welche eine hohe Stabilität der eingebrachten Fremd-DNA gewährleisten. Ein vollständiges Fehlen, also eine komplette Defizienz der Wildtypfunktionen ist am einfachsten über Ambermutationen zu erzielen, da die Mutation zu einem Stoppcodon verkürzte und damit nicht funktionsfähige Genprodukte liefert. Wo immer möglich, werden statt Ambermutanten Deletions- oder Insertionsmutanten (↑Mutation und Mutagenese) verwendet, da diese erheblich seltener zum ↑Wildtyp revertieren.

Aminoglykosidantibiotika. Aminoglykosidantibiotika, wie Kanamycine, Gentamycine, Streptomycine, Spektinomycin, Neomycin und Hygromycin B liefern nicht nur für Prokaryonten, sondern auch für *Saccharomyces cerevisiae*, *Asper-*

gillus-Arten, *Neurospora crassa*, also gentechnisch wichtige Pilze sowie Vertebraten und höhere Pflanzen wertvolle Selektionssysteme und damit heterologe oder chimäre Markergene (heterologous markers, chimaeric markers, Amerik.: chimeric markers). Bisher sind verschiedene Mechanismen der Inaktivierung dieser Antibiotika bekannt: Acetylierung, Glykosylierung und Phosphorylierung. Letztere erfolgt durch *A*minoglykosyl*p*hospho*t*ransferasen (APHs), von denen bisher 6 verschiedene Typen unterschiedlicher Substratspezifität und verschiedenen Molekulargewichts bekannt sind, welche als APH I bis APH VI, bzw. NPT I bis NPT VI (NPT = *N*eomycin*p*hospho*t*ransferase) bezeichnet werden. Die in der Gentechnik als ↑Marker verwendeten Neomycinphosphotransferase-codierende Gene (NPT-Gene) stammen als NPT I-Gene vom Transposon TN903 (= Tn610) oder vom Transposon Tn5 (NPT II) ab. Die Aktivität dieser Enzyme ist leicht zu messen, was deren Wert als selektionierbare Marker erhöht (NPT-Tests mit Einbau des radioaktiven Phosphats von γ-^{32}P-ATP).

Literatur
Kirby R (1990) J Mol Evol 30:489

Ampicillin. Ein von Penicillin abgeleitetes β-Lactam-Antibiotikum, das neben dem verwandten Carbenicillin häufig in der Gentechnik Verwendung findet. Die meisten DNA-Konstrukte basieren auf pBR322-Derivaten (↑DNA-Vektoren, ↑Plasmidvektoren), die den rekombinanten Klonen eine Ampicillinresistenz (amp^r, Ap^r) verleihen, weil sie ein entsprechend intaktes Resistenzgen (amp^r, Ap^r oder bla-Gen; bla = beta-Lactamase-codierend) besitzen. Welches der Penicillinderivate (Ampicillin oder Carbenicillin) verwendet wird, hängt entscheidend vom Bakterium ab (*E. coli*: Ampicillin; *Agrobacterium tumefaciens*: Carbenicillin). Gegebenenfalls muß dies anhand der Hemmwirkung entschieden werden.

Amplifikation. (1) Erhöhung der Kopienzahl von ↑Plasmidvektoren durch Proteinsynthesehemmer (Chloramphenicol, Spectinomycin ↑DNA-Isolierung). Plasmidvektoren replizieren über das Kornberg-Enzym (DNA-Polymerase I), das als Reparaturenzym (↑DNA-Reparatur) über den gesamten Zellzyklus von *E. coli* abundant vorhanden ist. Der eingesetzte Proteinsynthesehemmer unterbindet die *de novo*-Synthese der DNA-Polymerase III (↑Replikation) und damit die Teilung der *E. coli*-Zelle bei gleichzeitiger Anreicherung der Plasmidvektoren auf eine Kopienzahl von 10 000 – 30 000 pro Zelle. **(2)** Jede außerhalb der S-Phase gelegene Replikation eines DNA-Abschnittes (unscheduled DNA synthesis).

↑Replikation

AMV-CP. Das AMV-CP-Allel codiert das Hüllprotein (*coat protein*, CP) des Luzerne-Mosaik-Virus (alfalfa mosaic virus, AMV) und verleiht AMV-CP-transgenen Pflanzen eine gewisse Immunität (↑Prämunität) bei AMV-Befall.

AMV-Revertase. Reverse Transkriptase (RNA-abhängige DNA-Polymerase) des *A*vian *M*yeloblastosis *V*irus zur Synthese von ↑cDNA.

↑cDNA-Genbank, ↑DNA/RNA-modifizierende Enzyme

Amylasegenpromotor. Die Amylasegene stärkespeichernder Pflanzenteile (vor allem Samen) werden durch den Wuchsstoff (=Phytohormon) Gibberellinsäure aktiviert. Chimäre Gene mit einem Amylasegenpromotor (pAMY, z. B. eines Amylasegens des Maises *Zea mays*), werden wie Amylasegene unter Gibberellinsäureeinfluß aktiv, also z. B. bei der Keimung.

Androgenese. Erzeugung haploider Pflanzen durch Antherenkultur ↑Reproduktionstechnik Pflanzen

Annealing. Hybridisierung von DNA, Bildung von DNA-Duplices durch Paarung komplementärer Einzelstränge, ↑cot-Wert

Anreicherung (enrichment). Verfahren zur Anreicherung von Mutanten oder Organismen nach ↑Gentransfer. Dazu bedarf es einer Substanz, die auf wachsende Zellen des Wildtyps biocid wirkt, die Mutanten oder transgenen Organismen aber wegen der Mutation oder des mit einem Nutzgen (gene of interest) cotransferierten Markers lediglich im Wachstum hemmt. Häufigstes Verfahren ist die Cycloserinanreicherung (cycloserin enrichment). Cycloserin verhindert das Wachstum von *E. coli*-Zellen (Bakteriostase) und tötet die in Teilung befindlichen Zellen, da die dreidimensionale Vernetzung des Mureinsacculus (Bestandteil der Zellwand) verhindert und ein Aufplatzen der Zellen bewirkt wird. Bei Klonierung in das Tetracyclinresistenzgen des Plasmids pBR322 oder eines pBR322-Derivates resultieren Tc^s (= tet^s), also tetracyclinsensitive Zellen. Eine Gabe von Tetracyclin verhindert das Wachstum, so daß Cycloserin im Ansatz nur tetracyclinresistente Zellen, die kein Insert im tet^r-Gen tragen, abtötet. Somit werden rekombinante Klone (Insert im tet-Gen) nach Cycloserin- und Tetracyclingabe angereichert.

Antherenkultur. Gewinnung und Anzucht haploider Pflanzen aus Pollen ↑Reproduktionstechnik Pflanzen

Antiattenuation. Kontrollmechanismus der ↑Genexpression in Prokaryonten

Antibiotika (antibiotics). Substanzen meist mikrobieller Herkunft (Fungi, Bacteriales, Streptomycetales), selten höherer Pflanzen, die in geringer Konzentration mikrobielles Wachstum hemmen (z. B. Bakteriostatika) oder durch Keimabtötung verhindern (z. B. Baktericide). Antibiotika sind chemisch heterogen, ebenso in ihrer Wirksamkeit gegen Bakterien, Viren, Pilze, Protozoen u. a.; ihre Einteilung erfolgt daher in verschiedene Klassen. Die Löslichkeit, Lagerung und Stabilität ist bei Antibiotika ein spezielles Problem, das ggf. umfangreiche Literaturstudien erforderlich macht. In Molekulargenetik und Gentechnik sind Antibiotika- und Arzneimittelresistenzen-codierende Gene als einfach selektierbare ↑Marker im Einsatz.

Anti-Digoxigenin-AP. ↑Enzym-conjugierte Antikörper

Anti-Digoxigenin-Fluorescein. ↑Enzymconjugierte Antikörper

Anti-Digoxigenin-POD. Anti-Digoxigenin-Peroxidase ↑Enzym-conjugierte Antikörper

Anti-Digoxigenin-Rhodamin. ↑Enzymconjugierte Antikörper

Antisense-DNA. Doppelsträngige DNA, die eine ↑Antisense-RNA codiert, also ein Antisense-mRNA codierendes Gen darstellt ↑Genexpression in Eukaryonten

Antisense-RNA. Zu mRNA (Sinn-RNA, Sinnstrang; sense strand) oder zumindest zu deren 5'-Ende komplementäre RNA. Diese verhindert effektiv die Translation der mRNA bei ↑in vitro-Translation. Ein *E. coli*-Operon (ompC), welches ein Protein der äußeren Membran (*outer membrane protein*) codiert, wird in seiner Aktivität über Antisense-RNA und deren Paarung mit der ompC-mRNA zum Doppelstrang reguliert. In der Gentechnik wird das Abschalten detrimentaler Gene durch Antisense-RNA Gene (↑Gentherapie) diskutiert.

Antoxidantien. Antoxidantien schützen Enzyme und Substrate vor oxidativen Vorgängen und garantieren so in Inkubationsansätzen (incubation mixes) eine optimale Reaktion. In Lagerpuffern (storage buffers) erhöhen sie die Lagerfähigkeit und Lagerungsdauer von Enzymen, die im allgemeinen bei $-20\,°C$ ½ bis 2 Jahre beträgt. In der Gentechnik werden die Dithioverbindungen DNTB (5,5'-Dithio-bis-2-nitro-benzoesäure, Ellman-Reagenz), DTE (Dithioerythritol) und DTT (1,4-Dithiothreitol) als Antoxidantien verwendet.

AP. = ↑Alkalische Phosphatase

AP-conjugierte Antikörper (AP linked antibodies). ↑Enzym-conjugierte Antikörper

APRT-Markergen. ↑Adeninphosphoribosyltransferasegen, ein ↑Marker in der Säugergenetik (mammalian genetics, animal genetics) ↑Säugervektoren

Arabidopsis thaliana. Ein kleinwüchsiger Kreuzblütler (Brassicacea, früher: Cruciferae). Die Schmalwand (*Arabidopsis thaliana*) hat eine kurze Generationszeit (6–8 Wochen von Samenansatz zu Samenansatz) und ein für Pflanzen sehr kleines Genom (70 000 kb; entspricht etwa dem 15fachen des *E. coli*-Genoms und dem 5fachen des Hefegenoms). Speziell diese beiden Eigenschaften machen *A. thaliana* zu einem häufig untersuchten Objekt der pflanzlichen Molekulargenetik (plant molecular genetics).

Literatur
Kranz AR (Hrsg) Arabidopsis Newsletter (Inst. Botanik, Universität Frankfurt)
Meyerowitz EM (1989) Cell 56:263

Archaebakterien. Stammesgeschichtlich eigenständige Bakteriengruppe, die methanogene, halophile und thermoacidophile (pH-Optimum 1–3, Temperaturoptimum >85°C) Formen umfaßt, die sich im Zellchemismus deutlich von Eubakterien unterscheiden (z. B. Pseudomurein statt Murein). Wegen ihrer Anpassung an extreme ökologische Nischen sind die Archaebakterien Donor biochemisch einmaliger Enzyme und damit Gene.

ars-Plasmide. Plasmide mit ars-Sequenzen ↑Hefevektoren

ars-Sequenzen. ars-Sequenzen (*a*utonomously *r*eplicating *s*equences) sind kurze DNA-Sequenzen eines DNA-Donors, die nach in vitro-Rekombination mit einem Marker (Markiergen; marker) oder Reporter (reporter gene) und nachfolgendem ↑Gentransfer in einen Wirtsorganismus eine stabile autonome (von DNA-Elementen des Wirts unabhängige) Replikation der ars-Sequenz-Markereinheit zeigen.

ars-Sequenzen fungieren daher mindestens heterolog (im fremden Wirt), meist aber heterolog und homolog (im Donor) als DNA-Sequenzen des Replikationsursprungs (origin of replication, origin, ori ↑Replikation). ars-Sequenzen wurden zuerst von STRUHL et al. (1979) aus der Hefe *Saccharomyces cerevisiae* isoliert und in *E. coli* vermehrt.

Die heute für die Konstruktion replikativer Vektoren (replicative vectors) eukaryontischer Systeme (speziell Säuger und höhere Pflanzen) wichtigen ars-Sequenzen, besitzen in *S. cerevisiae* autonom replikative (ars)-Funktion (sog. Hefe-ars-Sequenzen; yeast ars sequences). Sie bestehen aus äußerst A/T-reichen (65–100% A/T) Regionen mit häufigen direkten und invers repetitiven Sequenzwiederholungen (direct repeats, inverted repeats = snap backs = palindromes; Palindrome) und einer stark konservierten Consensussequenz (kanonische Sequenz; consensus sequence, consensus motif):

$$5' \text{A/T}_{3-4}\text{atPuTtTa/t } 3' \quad \text{Pu} = \text{Purin}$$
$$\text{T} \qquad\qquad \text{a} \quad \text{a} + \text{t} = \text{variable Basen}$$

die singulär oder multipel in Hefe-ars-Sequenzen auftreten. Hefe-ars-Sequenzen sind bisher aus den ↑Genomen oder Organellen von *Xenopus laevis, Drosophila*, Maus und Mensch, den Grünalgen *Chlorella* und *Chlamydomonas* sowie den Nachtschattengewächsen (Solanaceae) Tabak, Petunie und Tomate isoliert worden. Mittels der ↑gerichteten Mutagenese konnten in einer ars-Sequenz neben dem obligatorischen Konsensusmotif (s. o.) weitere für die ars-Funktion wichtige Sequenzen lokalisiert werden, vor allem Grenzsequenzen (G) auf einem 84 Basenpaare langen DNA-Stück der Struktur:

$$5'\text{G} \qquad\qquad \text{consensus}$$
$$5'\text{TAT 4 A/TTTTATGTTT/T 11 TTAGAAAGTAAATAAA 29 AAAAAAATAAA } 3'$$
$$\qquad 100\% \qquad\qquad\qquad 73\% \qquad\qquad\qquad\qquad\qquad 66\% \text{ (A/T-Gehalt)}.$$

(verändert nach BOUTON und SMITH 1986). Vorsichtig generalisierend ergibt sich im Sequenzvergleich mit weiteren ars-Sequenzen nachfolgende Minimalstruktur einer Hefe-ars-Sequenz:

$$5'\text{TAT s}_1 \text{ A/T}_{3-4}\text{atPuTtTa/t s}_2 \text{ AGAAAGTA s}_3 \text{ A}_{5-x}\text{TA}_{1-y} 3'$$
$$\text{T} \qquad\qquad\qquad \text{a}$$

$\text{s}_1, \text{s}_2, \text{s}_3 = \text{spacer}$ (äußerst A/T reiche DNA-Zwischenstücke)

Die Gesamtstruktur ist extrem A/T-reich, was ein spontanes, wie auch enzymatisches ‚Aufschmelzen' in DNA-Einzelstränge erleichtert, und für eine Funktion als Replikationsursprung förderlich ist. Gleichzeitig bedingt der hohe A/T-Gehalt die in ars-Sequenzen beobachtbare Vielfalt palindromischer Strukturen (inverted repeats), die deshalb durch unter sich nicht paarungsfähige direkte Sequenzwiederholungen (direct repeats) unterbrochen werden. Reine Poly (A/T)-Einzelstränge reassoziieren spontan zur Haarnadelstruktur (hairpin loop), die keine Gestaltung einer prominenten Sekundär- und Tertiärstruktur (↑DNA-Topologie) für die Enzyme des Initiationskomplexes des zellulären Replikations-

Artifizielle Chromosomen. Artifizielle Chromosomen (Minichromosomen) sind binäre Klonierungsvektoren (↑bifunktionelle Vektoren, Pendelvektoren; binary vectors, shuttle vectors), die in einem Wirt a (*E. coli* als gentechnisch prominentester Wirt, andere Wirte sind aber möglich) als Plasmid autonom replizieren und sich nach Transfer in einen eukaryontischen Wirt b wie eukaryontische Chromosomen verhalten, also neben autonomer Replikation eine strenge Mendel-Segregation in Mitose und Meiose zeigen. Artifizielle Chromosomen (artificial chromosomes), die auch als Minichromosomen (minichromosomes) bezeichnet werden, besitzen folgende, generalisierte Struktur:

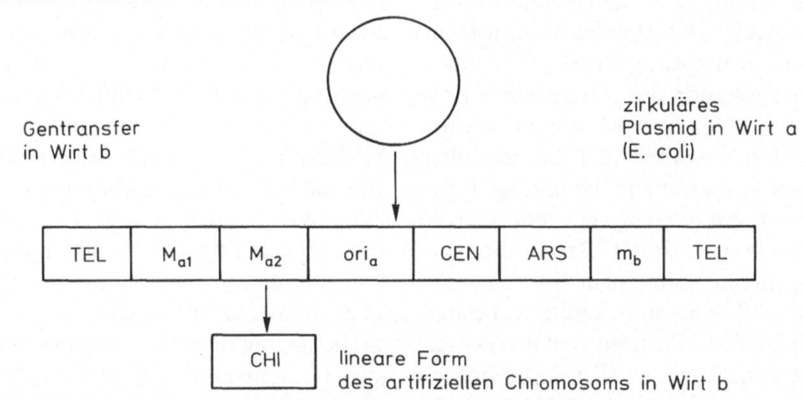

apparates bieten würde. Eine markant ähnliche DNA-Topologie der ars-Sequenzen ist auch bei den bisher näher untersuchten Replikationsursprüngen (oris) des *E. coli*-Genoms, des Phagen Lambda und einiger Plasmide gefunden worden. Guanin- und Cytosinreste sind in A/T-reichen Sequenzen generell markante DNA-Protein-Interaktionspunkte.
↑Hefevektoren

Literatur
Bouton AH, Smith M (1986) Mol Cell Biol 6(7):2354
Struhl G et al. (1979) Proc Natl Acad Sci 76:1035

M_{a1}, M_{a2} Markiergene für Wirt a; ori_a Replikationsursprung für Wirt a; m_b Markiergen für Wirt b; ARS = ↑ars-Sequenz für Wirt$_b$; CEN = Centromerale DNA (↑Centromere); TEL = Telomerale DNA (↑Telomere); CHI = Chimäres Gen, das in Wirt b eingebracht, exprimiert und auf dem artifiziellen Chromosom nach Mendel vererbt wird.

Die Marker M_{a1} und M_{a2} erlauben mit vielen singulären Restriktionsschnittstellen (single restriction sites) oder Polylinkern (polylinkers, multiple cloning sites,

Artifizielle Chromosomen

mcs) das Einbringen eines chimären oder heterologen Gens (CHI) und dessen Klonierung in Wirt a (*E. coli*). Der Marker M_{a2} dient der Selektion des artifiziellen Chromosoms mit dem neu eingeführten Gen in Wirt a. Der Replikationsursprung ori_a, der einer relaxierten Kontrolle der Kopienzahl unterliegt, gestattet eine ↑Amplifikation des artifiziellen Chromosoms in Wirt a (*E. coli*), welches sich dort wie ein amplifizierbares Multicopy-Plasmid (↑Plasmidvektoren) verhält. Artifizielle Chromosomen sind Derivate des universellen Klonierungsvektors pBR322 oder einer seiner Ableitungen (z. B. pUC-Plasmide), in den die im eukaryontischen Wirt b wichtigen Sequenzen ARS, CEN, m_b und TEL einkloniert sind. Eine zu Wirt b homo- oder heterologe ars-Sequenz (ARS) gestattet als funktionaler Replikationsursprung (ori) eine autonome Replikation des artifiziellen Chromosoms in Wirt b. Anstatt einer ars-Sequenz, deren replikative Funktion über ↑Replikation in einem heterologen System (= Fremdsystem) erkannt wurde, kann auch ein viraler Replikationsursprung (ori), der in einem Fremdsystem naturgemäß eine ars-Funktion besitzt, in artifiziellen Chromosomen verwendet werden. Die zu Wirt b homologe Sequenz centromeraler DNA (CEN, ↑Centromere) gewährleistet eine Mendelnde Vererbung des artifiziellen Chromosoms und damit die erwünschte Mendel-Segregation des eingeführten chimären oder heterologen Gens als ‚gene of interest‘. Zu Wirt b homo- oder heterologe telomerale DNA-Sequenzen (TEL, ↑Telomere, sind weniger wirtsspezifisch als die streng wirtsspezifischen ↑Centromere; daher können heterologe TEL-Sequenzen verwendet werden) natürlicher Chromosomenenden stabilisieren die Enden der artifiziellen Chromosomen

sowie deren über das Centromer gegebene Mendel-Segregation in Mitose und Meiose. Der mindestens in Wirt b exprimierbare Marker m_b gestattet eine einfache Selektion auf einen erfolgreichen Transfer des artifiziellen Chromosoms in Wirt b.

Die ersten artifiziellen Chromosomen für *Saccharomyces cerevisiae*, einem gentechnisch bedeutenden Wirt (↑Wirte, ↑Hefevektoren), wurden von MURRAY und SZOSTAK (1983) konstruiert und charakterisiert. Artifizielle Chromosomen (Minichromosomen) unterscheiden sich von natürlichen Chromosomen vor allem in ihrer Länge, speziell den Centromer-Telomer-Abständen. So sind in der Hefe *S. cerevisiae* mit ihren verhältnismäßig kleinen natürlichen Chromosomen artifizielle Chromosomen erst ab einer kritischen Größe (> 60 kb $= 6 \times 10^4$ Basenpaare) einer stabilen Mendel-Segregation unterworfen. Bei Unterschreiten dieser kritischen Länge zeigen sie zunehmend eine nicht-Mendelnde Zufallsverteilung, die aufgrund der geringen Kopienzahl pro Zelle häufig zu Verlust (mitotische und meiotische Instabilität) führt. Darüber hinaus erfordert eine stabile meiotische Segregation zur Paarung homologer Chromosomen (Synapse) weitere, bisher unbekannte Sequenzen. Vermutlich sind in höheren Eukaryonten, für die die Entwicklung artifizieller Chromosomen gentechnisch interessant wäre, noch größere Mindestlängen zu berücksichtigen, die dann eine in vitro-Handhabung in Klonierungsexperimenten erschweren. Im wirtschaftlich interessanten Anwendungsfeld der Gentechnologie dürften artifizielle Chromosomen von geringem Wert sein. Die erwünschte Mendel-Segregation eingeführter ‚Nutzgene‘ (genes of interest) wird hier besser über genomische Integration der binären Integra-

12

tionsvektoren (bifunktionelle Integrationsvektoren, integrative Pendelvektoren; binary integrative vectors, integrative shuttle vectors) mit zu Wirt b homologen genomischen DNA-Sequenzen im Integrationsvektor erreicht.

Alternativ kann das Nutzgen auf Pendelvektoren, die auf endogenen Plasmiden in den Organellen (Plastiden, Mitochondrien) höherer Eukaryonten basieren, in Organellen eines eukaryontischen Wirtes b transferiert werden. Die heute in den Organellen vieler höherer Eukaryonten gefundenen endogenen Plasmide liegen dort stabil als Multicopy-Plasmide vor und ergeben, in pBR322-Derivate kloniert, ausgezeichnete Shuttlevektoren.

Welche der beiden Strategien des Einbringens eines Nutzgens adaequat erscheint, hängt ganz entscheidend von dessen Struktur und Funktion ab, sowie vom Organismus, in welchen dieses Gen transferiert werden soll.

↑ars-Sequenzen, ↑Centromere, ↑Telomere, ↑Hefevektoren, ↑Expressionsvektoren, ↑DNA-Vektoren, ↑YACs

Literatur
Murray AW, Szostak JW (1983) Nature 305:189

Arylsulfatase. Arylsulfatase oder Helicase (Schneckenenzym) dient als Enzymgemisch aus der Weinbergschnecke (*Helix pomatia*) dem Abbau der Zellwände von Hefen und damit der Gewinnung von ↑Sphäroplasten.

↑Transformation

Arzneimittelresistenzen. Arzneimittelresistenz-Gene (drug resistance markers) dienen speziell in der Säugergenetik (mammalian genetics, animal genetics) als ↑Marker, z. B. Methotrexat-Resistenz-Gene (Mtx; Methotrexat-resistente Dihydrofolat-Reduktase, DHFR) ↑Säugervektoren ↑Zell- und Gewebekultur

Asexuelle Embryogenese. An vegetativen Teilen von Samenpflanzen bilden sich spontan, aber selten, embryoartige Gebilde (Embryoide, asexuelle Embryonen, Adventivembryonen, somatische Embryonen), was, im Gegensatz zur Embryogenese, der ein sexueller Prozeß (Befruchtung einer pflanzlichen Eizelle) vorausgeht, als asexuelle Embryogenese bezeichnet wird. Aus den Embryoiden können ganze Pflanzen regeneriert werden. ↑Reproduktionstechnik Pflanzen

Aspergillus sp. In etwa 50 Arten ubiquitär vorkommende Schimmelpilze (Fungi imperfecti, Deuteromyceten, Moniliaceae). Einige Arten rufen Erkrankungen der Atemwege hervor (Aspergillosen). *Aspergillus nidulans* ist ein Objekt der Molekulargenetik und gentechnischer Wirt (↑Wirte). *Aspergillus oryzae* wird in Ostasien zur Fermentierung von Lebensmitteln eingesetzt und liefert die S1-Nuklease (↑DNA/RNA-modifizierende Enzyme).

ATA-Box (TATA-Box). Goldberg-Hogness-Box; konserviertes Sequenzmotiv eukaryontischer Promotoren ↑Genstruktur in Eukaryonten, ↑Transkription

Attenuation. Kontrollmechanismus der ↑Genexpression in Prokaryonten

Automatisierte DNA-Sequenzierung (automated DNA sequencing). Die automatisierte DNA- bzw. RNA-Sequenzierung folgt der enzymatischen Kettenabbruch-Methode (chain termination method) nach SANGER, also im Falle der DNA-Sequenzierungen dem Didesoxy-Verfahren (dideoxy procedure) mit Didesoxynukleosidtriphosphaten als Kettenabbruchnukleotiden (chain terminators). Wie bei manueller Sequenzierung arbeiten automatisierte Verfahren mit KLENOW-Polymerase, T7-DNA-Polymerase (Sequenase), Reverser Transkriptase (Revertase; speziell bei enzymatischen RNA-Sequenzierungen) oder Taq-DNA-Polymerase und mit dem Einsatz von ↑7-deaza-dATP und 7-deaza-dGTP zur Vermeidung von ↑A/C- bzw. G/C-Kompressionen (A/C compressions, G/C compressions, sequence compressions, gel compressions, compressions). Wichtigster Unterschied zur manuellen Sequenzierung besteht im Einsatz unterschiedlicher fluoreszenzmarkierter Primer in den vier verschiedenen Ansätzen (A, C, G, T), in denen jeweils die verschiedenen Kettenabbruchnukleotide verwendet werden (z. B.: ddATP, Didesoxyadenosintriphosphat im A-Ansatz, ddCTP im C-Ansatz usw.). Die fluorophormarkierten Sequenzierungsprimer (fluorescence labelled sequencing primers, fluorophore-labelled sequencing primers, dye labelled sequencing primers) des A-Ansatzes zeigen bei Beleuchtung grün fluoreszierende Banden, die des C-Ansatzes blaue Banden. Die Banden der G und T Reaktion fluoreszieren gelb bzw. rot. Im Gegensatz zur manuellen Sequenzierung, bei der jedes der vier Reaktionsgemische (A-, C-, G-, T-Ansatz) auf separate Gelspuren aufgetragen werden, erfolgt bei automatisierter Sequenzierung eine Coelektrophorese aller Ansätze in einer Gelspur. Bis zu 20 Spuren pro Sequenzierungsgel erlauben damit die simultane Sequenzierung von bis zu 20 verschiedener Sequenzen bzw. von 20 Subfragmenten eines rekombinanten Klons; pro Spur sind 400 bis 500 Basen lesbar. Dies ermöglicht also pro automatisiertem Gellauf die Sequenzierung von 8000 bis 10 000 Basen. Nach Gellauf fährt ein geeignet focussierter Laserstrahl (scanning laser) von unten rechts nach links über das Gel und registriert über Ermittlung der jeweiligen Bandenfluoreszenz (grün

= A, blau = C, gelb = G, rot = T) die Nukleotidabfolge, die unmittelbar in den Computer eingegeben wird. Im nächsten Schritt der Fluoreszenzermittlung läuft der Laserstrahl eine Position in Richtung Gelauftrag hoch und scannt diesmal von links nach rechts; er bewegt sich dann wiederum eine Position gelaufwärts und überstreicht die einzelnen Bandenpositionen nunmehr wieder von rechts nach links usw. Der Laser fährt mit diesem Scanning fort, bis nach 400 bis 500 Bandenlagen (≙ 400 bis 500 Basen pro Sequenz) die erste unlesbare Bandenposition als Farbambiguität erscheint, da die Banden in Nähe des Gelauftrags nun so gedrängt liegen, daß sich „überlappende" Fluoreszenzen ergeben. In jeder Position passiert das nach Laseranregung emittierte Fluoreszenzlicht ein Filterrad mit einem Grün- Blau-, Gelb- und Rotfilter, um dann nach Verstärkung in einem Photomultiplier in einem Photometer registriert zu werden. Bei Grünfluoreszenz erreicht das Licht nur dann das Photometer, wenn der Grünfilter des Filterrades im Strahlengang ist. Die Farbe wird als Grün identifiziert und als A in der Sequenz vom on-line Computer registriert, wenn nur der Grünfilter einen Lichteinfall am Photometer erkennen läßt. Damit erscheint eine 5′→3′ Sequenz des in Sequenzierungsreaktion verlängerten Primers: 5′ ACCTAGTC 3′ im Sequenzierungsgel von unten (Minuspol) nach oben (Pluspol) als ein senkrechter Stapel von Banden der Farbabfolge: Grün, blau, blau, rot, grün, gelb, rot, blau. Die Automatisierung der DNA-Sequenzierung war eine wesentliche Voraussetzung für die Sequenzierung ganzer eukaryontischer Genome (z. B. Human Genome Project) und erfährt durch solche Großprojekte weitere Verbesserungen und Innovationen. Die neuere Entwicklung von automatischen DNA- und RNA-Extraktoren und die automatisierte ↑Polymerase-Kettenreaktion (polymerase chain reaction, PCR) ermöglichen bei gegenseitiger Verschaltung eine unmittelbare Sequenzierung jeder beliebigen DNA-Sequenz (↑direkte Sequenzierung, ↑genomische Sequenzierung; genomic sequencing). Die Sequenzierung viraler DNA- oder RNA-Genome hat mit der automatisierten Nukleinsäuresequenzierung ebenso einen großen Fortschritt erfahren. Die bisherigen Sequenzdatenbanken müssen in den nächsten Jahren ganz erheblich erweitert werden, um alle Sequenzdaten speichern und auswerten zu können.

↑DNA-Sequenzierung   ↑RNA-Sequenzierung

Literatur
Connell C et al. (1987) Biotechniques 5:342
Smith LM et al. (1986) Nature 321:674

Automatisierte Proteinsequenzierung (automated protein sequencing). Die automatisierte Proteinsequenzierung ist im Gegensatz zur automatisierten Nukleinsäure-Sequenzierung erheblich älter. Ein Edman-Sequenator war bereits 1977 auf dem Markt. Noch heute bedienen sich moderne Protein-Sequenatoren (= Peptid-Sequenatoren) des Edman-Abbaues (Edman degradation) bei der Sequenzierung von Proteinen im Mikromaßstab (microsequencing). Die heutigen Microsequencers stellen im Grunde lediglich Verbesserungen früherer Modelle dar. Speziell die Entwicklung der *H*igh *P*erformance *L*iquid *C*hromatography (hplc, HPLC-Chromatographie) erlaubt eine erheblich verfeinerte Analyse der Spaltungsprodukte (derivatisierte Aminosäuren) als die Dünnschichtchromatographie (*t*hin *l*ayer *c*hromatography, tlc), bei der größere Proteinmengen erforderlich waren. Im ersten Schritt

einer automatisierten Proteinsequenzierung (Kopplungsschritt; coupling step) wird *P*henyl*iso*t*hio*c*y*anat (PITC) an die freie α-Aminogruppe des Proteins angelagert. Im nächsten Schritt (Spaltungsreaktion; cleavage step) entsteht primär ein 2-Anilinothiazolinon und die um eine Aminosäure verkürzte Polypeptidkette. Eine säurekatalysierte Umlagerung wandelt dann das 2-Anilinothiazolinon zum *P*henyl*t*hio*h*ydantoin (PTH), welches als derivatisierte Aminosäure in einem Aminosäureanalysator oder durch HPLC nachgewiesen wird. Die PTH-Aminosäure ist das Endprodukt des Edman-Abbaus; ihre Identifikation und Speicherung im Computer bedarf pro Cyclus etwa 15 Minuten. Speziell die Sequenzierung von Oligopeptiden, anhand der dann Oligonukleotide als Gensonden synthetisiert werden, spielt in der Gentechnik eine bedeutende Rolle.

↑Genisolierung, ↑Proteinsequenzierung

Automatisierung. In den letzten Jahren wurde die Gentechnik ganz massiv automatisiert. Neben der automatischen Vollsynthese von Oligonukleotiden (↑Chemische DNA-Synthese) und ganzen Genen (↑Gensynthese: ca. 400 Gene sind bisher vollsynthetisch entstanden), hat sich auch die ↑DNA-Sequenzierung zu ausgereifter Vollautomatisierung entwickelt. Bei Gesamtkosten von etwa 3 US$ pro Base können heute bis zu 10000 Basen pro Tag sequenziert werden. Die Eingabe an Nukleinsäuresequenzdaten der Datenbanken umfaßt derzeit 40 Millionen Basen von 31000 verschiedenen Gensequenzen. Eine Verdoppelung des Datenumfangs tritt etwa alle 18 Monate ein. Besondere Impulse der Automatisierung gehen dabei vom Langzeitprojekt der Sequenzierung des menschlichen Genoms (Human Genome Project) aus.

Automatisierung

Mittlerweile sind auch vollautomatische DNA-Extraktoren zur Isolierung von DNA und Probenbereitung zur vollautomatischen Sequenzierung auf dem Markt, womit der gesamte Prozeß bis zur Verarbeitung der Sequenz im Computer durch Automaten erfaßt ist; lediglich die Beimpfung mit einem rekombinanten *E. coli*-Klon, dessen rekombinante DNA sequenziert werden soll, erfolgt noch manuell. PCR-Automaten zur vollautomatischen Durchführung von ↑Polymerase-Kettenreaktionen (*p*olymerase *c*hain *r*eaction, PCR) sind ebenso von verschiedenen Herstellern auf dem Markt. Mit der Automatisierung von 2D-Gelanalysen und der automatischen Mikrosequenzierung des ermittelten Protein-Spots ist auch die Proteinebene der Gentechnik vollautomatisiert (↑Proteinsequenzierung). Die Synthese von Oligopeptiden und ganzen Proteinen gewünschter Sequenz erfolgt, wie die Oligonukleotidsynthese, schon seit geraumer Zeit über Syntheseautomaten (synthesizers, DNA synthesizers, peptid synthesizers). Im Bereich der klinischen Genetik (pränatale Diagnose, forensische Genetik, z. B. Vaterschaftsgutachten, Tätererfassungen anhand von Blut- oder Spermaspuren) wird eine Vollautomatisierung aller cytogenetischer, serologischer, biochemischer und gentechnischer Methoden in integriertem Ansatz mit automatischer Zell- und Chromosomensortierung angestrebt. Parallel zur integrierten Automatisierung der Gentechnik verläuft die Entwicklung von fertigen Analyse- und Diagnosesets mit allen Reagentien (Enzyme, Substrate, Puffersysteme) zu leichter, maschinengerechter Handhabung nach Standardprotokollen. Auch bei manueller Verwendung erweist sich ein Arbeiten mit fertigen Reagentiensets (Kits, wie Klonierungskits, in vitro-Mutagenesekits u. a.) als äußerst vorteilhaft, da die Kits vom Hersteller auf ihre Eignung, Tauglichkeit und Zuverlässigkeit (reaction performance) überprüft sind. Eine mitgelieferte Standard-DNA erlaubt im Labor ein einfaches Überprüfen des Kits durch den Vergleich der eigenen Ergebnisse mit dem Ergebnis des Herstellers. Mängel bei der gentechnischen Bearbeitung der laboreigenen DNA mit dem Kit können dann leicht erkannt werden; meistens liefern die Hersteller auch eine Fehlersuchanleitung (trouble shooting protocol) mit. Die Handhabung der Kits erfolgt nach einem beigefügten Protokoll (kit protocols) und erfordert zumeist nur wenige Handgriffe; deshalb genügt in Publikationen eine Angabe des Kits und der Herstellerfirma zur Beschreibung der angewandten Methode. Derzeit gibt es für alle gentechnischen Verfahren entsprechende Kits, nämlich:

- Markierungskits (labelling kits)
- Klonierungskits (cloning kits)
- cDNA-Klonierungskits (cDNA cloning kits)
- Sequenzierungskits (sequencing kits)
- Transkriptionskits (transcription kits)
- Translationskits (translation kits)
- Verpackungskits (packaging kits)
- Mutagenesekits (mutagenesis kits)

Innerhalb der verschiedenen Kategorien werden je nach Möglichkeit verschiedene Kits angeboten, z. B. werden unter den Klonierungskits für alle Vektorsysteme (↑DNA-Vektoren), wie ↑Plasmidvektoren (pBR322-Derivate), ↑M13-Vektoren, pUC-Vektoren, ↑Lambda-Vektoren und ↑Phasmide separate Kits geführt. Außer den automatisierten Oligonukleotid- und Oligopeptidsynthesen ist die gesamte rekombinante DNA-Technik methodisch über etwa 30 Kits abgedeckt. Für den Standardwirt *E. coli* existieren zudem

Transformations- bzw. Transfektionskits (transformation kits, transfection kits) mit tiefgefrorenen, kompetenten Zellen der jeweils erforderlichen *E. coli*-Stämme.

Autoradiogramm. Eine bei der ↑Autoradiographie entstandene Abbildung auf einem Röntgenfilm (X-ray film), die zum Nachweis und zur Identifizierung radioaktiv markierter Verbindungen dient.

Autoradiographie. Methode zum Auffinden von Substanzen in Zellen und Verbindungen, die mit radioaktiven Isotopen (tracer) markiert wurden. Zum Einbau in biologische Strukturen kommen vorzugsweise ^{32}P, ^{35}S und ^{14}C zur Anwendung. Die Autoradiographie wird in der Gentechnik im ↑Blotting und bei der ↑in situ-Hybridisierung angewandt.

Auxotrophie. Im Unterschied zum prototrophen Stamm (Wildstamm, Wildtyp) muß einem auxotrophen Stamm, der bestimmte Synthesefähigkeiten verloren hat, das entsprechende Syntheseendprodukt (z.B. Cofaktoren, Aminosäuren) von außen über das Medium zugeführt werden. Der prototrophe Stamm kann dagegen diese Substanz selbst synthetisieren. In der mikrobiellen Genetik und der Gentechnik werden Auxotrophiemutanten, speziell in *Saccharomyces cerevisiae*, als Rezipienten klonierter DNA verwendet. Die entsprechenden Hefevektoren tragen das korrespondierende Wildallel als ↑Marker.

↑Hefevektoren

Avidin. Avidin (avidus lat. begierig) ist ein Protein des Hühnereiklars, das mit hoher Affinität an Biotin, biotinylierte Nukleinsäure oder biotinylierte Eiweiße bindet. Mit conjugierter alkalischer Phosphatase, AP (Avidin-AP) oder Peroxidase, POD (Avidin-POD), gestattet Avidin, wie das analoge Protein Streptavidin aus *Streptomyces avidini*, den Nachweis biotinylierter Nukleinsäuren oder Proteine ↑Blotting, ↑Enzym-conjugierte Antikörper

B

B-DNA (B form DNA). Auch B-Helix; die am häufigsten vorkommende Sekundärstruktur der DNA ↑DNA-Topologie

Bacillus subtilis. Grampositiver, stäbchenförmiger Sporenbildner. *B. subtilis* ist genetisch gut charakterisiert und ein etablierter gentechnischer Wirtsorganismus (↑Wirte), für den Phagen und Plasmidvektoren gegeben sind. Die Klonierung eines Nutzgenes in *B. subtilis* (Expressions-Selektionsvektoren) erlaubt eine einfache Reingewinnung des gewünschten primären Genprodukts (Polypeptid), kostensparend und ohne aufwendige Tests auf pathogene Nebenprodukte, da das völlig apathogene Bakterium Proteine ins Medium abscheidet.

Bacteriocine. Plasmid-codierte, antibakterielle Proteine, die von Bakterienstämmen produziert werden und Wirkung gegen andere Bakterienstämme zeigen. Bei *E. coli* sind über 20 Bacteriocine (Colicine) von hoher Wirksamkeit bekannt. Bacteriocincodierende Gene können in der Bakteriengenetik als ↑Marker verwendet werden.

Baculovektoren. Baculovektoren leiten sich von insektenpathogenen Viren der Familie *Baculoviridae* (baculum lat. Stab) ab. Die Baculoviren besitzen doppelsträngige DNA Genome von 120 bis 150 bp, weshalb sie sich gut zur Ableitung von DNA Vektoren für Insekten eignen. Der meist eng begrenzte Wirtsbereich umfaßt dabei Schmetterlinge (*Lepidoptera*), Hautflügler (*Hymenoptera*, wie z.B. die Honigbiene *Apis mellifera*) Zweiflügler (*Diptera*, wie *Drosophila melanogaster*) und die umfangreiche Ordnung der Käfer (*Coleoptera*).

Literatur
Nienhaus F (1985) Viren, Mykoplasmen und Rickettsien. UTB Ulmer, Stuttgart
Miller LK (1989) Bio Essays 11:91

Bakteriophagen. Bakterienviren, die wirtsspezifisch Bakterien befallen

BAL-31. Nuklease aus *Alteromonas espejiana;* wird in der Gentechnik zum definierten Abbau doppelsträngiger DNA, z. B. für ↑Restriktionskartierungen oder ↑gerichtete Mutagenese verwendet (↑DNA/RNA-modifizierende Enzyme)

BAL-31-Mutagenese. In vitro-Mutagenese mit dem Enzym Bal 31 zur Erzeugung von Mutationen an definierter Stelle (Bal 31-Deletionen) ↑Gerichtete Mutagenese

BAP = Bakterielle Phosphatase (*bacterial alkaline phosphatase*). Alkalische Phosphatase; wird zur Dephosphorylierung von DNA-Enden verwendet ↑DNA/RNA-modifizierende Enzyme, ↑DNA-Sequenzierung

Basensubstitution. Austausch einer Nukleinsäurenbase in einer DNA oder RNA (je nach Erbmaterial) durch eine andere (z. B. A gegen G) ↑Mutation und Mutagenese

BCIP (= X-Phosphat). Ein chromogenes Substrat zum Umsatz durch *a*lkalische *P*hosphatase-(AP-)conjugierte Antikörper ↑Blotting, ↑Enzym-conjugierte Antikörper

Bead Type Culture. In der pflanzlichen Gewebekulturtechnik die Einbettung von kleinen Kalli in niederschmelzende Agarose („Agaroseperlen' = beads)

Benton-Davis-Hybridisierung. Plaque-Hybridisierung; Methode zur Erkennung rekombinanter Phagen ↑Blotting

Berk-Sharp-Kartierung. Die einzelstrangspezifische Nuklease S1 (S1 nuclease) aus *Aspergillus oryzae* (↑DNA/RNA-modifizierende Enzyme, ↑Modifikation von DNA-Enden) dient der Kartierung von Intron- und Exonbereichen eukaryontischer Gene. Die DNA eines genomischen Klones (genomic clone, ↑Genbank) wird nach thermischer oder alkalischer Denaturierung mit der homologen cDNA (also eines cDNA-Klones des gleichen Gens) oder der homologen mRNA hybridisiert und nachfolgend einem S1-Verdau unterworfen. Intronbereiche des genomischen Klons können nicht mit der cDNA oder mRNA hybridisieren, da sie in beiden fehlen. In elektronenmikroskopischer Darstellung erkennt man deshalb eine Struktur mit einer einzelsträngigen Verdrängungsschleife (displacement loop; ↑D-Schleife; D loop):

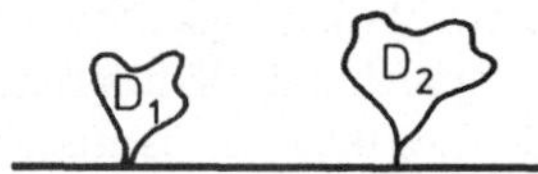

cDNA; D_1, D_2 = D loops ≙ Intronsequenzen

Anhand der Anzahl und Konturlänge der doppelsträngigen Bereiche und der D-Schleifen (D loops) läßt sich die Zahl der Introne und Exone eines klonierten eukaryontischen Gens leicht bestimmen (↑Elektronenmikroskopie von Nukleinsäuren). Da Elektronenmikroskope für ausschließlich gentechnisch oder molekulargenetisch arbeitende Laboratorien für die gelegentliche Nutzanwendung entschieden zu teuer sind, haben BERK und SHARP (1977) die Methode der enzymatischen Intron/Exon-Kartierung im Gegensatz zur Heteroduplexkartierung der Elektronenmikroskopie entwickelt. Die einzelstrangspezifische S1-Nuklease baut die D-Schleifen-DNA ab.

Anhand einer Restriktionskarte (restriction map ↑Restriktions-Fragmentlängen-Polymorphismus, RFLP) des genomischen Klons läßt sich die Intronlänge rekonstruieren. Überlappende Subfragmente (overlapping subfragments) mit nur einem Intron und flankierenden Exonteilen gestatten nach Hybridisierung mit cDNA bzw. mRNA eine Bestimmung der Intron- und Exonlängen über eine vergleichende Längenbestimmung des Restriktionsfragments (Subfragment) und der Exonteile nach elektrophoretischer Auftrennung (↑Elektrophorese). Bei Anwendung der Berk-Sharp-Kartierung auf alle überlappenden Subfragmente läßt sich dann die Anzahl und Länge aller Introne und Exone erfassen (Intron/Exon-Kartierung; intron exon mapping). Wegen der geringen Menge homologer mRNA oder vollständiger cDNA ist eine radioaktive oder chemische Markierung (radioactive oder chemical labelling), also eine ^{32}P-, ^{35}S-, Biotin- oder Digoxigeninmarkierung der genomischen Subfragmente (genomic subfragments) erforderlich. Die Berk-Sharp-Kartierung gestattet auch eine Kartierung des Transkriptionsstarts (cap site) und des Bereichs des Transkriptionsterminators eines eukaryontischen Gens (S1-Kartierung; S1 mapping).

Literatur
Berk AJ, Sharp PA (1977) Cell 12:721

Bifunktionelle Vektoren (binary vectors). Binäre Vektoren, Pendel- oder Schaukelvektoren (shuttle vectors). Diese sind in zwei (oder mehr) verschiedenen Wirtssystemen biologisch funktionstüchtig, d.h. sie gestatten eine Genexpression in genetisch unterschiedlichen Wirten (z. B. Prokaryont/Eukaryont, gramnegativ/grampositiv) ↑DNA-Vektoren, ↑Expressionsvektoren

Biokatalysator. Technisierte Bezeichnung, z. B. für Enzyme, die Katalysatoren biochemischer Reaktionen sind.

Biotin-DNA-Detektionssystem. Ein Kit zur Herstellung Biotin-markierter DNA-Sonden (biotinylated probes) und zum Nachweis (detection, monitoring) biotinylierter Sonden-DNA in DNA-Hybriden (biotin-DNA detection kit). ↑Blotting, ↑Gene Screening, ↑Enzym-conjugierte Antikörper

Biotinylierte DNA. DNA nach Einbau biotinylierter Nukleotide (dUTP), die mit dieser chemischen Markierung als Gensonde verwendet werden kann ↑Markierung von DNA, ↑Blotting

Biotinyliertes dUTP. Mit Biotin markiertes dUTP; wird wie das nicht derivatisierte dUTP in DNA eingebaut; die DNA wird damit chemisch markiert ↑Markierung von DNA

Birnboim-Doly-Methode. Schnellmethode zur Reinigung von Plasmid-DNA im kleinen Maßstab; sie wird daher auch als Minipräparation („miniprep.') bezeichnet. Die Birnboim-Doly-Methode (Birnboim Doly procedure) wird häufig während des Arbeitens mit rekombinanter DNA angewandt, um die Länge eines Inserts in potentiell rekombinanten Klonen zu ermitteln, und dient damit dem Screening nach dem gewünschten Klon. Wesentlicher Schritt ist eine alkalische Denaturierung, die dem Entfernen sowohl genomischer DNA sowie RNA dient; nach dem Neutralisieren binden die denaturierte genomische DNA und die RNA an die Zellreste und werden mit diesen durch Zentrifugieren aus dem Überstand entfernt. Nach Ausschütteln mit dem gleichen Volumen Phenol/Chloroform erhält man aus 1 ml Bakterienkultur eine genügende Menge an Plasmid-DNA, um damit etwa 5 Ansätze für einen Restriktionsverdau (restriction digest, restrictions) und weitere ↑molekulare Klonierungen mit dem als richtig erkannten Klon durchzuführen. Die Birnboim-Doly-Methode und ihre Modifikationen eignen sich auch zur Gewinnung rekombinanter RF-Formen von M13-Klonen (↑M13-Vektoren) sowie zur Gewinnung kleiner Multicopy-Plasmide (multicopy plasmids) aus gramnegativen Bakterien, die einer relaxierten Kontrolle der Kopienzahl (relaxed control) unterliegen. Eine Darstellung großer Singlecopy-Plasmide, die einer stringenten Kontrolle (stringent control) der Kopienzahl gehorchen, erfolgt zweckmäßig nach der ↑Eckhardt-Methode mit Lyse der Bakterien in der Geltasche. Eine schnelle Isolierung rekombinanter Lambda-DNA (↑Lambda-Vektoren) erfolgt wie in Laborhandbüchern (SAMBROOK et al. 1989; PERBAL 1989) beschrieben.

Literatur
Birnboim HC, Doly J (1979) Nucl Acid Res 7:1513
Eckhardt T (1978) Plasmid 1:584
Perbal B (1989) A Practical Guide to Molecular Cloning, 2nd edn. John Wiley & Sons
Sambrook I, Fritsch EF, Maniatis T (1989) Molecular Cloning – A Laboratory Manual. Cold Spring Harbor

Blockierungsreagenz (blocking reagent). Rinderserumalbumin (BSA), Ovalbumin aus Hühnereiklar oder eine fett- und zuckerfreie Trockenmilch-Fraktion (dry milk fraction) sättigen auf Nitrozellulose- oder Nylonmembranen unspezifische Bindungsstellen und verhindern (blockieren) damit unerwünschte Hintergrundhybridisierungen (background hybridisation) ↑Blotting

Blotting. Unter Blotting versteht man den Übertrag (Transfer) von elektrophoretisch aufgetrennten DNA-Restriktionsfragmenten, RNA- oder Proteingemischen auf spezielle Filter oder Membranen, die den spezifischen Nachweis einer bestimmten Nukleinsäuresequenz oder Proteinspezies erlauben. Die Auftrennung von Restriktionsfragmenten einer DNA- oder RNA-Population erfolgt aufgrund der vom Molekulargewicht (= Molekülgröße) abhängigen Laufgeschwindigkeit in einer Matrix mit Molekularsiebeffekt (molecular sieves) in einem angelegten elektrischen Feld (↑Elektrophorese). Zur Auftrennung von großen Nukleinsäurekomponenten (>1000 Basenpaare) sind Agarosegele, für kleine Nukleinsäurefragmente (<1000 Basenpaare) *Poly*acrylamidgele (PAA-Gele) geeignet.

Die elektrophoretische Auftrennung (separation) von Proteingemischen erfolgt ebenfalls nach Molekülgröße in speziellen, zur Proteinauftrennung optimierten Polyacrylamidgelen nach LAEMMLI (1970; sog. Laemmli-Gele). Der Transfer der Moleküle auf den Filter oder die Membran wird im klassischen Blotting, wie es von SOUTHERN (1975) zur Erkennung spezifischer Restriktionsfragmente einer DNA entwickelt wurde, durch eine auftretende hohe Saugspannung zwischen Gel und aufgelegtem Filter bzw. Membran vermittelt. In der Transfervorrichtung werden aufgrund dieser Saugspannung die Makromoleküle (DNA, RNA oder Proteine) – vergleichbar den Tintentropfen auf einem Löschpapier (blotting paper; daher der Name des Verfahrens) – auf den Filter oder die Membran übertragen. Erheblich schneller kann der Molekültransfer elektrophoretisch erfolgen. Dieses dann Elektroblotting genannte Verfahren verdrängt deshalb zunehmend das Blotting nach SOUTHERN. Unabhängig vom technischen Verfahren des Molekültransfers unterscheidet man aufgrund der chemischen Natur der transferierten Moleküle folgende Blots als Resultat des

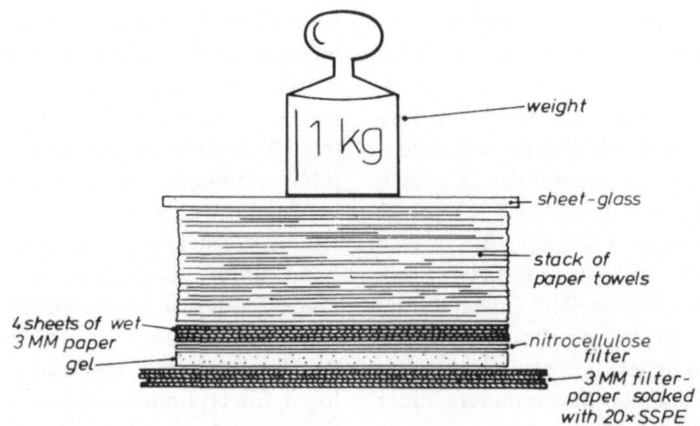

Abb. 4a. Vorrichtung für Southern Blotting. Aus: Advanced Molecular Genetics, Springer, 1984 [4]

Blottingvorgangs:

Bezeichnung	übertragene Molekülspezies	Nachweisagens
Southern-Blot, DNA-Blot	Restriktionsfragmente einer DNA	DNA oder RNA
Northern-Blot, RNA-Blot	RNA	DNA oder RNA
Western-Blot, Immunoblot, Proteinblot	Proteine	Antikörper
Lectinblot	Proteine	Lectine

Die Bezeichnungen Southern-Blot, Northern-Blot, und Western-Blot sind heute die gängigsten. Die Benennung nach den Himmelsrichtungen folgt dem Erfindernamen Southern.

Die Übertragung der Makromoleküle aus Gelen erfolgt zumeist auf Nitrocellulose-Filter (NC-Filter), wobei die erforderliche Denaturierung der Makromoleküle (Proteine mit SDS = Natriumdodecylsulfat; RNA mit Formamid) bereits während der Elektrophorese erfolgt oder nach dieser im Gel vollzogen wird (Alkalibehandlung des Gels zur Denaturierung von DNA). Hochmolekulare DNA (>10 Kilobasen) läßt sich jedoch erst nach saurer Hydrolyse, die in situ niedermole-kulare DNA schafft, nach Alkalibehandlung effektiv auf NC-Filter transferieren. Niedermolekulare DNA von weniger als 200 Basenpaaren haftet kaum an Nitrocellulose. Ebenso zeigt RNA, im Vergleich zu DNA, häufig eine verminderte Haftung an Nitrocellulose, weshalb heute Nylonmembranen die NC-Filter im Nukleinsäure-Blotting zunehmend ablösen. Eine kurze UV-Bestrahlung gestattet dabei eine kovalente und für die Behandlung in der Hybridisierung stabile Bindung von einzelsträngiger DNA oder RNA an die Nylonmembran, wie sie durch Backen der NC-Filter (80 °C im Vakuum, >2 h) nicht zu erreichen ist. Auch das DBM-Papier (*Diazobenzyloxymethyl*), das zum Blotting kleiner DNA-Fragmente (<200 bp) sowie zum Northern-Blotting (RNA-Blotting) verwendet wurde, wird von Nylonmembranen verdrängt, da die kovalente Bindung der Nukleinsäure an das DBM-Papier in einer aufwendigen chemischen Prozedur erfolgen muß (ALWINE et al. 1979). An DBM-Papier können auch Proteine für ein Western-Blotting (Immunoblotting) effektiv gebunden werden (EHRLICH et al. 1979), obgleich die Bindung an Ni-

21

trocellulose-Filter, nach einer von Tow-
BIN et al. (1979) beschriebenen Methode
für das Immunoblotting bevorzugt wird.
Ähnlich werden für das RNA-Blotting
heute bevorzugt NC-Filter verwendet
(THOMAS 1980), bei denen der chemisch
weniger definierte Naturstoff Cellulose
zu speziell guter Eignung für DNA-,
RNA- und Proteinblots modifiziert wird.
Wegen dieser ‚universellen' Einsatzfähig-
keit für alle Arten des Blotting werden
die herkömmlichen Nitrocellulose-Filter
auch nur allmählich durch andere Filter
und Membranen von meist nur spezifisch
besserer Eignung ersetzt. Ein starker
Trend läuft daher auch in Richtung weiterer Verbesserungen der altbewährten
Nitrocellulose-Filter.

Die Hybridisierung von DNA- und
RNA-Blots erfolgt während der Inkubation der an Filter oder Membranen gebundenen Nukleinsäure in einer chemisch standardisierten Lösung (Hybridi-
sierungslösung), die als wichtigste Komponente einzelsträngige (=denaturierte),
radioaktiv markierte Gensonden-DNA
(probe) enthält. Die Gensonde ist eine
bekannte, wohldefinierte DNA-Sequenz,
die über einfachen Restriktionsverdau je-
derzeit und in beliebiger Menge als Restriktionsfragment aus einem rekombinanten DNA-Vektor (Vektor, der diese
DNA-Sequenz enthält) gewonnen werden kann. Die radioaktive Markierung
(radioactive labelling) der Gensonde erfolgt dabei entweder über Nick-Translation oder Primer-extended-Translation
(=Oligolabelling; ↑Markierung von
DNA). Verstärkt verwendet werden auch
synthetische Oligonukleotide, die anhand einer Proteinsequenz in automatisierter chemischer Synthese in allen Co-
donvariationen (↑DNA-Synthese, ↑Pro-
teinsequenzierung) als gemischte Gensonden (mixed probes) gewonnen wer-

den. Nach Synthese werden diese end-
markiert (end-labelling; Kinasierung; kinasing) und zum ↑Gene Screening verwendet. Schließlich kann auch eine in ↑in
vitro-Transkriptionssystemen markierte
RNA als Gensonde im Gene Screening
verwendet werden.

Die einzelsträngige Gensonde bindet
dann unter Ausbildung von Watson-
Crick-Basenpaarungen spezifisch an eine
einzelsträngige, mit ihr identische oder in
der Sequenz eng verwandte (=homo-
loge), filtergebundene DNA- oder RNA-
Sequenz (Zielsequenz; target sequence).
Nach dieser (über Nacht oder länger erfolgenden) Hybridisierung mit der Gensonde werden die Filter mit Lösungen
standardisierter Natriumionen-Konzen-
tration (SSC-Lösungen; *s*tandard *s*o-
dium *c*itrate) gewaschen. Je nach Se-
quenzhomologie zwischen Sonde (probe)
und zu testender bzw. zu identifizieren-
der Sequenz (probed sequence, target)
auf dem Filter erfolgen die Waschvor-
gänge mit unterschiedlicher Stringenz
(stringency), also bei Temperaturen und
Salzkonzentrationen, die gerade noch
eine dem jeweiligen Grad der Sequenz-
homologie entsprechende Stabilität der
aus Sonde und Testsequenz gebildeten
DNA-Heteroduplex gestatten, ansonsten
aber jede weniger spezifisch gebundene
Sonden-DNA in diesem Waschvorgang
entfernen. In 0,1 × SSC (high stringency)
verbleibt nach Waschen lediglich die an
exakt homologe (=identische) Nuklein-
säure/Testsequenzen hybridisierte Sonden-DNA gebunden, in 6 × SSC hingegen haftet auch noch eine lediglich zu
66% sequenzhomologe Gensonde in einer Heteroduplex mit 34% auf Sequenzunterschiede zurückzuführende Fehlpaarungen (sequence mismatches). Eine
niedrigere Stringenz (lower stringency)
als 6 × SSC ist keinesfalls erstrebenswert,

da dann Gensonden an nicht mehr funktionsidentischen Nukleinsäuren (DNA oder RNA, je nach Blot) unter Bildung von Heteroduplices binden, das gesamte Verfahren aber der Suche oder Identifizierung von Nukleinsäuren gleicher biologischer Funktion (z. B. Hämoglobingene des Menschen, die mit einer Hämoglobinsonde des Kaninchens gescreent wurden) dient.

Nach dem Waschen wird dem Filter unter Lichtabschluß ein Röntgenfilm (X-ray film) aufgelegt und der ↑Autoradiographie unterworfen, die (je nach Menge der filtergebundenen Nukleinsäure) Minuten bis Wochen bis zur Entwicklung des Films benötigt. Im Autoradiogramm zeigt sich die Hybridisierung der filtergebundenen, elektrophoretisch nach Größe (Molekulargewicht) aufgetrennten Nukleinsäure dann als scharf bandenförmige Schwärzung des Röntgenfilms. Somit läßt sich aus einer beliebigen Anzahl von Nukleinsäuresequenzen eine ganz spezifische Sequenz erkennen und eindeutig einer Nukleinsäuresequenz mit definierter Größe (DNA-Restriktionsfragment, spezifische mRNA, je nach Blot) zuordnen. Über DNA-Blots (Southern-Blots) kann deshalb die Präsenz einer gesuchten DNA-Sequenz (zumeist die Gensequenz eines

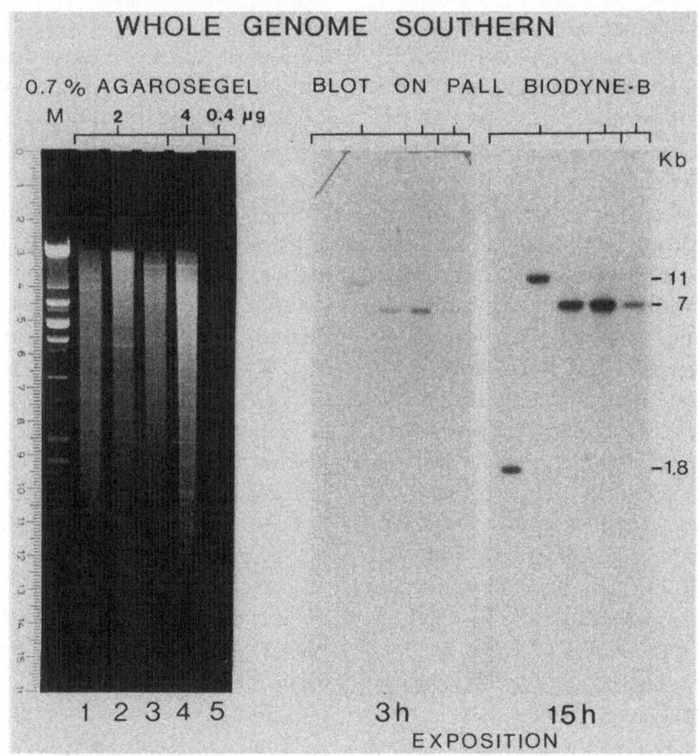

Abb. 4b. Genomischer Southern Blot; links Elektropherogramm mit Molekulargewichtsstandard M und genomischer DNA unterschiedlicher Konzentration in den Gelspuren 1 bis 5. Daneben Hybridisierungssignale eines Blotes auf eine Nylonmembran Biodyne B. Auch nach längerer Exposition (15 h) zeigen sich nur spezifische Signale der Bandengrößen 1,8, 7 und 11 kb. (Mit freundlicher Genehmigung der Fa. Pall Filtrationstechnik GmbH, Dreieich und Dr. I. KRAH-JENTGENS)

Blotting

im ↑Gene Screening einer ↑Genbank ermittelten Klons) einem Restriktionsfragment des rekombinanten Vektors zugeordnet werden. Im Zuge erforderlicher Umklonierungen (Subklonierungen dieses Fragments, Umklonierung zu einem chimären Gen etc.) kann dann durch DNA-Blotting (Southern-Blotting) der korrekte Verbleib der Sequenz in den gentechnischen Neukonstrukten fortlaufend überprüft werden. Schließlich läßt sich nach ↑Gentransfer der permanente Verbleib dieser Sequenz in einem Genom, also der Erbmasse eines Wirtes, eindeutig belegen (Genomischer Southern-Blot, Genomischer Blot; genomic Southern, genomic blot).

RNA-Blots dienen dem Nachweis der Transkription einer DNA-Sequenz in gentechnischen Konstrukten und dem Nachweis der genetischen Expression eines nach ↑Gentransfer eingeführten oder endogenen Gens.

Radioaktives Arbeiten ist wegen der damit verbundenen Gesundheits- und Umweltrisiken auf spezielle Laboratorien (Isotopenlabors) beschränkt und das Hantieren mit radioaktiven Sonden im Blotting entsprechend aufwendig. Deshalb erfreuen sich nichtradioaktive Methoden zum Nachweis hybridisierter Gensonden zunehmend größerer Beliebtheit. Dazu werden in die Gensonde statt radioaktiver Vorstufen biotinylierte Vorstufen (Nukleosidtriphosphate mit Biotinresten an Purinen oder Pyrimidinen) inkorporiert. Nur die an die filtergebundene Ziel-DNA oder Ziel-RNA (probed DNA, probed RNA, target DNA, target RNA) hybridisierte Sonde wird – nach Waschen gewünschter Stringenz sowie nach Bindung von Avidin (Streptavidin)-konjugierten Enzymen (Peroxidase, alkalische Phosphatase) und dem enzymkatalysierten Umsatz eines chromogenen Substrates zu farbigen Produkten – als gefärbte Bande auf dem Filter sichtbar. Neuere nichtradioaktive DNA-Markierungs- und Detektionssysteme (non-radioactive DNA labelling and detection/ monitoring systems) markieren die Sonde mit digoxigeniertem dUTP (Digoxigenin-11-dUTP) statt mit biotinyliertem dUTP. Digoxigenin ist ein natürliches, im Fingerhut (*Digitalis purpurea* bzw. *Digitalis lanata*, Scrophulariaceae) vorkommendes Steroid. Dig-dUTP wird (wie Biotin-dUTP) anstatt dTTP in die DNA inkorporiert. An digoxigenierte DNA oder DNA/RNA-Hybride bindet ein mit alkalischer Phosphatase conjugierter, gegen Digoxigenin gerichteter Antikörper. Die alkalische Phosphatase katalysiert die Oxidation des farblosen Substrates BCIP (5-*B*romo-4-*c*hloro-3-*i*ndolyl*p*hosphat) zu Indigo (blau). In gekoppelter Reaktion wird farbloses NBT (*N*itro*b*lau*t*etrazoliumchlorid) zu blauem Diformazan reduziert. Auf Nitrocellulose-Filtern werden daher blaue – auf Nylonmembranen bräunliche – Banden sichtbar. Sowohl die hochaffine Biotinbindung über Avidin (aus dem Hühnerei) bzw. Streptavidin (aus *Streptomyces sp.*), als auch die Bindung über Anti-Digoxigeninantikörper ermöglicht heute den Nachweis ebenso kleinster DNA-Mengen wie ein Screening mit radioaktiven Sonden. Der Einsatz von Luciferase gestattet einen Nachweis über Lichtblitze, was einerseits gute Möglichkeiten der Signalverstärkung zum Nachweis kleinster Nukleinsäuremengen und zum anderen (nach Proteindenaturierung) eine multiple Rehybridisierung (reprobing) des gleichen Filters erlaubt.

Der spezifische Nachweis einer Proteinsequenz auf Immunoblots (Western-Blots, Proteinblots) erfolgt nach Bindung eines gegen das gesuchte Protein

(=Antigen) gerichteten unmarkierten Antikörpers als primärem Antikörper (primary antibody, first antibody) über die Bindung eines sekundären, gegen den primären Antikörper gerichteten Antikörpers, an den ein Enzym gebunden (conjugiert) ist (antifirst antibody, secondary antibody, enzyme conjugated antibody). Das an den sekundären Antikörper conjugierte Enzym (alkalische Phosphatase oder eine Peroxidase) katalysiert dann den Umsatz eines meist farblosen Substrates zu mindestens einer farbigen Komponente, welche die Präzipitationslinie des Komplexes aus Antigen und primärem Antikörper sichtbar macht. Alternativ kann der sekundäre Antikörper (antifirst antibody, secondary antibody) biotinyliert sein, um nachfolgend ein Streptavidin- oder Avidin-conjugiertes Enzym zu binden. Der letztliche Nachweis (immunological detection) erfolgt dann wieder über den Umsatz eines Substratanalogons in spezifischer Farbreaktion und somit analog zum Nachweis einer biotinylierten Sonde in Nukleinsäurehybriden (Heteroduplices). Früher wurde radioaktiv (^{125}J) markiertes *Staphylococcus*-Protein-A in Conjugation mit dem sekundären Antikörper in situ an das Präzipitat gebunden. Der Nachweis erfolgte dann autoradiographisch. Speziell die Verwendung von alkalischer Phosphatase, Peroxidasen oder β-Galaktosidase als Nachweisenzyme basiert nicht zuletzt auf deren hohem Substratumsatz (turnover rate), welcher niedrige Nachweisgrenzen sichert. Die Nachweisgrenzen in Nukleinsäure-Blots (Southern-Blots = DNA-Blots; Northern-Blots = RNA-Blots) liegen bei 100 Femtogramm (= 0,1 Picogramm (pg) oder 10^{-13} Gramm (g)). Auf die Größe einer proteincodierenden Sequenz (Gen) von ca. 1000 Basenpaaren bezogen, sind das

0,15 amol (Attomol; 1 amol = 10^{-18} mol) oder $0,15 \times 10^{-18} \times L$ Nukleinsäuremoleküle von Gengröße (L = Loschmidt Zahl = $6,023 \times 10^{23}$), also eine Million Moleküle. In der gleichen Größenordnung von etwa 0,1 pg bzw. einer Million Moleküle bewegen sich RNA- und Proteinnachweis, wenn ein durchschnittliches Molekulargewicht von 30000 Dalton ($\cong$ 150 Aminosäuren) für biologisch aktive Proteine vorausgesetzt wird. Mit 0,1 pg liegen die Nachweisgrenzen hier im Bereich hochauflösender Nachweismethoden der Chemie (z. B. Gaschromatographie, Massenspektrometrie). Im Falle des DNA-Nachweises (Southern-Blot) sind dazu etwa 1000000 tierische oder pflanzliche Zellen bzw. 10000 bis 100000 rekombinante Bakterien (nachzuweisendes Gen auf einem Multicopy-Plasmid mit 10–100 Kopien/ Zelle) erforderlich. Je nach Häufigkeit der gesuchten mRNA (10–1000 Kopien/ Zelle) bzw. des nachzuweisenden Proteins gelingt ein RNA- oder Proteinnachweis aus 1000 bis 100000 Einzelzellen. In Gentransfer-Experimenten werden potentiell transgene Organismen nach Selektion auf den cotransferierten Marker (↑DNA-Vektoren, ↑Gentransfer) in Blottingverfahren auf Präsenz und Expression des transferierten Fremdgens untersucht. Dieses ist notwendig, um die mitotisch korrekte Weitergabe (mitotische Segregation) in alle Zellen eines Organismus zu belegen. Zu einem schnelleren Nachweis sondenhomologer Nukleinsäuresequenzen in einer Ziel-Nukleinsäure (z. B. der DNA eines transgenen Organismus oder bei der Analyse eines Proteingemisches bedient man sich auch häufig des sog. Dot-Blots oder Slot-Blots. Dabei wird auf die elektrophoretische Auftrennung der Makromolekülgemische nach Molekülgröße verzichtet und die zu testenden Proben (targets, target DNA, target RNA, target proteins) punktförmig (dot) oder über Schlitze (slots) auf die Hybridisierungsfilter aufgetragen. Der weitere Nachweis homologer Sequenzen in den Zielmolekülen (targets) erfolgt dann per Hybridisierung mit Sonden-DNA (probe) oder immunologisch, völlig analog den Southern-, RNA- und Immunoblots. Je nach Art der nachzuweisenden Makromoleküle spricht man von DNA-Dots (DNA-Dot-Blots), RNA-Dots (RNA-Dot-Blots) oder Protein-Dots (Protein-Dot-Blots oder Immuno-Dot-Blots); seltener von Southern-, Northern- oder Western-Dots.

Die Suche in einer ↑Genbank nach dem gewünschten Klon (↑Gene Screening) geschieht im Falle einer Bakterienbank (Koloniebank, colony bank, colony library ↑Genbank) durch Kolonie-Blotting (colony blotting), welches bei Nachweis auf DNA-Ebene auch als Koloniehybridisierung (colony hybridisation) oder Grunstein-Hogness-Hybridisierung (GRUNSTEIN und HOGNESS 1975) bezeichnet wird. Im Falle einer Phagenbank (↑Genbank) erfolgt ein Screening durch sog. Plaque-Blotting, das auch als Plaque-Hybridisierung (plaque hybridisation) oder Benton-Davis-Hybridisierung (BENTON und DAVIS 1977) bekannt ist. Bei einem Nachweis auf Proteinebene, also einer Kolonie- oder Phagenbank in ↑Expressionsvektoren, wird das Blotting auch in situ-Immunoassay genannt. Dabei werden die rekombinanten Bakterien der verschiedenen Einzelkolonien bzw. die rekombinanten Phagen der verschiedenen Plaques vom Nähragar auf Hybridisierungsfilter identischer Positionierung zum Nähragar übertragen. Dieser Filterübertrag (Blotting) erfolgt aufgrund der Saugspannung, die beim

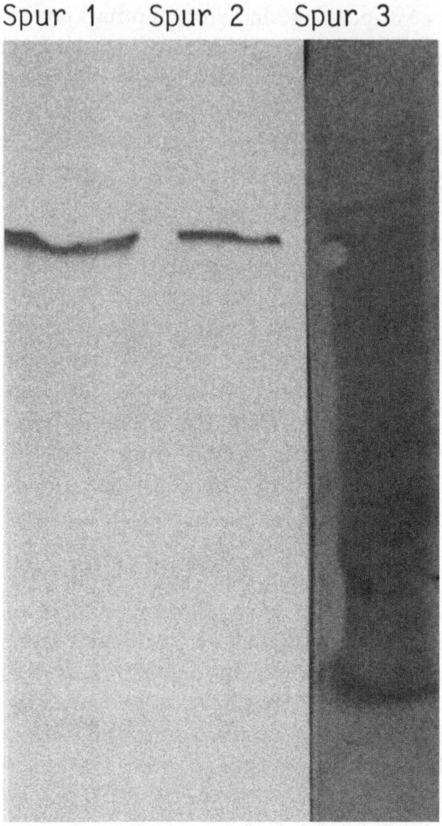

Abb. 4c. Protein Blot eines Hirnhomogenats der Ratte. *Spur 1:* 1:2 verdünnt; *Spur 2:* 1:10 verdünnt. *Spur 3:* 10% SDS-PAGE mit 1:2 Verdünnung des Homogenats mit Coomassie Färbung. Der Transfer erfolgte auf einen FluoroTrans Nitrocellulasefilter zur Detektion des 160 kD-Neurofilaments mittels Peroxidase-conjugiertem Antikörper. (Mit freundlicher Genehmigung der Firma Pall Filtrationstechnik GmbH, Dreieich)

Auflegen des Filters auf den Nähragar entsteht. Die übertragenen Bakterien oder Phagen werden dann durch Detergenzbehandlung lysiert (Lyse gr. Auflösung), wodurch native Nukleinsäuren und denaturierte Proteine freigesetzt werden. Der Nachweis einer spezifischen Proteinsequenz erfolgt dann nach ERLICH et al. (1978) als in situ-Immunoassay in völlig gleicher Verfahrensweise wie das Immunoblotting. Nach alkalischer Denaturierung der DNA erfolgt die Kolonie-Hybridisierung (Grunstein-Hogness-Hybridisierung) bzw. die Plaque-Hybridisierung (Benton-Davis-Hybridisierung). Ein im ↑Autoradiogramm (als punktförmige Schwärzung) bzw. im Fluorogramm (als Farbfleck) nachgewiesener Klon wird dann durch Southern-Blotting und/oder Immunoblotting eindeutig identifiziert und näher charakterisiert. Die hier als Blotting bezeichneten Methoden der in situ-Filterhybridisierung oder der in situ-Immunoassays (Immunoassays zur Detektion der Proteinprodukte von rekombinanter DNA) sind in allen gentechnisch arbeitenden Laboratorien (recombinant DNA laboratories) neben der ↑molekularen Klonierung (recombinant DNA work) alltägliche Arbeitsroutine, die dem Nachweis von DNA-Sequenzen und/oder deren Expression in ↑Genbanken (↑Gene Screening und/oder deren Expression nach gentechnologischen Umklonierungen (Subklonierungen etc.) oder einem erfolgreichen ↑Gentransfer dienen. Die auf Blottingdaten basierenden Aussagen sind von lediglich qualitativem Charakter; sie folgen also einem Alles-oder-Nichts-Gesetz. So gestattet ein positiver Proteinnachweis nur den Rückschluß auf eine Expression des korrespondierenden Gens, aber keinesfalls eine quantitative Erfassung. Auch über den Vergleich mit geeigneten Standards läßt sich allenfalls eine Abschätzung der Menge erzielen. Quantitative Aussagen zur Genzahl (Redundanz), Anzahl der mRNAs (Abundanz) oder zur Menge eines gebildeten Proteins sind Resultat der DNA-Reassoziationskinetik (↑cot-Wert), der Hybridisierungskinetik oder des ↑ELISA-Tests bzw. einer Transkriptions- und/oder Translationsanalyse in zumeist heterologen in vitro-Transkriptions- und/oder Translationssystemen.

Literatur
Alwine IC et al. (1979) Methods in Enzymology 68:220
Benton WD, Davis RW (1977) Science 196:180
Erlich M et al. (1978) Cell 13:681
Erlich M et al. (1979) J Biol Chem 254:12240
Grunstein M, Hogness DS (1975) Proc Natl Acad Sci 72:3961
Laemmli UK (1970) Nature 227:680
Southern E (1975) J Mol Biol 90:503
Thomas CA jr (1980) Proc Natl Acad Sci 77:5201
Towbin H et al. (1979) Proc Natl Acad Sci 76:4350

Blumenkohlmosaikvirus. ↑Cauliflower Mosaic Virus (↑CaMV)

Blunt Ends (flushed ends). Glatte DNA-Enden (im Gegensatz zu ↑kohäsiven Enden) ohne überstehende Einzelstrangbereiche ↑DNA/RNA-modifizierende Enzyme, ↑Modifikation von DNA-Enden

bom (basis of mobilisation). Ursprung der Transferreplikation (oriT) auf DNA-Vektoren, die aus *E. coli* in *Agrobacterium tumefaciens*-Stämme per Conjugation übertragen werden. ↑Agrobakterien-vermittelter Gentransfer ↑Parasexuelle Mechanismen

Bordersequenzen. Die T-DNA der Ti-Plasmide von *Agrobacterium tumefaciens* besitzt konservierte Regionen (kanonische Sequenzen; conserved regions) an ihren beiden Enden, die als left border (T_L) bzw. right border (T_R) oder nur als Bordersequenzen (T-DNA borders, T-DNA border sequences, border sequences) bezeichnet werden. Die Bordersequenzen sind für die Übertragung der T-DNA in höhere Pflanzen unbedingt erforderlich; bereits die Deletion einer Bordersequenz reduziert die Transferrate um den Faktor 100 ↑Agrobakterien-vermittelter Gentransfer

Bovine Papilloma Virus (BPV). Rinderpapillomavirus; lysiert befallene Zellen nicht (Extrusionsvirus), statt dessen liegt eine doppelsträngige replikative Form (RF-Form) in hoher Kopienzahl vor, die als virale Partikel aus der Zelle entlassen werden. Derivate von Papillomaviren, speziell des Rinderpapillomavirus, werden als Klonierungsvektoren für Säugerzellsysteme verwendet.

↑virale Vektoren

Bromcyan-Spaltung (bromine cyanide cleavage). Die Bromcyan-Spaltung dient in der Gentechnik der Abtrennung von Fusionsproteinen (proteincodierende Sequenz mit einer 5′-vorgeschalteten *E. coli*-Promotor – Operator-S/D-Sequenz – Signalpeptid – Startcodon-Abfolge = bakterielle Expressionskassette). Da nur das von der codierenden Sequenz codierte Fusionsprotein gentechnisch interessant ist, müssen Signalpeptide nach Reinigung des Fusionspeptids abgespalten werden. Dies erfolgt an dem vom Startcodon codierten Methionin, da Bromcyan spezifisch am Methionin spaltet.

↑Expressionsvektoren

BSA (bovine serum albumin). Protease- und Nuklease-freies Rinderserum Albumin kann in Inkubationspuffern unerwünschte Kontaminationen, die hemmend auf Enzyme wirken, binden, was zum Teil auch der natürlichen Funktion der Albumine im Blutserum entspricht. Weiterhin dient es (als nicht-immunogener Carrier) der Gewinnung immunogener Oligopeptide und als ↑Blockierungsreagenz bei Filterhybridisierungen. Hier belegt es freie Stellen des Filters, die sonst unspezifisch mit der Sonde reagieren würden.

Bt-ICP. Das Bt-ICP-Allel codiert ein *Bacillus cereus* var. *thuringensis* Protein mit insektizider Wirkung (*insectic*id *p*rotein, ICP). *B. thuringensis*-infizierte oder Bt-

ICP-transgene Pflanzen sind über ein natürliches Insektizid vor Insektenbefall geschützt. Ähnlichen Schutz bieten Chitinasegene (CHI) oder ein Trypsin-Inhibitorgen (CpTI).

Literatur
Fischhoff DA et al. (1987) Plant Mol Biol 10:105

C

C-DNA (C form DNA). Auch C-Helix; spezielle Sekundärstruktur der DNA ↑DNA-Topologie

CAAT-Box (CAAT consensus motif). = CAT-Box; kanonische Region GGPyCA(A)TCT im Bereich −60 bis −80 eukaryontischer Promotoren, die vermutlich die Promotorstärke festlegt ↑Transkription, ↑Genexpression in Eukaryonten

Cäsiumchloridgradient. CsCl-Gradient; analytische und präparative Dichtezentrifugationstechnik zur Isolierung von Nukleinsäuren ↑DNA-Isolierung

Cäsiumtrifluoroacetatgradient. CsTFA-Gradient; analytische und präparative Dichtezentrifugationstechnik zur Isolierung von Nukleinsäuren ↑RNA-Isolierung

Cäsiumsulfat-Gradienten. Wie Cäsiumchlorid bildet Cs_2So_4 bei Zentrifugation einen Dichtegradienten aus. Im Gegensatz zu CsCl-Gradienten werden aber mit Cäsiumsulfat höhere Dichten erreicht, was eine Auftrennung von Satelliten-DNAs und doppelsträngiger RNA gestattet.

Calciumcopräzipitat. Niederschlag aus der Präzipitation von DNA mit Calciumphosphat; das so gewonnene Copräzipitat wird verwendet im ↑DNA-vermittelten Gentransfer

Calf Intestine Phosphatase (CIP). Kälberdarmphosphatase; Enzym zur Dephosphorylierung von DNA ↑DNA/RNA-modifizierende Enzyme

Calibration Standard. Molekulargewichtsstandard (molecular weight standard), Kalibrierungsstandard, Eichstandard ↑Elektrophorese

Canine pancreas microsomes. ↑Mikrosomen aus der Bauchspeicheldrüse von Hunden

CAP = Catabolite Activator Protein. Katabolitaktivatorprotein, auch CRP (*c*yclic AMP *r*eceptor *p*rotein) genannt. Verschiedene induzierbare Operone (z. B. lac-Operon in *E. coli*) werden durch Glukose und deren Abbauprodukte inhibiert (Katabolitrepression; catabolite repression). cAMP (cyclisches Adenosinmonophosphat) bindet an das CAP, dieser Komplex bindet an die Promotorregion (CAP binding site) der DNA, was dann eine Bindung der RNA-Polymerase und damit die ↑Transkription der bisher inhibierten Operone gestattet. Während der Glykolyse liegt eine niedere cAMP-Konzentration in der Zelle vor; die biodegradativen Operone (biodegradative operons) sind daher reprimiert.

Cap. Auch ‚Kappe‘; modifizierte 5′-Enden eukaryontischer RNA ↑Transkription, ↑Genexpression in Eukaryonten

CAP-Bindungsstelle (CAP binding site). Bindungsstelle des catabolite activator protein (CAP) in prokaryontischen Promotoren, die einer Regulation durch das CAP Protein unterliegen.

Cap-Site. Kanonisches Sequenzmotiv des Transkriptionsstartes eukaryontischer Gene ↑Genstruktur in Eukaryonten, ↑Genexpression in Eukaryonten

Carrier. Ein Makromolekül, welches als Träger andere Moleküle (auch Makromoleküle) quantitativ in einen physikalischen, chemischen oder biologischen Prozeß einbringt.

Carrier-gebundene Oligopeptide. Oligopeptide besitzen auch als stark immunogene Teilbereiche eines Proteins (sog. Epitope) keine immunogene Wirkung, d. h. sie stimulieren eine Antikörperbildung nur dann, wenn sie in einem Protein kovalent gebunden, also in einen größeren nicht-immunogenen Bereich eines Polypeptids eingebettet sind oder kovalent an einen Träger (carrier) gebunden werden. Als Carrier fungiert dabei meistens Albumin, welches selbst nicht immunogen ist, aber leicht eine kovalente Kopplung eines Oligopeptides erlaubt. Das so erzeugte synthetische Antigen besitzt meist eine partiell immunogene Wirkung, wie das Protein, nach dessen Sequenz das Oligopeptid synthetisiert wurde; es kann aber im Gegensatz zu diesem Protein in beliebig großer Menge gewonnen werden. Da jedes Polypeptid in der Regel über mehrere Epitope verfügt, kann ein einzelnes trägergebundenes Epitop nur eine eingeschränkte immunogene Wirkung zeigen, die zudem nicht der immunogenen Potenz des Epitops in seiner natürlich kovalenten Aminosäureumgebung des Herkunftsproteins entsprechen muß. Zur Erzeugung eines optimal immunogenen Ersatzantigens werden daher mehrere Epitop-Carrier-Systeme einer Proteinsequenz ausgetestet.

↑Peptidsynthese

CAT. Ein unverändertes bakterielles *C*hloramphenicol-*A*cetyl-*T*ransferase-Gen (CAT) oder ein chimäres Derivat davon. CAT-Gene dienen als selektierbare ↑Marker

Catalytic Antibodies. Katalytische Antikörper oder Abzyme ↑Protein Engineering

CAT-Test (CAT assay)

CAT-Test (CAT assay). Mit dem CAT-Test läßt sich überprüfen, ob ein in einen ↑Wirt (host) eingeführtes CAT-Gen, welches das Enzym *Chloramphenicolacetyltransferase* codiert, exprimiert wird. Der CAT-Test ist ein schneller und sensitiver Test, der auch Aussagen über die Promotorstärke von in ↑gerichteter Mutagenese gewonnenen Promotormutanten erlaubt. Promotorlose CAT-Genkonstrukte können als Promotortestplasmide (promotor test plasmids) verwendet werden. Das promotorlose CAT-Gen selbst erlaubt keine Expression; erst das Einbringen einer DNA-Sequenz mit Promotorfunktion bewirkt eine Expression und erlaubt das Erfassen der Promotorstärke (Testen des Promotors). Ebenso können promotorlose Neomycingene (NPT assay; *Neomycinphosphotransferasetest*) oder Beta-Lactamasegene (Nitrocefintest) einge-setzt werden. Wegen geringerer Sensitivität und der weniger exakten Quantifizierbarkeit sowie der Cancerogenität von Nitrocefin sind solche Konstrukte gegenüber CAT-Konstrukten weniger bedeutend.

Cauliflower Mosaic Virus. Wegen seines doppelsträngigen DNA-Genoms läßt sich aus dem Cauliflower Mosaic Virus (CaMV; Blumenkohlmosaikvirus), das in die Gruppe der ↑Caulimoviren gehört, ein möglicherweise gut geeignetes Vektorsystem zur genetischen Manipulation von Kreuzblütlern (Cruciferae = Brassicaceae, z. B. Kohlarten) und Nachtschattengewächsen (Solanaceae, z. B. Kartoffel, Tomate, Tabak) entwickeln. Erste Schritte hierzu wurden von HOHN et al. (1982) unternommen. Das CaMV codiert für 6 verschiedene Proteine, über

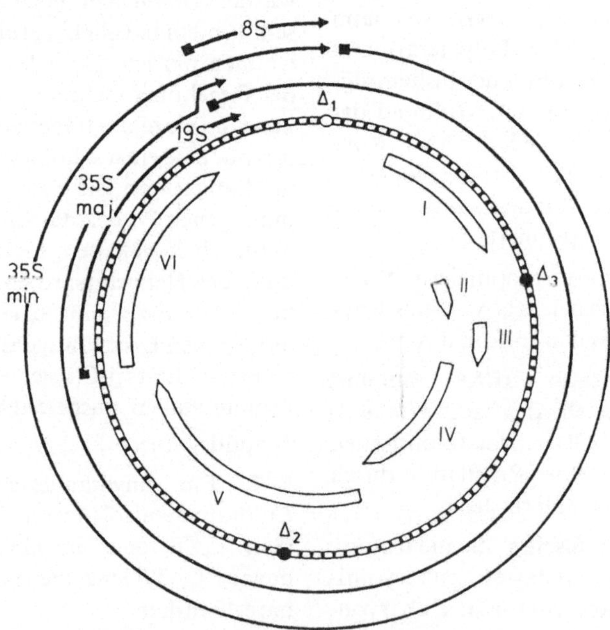

Abb. 5. Genkarte des Cauliflower Mosaic Virus (CaMV) mit den Koordinaten der 8S, 19S und 35S Transkripte und den Diskontinuitäten (gaps) 1, 2, 3. Offene Leseraster (*ORFs*) sind mit römischen Ziffern bezeichnet. Aus: Plant Infectious Agents, CSH, 1983 [5]

deren Funktion bisher allerdings wenig bekannt ist. Für die Entwicklung eines potenten DNA-Vektors ist eine bessere Kenntnis der Transkripte und nicht-essentiellen Bereiche im CaMV-Genom natürlich von erheblicher Bedeutung. Lediglich in der Region des Gens II konnte bisher eine nichtessentielle Region, die sich für die Einklonierung von Fremd-DNA eignet, entdeckt werden. Die klonierte virale DNA ist auch ohne ihre natürlichen Strangunterbrechungen (Diskontinuitäten) sehr infektiös und kann als nackte DNA ohne Verpackung in Viruspartikel zur Transfektion pflanzlicher Zellen verwendet werden. Damit entfällt eine strikte Limitierung der DNA-Insertgröße, die bei der Notwendigkeit der Verpackung der DNA in virale Partikel dem System auferlegt wäre.

↑Agrobakterien-vermittelter Gentransfer, ↑Caulimovektoren, ↑Geminiviren

Literatur

Hohn B et al. (1982) Curr Topics Microbiol Immunol 96:194

Caulimovektoren. Der Ti-Plasmid-vermittelte Transfer (↑Agrobakterien-vermittelter Gentransfer) pflanzlicher Gene ist auf dikotyle Pflanzen beschränkt. Monokotyle Pflanzen, zu denen wichtige Nutzgräser (Getreide, Mais und Reis) gehören, entziehen sich somit der Anwendung Ti-Plasmid-vermittelter Gentechnik. Deshalb gewinnt der Einsatz pflanzlicher Viren in der grünen Gentechnik mehr und mehr an Bedeutung. Da die weitaus überwiegende Zahl phytopathogener Viren RNA-Viren sind, kommen nur zwei Klassen pflanzlicher Viren überhaupt in Frage, nämlich:

– Caulimoviren mit doppelsträngiger DNA
– Geminiviren mit einzelsträngiger DNA, aber doppelsträngigen replikativen DNA-Intermediaten, die als Klo-

nierungsvehikel verwendet werden können.

Das bekannteste und bestuntersuchte Caulimovirus ist das ↑Cauliflower Mosaic Virus (CaMV; Blumenkohlmosaikvirus), das wegen seiner Wirtsspezifität allerdings nur eine Anwendung auf Kreuzblütler (Cruciferae = Brassicaceae, z. B. Kohlarten) und Nachtschattengewächse (Solanaceae, z. B. Kartoffel, Tomate, Tabak etc.) erlaubt. Ob Caulimovektoren, speziell die auf dem Cauliflower Mosaik Virus (CaMV) basierenden Vektoren, zumindest für die genetische Manipulation der (dicotylen) Kreuzblütler und Nachtschattengewächse bessere Genvektorsysteme darstellen, bleibt derzeit noch abzuwarten.

↑Agrobakterien-vermittelter Gentransfer, ↑Cauliflower Mosaic Virus, ↑Geminiviren, ↑Pflanzenvektoren

ccc-DNA (*covalently closed circular DNA*). Kovalent geschlossene, superhelicale (supertwisted) DNA wie z. B. Plasmide und replikative Intermediate von Viren (↑Plasmidvektoren, ↑M13-Vektoren). ccc-DNA kann aufgrund der höheren hydrodynamischen Dichte (Schwimmdichte, Schwebedichte; buoyant density) in Ethidiumbromid-Caesiumchlorid-Dichtegradienten leicht von oc-DNA (*open circular* DNA) und linearer DNA getrennt werden.

cDNA. cDNA, komplementäre DNA (*complementary* DNA) oder *copy* DNA, wird in der Gentechnik in vitro und mit Hilfe des Enzyms Reverse Transkriptase (Revertase, RNA-abhängige DNA-Polymerase) an isolierter, polyadenylierter, eukaryontischer mRNA (messenger RNA), die als Matrize dient, erzeugt. Die cDNA stellt in ihrer einzelsträngigen Form eine exakte komplementäre DNA-Kopie einer mRNA dar. Die zur molekularen Klonierung erzeugte doppelsträngige cDNA repräsentiert eine intronfreie Kopie einer eukaryontischen Transkriptionseinheit, ein cDNA-Gen. Als solche kann sie in einem ↑Expressionsvektor vor einen prokaryontischen Promotor kloniert und unter Produktion des eukaryontischen Proteins mit sequenzgetreuer Aminosäureabfolge exprimiert werden.

Die Synthese einer doppelsträngigen cDNA an einer mRNA-Matrize erfolgt nach folgendem Schema:

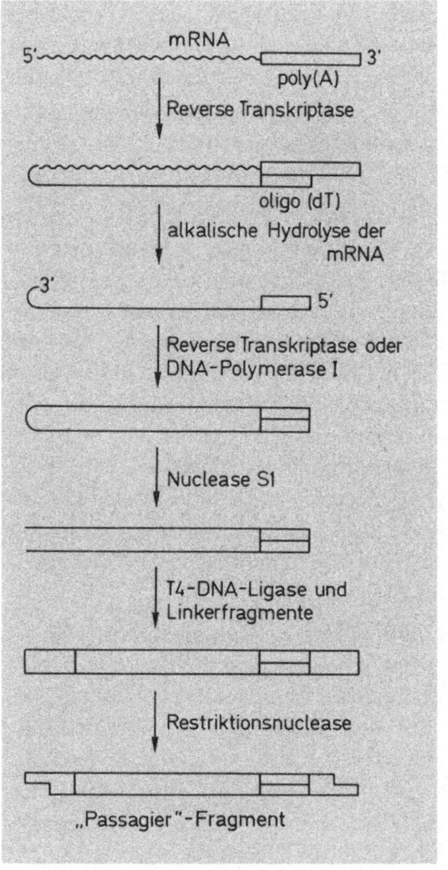

Abb. 6. Herstellung cDNA. Aus: Molekulare Genetik, Georg Thieme Verlag, 1985 [6]

Im Revertase-Schritt (meistens wird AMV-Reverse Transkriptase aus dem *A*vian *M*yeloblastosis *V*irus oder M-MLV-Reverse-Transkriptase aus dem *M*oloney *M*urine *L*eukemia *V*irus verwendet) wird zunächst ein mRNA/cDNA-Hybrid synthetisiert. Die reverse Transkriptase benötigt neben der mRNA-Matrize (template) einen Oligodesoxythymidinstarter (Oligo(dT)primer) mit freier 3'-Hydroxygruppe als Synthesestart. Der kurze (12–20 Nukleotide), synthetische Oligo (dT)-Primer hybridisiert nach Zugabe spontan an den poly (A)-Teil der mRNA. Die mRNA des mRNA/cDNA-Hybrids läßt sich mit Ribonuklease abdauen oder durch Alkalibehandlung entfernen. Die Synthese des zweiten DNA-Stranges erfolgt mit der im Revertase-Schritt gebildeten Haarnadelstruktur (hairpin) als Primer entweder mit *E. coli*-DNA-Polymerase I (Kornberg-Enzym), dem ↑Klenow-Fragment, der T4-DNA-Polymerase oder der reversen Transkriptase selbst. Welches Enzym an der vorliegenden DNA-Matrize am besten arbeitet, muß gegebenenfalls experimentell gefunden werden. Am Ende wird die Haarnadelschleife (hairpin loop) mit der einzelstrangspezifischen Nuklease S1 aus *Aspergillus oryzae* entfernt. Die vorliegende glattendige, doppelsträngige cDNA kann wie jede DNA in einen DNA-Vektor einkloniert werden. In neueren Protokollen zur Erzeugung von cDNA wird der S1-Verdau, mit oft schwer vermeidbarem Überverdau im Doppelstrang, umgangen. Das gebildete mRNA/cDNA-Hybrid wird mit *E. coli*-RNaseH behandelt. RNaseH setzt Lücken (gaps) in den RNA-Strang; die verbleibenden RNA-Fragmente dienen als Primer für die *E. coli*-DNA-Polymerase I (Kornberg-Enzym), die dann den vollständigen zweiten cDNA-Strang synthetisiert, dessen Überhänge über die Exonukleaseaktivität der T4-DNA-Polymerase entfernt werden. Die so erzeugte glattendige, doppelsträngige cDNA kann dann ebenfalls zur molekularen Klonierung verwendet werden. Die mRNA sollte in ihrer ganzen Länge in cDNA umkopiert werden (full length synthesis), da sonst wichtige Sequenzen fehlen, die für die Synthese vollständiger Proteine in einem Expressionssystem essentiell sind. Der Ausschluß von RNasen, die während der Syntheseschritte die RNA teilweise abdauen und die optimale Handhabung der verschiedenen Syntheseschritte und deren Steuerung verlangt daher Erfahrung und experimentelles Geschick.

↑cDNA-Genbank, ↑Genbank

cDNA-Genbank (cDNA library). Die eukaryontische Zelle enthält eine Vielzahl verschiedener mRNA-Spezies in unterschiedlicher Konzentration und Häufigkeit (Abundanz). Eine cDNA-Genbank muß somit eine Population bakterieller Transformanten beinhalten, in der jede mRNA Spezies gemäß ihrer Abundanz in denjenigen Zellen, aus denen sie isoliert wurde, in einem geeigneten DNA-Klonierungsvektor als cDNA-Insert vorliegt. Damit umfaßt eine vollständige, repräsentative cDNA-Genbank das gesamte Spektrum der mRNA-Ausstattung des Zellmaterials, aus dem die mRNA isoliert wurde.

Die Anlage einer cDNA-Genbank erfolgt in drei Schritten: **1.** Extraktion und Reinigung von mRNA (↑RNA-Isolierung) **2.** Synthese doppelsträngiger cDNA (↑cDNA) **3.** Molekulare Klonierung doppelsträngiger cDNA via geeignete DNA-Klonierungsvektoren.

Nach der Okayama-Berg-Methode wird vektorgekoppelte mRNA verwendet.

Damit kann die cDNA-Synthese und die cDNA-Klonierung in einem Schritt durchgeführt werden.

Die erzeugte, glattendige, doppelsträngige cDNA kann in einem DNA-Klonierungsvektor, der mit einem Restriktionsenzym geschnitten wurde, das glattendige (flushed ended, ↑blunt end) DNA produziert, direkt einkloniert werden. Da aber dann die gewünschten Inserte nicht mehr in einfachem Restriktionsverdau gewinnbar sind, ist diese ‚blunt end ligation' wenig verbreitet. Im allgemeinen werden die cDNA-Inserte über passende DNA-Linker oder Adaptoren (↑Modifikation von DNA-Enden) in die Vektor-DNA eingefügt. Dies ist vor allem dann die Methode der Wahl, wenn die cDNA-Inserte in ↑Expressionsvektoren expressionsgerecht vor geeignete ↑Promotoren inseriert werden sollen. Diese Technik ist dann geboten, wenn die Absuche (↑Gene Screening) der cDNA-Genbank nicht über eine ↑Gensonde, sondern direkt über den Phänotyp oder einen immunologischen Nachweis eines Genproduktes in Form des codierten Proteins erfolgen muß, oder wenn letztlich die Produktion eines spezifischen, cDNA-codierten Proteins das gewünschte Ziel ist. Anderenfalls können die cDNA-Inserte auch über Homopolymertailing von Vektor- und Insert-DNA in den Klonierungsvektor eingefügt werden. Beim Homopolymertailing der Vektor- und Insert-DNA werden dem glattendigen DNA-Vektor homopolymere Enden aus Guanyl- oder Cytosylresten in einer von terminaler Transferase (*Terminale Desoxynukleotidyl Transferase*, TdT; Bollum-Enzym) katalysierten Reaktion angefügt. In der gleichen enzymatischen Reaktion werden den cDNA-Inserten zu den Vektorenden komplementäre, einzelsträngige Homopolymerenden (Vektor:

Guanylreste, cDNA: Cytosylreste oder umgekehrt) angeheftet. Dieses Tailing erfolgt dabei so, daß eine mit DNA-Polymerase aufgefüllte (fill in) Restriktionsschnittstelle des Vektors nach dem Homopolymertailing und der Einligation der komplementär getailten cDNA die Restriktionsschnittstelle zu beiden Seiten des Inserts rekonstituiert wird. Dies erlaubt dann eine einfache Wiedergewinnung des Inserts über Restriktionsverdau. Eine solche leichte Rückgewinnung des Inserts ist für erforderliche Umklonierungen in andere Vektoren oder die Insertgewinnung für ↑DNA-Sequenzierung nach MAXAM und GILBERT wünschenswert. Je nach Restriktionsschnittstelle des Vektors muß zur Rekonstitution der Schnittstelle nach dem Homopolymertailing anstelle eines GC-Tailings (*G*uanin/*C*ytosin) ein AT-Tailing (*A*denin/*T*hymin) erfolgen. Im Falle des AT-Tailings kann der Insert auch ohne Rekonstitution der Schnittstelle nach partieller thermischer Denaturierung – bei der die bei niederer Temperatur aufschmelzenden, flankierenden AT-Regionen zu Einzelstrangbereichen getrennt werden – für Umklonierungen gewonnen werden. Die flankierenden, dann einzelsträngigen AT-Regionen zu beiden Seiten des Inserts werden dabei einfach mit der einzelstrangspezifischen S1-Nuklease abgedaut, wodurch der Insert freigesetzt wird.

Ein Verfahren zur Anlage einer cDNA-Genbank wurde von OKAYAMA und BERG unter Verwendung spezieller Okayama-Berg-Vektoren entwickelt. Diese sind dT-getailte (dT = *D*esoxy*t*hymidin) Derivate des sehr häufig verwendeten Plasmidvektors pBR322 (BOLIVAR et al. 1977). Die mRNA hybridisiert über ihren poly(A)-Schwanz mit einem Oligo(dT)-getailten Vektor und gestattet damit die Synthese einzelsträngiger cDNA mit Hilfe der Reversen Transkriptase. Anschließend werden der einzelsträngigen cDNA und dem gegenüberliegenden freien Vektorende Oligo(dC)-Schwänze in einer mit terminaler Transferase (Bollum-Enzym) geführten Reaktion angefügt. Zur Entfernung des Oligo(dC)-Schwanzes auf der Vektorseite wird mit einem Restriktionsenzym gespalten und der Vektor dann über einen (dG)-getailten DNA-Linker zirkularisiert. Die Synthese des zweiten DNA-Stranges erfolgt dann mit Hilfe des Kornberg-Enzyms (DNA-Polymerase I aus *E. coli*). Die Okayama-Berg-Methode hat gegenüber der älteren, konventionellen cDNA-Klonierung den entscheidenden Vorteil einer intrinsischen Selektion auf vollständig revers transkribierte mRNA (full length reverse transcripts), da nur glattendige mRNA/cDNA-Hybride als Substrate für ein (dC)-Tailing fungieren können.

Die konventionell oder nach OKAYAMA und BERG mit einem Klonierungsvektor in vitro rekombinierte cDNA wird dann zur genetischen ↑Transformation in einen *E. coli*-Wirt verwendet. Die damit erzeugte Population bakterieller Transformanten repräsentiert die cDNA-Genbank (cDNA-Genbibliothek, cDNA-Klonbank, cDNA-Koloniebank; cDNA bank, cDNA library). Diese wird dann mit herkömmlichen Verfahren des ↑Gene Screenings nach einer (oder mehreren) gewünschten cDNA-Sequenz(en) abgesucht. Im Unterschied zu einer genomischen Genbank (↑Genbank) enthält eine cDNA-Genbank intronfreie, proteincodierende, eukaryontische DNA-Sequenzen, die in *E. coli* eine genetische Expression in geeigneten ↑Expressionsvektoren erlauben.

Eine direkte cDNA-Klonierung (also eine Okayama-Berg-Methode) kann auch

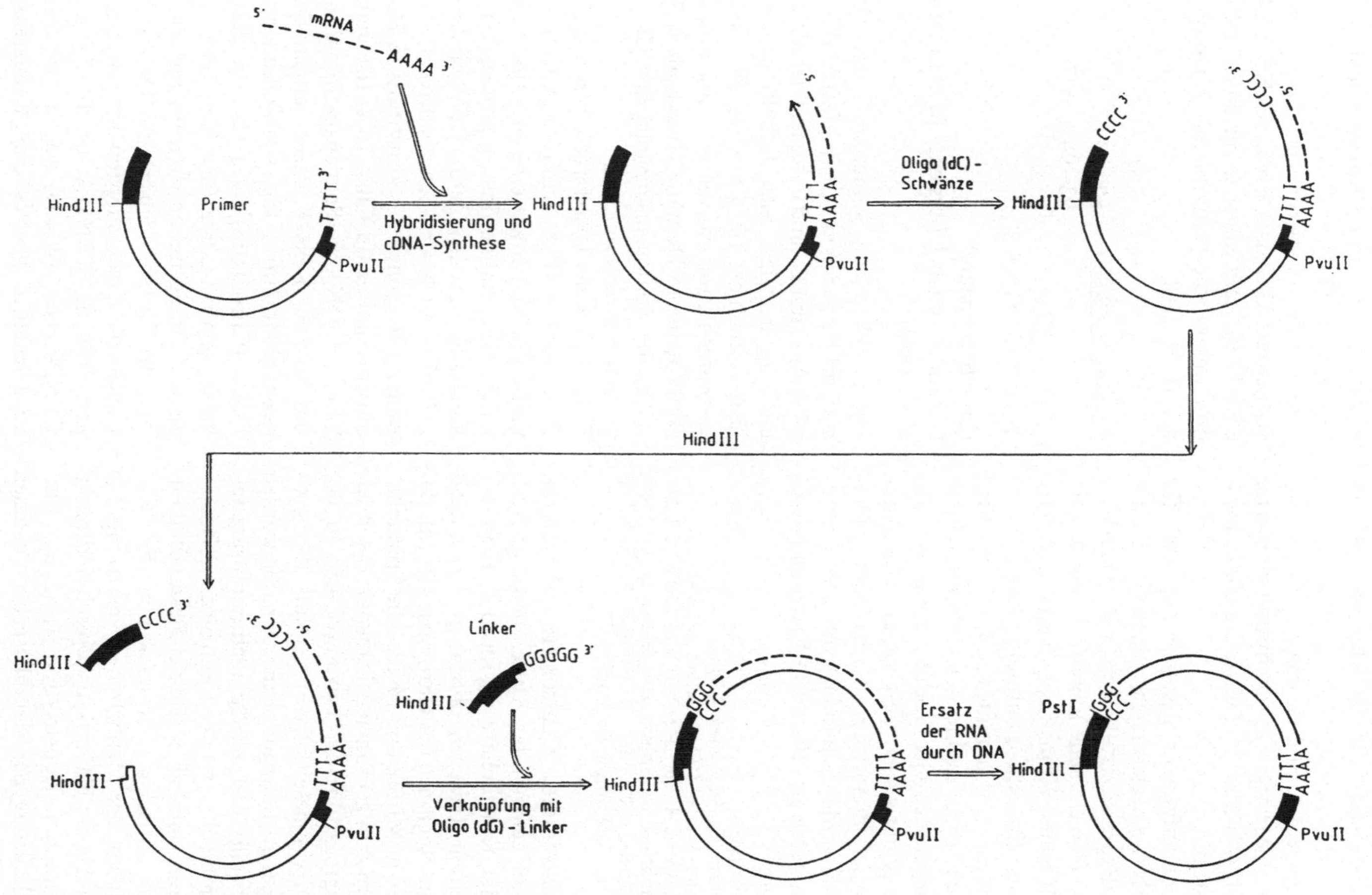

Abb. 7. cDNA Genbank. Aus: Gene und Klone, Verlag Chemie, 1984 [7]

durch die von Okayama-Berg-Vektoren abgeleiteten Honjo-Vektoren (NOMA et al. 1986) erfolgen. Honjo-Vektoren besitzen einen SP6-Polymerase-Promotor, der eine in vitro-Transkription klonierter cDNA erlaubt (↑in vitro-Transkriptionssysteme).

Noch effektiver gestatten, speziell für cDNA-Klonierungen, angepaßte Lambda-Expressionsvektoren (z. B. λgt11-Vektor) eine einfache Identifizierung des gewünschten Klons über Plaque-Immunoblots (in situ-Immunoblotting, ↑Gene Screening, ↑Immuntests). Im Plaque liegt nach Lyse durch den rekombinanten Phagen das Genprodukt des gewünschten Klons als Antigen vor, das über Antikörper identifiziert werden kann. Deshalb werden Lambda-Expressionsvektoren heute als effektivste Vektoren bevorzugt.

Literatur
Bolivar F (1977) Gene 2:95
Noma Y et al. (1986) Nature 319:640
Okayama H, Berg P (1983) Mol Cell Biol 3:280
Sambrook I, Fritsch EF, Maniatis T (1989) Molecular Cloning – Laboratory Manual, 2nd edn. Cold Spring Harbor

Centromere. Centromere (WALDEYER 1888; centrum lat. Mitte, meros gr. Teil) oder Kinetochore (SCHRADER 1936; kinein gr. bewegen, choros gr. Ort, Stelle) sind Regionen der Chromosomen, an denen in Mitose und Meiose die Spindelfasern zum geordneten Transport (Mendel-Segregation) der Chromosomen in der Karyokinese (karyon gr. Nuß, Kern; kinesis gr. Bewegung) ansetzen. Sie werden deshalb auch als Spindelfaseransatzstellen bezeichnet. Die Centromere (Kinetochore) sind als integraler Bestandteil eukaryontischer Chromosomen die ‚Garanten' der Mendelschen Vererbung. Sie sind in der lichtmikroskopisch sichtbaren primären Konstriktion (primäre Einschnürung) der Metaphasechromosomen

lokalisiert. Bisher sind lediglich centromerale DNAs von Chromosomen der Bier- oder Bäckerhefe *Saccharomyces cerevisiae* näher charakterisiert. Die CEN-Sequenzen CEN3, CEN4, CEN6 und CEN11 besitzen folgende für ihre Funktion wesentliche Struktur aus 3 Domänen (I, II, III):

$$
\begin{array}{ll}
\text{I} & \text{II} \\
5'\,\text{AtaagtcaCatgat} & 82-89\ \text{bp} \\
& 93-94\%\ \text{A/T} \\
\text{III} & \\
\end{array}
$$

TGaTTtCCGAA 3′

(bp = Basenpaare)
(verändert nach Übersicht: BLACKBURN et al. 1984).

Die flankierenden Sequenzen I und III sind im Vergleich zur ‚A/T-Matrix' (93–94% A/T) mit G- und C-Resten geradezu auffällig markiert und deshalb prominenter Bindeort für Proteine, die nach vermutlich cooperativer Bindung weiterer Proteine in Domäne II (extrem A/T reich) die Spindelansatzstelle der Hefechromosomen formieren.

Derzeit sind vier CENPs (*CEN*tromerale *P*roteine; CENP-A, CENP-B, CENP-C und CENP-D) sowie eine Fraktion von CLiPs (*c*hromatide *l*inking *p*rotein*s*) bekannt, die an centromerale DNA binden, z. T. aber auch an hochrepetitive DNA weiterer Regionen des konstitutiven Heterochromatins (in Clustern auftretende Satelliten-DNA aus Sequenzvarianten eines kurzen, 6 bis 8 Basen langen Sequenzgrundmotivs, sog.: simple sequence DNA ↑Chromatin), was aber in vitro keine Rekonstitution (in vitro assembly) zu vollständigen Centromeren mit Paarung der Chromatiden erlaubt. Die spezifisch an die Kinetochordomäne gebundenen Proteine (CENP-A, ca. 17 kD und CENP-C, ca. 140 kD) zeigen zwischen verschiedenen Spezies eine Kreuzreaktion (cross reactivity), die nach Chromosomendissection (z. B. durch einen UV-Laser ↑Genisolierung) eine immunologische Erkennung über Anti-CENP-conjugierte Peroxidase (Immunoperoxidase-Detektion, immunoperoxidase detection) ermöglichen. Nach Entfernen der Proteine kann die centromerale DNA dann molekular kloniert werden. Auf diese Weise ist es gelungen, mehrere CEN-DNA-Sequenzen aus anderen Organismen von biologischer oder gentechnischer Bedeutung, wie *Schizosaccharomyces pombe, Caenorhabditis elegans,* ↑*Arabidopsis thaliana, Drosphila melanogaster* und Säuger, wie Hamster und Mensch zu gewinnen. Die Isolierung centromeraler DNA anderer biologischer Herkunft als der Hefe *Saccharomyces cerevisiae* ermöglicht die Konstruktion weiterer ↑artifizieller Chromosomen, welche bisher nur als YACs (*y*east *a*rtificial *c*hromosomes) für den gentechnischen Wirt *Saccharomyces cerevisiae* als Klonierungsvektoren mit extrem hoher Klonierungskapazität (Inserte bis 800 Kb) im Einsatz sind. Speziell in der molekularen Entwicklungsgenetik (molecular developmental genetics), die sich augenblicklich rasch entfaltet, sind solche artifiziellen Chromosomen von großer methodischer Bedeutung.

Die CEN-DNA der Kinetochordomäne der Centromere zeigt keine konservierten Sequenzmotive (kanonische Sequenzen). Im Gegensatz dazu bindet CENP-B als Komponente der zentralen Domäne (central domain) des Centromers an eine Konsensus-Sequenz:

5′ TTCGTTGGAAACGGGA 3′

(CENP-B-Box), welche auch außerhalb der Centromerregion anzutreffen ist. Der centromerale Ort der Paarung der Chromatiden in der Metaphase ist von verschiedenen INCENPs (*IN*ner *CEN*tro-

mer *Protein*s) besetzt, welche während der Trennung der Chromatiden in der Anaphase aus der Paarungsdomäne (pairing domain) des Centromers verschwinden. Am Aufbau der Paarungsdomäne sind zusätzlich noch immunologisch näher charakterisierte CLiPs (*C*hromatid *L*inking *Protein*s) beteiligt, die eine fädige Struktur ausbilden, die senkrecht auf der Chromosomenachse steht.

↑Artifizielle Chromosomen

Literatur
Blackburn EH et al. (1984) Ann Rev Biochem 53:163
Pluta AF et al. (1990) TIBS 15:181
Schrader F (1936) Biol Bull 70:484
Waldeyer W (1988) Arch Mikr Anat 32:1

CFU. Colony forming units (cfu); die Anzahl der cfu/ml entspricht dem Titer lebender vermehrungsfähiger Zellen. In der Gentechnik ist nur die Zahl der lebenden, d. h. koloniebildenden Zellen wichtig. Die Bestimmung des Lebendtiters (cfu/ml) erfolgt durch Ausplattieren einer Verdünnungsreihe, bei der die hochgewachsene Zellsuspension in jeweils einem 1:100 Schritt verdünnt wird. Die Ausgangssuspension hat üblicherweise Werte von einigen 10^9 cfu/ml. Nach drei sukzessiven 1:100 Verdünnungen beträgt der Titer einige Tausend cfu/ml. Von der letzten Verdünnung werden 0,1 ml auf Nähragar ausplattiert und nach Inkubation die Anzahl der gebildeten Kolonien durch Auszählung bestimmt. Die Anzahl der Kolonien pro Agarplatte multipliziert mit 10^7 ergibt den gesuchten Lebendtiter in cfu/ml.

Chalkonsynthase-Gen (CHS-Gen). Die Chalkonsynthase ist ein Schlüsselenzym in der Anthocyansynthese. Anthocyane sind rote und blaue Blütenfarbstoffe. Die Chalkonsynthase (CHS) katalysiert die Kondensation eines Moleküls p-Cumaroyl-CoA mit drei Molekülen Malonyl-CoA zum Naringeninchalkon, welches durch Isomerisierung sofort in Flavanon überführt wird. Das Chalkon ist zentrales Intermediat für die Synthese aller Flavonoide und deren Abkömmlinge, wie Phytoalexine (Isoflavonoidderivate, sog. Traumatogene), die bei Verletzung und mikrobieller Infektion gebildet werden. Die Expression der CHS-Gene wird neben der Regulation über Traumatogene auch über Blaulicht-/UV-Rezeptoren reguliert, weshalb CHS-Promotoren neben den Phytochrom-regulierten Genen (Rotlicht, am anderen Ende des Spektrums) interessant und möglicherweise gentechnisch bedeutend werden können.

Charon-Vektoren (charon vectors). Eine Serie von ↑Lambda-Vektoren, die heute zunehmend von Lambda-Vektoren mit höherem Klonierungskomfort verdrängt werden (der Name entstammt der griechischen Mythologie – vom Fährmann Charon, der die Seelen der Verstorbenen über den Fluß Styx befördert, unbestattete aber zurückläßt).

CHEF (*clamped homogenous electric field system*). Eine ↑Pulsfeldelektrophorese, bei der keine langen Elektroden, sondern kurze, in einem Sechseck (120° Winkel) angeordnete Elektroden die Geometrie des angelegten elektrischen Feldes bestimmen; das Gel ist klammerartig (clamp = Klammer) von Elektroden umgeben. CHEF liefert für die Trennung sehr gut geeignete, homogene elektrische Felder.

Chelatoren. Organische Substanzen, die Kationen wie Mg^{2+} (EDTA) und Ca^{2+} (EGTA) binden und damit die Aktivität Magnesium- oder Calcium-aktivierter Enzyme wie DNasen und z.T. RNasen hemmen. In der Gentechnik werden vor allem die Chelatoren EDTA (Ethylen-dinitrilotetraacetat, EDTA-Na · $2H_2O$) und EGTA (Ethylen-bisoxy-ethylennitrilo-tetraacetat) als Mg^{2+}- bzw. Ca^{2+}-Chelatoren verwendet. EDTA befindet sich im Standardpuffer Tris-EDTA (TE) zur Lagerung von DNA (DNA storage buffer).

Chemische DNA-Synthese. Das Hauptaufgabengebiet der chemischen Oligonukleotidsynthese liegt derzeit in der Herstellung von ↑Linkern, ↑Adaptoren, ↑Gensonden, ↑Promotoren, ↑Terminatoren, ↑Shine-Dalgarno-Sequenzen und Oligonukleotidkristallen zur Röntgenstrukturanalyse der Helixstruktur. Die Synthese von Oligodesoxynukleotiden ist an zwei wichtige Voraussetzungen gebunden: **1.** Die Reaktionspartner (Monomere, wie auch die durch kontinuierliche Kettenverlängerung erzeugten Oligomere) müssen in nichtwäßrigen Lösungsmitteln löslich sein. Damit ist die Synthese dem gesamten Repertoire der Methoden der organischen Chemie zugänglich. Amino- (NH_2-) und Hydroxy- (OH-) Gruppen der Nukleosidbasen und der Desoxyribose müssen in geeigneter Weise blockiert sein, damit im Reaktionsgemisch lediglich eine Kettenverlängerung über Internukleotid-Phosphodiesterbindungen eintritt. **2.** Die Schutzgruppen müssen unter den reaktiven Bedingungen der Elongationsreaktion (Kettenverlängerung), d.h. dem Knüpfen der Phosphodiesterbindung stabil erhalten bleiben. Andererseits müssen sie aber so labil sein, daß sie am Ende der Synthese eine leichte Abspaltung ohne Schädigung des Syntheseproduktes erlauben. Die Entfernung der Schutzgruppen muß das gewünschte, biologisch voll aktive Oligonukleotid anliefern.

Es gibt heute grundsätzlich zwei Verfahren, nämlich das Phosphodiester-Verfahren und das Phosphotriester-Verfahren, die diesen geforderten Ansprüchen genügen. Das heute weit verbreitete Phosphit-Verfahren kann wegen der Strategie der eingeführten Schutzgruppen als Triestermethode verstanden werden, obgleich es mit Verbindungen des dreiwertigen Phosphors (Phosphit-Zwischenprodukte) und nicht wie die ursprüngliche Triester-Methode mit Verbindungen des fünfwertigen Phosphors (Phosphatzwischenprodukte) arbeitet. Das Phosphodiester-Verfahren arbeitet mit zwei Schutzgruppen, R_1 und R_2 nach folgendem Reaktionsablauf:

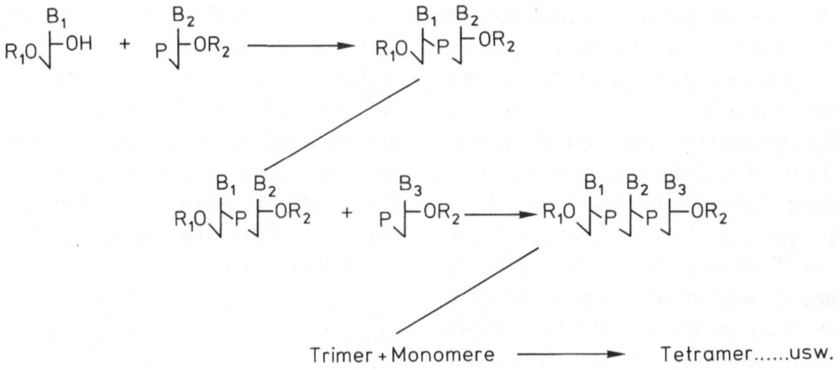

tender Synthese vermehrten Löslichkeitsprobleme der Produkte ist die Phosphodiester-Methode heute gänzlich von der eigentlich älteren Phosphotriester-Methode (MICHELSON und TODD 1955) verdrängt.

Die Oligodesoxyribonukleotidsynthese im Phosphotriesterverfahren mit 3 Schutzfunktionen R_1, R_2, R_3 verläuft prinzipiell nach folgendem Schema (siehe Abb. 9, Seite 40).

Am Ende der Synthese wird die Schutzgruppe R_1 ($R_1 =$ DMT, *Dimethoxytri-*

Abb. 8. Phosphodiester-Verfahren

Am Ende der Synthese wird die Schutzgruppe R_1 ($R_1 =$ DMT, *Dimethoxytrityl*gruppe) entfernt (Detritylierung). Diese Detritylierung liefert ein biologisch aktives Oligonukleotid.

Mit Hilfe der Phosphodiester-Methode wurden die ersten großen Erfolge einer Gensynthese (Alanin- und Tyrosin-Suppressor-tRNA aus Hefe bzw. *E. coli*; KHORANA et al. 1972, 1976; BROWN et al. 1979) erzielt. Wegen der mit fortschrei-

tylgruppe) durch Detritylierung entfernt. Nach Abspalten der Schutzgruppe R_3 und dem Ersatz der $-OR_3$ Gruppe durch eine Hydroxygruppe liegt dann das biologisch aktive Oligonukleotid vor. In der Praxis gestaltet sich der Zyklus der Kettenverlängerung etwas komplizierter, da alle Monomere mit der DMT-Gruppe eingeführt werden müssen. Dies ergibt dann den Zyklus der Kettenverlängerung:

Detritylierung–Waschen–Kondensation–Waschen–Capping–Waschen

↑ ↓

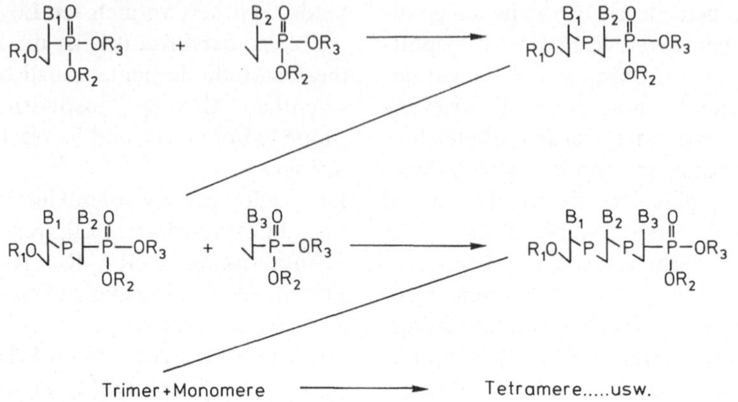

Abb. 9. Phosphotriester-Verfahren

Die für Detritylierung, Kondensation und Capping verwendeten Reagentien müssen jeweils in mehrfachen Waschgängen entfernt werden, damit die nachfolgenden Reaktionen nicht gehemmt werden. In der Capping-Reaktion des n-ten Kettenverlängerungsschrittes wird die 5′-Hydroxygruppe des $(n-1)$ Monomeren, welches, falls es nicht unter Kettenverlängerung reagiert hat, für die nachfolgende Kondensation erhalten bleibt, durch Acetylierung im n-ten Kettenverlängerungsschritt blockiert. Die einzelnen Phosphotriester-Verfahren unterscheiden sich in der Chemie der eingefügten Schutzgruppen R_2 und R_3 und damit in den im Kondensationszyklus verwendeten Reagentien.

Üblicherweise benutzt das Phosphotriester-Verfahren als reaktionsinerten Träger modifizierte Polystyrole, die, mit einem Nukleosid funktionalisiert, das erste Nukleosid über seine 3′Hydroxylgruppe mittels eines ‚Spacers‘ mit diesem Träger kovalent koppeln. Die Festphasensynthesen (solid phase, solid support synthesis) haben gegenüber der Synthese im Flüssigsystem (liquid phase synthesis) einige Vorteile und sind deshalb sehr gängig. Insbesondere die modernen, von

Caruthers et al. (1981) entwickelten und mittlerweile verbesserten Phosphitverfahren eignen sich hervorragend für vollautomatische Festphasensynthesen in DNA-Syntheseautomaten (DNA synthesizers, gene assemblers (machines). Die Phosphitverfahren der Oligodesoxyribonukleotidsynthese arbeiten nach dem generellen Schema:

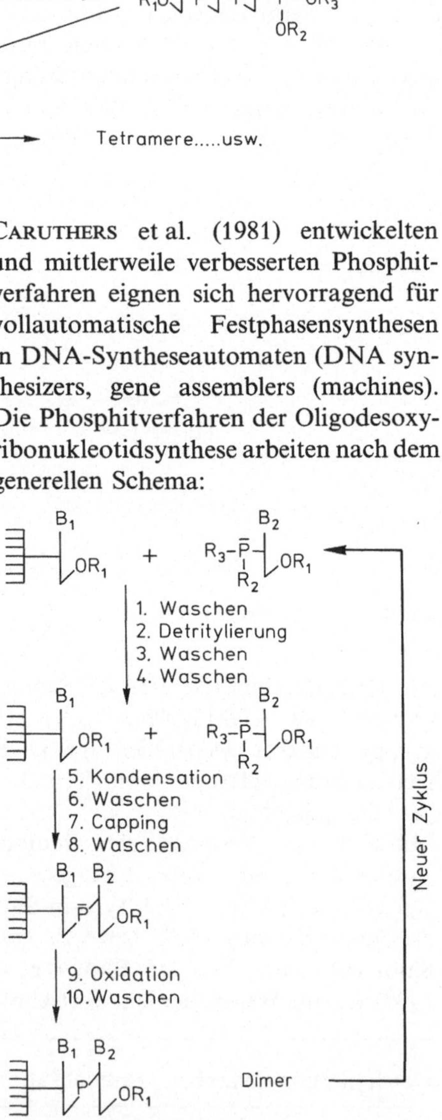

Abb. 10. Phosphit-Verfahren

Nach Detritylierung des 5′-Endes erfolgt die Addition eines weiteren Monomeren im Kondensationsschritt. In der Capping-Reaktion werden 5′-Hydroxylenden, die im Kondensationsschritt nicht reagiert haben, blockiert und ausschließlich der Phosphitester über Jod zum Phosphat oxidiert. Danach beginnt ein neuer Additionszyklus mit Detritylierung, Kondensation, Capping und Oxidation. Inklusive aller erforderlichen Waschschritte dauert ein Additionszyklus 5–10 Minuten. Üblicherweise werden mit der Phosphitmethode heute Oligodesoxynukleotide von 40 Nukleotiden, in DNA-Syntheseautomaten bis zu 200 Nukleotiden Länge erzeugt. Die Ausbeuten pro Additionszyklus sind mit über 99% nahezu quantitativ, was Oligonukleotidsynthesen dieses Polymerisationsgrades erst erlaubt. Dabei erfolgt die vollständige Synthese in diesen Automaten nach Eingabe der gewünschten Sequenz (z.B. GCTTA ...) über ein Tastenfeld mikroprozessorgesteuert und vollautomatisch. Das Endprodukt wird nach Ablösen von der Festphase und der Entfernung der R_2-Schutzgruppen über HPLC (*h*igh *p*erformance *l*iquid *c*hromatography) gereinigt. Anschließend wird die Richtigkeit der synthetisierten Sequenz mittels ↑DNA-Sequenzierung nach Maxam und Gilbert überprüft.

Mit der Triester-Methode der Phosphit-Verfahren ist heute eine chemische DNA-Synthesetechnologie von großer Zukunft geschaffen, die lediglich über die komplizierte und vielseitige Chemie der Schutzgruppen, auf die hier in Kürze nicht eingegangen werden kann, eine effizientere (bzgl. Zeitaufwand, Ausbeute) Gestaltung erfahren dürfte.

Strukturgene für Proteine üblicher Länge dürften wegen der Möglichkeit der effizienten vollautomatisierten Oligonukleo-tidsynthese in Zukunft vermehrt vollsynthetisch erzeugt werden (↑Gensynthese).

Literatur
Brown EL et al. (1979) Methods in Enzymology 68:109
Caruthers MH (1982) In: Gassen HG, Lang A (eds) Chemical and Enzymatic Synthesis of Gene Fragments. VCH, Weinheim, New York, p 71
Gassen HG, Lang A (eds) (1982) Chemical and Enzymatic Synthesis of Gene Fragments. VCH, Weinheim, New York
Khorana HG et al. (1972) J Mol Biol 72:209
Khorana HG et al. (1976) J Biol Chem 251:565
Michelson AM, Todd AR (1955) J Chem Soc 2638

Chemische Methode der DNA-Sequenzierung. Maxam-Gilbert-Methode ↑DNA-Sequenzierung

CHI-Gen, Chitinasegen. Chitinasen finden sich in Schneckenmagen, einigen Schimmelpilzen und Bakterien wie *Seratia marcescens*. CHI-transgene Pflanzen verfügen mit der Chitinase über ein Insektizid, welches bei Fraßinsekten das Exoskelett, den Chitinpanzer, auflöst und dadurch das Insekt tötet.

Literatur
Taylor JL et al. (1987) Mol Gen Genet 210:572

Chi-Sequenzen (chi sites, chi spots). Orte erhöhter ↑Rekombination (recombinational hot spots); das Chi steht für Chiasma, also chromosomale Orte, an denen zuvor Rekombinationsereignisse (crossing over) stattgefunden haben. Lambda-DNA enthält mehrere Chi-Stellen, das *E. coli*-Genom einige tausend dieser GCTGGTGG-Oktanukleotide.

Chimären. Organismen, die nach Mischen embryonaler Zellen verschiedener Eltern als Zwischenwesen (z.B. ‚Schiege‘ aus Schaf und Ziege) erzeugt werden können. Das Wort stammt vom altgriechischen ‚he chimeira‘ (Ziege) und bezeichnet Halbmensch/Halbtier-Fabelwesen der griechischen Mythologie. Zu Beginn der gentechnischen Entwicklung wurden auch rekombinante DNA-Mole-

Chimärer Marker (chim(a)eric marker)

küle (aus DNA-Anteilen von mehr als einem Organismus) als Chimären (DNA-Chimären; chimaeras) bezeichnet.
↑Reproduktionstechnik Wirbeltiere

Chimärer Marker (chim(a)eric marker). Selektionierbarer Marker, der nach dem Prinzip eines ↑chimären Gens konstruiert wurde ↑Expressionsvektoren

Chimäres Gen (chim(a)eric gene, sandwiched gene). ↑Codierende Sequenz, die von Expressionssignalen biologisch anderer Herkunft flankiert wird ↑Expressionsvektoren

Chloramphenicol-Amplifikation. Plasmide, speziell Plasmidvektoren, die relaxierter Kontrolle der Kopienzahl unterliegen, lassen sich mit Chloramphenicol oder Spectinomycin amplifizieren. Die Inhibition der Proteinsynthese (DNA-Polymerase III wird vor der ↑Replikation nicht mehr neu gebildet) verhindert eine Replikation des Genoms (und damit die Zellteilung und Vermehrung des Klons) bei gleichzeitig ungehinderter Replikation der Plasmide über abundant vorliegende DNA-Polymerase I (Kornberg-Enzym), die nicht *de novo* synthetisiert werden muß ↑Amplifikation

Chloramphenicolresistenz (Cm^r). Chloramphenicolresistenzgene werden in der Bakteriengenetik und Gentechnik häufig als ↑Marker zur Feststellung eines Transformationserfolges und damit der Etablierung eines rekombinanten bakteriellen Klons oder eines eukaryontischen Wirtes verwendet. Chloramphenicolresistenzgene, die das Enzym *Chloramphenicolacetyltransferase* codieren, werden auch für den ↑CAT-Test verwendet.

Chromatin. Eukaryontische DNA liegt als Nukleoproteinkomplex im Interpha-

sekern vor. Die DNA ist im Chromatin um Nukleosomenpartikel (Histonoctamere der Histone H2A, H2B, H3 und H4) gewunden (1¾ DNA-Umdrehungen pro Partikel). DNA-Stücke zwischen Nukleosomenpartikel werden als Linker bezeichnet. Höhere DNA-Kondensationsgrade werden durch Verdichtungen über Histon H1 bewirkt, so die Solenoidstrukturen als DNA-Superhelices mit 6 Nukleosomen pro Umdrehung. Weitere Verdichtungen zur Transportform Chromosom – in Mitose und Meiose – erfordern eine Achse aus Nichthistonproteinen (nonhistones). Nicht-basische, komplexere Proteine (Nichthistone) sind auch in mannigfaltiger Weise an der Regulation der Genaktivität beteiligt. Hinsichtlich des Kondensationsgrades (Heteropycnose) in der Interphase unterscheidet man genetisch aktives Euchromatin (zeigt ↑Transkription) und das stärker kondensierte, genetisch inerte Heterochromatin; letzteres kann als fakultatives Heterochromatin (facultative heterochromatin) – also je nach Zelltyp als Heterochromatin oder Euchromatin – oder konstitutives Heterochromatin (constitutive heterochromatin), d. h. in allen Zell- und Gewebetypen als Heterochromatin, vorliegen.

Je nach Einbauort in einem transgenen Organismus entscheidet die relative Lage zu heterochromatischen Abschnitten über die genetische Aktivität eines durch Gentransfer eingebrachten Gens (Positionseffekte, Paramutation = somatische Konversion).

Chromatographie von Nukleinsäuren. Chromatographische Auftrennungen von Nukleinsäuren spielen in der Gentechnik gegenüber Auftrennung durch Dichtegradienten-Zentrifugation und elektrophoretische Methoden eine geringe

Rolle. Prominentes chromatographisches Verfahren ist die Anreicherung polyadenylierter mRNA über Oligo-(dT)-Säulen oder Oligo-(U)-Sepharose für cDNA-Klonierungen (↑cDNA, ↑cDNA-Genbank) und die Verwendung matrixgebundener Oligonukleotide für die affinitätschromatographische Anreicherung spezifischer (denaturierter) DNA-Sequenzen oder RNA. Diese Einzelstrang-Sequenzen können dann durch die Klenow-Polymerase zum vollständigen Doppelstrang aufgefüllt oder im Fall einer mRNA enzymatisch in ↑cDNA umkopiert werden. Eine derartige Anreicherung mit partieller Synthese genetischer Sequenzen bezeichnet man als ↑Gene Editing. Das Gene Editing wird neuerdings durch die Anreicherung über die ↑Polymerase-Kettenreaktion (polymerase chain reaction, PCR) verdrängt, da diese effektiver und weniger aufwendig ist. Für Umpufferungen sowie Auftrennungen nach Molekulargewicht (= Fragmentlänge), die in großem Maßstab auch über Sucrosegradienten erfolgen kann, finden Gelfiltrationstechniken an Dextranderivaten (Sephadex) Anwendung, ebenso bei der Trennung von ccc-Formen (Plasmide, M13-RF-Formen) von linearer genomischer DNA. Eine Abtrennung von Nukleotiden und unverbrauchten Primern bei der Primer-extended Translation (↑Markierung von DNA) dient bei der Markierung von DNA-Sonden (probes) der Gewinnung markierter Sonden, deren spezifische Aktivität dann bestimmt werden kann. Zur Auftrennung von Plasmiden oder RF-Formen von M13-Klonierungsvektoren verwendet man auch HPLC-Anlagen (*high performance liquid chromatography*), die vor allem aber eine schnelle Anreicherung von Oligonukleotiden nach chemischer Synthese gewährleisten (↑Chemische DNA-Synthese). Wegen der hohen Anschaffungs- und Betriebskosten sind HPLC-Anlagen und die entsprechende Säulenausstattung nur in gentechnischen Labors mit vielfältiger Proteinreinigung Standardausrüstung. Dichtegradienten (Plasmidisolierung) und Polyacrylamidelektrophorese (Oligonukleotidreinigung) ersetzen die HPLC bezüglich der qualitativen Ansprüche, sind allerdings zeitaufwendiger (10–20 min HPLC; 5–10 h oder mehr für übrige Verfahren).

Chromosomen. Der in Mitose und Meiose erforderliche Transport des genetischen Materials in Tochterzellen gemäß den Mendel-Gesetzen (Chromosomentheorie der Vererbung) bedingt eine maximale Kondensation der DNA der verschiedenen Kopplungsgruppen (linkage groups) zur Transportform des Chromatins, den Chromosomen. In cytogenetischen Analysen können an Chromosomen strukturelle oder numerische Veränderungen (Chromosomenmutation, Genommutation ↑Mutation und Mutagenese) untersucht werden. Dies ist in der Humangenetik, speziell der genetischen Beratung (aber auch der medizinischen Genetik und forensischen Genetik) bei der Analyse chromosomaler Aberrationen als Ursache von Erbkrankheiten mit gravierendem Krankheitsverlauf von Bedeutung. Zum anderen erlauben Karyotypanalysen ein Erkennen phylogenetischer Bezüge zwischen verschiedenen Organismengruppen, da die transspezifische Evolution mit Großmutationen (= Chromosomen- und Genommutationen; gross mutations) einhergeht. Zur Chromosomenanalyse stehen Bänderungstechniken (banding techniques) zur Verfügung, die ein reproduzierbares, lichtmikroskopisch erkennbares Bandenmuster (banding pattern) der Chromoso-

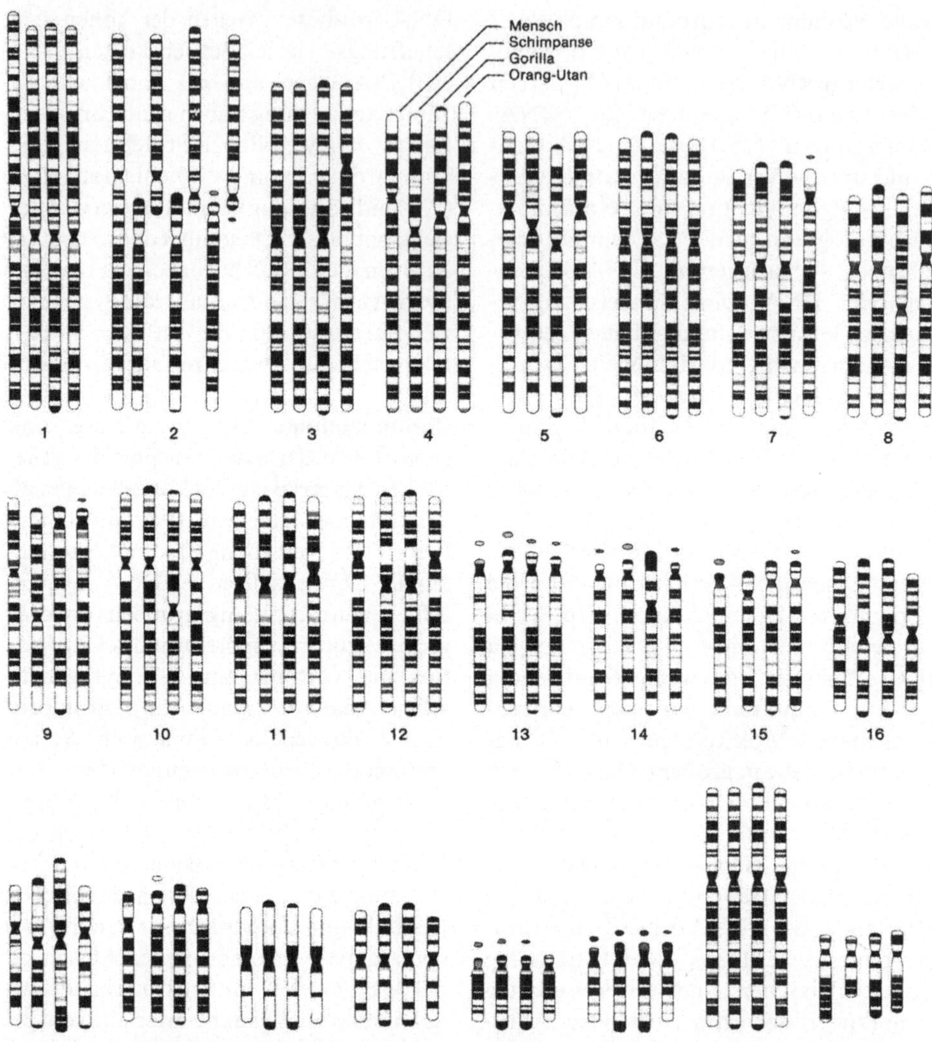

Abb. 11. Bandenmuster der Chromosomen bei Mensch, Schimpanse, Gorilla und Orang-Utan. Die einzelnen Chromosomen sind dabei in der genannten Reihenfolge von links nach rechts angeordnet. Im Vergleich zu den Menschenaffen (24 Chromosomenpaare) besitzt der Mensch nur 23 Chromosomenpaare (Nr. *1* bis *22 + XY*), da bei ihm zwei unterschiedliche Chromosomen zum Chromosom Nr. 2 verschmolzen sind. Diese Fusion muß, zusammen mit einigen anderen Veränderungen (z. B. Inversionen in den Chromosomen 1 und 18), stattgefunden haben, nachdem sich die Entwicklungslinie des Menschen von dem gemeinsamen Vorfahren von Mensch und Schimpanse abgespalten hat. Die Bandenmuster zeigen, daß der Mensch entwicklungsbiologisch mit dem Schimpansen enger verwandt ist als mit dem Gorilla. Die geringste Verwandtschaft besteht zum Orang-Utan (von YUNIS und PRAKASH). Aus: Genetik, Carl Hanser Verlag, 1988 [8]

men ergeben, z. B. ein arttypisches 400 Bandenmuster der menschlichen Chromosomen. G-Banden (G bands) erscheinen nach Trypsinvorbehandlung durch *G*iemsa-Färbung. Das G-Bandenmuster ist ähnlich, aber nicht identisch mit dem Q-Bandenmuster, das durch Färbung mit dem Fluoreszenzfarbstoff *Q*uinacrin entsteht. Nach Vorbehandlung durch Hitzedenaturierung erhält man ein *r*everses Bandenmuster (reverse banding) von R-Banden. Regionen, die bei *R*-Bänderung stark gefärbt sind, erscheinen schwach oder gar nicht bei *G*- oder *Q*-Bänderung. Nach NaOH- oder HCl-Vorbehandlung der Chromosomen läßt sich eine *C*-Bänderung erzielen. Nur spezielle Bereiche werden in *C*-Bänderung erfaßt, nämlich ↑Centromere, sekundäre Einschnürungen, der lange Arm des Y-Chromosoms und einige chromosomale Anhänge (Satelliten). Die Färbbarkeit mit den unterschiedlichen Farbstoffen und deren Zugänglichkeit in Abhängigkeit von der Vorbehandlung, basiert auf Eigenschaften unterschiedlicher Nichthistone, die art- und gewebespezifisch in den Chromosomen vorhanden sind; der genaue chemische Mechanismus der Färbungen ist daher unbekannt. In der Cytogenetik und Gentechnik spielen in situ-Hybridisierungen mit ↑Gensonden (probes) eine große Rolle bei der Zuordnung eingebrachter Gene zu chromosomalen Einbauorten (Banden und Interbandenregionen).

Chromosomenmutation. ↑Mutation und Mutagenese

Chromosomensektion, Chromosomendissektion. Die Chromosomen von Metaphaseplatten können z. T. anhand ihrer Größe bzw. ihres Bandenmusters nach gängiger Färbung (Chromosomenfärbung; chromosome staining ↑Chromo-

somen) oder nach Hybridisierung mit chemisch markierten DNA-Sonden (chemically labelled probes, in situ-Immunohybridisierung, cytologische Immunhybridisierung) vollautomatisch sortiert (automated chromosome sorting, chromosome sampling) und anschließend mit Hilfe eines UV-Lasers in Fragmente mit ca. 20 Mb (1 Mb = 1 Megabase = 10^6 Basen) geschnitten werden. Diese können dann ebenfalls über das Hybridisierungssignal oder als Chromosomenbande unter dem Lichtmikroskop automatisch sortiert werden. Aus etwa 1000 solchen Fragmenten einer Chromosomenmikrodissection (chromosome microdissection) kann dann eine Minigenbank (minilibrary) in etwa 80 YACs (YACs = yeast artificial chromosomes mit einer Klonierungskapazität bis zu 800 Kilobasen; ↑Artifizielle Chromosomen) erstellt werden. Davon ergibt ein YAC-Klon bei Hybridisierung mit der Gensonde wiederum das Signal, das zur Sortierung des Chromosoms und Chromosomenfragmentes nach Mikrodissection mit dem UV-Lasermikrostrahl (UV laser microbeam) führte. Dieser rekombinante YAC-Klon kann dann in eine repräsentative Minilibrary von ca. 800 Plasmidklonen subkloniert werden, die dann ein leichtes Erfassen der gewünschten signalliefernden Sequenz ermöglichen.

Literatur
Greulich KO (1988) Bio/Engineering suppl 1:27

Chromosomenwanderung (chromosome walking). Chromosomenwanderung dient der Auffindung und dem systematischen Zugriff (Screening) zu einem Klon, der eine bestimmte Sequenz (z. B. das ‚M' in der Buchstabenfolge) enthält. Bei Anordnung von DNA-Sequenzen –HIJ . . . auf einem Chromosom gemäß der Reihenfolge –HIJKLMNOPQ– werden diese überlappend auf rekombinanten ↑DNA-Vektoren einer genomischen ↑Genbank erfaßt, z. B. −H, HIJ, JKLM, LMN, NOPQ, PQ−. Nun sucht man durch Hybridisierung mit einer bekannten Sonde (z. B. das ‚H' in der Buchstabenfolge) die Genbank nach den Klonen ab, die ‚H'-Sequenzen enthalten und findet die Klone H und HIJ. In einer zweiten Hybridisierungsrunde verwendet man den Klon ‚HIJ' zur weiteren Absuche und findet die Klone −H, HIJ, JKLM, also bereits die gewünschte Sequenz ‚M' (ganz oder in Teilen). Bei weiterer Hybridisierung mit einer ‚JKLM'-Sonde erhält man auch den Klon ‚LMN', der ‚M' nun ganz enthält. Chromosome walking gestattet somit die Isolierung einer DNA-Sequenz, von der eine Kopplung (linkage) mit der Sequenz ‚H' bekannt ist. Gleichzeitig kann damit die Einbettung der Sequenz ‚M' in eine kovalente DNA-Umgebung, z. B. anhand von Restriktionskarten oder der unmittelbaren DNA-Sequenz ermittelt werden, was insbesondere für molekulargenetische Studien von Bedeutung sein kann.

↑Genisolierung

CIP = Calf Intestine Phosphatase. Kälberdarmphosphatase zur Dephosphorylierung von DNA ↑DNA-Sequenzierung, ↑Genbank

Circularisierung (circularisation). = Gewünschte Zirkularisierung von linearen DNA-Molekülen durch DNA-Ligase ohne Erzeugung von Hybridmolekülen.

Cis/Trans-Test. Mit dem cis/trans-Test oder Komplementationstest läßt sich entscheiden, ob zwei Genmutanten a_1 und a_2 im gleichen Gen (Cistron) vorliegen. Gleichzeitig lassen sich damit die Grenzen einer genetisch aktiven Region (Cistron) bestimmen. Beim Komplementationstest werden Heterozygote, bei denen

die Mutationen a_1 und a_2 auf dem gleichen Chromosom (cis-Konfiguration $++/a_1a_2$) und auf verschiedenen Chromosomen (trans-Konfiguration $+a_1/a_2+$) liegen, verglichen. Die beiden rezessiven Mutationen a_1 und a_2 werden dem gleichen Cistron zugeordnet, wenn die trans-Konfiguration den Phänotyp der Mutanten und die cis-Konfiguration den Phänotyp des Wildtyps zeigen. Im Falle einer oder zweier dominanter Mutationen ist eine Zuordnung zu einem Cistron gegeben, wenn sich cis- und trans-Konfiguration phänotypisch unterscheiden.

↑Gen

cIts. Das cIts-Allel des Phagen Lambda codiert ein temperatursensitives (ts) cI-Repressorprotein, welches bei Temperaturen über 35 °C inaktiv ist, was den lytischen Zyklus der Phagenvermehrung induziert (Induktion des Lambda Phagen). cIts-Mutanten finden in der Phagengenetik und Gentechnik überall dort Einsatz, wo in Lambda-lysogenen *E. coli*-Stämmen der Lambdaphage induziert werden muß; z. B. zur Gewinnung von in vitro-Verpackungsmixen oder zur Isolierung von Lambda-DNA ↑in vitro-Verpackung

Cleared Lysate. Geklärtes Lysat, wie es nach Abzentrifugieren der Zellreste bei der Isolierung von Plasmiden anfällt ↑DNA-Isolierung

Cleland-Reagenz (Cleland's reagent). 1,4-Dithiothreitol (DTT), ein ↑Antoxidans

Clone (Klon). Erbgleiche Individuen ↑Molekulare Klonierung, ↑Klonierung

Clone Bank (Klonbank, Koloniebank). ↑Genbank

↑Cloning (Klonierung). ↑Molekulare Klonierung, ↑Klonierung

Cloning Site (Klonierungsstelle, Insertionstelle, insertion site). Die Sequenzkoordinate (z. B.: 3613 bei pBR322) oder die singuläre Restriktionsschnittstelle des Vektors, in die ein DNA-Insert einkloniert wurde (z. B.: bei pBR322:PstI für die PstI-Stelle mit Position 3613 des Vektors als erster Base der PstI-Erkennungsstelle).

Cloning Vector (Klonierungsvektor). ↑DNA-Vektoren, ↑Molekulare Klonierung

CN. 4-*C*hlor-1-*N*aphthol (CN), ein chromogenes Substrat für Antikörper-gebundene Peroxidasen (PODs) ↑Enzym-conjugierte Antikörper

Codierende Sequenz (coding sequence). Diejenige DNA-Sequenz, die entweder eine biologisch aktive RNA (z. B. rRNA, snRNA, tRNA) oder ein Polypeptid codiert.

Cointegrat. Jedes circuläre DNA-Molekül (Plasmide, bakterielle Genome, circuläre virale DNA-Genome), das nach einem Looping-in (singuläres = einfaches Crossing-over) eines ebenfalls circulären DNA-Moleküls entsteht, heißt Cointegrat. Cointegrate sind Zwischenprodukte bei der Transposition mobiler Elemente (↑Transposone) und Produkte der Integration von Episomen (F-Faktor in Hfr-Stämmen) oder temperenten DNA-Phagen in lysogenen Bakterien.

Cointegratvektor. Die Übertragung von Fremdgenen in höhere Pflanzen kann bei Ausnutzung des ↑Agrobakterien-vermittelten Gentransfers entweder über binäre Vektorsysteme oder Cointegratvektoren erfolgen; in letztem Fall wird ein Plasmidkonstrukt mit dem Fremdgen über ein Looping-in in die T-DNA eines Ti-Plasmides als Cointegratvektor integriert. Die Übertragung der T-DNA mit dem Fremdgen erfolgt dann aus dem gebildeten Vektor-Ti-Plasmid-Cointegrat (Ti-Vektor::Fremdgen; die beiden Doppelpunkte symbolisieren das Cointegrat, z. B.: pGV3850::neo; ein Ti-Genvektor-Cointegrat mit einem Neomycinresistenzgen).

Colony Bank (Koloniebank). Klonbank, genomische ↑Genbank, ↑cDNA-Genbank

Colony Blotting (Kolonieblotting). = Colony Lift, Koloniehybridisierung ↑Grunstein-Hogness-Hybridisierung; ↑Gene Screening, ↑Blotting

Colony Hybridisation (Koloniehybridisierung). ↑Blotting, ↑Gene Screening

Containment. Sicherheitsmaßnahme oder Sicherheitsvorschrift bei gentechnischen Arbeiten, wobei zwischen physikalisch-technischen und biologischen Sicherheitsmaßnahmen (physical and biological containments) unterschieden wird ↑Sicherheitsrichtlinien

Copy Editing. = ↑RNA editing

Cordycepin-Triphosphat. Cordycepin (= 3′ Desoxyadenosin) 5′-triphosphat hemmt die RNA-Synthese und fungiert als Abbruchnukleotid (chain terminator), da eine DNA-Polymerase eine freie 3′-Hydroxylgruppe zur Kettenverlängerung benötigt, welche dem Cordycepin (= 3′-Desoxyadenosin) fehlt. Daher wurde es vor Einführung der Didesoxynukleosidtriphosphate zur enzymatischen DNA-Sequenzierung verwendet. Das Cordycepin kann einfach aus dem Kulturfiltrat des Ascomyceten *Cordyceps militaris* gewonnen werden. Gelegentlich wird Cordycepintriphosphat zur 3′-Endmarkierung mit terminaler Desoxynukleotidyltransferase (TdT) verwendet. ↑DNA-Sequenzierung

Cos-Stelle (cos site). *C*ohesive end *s*ite des Phagen Lambda; kohäsive Enden des Lambda-Genoms, wie sie als Erkennungsstelle für die Verpackung in reife Phagenpartikel erforderlich sind ↑Lambda-Vektoren, ↑Cosmide

COS-Zellen. In der Säugerzellkultur häufig verwendete Zellen mit integriertem T-Antigen-codierendem SV40-DNA-Abschnitt. In ihnen ist die Vermehrung von ↑SV40-Vektoren nicht möglich, wohl aber eine Vermehrung von SV40-Viren.

Cosmid Rescue. Rekombinante Cosmide einer ↑Genbank können per DNA-vermittelten Gentransfer (DNA mediated gene transfer, DMGT) in Zellen einer mutierten Säugerzellinie (m$^-$) eingeführt werden. Jede Zelle nimmt 500–1000 Kopien von Cosmiden auf. Die Cosmide, welche das Wildtypallel m$^+$ tragen, verleihen der mutierten Zelle nach Integration über homologe Rekombination Wildtypeigenschaften. Aus Klonen dieser Zelle lassen sich nach Isolierung der DNA die integrierten Cosmide einfach in Lambdapartikel verpacken (↑in vitro-Verpackung) und in *E. coli* vermehren (rescue). Das klonierte Allel m$^+$ wird in einer zweiten Passage des rekombinanten m$^+$-Allel tragenden Cosmids zur Überprüfung noch einmal in eine m$^-$-Zellinie übertragen. Cosmidrescue, Plasmidrescue (bei Verwendung von Plasmiden statt Cosmiden) und Markerrescue (Rescue des Markers und des Nutzgens, wenn kein „looping in" von Plasmid oder Cosmid erfolgt) sind etablierte Methoden der ↑Genisolierung in der Säugergenetik; sie funktionieren nicht bei pflanzlichen Zellkulturen. Wegen des Pendelns rekombinanter Cosmide zwischen Säugerzellen und *E. coli* wird das Verfahren auch Cosmidshuttling genannt.

Cosmid Shuttling. Gentransfer von Cosmiden zwischen verschiedenen Wirten ↑Cosmidrescue

Cosmidvektoren. Cosmidvektoren sind Plasmidvektoren ausschließlich des *E. coli* Wirtssystems mit mindestens einer, aber nicht mehr als zwei biologisch intakten cos-Stellen (*c*ohesive end *s*ite) der DNA des *E. coli*-Phagen Lambda. Cosmidvektoren verbinden sämtliche Vorteile der einfachen Handhabung von Plasmidvektoren mit dem Vorteil der molekularen Klonierung extrem großer DNA-Inserte (bis zu 40 000 Basenpaaren) nach der generellen Technik der hochentwickelten Lambda-Klonierung. Wegen der hohen Klonierungskapazität (cloning capacity), die den Einbau solcher großen DNA-Inserte erlaubt und damit die Klonierungskapazität von Lambda-Vektoren um den Faktor 2–3 übersteigt, sind Cosmid-Vektoren ganz bevorzugte Vektorsysteme für die Anlage genomischer ↑Genbanken eukaryontischer DNA. In einer Cosmid-Genbank müssen deshalb oft erheblich weniger Klone nach einer gewünschten Sequenz abgesucht werden, als dies bei einer vergleichbaren Phagenbank der Fall ist. Die Zeit- und Arbeitsersparnis ist daher oft enorm. Da bei der in vitro-Ligation der Cosmid-DNA mit der Insert-DNA kein Ringschluß des Hybridmoleküls erfolgen kann, da die kritische Länge für Ringschlüsse von DNA, wie sie in der Plasmidklonierung erforderlich sind, bei weitem überschritten wird, werden im Ligationsschritt lange, lineare Hybridmolekültandems, sog. Concatemere gebildet, die wegen der vorhandenen cos-Stellen als lineare Hybridmoleküle mit flankierender cos-site in Phagenpartikel verpackt werden. Die Verpackung der DNA in Lambdapartikel erlaubt dann die In-

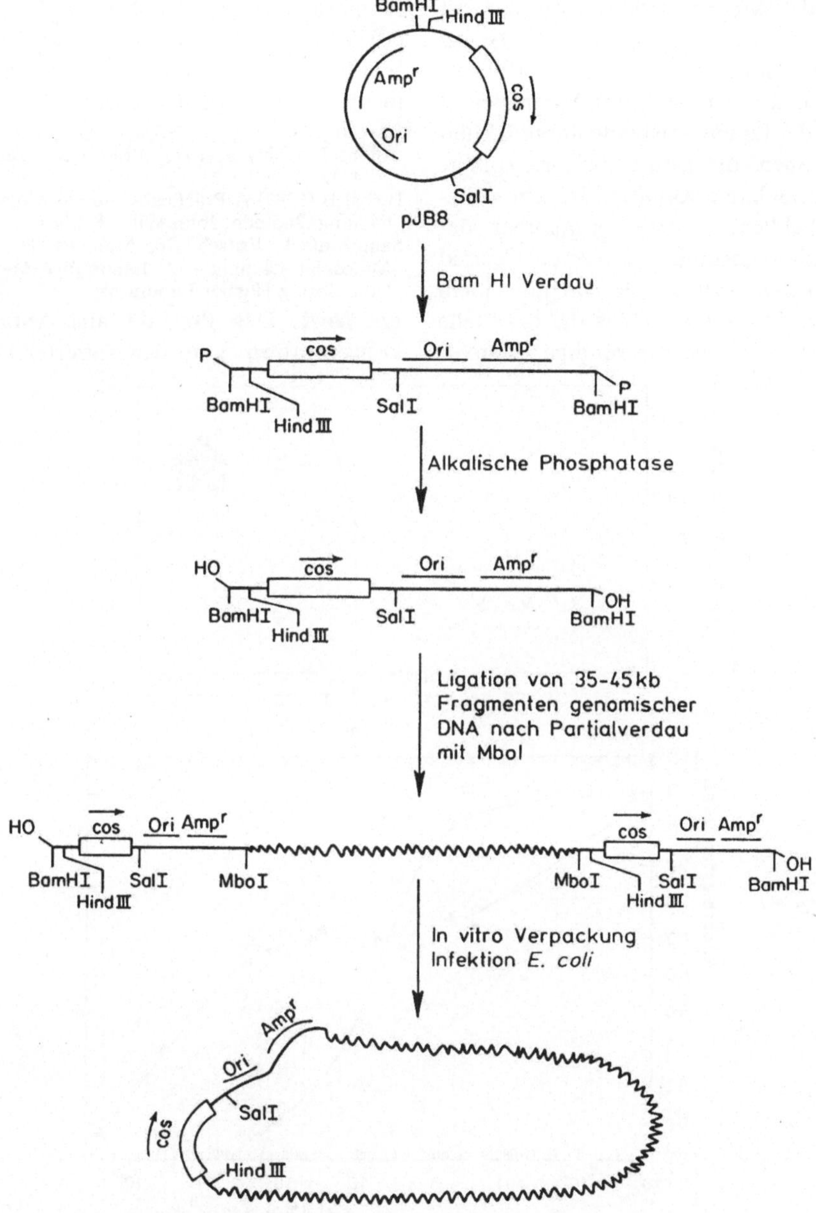

Abb. 12. Cosmid Klonierung. Aus: Molecular Cloning, CSH, 1982 [9]

fektion des *E. coli*-Wirtes mit der Hybrid-DNA, in sehr effizienter Weise, da Phagenpartikel aus dem Evolutionsprozeß bestens angepaßte ‚Injektionsspritzen' darstellen. Die Transformation mit offen zirkulären (open circular, oc-DNA) DNA-Molekülen, wie sie bei der in vitro Ligation von Insert-DNA in

cot-Wert

Plasmid-Vektoren gebildet werden, ist um den Faktor 10–50 geringer. Die bei der Verwendung von Cosmiden erforderliche Infektion über Lambdapartikel ist wegen der hohen Ausbeute an molekularen Klonen, die gerade bei der Anlage einer ↑Genbank vonnöten ist, ein weiterer erheblicher Vorteil gegenüber der Plasmidklonierung. Das erste Cosmid pHC79 (ein pBR322-Derivat mit einem Lambda-DNA-Insert, das die cos-Stelle enthält) sowie die notwendige Cosmid-klonierungstechnik wurden von COLLINS (1979) und HOHN im Institut der Gesellschaft für Biotechnologische Forschung in Braunschweig entwickelt.

Literatur
Collins I, Hohn B (1979) Proc Natl Acad Sci 75:4242
Perbal B (1989) A Practical Guide to Molecular Cloning, 2nd edn. John Wiley & Sons
Sambrook I, Fritsch EF, Maniatis T (1989) Molecular Cloning – A Laboratory Manual. Cold Spring Harbor Laboratory

cot-Wert. Das Produkt aus Anfangskonzentration c_0 an denaturierter DNA

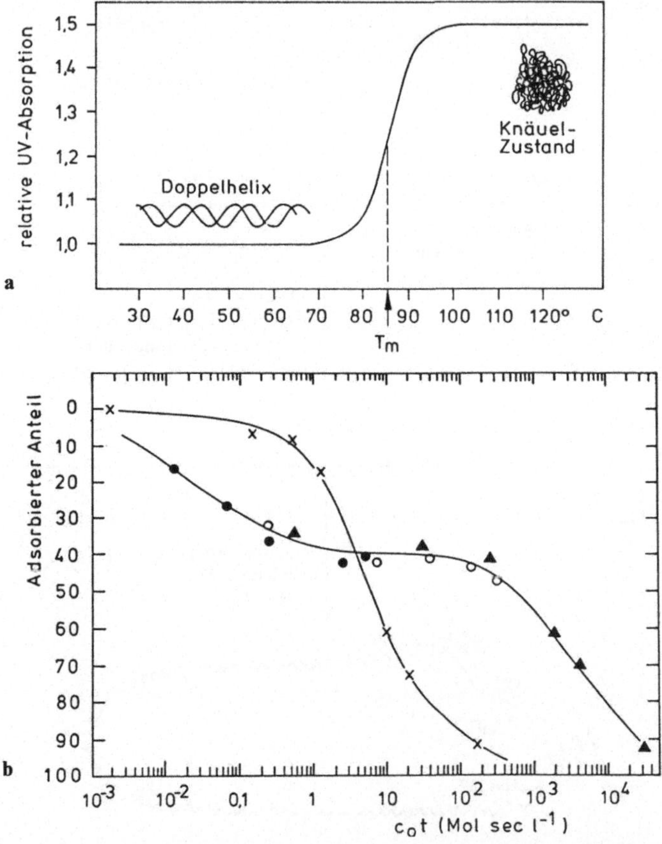

Abb. 13a, b. cot-Kurve. **a** Denaturierung von Kalbsthymus-DNS (= Schmelzkurve). T_m = Schmelztemperatur (nach MARMUR und DOTY, 1962). **b** Renaturierungskinetiken von Kalbsthymus-DNS (Meßpunkte durch *Kreise* und *Dreiecke* gekennzeichnet) und von *E. coli*-DNS (*Kreuze*). Doppelsträngige (renaturierte) DNS wird von Hydroxyapatit adsorbiert und kann somit von nichtdenaturierter, einzelsträngiger DNS abgetrennt werden. Das Bild zeigt die Zweistufenkinetik einer Eukaryonten-DNS im Vergleich zur Einstufenkinetik einer Prokaryonten-DNS (BRITTEN und KOHNE, 1968). Aus: Molekular- und Zellbiologie, Springer, 1979 [10]

(Mol Nukleotide/Liter) multipliziert mit der Hybridisierungszeit (t) in Sekunden. Zu bestimmten cot-Werten finden sich in DNA-Renaturierungsexperimenten (DNA-Reassoziationsexperimenten, Annealing) je nach Art des DNA-Spenders unterschiedliche Anteile an denaturierter (=einzelsträngiger) DNA wieder zu Duplices reassoziiert. Anhand einer solchen cot-Kurve lassen sich Anteile pallindromischer DNA, hochrepetitiver DNA, mittelrepetitiver und singulärer DNA-Sequenzen (single copy sequences, unique sequences) und deren mittlere Kopienzahl (Redundanzgrad, Reiterationsgrad) bestimmen. Mit einer reinen Komponente, also einer definierten, klonierten DNA-Sequenz läßt sich über einen Vergleich mit einem Reassoziationsstandard die Kopienzahl der Sequenz im Genom abschätzen.

Erheblich besser läßt sich heute die Kopienzahl einer DNA-Sequenz anhand ihrer Repräsentanz in einer ↑Genbank bestimmen.

Cotransduktion (cotransduction). Ein transduzierendes Viruspartikel kann mehr als ein Wirtsgen durch Transduktion übertragen. Die gemeinsame Übertragung benachbarter Gene in einen Wirt wird als Cotransduktion bezeichnet. ↑Genkartierung

Cotransfer. Gemeinsame Übertragung von einem oder mehreren Nutzgenen und mindestens einem ↑Marker in ↑Gentransfer-Experimenten

Cotransformation (cotransformation). Gemeinsame Übertragung verschiedener Gene auf einem DNA-Abschnitt ↑Genkartierung

CpTI-Gen. Das CpTI-Gen codiert in *Vigna unguiculata* einen Trypsininhibitor, der auf eine Reihe von Schadinsek-

ten eine insektizide Wirkung ausübt. CpTI-transgene Pflanzen erlangen so eine Resistenz gegen Insekten.
Literatur
Hilder VA et al. (1987) Nature 330:160

CsCl-Stufengradient. Zur schnelleren Einstellung des Dichtegradienten werden vor der Zentrifugation drei CsCl-Lösungen unterschiedlicher Dichte in einem Zentrifugenröhrchen aufeinander geschichtet, was vor der Zentrifugation verschiedene Dichtestufen ergibt. Nach etwa zweistündiger Zentrifugation zonieren Lambdaphagen, die dem Gradienten aufgegeben wurden, in einer scharfen Bande. Aus den Phagen dieser Bande kann dann leicht Lambda-Vektor-DNA für Klonierungsexperimente gewonnen werden (cloning grade DNA). ↑DNA-Isolierung

Curing (Kurieren, Kurierung). Verlust eines Plasmids aus der Wirtszelle. Dieser kann spontan oder induziert durch verschiedene Agentien, z. B. interkalierende Farbstoffe, erfolgen.

Cybrid. Cytoplasmatisches Hybrid, als Produkt der Fusion zweier Protoplasten, wobei der Kern des einen Protoplasten zuvor entnommen oder zerstört wurde ↑Reproduktionstechnik Pflanzen

Cycloserinanreicherung. ↑Anreicherung

Cytologische Hybridisierung. ↑In situ-Hybridisierung von Nukleinsäure-Sonden an ↑Chromosomen

Cytologische Immunhybridisierung. In situ-Immunhybridisierung oder immuncytochemischer Nachweis von Proteinen in Zellen, Organellen oder Chromosomen. Der immuncytochemische Nachweis erfolgt mit ↑enzym-conjugierten Antikörpern oder mit ↑fluoreszenz-conjugierten Antikörpern (Markierung mit Fluoresceinen oder Rhodaminen). In der

D-Schleife (D loop)

Molekular- und Entwicklungsgenetik
wird mit dieser Methode die Verteilung
regulatorischer Proteine im ↑Chromatin
studiert. In der Gentechnik wird damit die Aktivierung eines eingeführten
Fremdgens auf Chromosomenebene
nachgewiesen. ↑Blotting. ↑Genexpression
in Eukaryonten

D

D-Schleife (D loop). Nach Hybridisierung zweier nicht vollständig komplementärer DNA-Spezies sind im Elektronenmikroskop neben doppelsträngigen Heteroduplices einzelsträngige Verdrängungsschleifen (*d*isplacement loops,
D loops) erkennbar.

Speziell die Hybridisierung eines genomischen Klons mit seiner komplementären
cDNA erlaubt über das D-Schleifenmu-
ster eine Exon/Intron-Kartierung mit
einfacher Längenbestimmung (D loop
mapping) der intronischen Sequenzen
(Tintenverbrauch in einer geeichten Kapillare nach Abfahren der D-Schleife).
Eine Exon/Intron-Kartierung kann neben der D-Schleifenkartierung auch über
↑R-Schleifenkartierung oder ↑Berk-
Sharp-Kartierung erfolgen.

**D-Schleifenkartierung (D loop map-
ping).** ↑D-Schleife, ↑Elektronenmikro-
skopie von Nukleinsäuren

DAB. 3,3′,4,4′-Tetraaminobiphenyl =
3,3′-*Di*amino*b*enzidin (DAB) dient als
chromogenes Substrat bei Verwendung

von Peroxidase-conjugierten Antikörpern ↑Enzym-conjugierte Antikörper

**DABITC-Methode der Proteinsequen-
zierung.**
↑Proteinsequenzierung

dam-Mutanten. Die dam-Mutanten von
E. coli können DNA nicht methylieren.
Das dam⁺-Wildallel codiert eine *D*NA-
*A*denosin-*M*ethylase, die Adenosinreste
der DNA methyliert. Ein DNA-Vektor
muß dann in einer dam-Mutante vermehrt werden, wenn er mit Restriktionsenzymen geschnitten werden soll, die ihre
Schnittstelle im Falle einer Methylierung
(speziell einer Methylierung von Adeno-
sinen) nicht erkennen. Wenn auch Cytosine der Schnittstelle nicht methyliert sein
dürfen, so muß der DNA-Vektor in einer
dam⁻dcm⁻-Doppelmutante vermehrt
werden, die zusätzlich eine *D*NA-*C*yto-
sin-*M*ethylase-Defizienz (dcm⁻) aufweist.

Dam-Mutation. Eine Ambermutation im
Gen D (Dam, D für Gen D, am für amber) verhindert die Ausbildung des D-
Proteins (eine Hauptkomponente des
Kopfes von Lambda Phagen), was eine
Verpackung der DNA und Reifung zu
ganzen Phagen vereitelt. Wegen einer
weiteren Ambermutation im Lysozymgen S (Sam) tritt auch keine Lyse der *E.
coli*-Zellen ein; vielmehr zeigt der Stamm
nach Induktion des Lambda Phagen eine
Anreicherung aller Phagenproteine
außer D. Ein anderer Lambda-lysogener
E. coli-Stamm mit den Ambermutationen Eam (in einem weiteren, wichtigen
Protein E) und Sam entwickelt sich nach
Induktion des Phagen wie der Dam-
Stamm, nur mit dem Unterschied, daß
diesem das E-Protein fehlt; das D-Pro-
tein ist intakt. Nach Mischen der Ex-
trakte beider Stämme und der Zugabe

von Lambda-DNA wird diese in intakte, infektiöse Lambdapartikel verpackt, da sich in dem Verpackungsmix (packaging mix) die Defizienzen an D- und E-Protein komplementieren (in vitro-Komplementation; in vitro complementation). ↑In vitro-Verpackung

DBM-Papier. *D*iazo*b*enzyloxy*m*ethyl-Papierfilter für die Verfahren des ↑Blotting

dcm-Mutanten. Die dcm-Mutanten von *E. coli* sind im Gegensatz zum Wildtyp nicht in der Lage, Cytosinreste der DNA zu methylieren, da sie über eine defekte *D*NA-*C*ytosin-*M*ethylase verfügen. Wann immer eine Methylierung von Cytosinresten in Restriktionsschnittstellen vermieden werden muß, weil solche von einigen Restriktionsenzymen nicht erkannt werden, ist eine Vermehrung in dcm⁻-Stämmen von *E. coli* notwendig. Falls zusätzlich noch Adenosinmethylierungen unerwünscht sind, ist eine DNA-Propagation in dam⁻dcm⁻-Doppelmutanten erforderlich (↑dam-Mutanten).

ddNTP. *D*i*d*esoxy*n*ukleosid*tri*phosphate (sog. chain terminators) blockieren nach Einbau in die DNA die weitere Kettenverlängerung durch DNA-Polymerasen. In der enzymatischen ↑DNA-Sequenzierung dienen sie deshalb dem Kettenabbruch (chain termination).

Deaza-dATP. Deaza-dATP = 7-deaza-dATP (7-Deaza-Desoxyadenosin-5′-Triphosphat) wird anstatt dATP als Substrat bei DNA-Sequenzierungen verwendet, wenn in A/C-reichen Regionen Kompressionen zu erwarten sind, da mit diesem dATP-Analogen bei enzymatischer DNA-Sequenzierung eine optimale Distanzierung (spacing) benachbarter Nukleotide ohne Kompressionen gegeben ist. Kompressionen mit Auslassungen (Deletionen) werden bei enzymatischer DNA-Sequenzierung neben A/C-reichen Regionen auch in G/C-reichen DNA-Abschnitten beobachtet. In G/C-reichen Regionen wird statt 7-Deaza-dATP das dGTP-Analogon 7-Deaza-dGTP (7-Deaza-Desoxyguanosin-5′-Triphosphat) verwendet. Die Deaza-Derivate werden in vitro von allen bei enzymatischer Sequenzierung verwendeten DNA-Polymerasen (Klenow-Polymerase, Sequenase, Taq-Polymerase) als Substrate akzeptiert und werden bei automatisierter DNA-Sequenzierung routinemäßig eingesetzt. Bei der ↑Replikation von DNA in lebenden Organismen, die mit Nukleosidtriphosphaten erfolgt, ist eine Kompression nicht gegeben, da die in vivo-Reduplikation der DNA in einem komplexeren Milieu bei Beteiligung weiterer, zum Teil zu einem Multienzymkomplex (Replisom) vereinten Enzymen, abläuft.

Literatur
McConlogue L et al. (1988) Nucl Acids Res 16:9869
Mizusawa S et al. (1986) Nucl Acids Res 14:1319

Deaza-dGTP. ↑Deaza-dATP

Deletion. Eine Genmutation (Punktmutation, Kleinmutation; point mutation, gene mutation) mit Verlust von einer oder mehreren Basen, was einen Defekt im codierten Polypeptid bedingt. Wegen der äußerst geringen Rückmutationsrate (back mutation rate; Reversionsrate; reversion rate) sind Punktdeletionen (Deletionen in Genen; point deletions) in der Molekulargenetik und Gentechnik häufig verwendete Mutationen und beliebter als ↑Ambermutanten. Neben Punktdeletionen treten Deletionen auch an ganzen Chromosomen auf, was wegen des Verlustes mehrerer Gene zumeist letale Folgen hat. Chromosomale Deletionen sind in der Gentechnik deshalb selten zu gebrauchen. ↑Mutation und Mutagenese

Denaturierendes Gel

Denaturierendes Gel. Im Gegensatz zu Gelen, die der Auftrennung von Proteinen und Nukleinsäuren im nativen Zustand dienen, enthalten denaturierende Gele Agentien, die Proteine in Polypeptide mit der Struktur von Zufallsknäueln (random coils; Detergentien, hohe Harnstoffkonzentration) denaturieren bzw. RNA in Zufallsknäuel (random coils; Methylquecksilberhydroxid, methylmercuric hydroxide, CH_3HgOH oder Glyoxal = Ethandial, HOCCOH, als denaturierende Agentien) einzelsträngiger RNA überführen. Eine Denaturierung nativer, doppelsträngiger DNA in Einzelstränge mit der Konformation von Zufallsknäueln (DNA random coils) erfolgt in alkalischen Gelen (pH 12, Methylhydroxid, Glyoxal). Im Gegensatz zu nativen Proteinen und Nukleinsäuren hängt die Wanderungsgeschwindigkeit denaturierter Zufallsknäuel nur vom Molekulargewicht, bzw. der Moleküllänge in Aminosäuren oder Nukleotiden, nicht aber von der Konformation (Sekundär-, Tertiär- und Quartärstruktur) der Moleküle ab. Zwischen der Wanderungsstrecke S im Gel und dem Logarithmus der Molekülgröße M (in Aminosäuren, Nukleotiden oder dem Molekulargewicht) gilt der lineare Zusammenhang:

$$S = a + b \times \log (M).$$

Die Konstanten a und b werden mit linearer Regression anhand der Wanderungsstrecken S von Proteinen oder Nukleinsäuren definierter Länge, sog. Kalibrierungsstandards (Molekulargewichtsstandards, Eichstandards; calibration standards, molecular weight standards, gauges) bestimmt. Die Größe eines Polypeptids kann dann mit Hilfe einer Eichgeraden (calibration line) über die gemessene Wanderungsstrecke (migratory distance) ermittelt werden; glei-

54

ches gilt für Nukleinsäuren. ↑Elektrophorese, ↑Blotting, ↑DNA-Sequenzierung

Denaturierendes Gradientengel (= Gradientengel). ↑DGGE

Denaturierung. Überführung von Proteinen oder Nukleinsäuren in den denaturierten Zustand von Polypeptiden oder einzelsträngigen Nukleinsäuren (mit der Konformation von Zufallsknäueln). Die Denaturierung erfolgt durch Zugabe denaturierender Agentien entweder in Gelen oder Flüssigmedien. Gelegentlich erfolgt auch eine Denaturierung durch Kochen (denaturation by boiling), z. B. bei der Herstellung einzelsträngiger Gensonden. ↑Blotting, ↑Denaturierende Gele

Detergentien. Detergentien, vor allem SDS (*sodium dodecyl sulfate*; Natriumdodecylsulphat) dienen in der Gentechnik der Denaturierung unerwünschter Proteine, z. B. DNasen bei DNA-Isolierungen, und damit dem Schutz der DNA vor einem enzymatischen Abbau während Isolierung oder Lagerung. In denaturierenden Gelen zur Proteintrennung erfolgt die gezielte Denaturierung der Proteine (z. B. für eine Molekulargewichtsbestimmung oder ein späteres Blotting) ebenfalls durch Detergentien wie SDS. ↑Denaturierendes Gel, ↑DNA-Isolierung

Detritylierung. Entfernen der Trityl-Schutzgruppen während einer ↑chemischen DNA-Synthese

DGGE (*denatured gradient gel electrophoresis*). Eine Elektrophorese mit einem Gradienten (meistens einem linearen Gradienten) denaturierender Agentien im Gel gestattet eine Separation von doppelsträngiger DNA nach dem G/C-Verhältnis (Gehalt an Guaninen und Cytosinen). Je höher der G/C-Gehalt, um so höher die erforderliche Konzentration an denaturierenden Agentien zur Strangtrennung (= Denaturierung; strand separation). Aufgrund des Gradienten banden die Einzelstränge G/C-reicher DNA näher am Minuspol als die Stränge G/C-ärmerer DNA. ↑Denaturierendes Gel, ↑Denaturierung

Differentielle Zentrifugation. Eine Methode zur Trennung von Organellen und anderen subzellulären Strukturen anhand unterschiedlicher Sedimentationskoeffizienten zur Anreicherung. Aus der angereicherten Fraktion lassen sich partikelspezifische Nukleinsäuren oder Proteine gewinnen.

DIG-11-dUTP. Ein mit dem Steroid Digoxigenin des Fingerhutes *Digitalis purpurea* oder *Digitalis lanata* (Scrophulariaceae, Braunwurzgewächse) kovalent verbundenes dUTP, welches als dTTP-Analoges in die DNA eingebaut wird. Eine Digoxigenin-markierte DNA-Sonde kann wie eine Biotin-markierte Sonde (chemisch markierte Sonde, chemically labelled probe) oder eine radioaktiv markierte Gensonde der Absuche einer DNA oder einer Genbank (↑Gene Screening, ↑Blotting) dienen. Der Nachweis der hybridisierten Gensonde erfolgt über Enzym-konjugierte Anti-Digoxigenin-Antikörper (Anti-Digoxigenin-Alkalische-Phosphatase oder Anti-Digoxigenin-Peroxidase) mit spezifischem Umsatz eines chromogenen Substratanalogons (↑Enzym-konjugierte Antikörper; enzyme-conjugated antibodies, ↑Blotting), oder über Fluoreszenz-markierte Anti-Digoxigenin-Antikörper (fluorescence-conjugated anti-digoxigenin antibodies) wie Fluorescein- oder Rhodamin-markierte Antikörper bzw. Fab-Fragmente der Antikörper (anti-digoxigenin fluorescein Fab fragments, anti-digoxigenin rhoda-

mine Fab fragments). Mit Hilfe von Photodigoxigenin kann eine DNA-Sonde (probe) unmittelbar aenzymatisch Digoxigenin-markiert (DIG-markiert, digoxigenin labelling, Dig labelling) werden. Ein über einen hydrophilen Spacer an das Digoxigenin gebundener Azidophenylrest überträgt bei UV-Bestrahlung in einem Wellenlängenbereich von 260 bis 300 nm den Digoxigeninrest auf eine Reihe chemischer Verbindungen wie z. B. Nukleinsäuren. Die Übertragung ist irreversibel und die digoxigenierte DNA in einem pH-Bereich von 5 bis 9 stabil.

↑Markierung von DNA, ↑Blotting
Literatur
Hames BD & Higgins SJ (eds) (1985) Nucleic acid hybridization. A practical approach. IRL Press Oxford

Digoxigenin DNA Detection System (Dig-DNA detection system). Ein System oder Kit zur Gewinnung und zum Nachweis digoxigenierter DNA oder RNA (Gen-Detektions-System) bei in situ Hybridisierungen oder ↑Blotting, ↑Gene Screening, ↑DIG-11-dUTP, ↑Enzym-konjugierte Antikörper

Dihydrofolatreduktase (DHFR). Dihydrofolatreduktase-Gene, welche eine Arzneimittelresistenz (drug resistance; Arzneimittelresistenz-Gene, drug resistance genes) gegen Methothrexat (Mtx) verleihen, dienen bei der Konstruktion von ↑Säugervektoren und ↑Pflanzenvektoren als Markergene. Eine Resistenz gegen Methothrexat kann durch eine Punktmutation eines DHFR-Wildallels oder eine in situ-Amplifikation des Wildallels (bis zu 30 und mehr Kopien in Tandemanordnung im Genom, Genamplifikation; ↑Replikation) entstehen. Als Marker können aber nur mutierte Allele verwendet werden. Chimäre DHFR-Gene können aus Mtx-resistenten

Direkte Sequenzierung

DHFR-Allelen von Bakterien gewonnen werden. Andere mutierte, bakterielle DHFR-Allele verleihen eine Resistenz gegen das Antibiotikum Trimethoprim.

Literatur
Eichholtz DA et al. (1987) Somatic Cell Mol Genet 13:67

Direkte Sequenzierung. Eine direkte Sequenzierung ohne vorherige Klonierung der zu sequenzierenden DNA in einem DNA-Vektor ist speziell als genomische Sequenzierung problematisch, wenn in großen Genomen die Sequenz nur in äußerst geringer Konzentration vorliegt, da dann oft keine zur Detektion der Fragmente im Gel ausreichende Markierung erzielt werden kann. Seit Einführung der ↑Polymerase-Kettenreaktion (polymerase chain reaction, PCR) erfährt die direkte Sequenzierung eine starke Verbreitung, da millionen- oder milliardenfache in vitro-Amplifikationen der Zielsequenz (target sequence) dieses Problem überwinden.

↑DNA-Sequenzierung

DNA-Blot. = Southern-Blot ↑Blotting

DNA-Detektionssysteme. DNA-Nachweissysteme (DNA detection systems oder kits; gene detection kits, DNA oder gene monitoring systems oder kits; Gen-Detektionssysteme, Gen-Nachweissysteme) erlauben eine radioaktive oder chemische Markierung von Gensonden (radioactive oder chemical labelling of probes) und deren empfindlichen Nachweis (1 pg = 10^{-12} Gramm) im ↑Gene Screening, bei in situ-Hybridisierungen und beim ↑ Blotting. Derzeit sind drei nichtradioaktive Systeme (non-radioactive systems = chemical labelling systems) mit Einsatz biotinylierter DNA (Biotin-DNA Detektionssystem), digoxigenierter DNA (DIG-DNA-Detektionssystem) oder Meerrettichperoxidase-con-

jugierter DNA (*horse radish peroxidase* = HRP-labelled oder HRP-conjugated, HRP-bound DNA) verbreitet. In den beiden ersten Systemen erfolgt der DNA-Nachweis über Avidin/Streptavidin-conjugierte *a*lkalische *P*hosphatase (AP) oder Avidin/Steptavidin-conjugierte *Per*oxi*d*ase (POD) oder über Anti-Digoxigenin conjugierte AP oder POD, welche chromogene Substrate in farbige Edukte umsetzen. Zum Teil geschieht der Nachweis aber auch über Fluoreszenz-conjugierte (fluoreszenz-markierte; fluorescence conjugated, fluorescence-labelled, dye conjugated, dye labelled) Antikörper. HRP-markierte DNA wird über das bei Luminoloxidation freigesetzte Licht nachgewiesen (ECL-Gen-Detectionssystem mit Verstärkung der Chemolumineszenz; *e*nhanced *c*hemi*l*uminescence = ECL). ↑Blotting, ↑Gene Screening, ↑Enzym-conjugierte Antikörper

DNA-Directed-Translation. ↑Translation klonierter DNA-Sequenzen nach Injektion in *Xenopus*-Oocyten oder Eingabe in kombinierte in vitro-Transkriptions-/Translationssysteme (↑in vitro-Transkription).

DNA-Hybridisierung. DNA-Hybridisierungsexperimente mit DNA-Sonden dienen der Ermittlung der Kopienzahl einer DNA-Sequenz (Redundanz) oder einer RNA (Abundanz) sowie dem Auffinden von DNA-Sequenzen in ↑Genbanken (Grunstein-Hogness-Hybridisierung; ↑Benton-Davis-Hybridisierung) oder dem Nachweis einer Sequenz nach Southern. ↑Blotting

Literatur
Hames BD, Higgins SJ (eds) (1985) Nucleic Acid Hybridisations: A Practical Approach. IRL Press, Oxford

DNA-Isolierung. Die molekulare Klonierung von DNA erfordert die Gewinnung der Passagier-DNA (meist die Gesamt-

DNA eines Organismus) sowie die Isolierung des DNA-Vektors, der zur Klonierung der Passagier-DNA verwendet werden soll. Die Isolierung der Gesamt-DNA macht zunächst den Aufschluß des Zellmaterials durch mechanische Zertrümmerung (Ultraschallbehandlung, Zerreiben im Homogenisator), osmotischen Schock, Enzymeinwirkung oder Behandlung mit lysierenden Agentien (z. B. Detergentien) erforderlich. Dabei müssen freigesetzte DNasen im Zellaufschlußpuffer am Abbau der DNA gehindert werden. Dies geschieht entweder über Chelatoren, die den DNasen das für die Abbauaktivität notwendige Magnesium entziehen oder durch Denaturierung der DNasen mit Hilfe von Detergentien. Der zusätzliche Einsatz von Proteinase K beim Aufschluß erlaubt eine sehr schonende Gewinnung von DNA, da Proteinase K bei Temperaturen und Detergenzkonzentrationen arbeitet, die für DNasen strikt denaturierend sind. Durch Abbau der freigesetzten DNasen sind solche DNA-Präparate völlig DNase-frei. Aus einem so gewonnenen Homogenat können die Nukleinsäuren dann durch wiederholtes Ausschütteln mit einem stark deproteinierenden Agens wie Phenol extrahiert werden. Nukleinsäuren und Kohlehydrate verbleiben dabei in der wäßrigen Phase; Proteine liegen als Schicht denaturierten Materials der Phenolphase auf. Nach mehrmaligem Fällen mit Ethanol und Lösen der Nukleinsäuren wird dann die coisolierte RNA nach RNase-Zugabe abgebaut. Die DNA-Lösung wird anschließend mehrfach mit Phenol/Chloroform (1:1) zur Entfernung der RNase extrahiert und in einem CsCl-Gradienten weiter gereinigt. In einer konzentrierten CsCl-Lösung (ca. 7M) stellt sich bei hochtouriger Zentrifugation ein Dichtegradient ein,

der DNA in einer definierten Zone als sog. DNA-Bande trägt. Diese DNA-Bande enthält hochreine DNA, die zu optimaler Reinigung noch einmal auf einen CsCl-Dichtegradienten gegeben wird. Da die Molekulargewichtsverteilung der gereinigten DNA noch sehr heterogen ist, unterzieht man das DNA-Präparat häufig einer Größenfraktionierung. Dies geschieht entweder über Gelelektrophorese in einem Molekularsieb wie Agarose oder durch Gelfiltration an Dextranderivaten. Die so gewonnene hochreine und hochmolekulare DNA (≥ 100 kb) ist nach Dialyse gegen einen Standardpuffer für Klonierungsexperimente bestens geeignet und in Ethanol oder als Lyophilisat äußerst stabil.

Die Isolierung des ↑DNA-Vektors (Plasmide, Cosmide, M13 RF-Form) erfolgt nach Anzucht des *E. coli*-Stammes, der den Vektor enthält. Während der Anzucht der Bakterien läßt sich für eine Vielzahl von Plasmid- bzw. Cosmidvektoren die Kopienzahl drastisch durch Zugabe von Chloramphenicol erhöhen (↑Amplifikation der Plasmide). Dies gewährleistet hohe Ausbeuten an Vektor-DNA. Die durch Zentrifugation geernteten Bakterien werden in einem geeigneten Medium suspendiert, die Zellwand mit Lysozym abgedaut, und die Zellen schließlich zur Plasmidfreisetzung mit einem Detergenz lysiert. In einem hochtourigen Zentrifugationsschritt werden dann die Zelltrümmer mit anhaftender genomischer DNA sedimentiert. Der Überstand, das sog. geklärte Lysat (cleared lysate), enthält neben der Vektor-DNA Reste genomischer DNA und RNA. Nach Zugabe von CsCl und ↑Ethidiumbromid zum geklärten Lysat wird ein präparativer CsCl-Ethidiumbromid-Dichtegradient gefahren. Da Ethidiumbromid als interkalierender

Farbstoff unterschiedlich gut in lineare bzw. offen circuläre (oc = *o*pen *c*ircular; oc-DNA) und supertwist DNA (ccc-DNA = *c*ovalently *c*losed *c*ircular DNA) eingelagert wird, gestattet dieser Schritt eine Trennung von linearer (genomischer) und Vektor-DNA (Plasmide, Cosmide und M13-RF-Formen sind ccc-Formen), die nach Ultrazentrifugation in zwei verschiedenen Zonen bandieren. Die untere, plasmidhaltige Bande wird nun in einem zweiten CsCl-Ethidiumbromid-Dichtegradienten noch weiter von unerwünschter, genomischer DNA gereinigt oder über Gelfiltration von noch vorhandener genomischer DNA befreit. Nach Entfernen des Ethidiumbromids und des CsCl durch Dialyse ist die Vektor-DNA dann für Klonierungsexperimente verwendbar.

Falls ↑Lambda-Vektoren für die Klonierung der DNA-Inserte verwendet werden sollen (Lambda-Klonierung), muß die Isolierung der DNA nach einem anderen Protokoll erfolgen. Der Lambda-lysogene *E. coli*-Stamm wird bei 30 °C bis zur mittleren log-Phase angezogen und dann der temperatursensitive Phage bei 45 °C (30 min) induziert. Der induzierte Phage kann wegen einer Mutation im Lysozymgen das Bakterium nicht lysieren. Während der weiteren Inkubation der Bakterienkultur erfolgt daher nur eine Synthese von Lambda-DNA, Lambda-Proteinen und die Bildung ganzer Phagen. Einige Stunden nach Induktion werden die geernteten phagenhaltigen Zellen mit Chloroform lysiert, die freigesetzte Wirts-DNA mit DNase abgedaut und die Zelltrümmer durch Zentrifugation sedimentiert. Der phagenhaltige Überstand wird mit dem gleichen Volumen Chloroform ausgeschüttelt, die wäßrige Phase mit CsCl (0,5 g/ml) versetzt und auf einen CsCl-Stufengradienten gege-

ben. Nach zweistündiger Zentrifugation bandieren die gereinigten Phagenpartikel in einer bläulichen Zone. Anstelle eines CsCl-Gradienten läßt sich auch ein Glyceringradient verwenden. Nach Dialyse der phagenhaltigen Bande gegen einen geeigneten Puffer wird nach Proteinase K-Verdau der Phagenhülle die DNA durch Phenolextraktion gewonnen und anschließend gegen einen Standardpuffer dialysiert. Die so gewonnene DNA steht dann für Klonierungsexperimente zur Verfügung. Im Zuge der Automatisierung gentechnischer Arbeiten haben heute DNA-Extraktoren Einzug in die Labors gehalten. Eine im automatisierten Extraktor isolierte DNA erlaubt die unmittelbare vollautomatische Sequenzierung in einem DNA-Sequenzierungsautomaten.

Literatur
Perbal B (1989) A Practical Guide to Molecular Cloning, 2nd edn. John Wiley & Sons
Sambrook I, Fritsch EF, Maniatis T (1989) Molecular Cloning – A Laboratory Manual, 2nd edn. Cold Spring Harbor

DNA-Ligasen. Enzyme, die unter ATP-Verbrauch (T4-Ligase, Säuger- und pflanzliche DNA-Ligasen) oder mit NAD^+ (*E. coli*) als Cofaktor $5'{\rightarrow}3'$-Phosphodiesterbindungen in DNA-Molekülen katalysieren. Sie sind an Prozessen der ↑Replikation, ↑Rekombination und ↑Reparatur beteiligt. Speziell hochgereinigte T4-DNA-Ligase wird zum Verknüpfen von Vektor-DNA mit Passagier-DNA bei ↑molekularer Klonierung verwendet ↑DNA/RNA-modifizierende Enzyme

DNA-Linker. = Linker ↑Modifikation von DNA-Enden

DNA-Methylasen. DNA-methylierende Enzyme; die Expression eukaryontischer Gene wird u. a. durch das Methylierungsmuster bestimmt. In der Gentechnik kommen sie in der Linker/Adaptor-Technologie zum Einsatz ↑Modifikation von DNA-Enden, ↑Genexpression in Eukaryonten

DNA-Polymerase I. = Kornberg-Enzym ↑DNA-Polymerasen

DNA-Polymerasen. Enzyme, die an einem Matrizenstrang (template strand) und einem Primer mit freiem 3′OH-Ende gemäß der Basenkomplementarität die DNA verlängern (↑Replikation, ↑Rekombination, ↑Reparatur). In der Gentechnik findet die DNA-Polymerase I aus *E. coli* (Kornberg-Enzym: bei Nick-Translation) oder die davon abgeleitete Klenow-Polymerase (bei ↑DNA-Sequenzierung) ihren Einsatz ↑DNA/RNA-modifizierende Enzyme, ↑Modifikation von DNA-Enden

DNA-Reparatur. Die DNA aller Organismen ist nicht schutzlos jedem Auftreten eines Fehlers in der Basenfolge ausgesetzt, da mittels DNA-Reparaturmechanismen solche Fehler vor einer ↑Replikation erkannt und behoben werden können. Erfolgt eine solche Reparatur (DNA repair) nicht, so manifestiert sich nach Replikation der Fehler durch stabile Vererbung auf die Tochtergenerationen als ↑Mutation. Anhand der Untersuchungen an *E. coli* lassen sich folgende DNA-Reparatursysteme unterscheiden:
1. Photoreaktivierung (light repair)
2. Dunkelreparatur (dark repair) oder Excisionsreparatur (excision repair)
3. Rekombinationsreparatur (recombination repair) **4.** Postreplikationsreparatur (postreplication repair) **5.** Error-prone-Reparatur (error prone repair) Bisher sind inklusive des Rekombinationssystems etwa 25 Reparaturgene in *E. coli* bekannt; am besten ist der Excisionsrepair-Mechanismus untersucht. Speziell UV-Licht ist in Einzellern oder Körperzellen (Soma) von Vielzellern ein prominentes mutagenes Agens (↑Mutation und Mutagenese). UV-Licht bewirkt eine Dimerisierung benachbarter Pyrimidine, ganz besonders benachbarter Thymine (Thymindimere). Ohne Reparatur erfolgt bei Replikation an dieser Stelle ein Zufallseinbau eines Nukleotids, was dann eine Mutation bewirkt. Die Reparatur durch Photoaktivierung erfordert die Bindung des Enzym des Photoreaktivierungssystems (phr-Genprodukt), der Photolyase (photolyase), an das Thymindimer. Zur Spaltung des Thymindimers benötigt das Enzym Energie aus der Absorption im Blaubereich des sichtbaren Spektrums. Die lichtunabhängige Dunkelreparatur (dark repair, excision repair) oder Excisionsreparatur setzt in *E. coli* in Nähe eines Thymindimers einen Endonukleaseschnitt (nick; uvr A, uvr B, uvr C Endonuklease). Eine Exonuklease entfernt dann ca. 20 Nukleotide (short patch repair) oder 1500 Nukleotide (long patch repair) zusammen mit dem Thymindimeren; die entstandene Lücke (gap) wird dann durch das Kornberg-Enzym (DNA-Polymerase I; polA-Genprodukt) aufgefüllt. Das 5′-Ende des neusynthetisierten Stückes wird nachfolgend durch DNA-Ligase an das 3′-Ende des verbleibenden Nicks kovalent gebunden. Der Schaden ist behoben. In Eukaryonten, speziell Säugern, wird ein ähnlicher Mechanismus vermutet wie bekannte Erbkrankheiten, z. B. Xeroderma pigmentosum (defekter Reparaturmechanismus, angeborener DNA-Endonukleasemangel: ein Hautkrebs mit Melanomen), belegen.

Daneben existiert in *E. coli* eine Rekombinationsreparatur (↑Rekombination), die einen unabdingbaren Prozeß bei der Insertion fremder DNA über homologe oder generalisierte Rekombination darstellt. Eine Rekombinationsreparatur ist auch natürlicherweise bei Crossing over erforderlich. In *E. coli* sind daran vor allem die Gene recA, recBC und 3 weitere in ihrer Funktion unbekannte (recF, recJ, recK) oder Exonukleaseeinheiten-codierende Gene (sbcB, recE) beteiligt. In Eukaryonten ist über die Rekombinationsreparatur (recombination repair) wenig bekannt; es wird aber eine im Prinzip analoge Enzymologie vermutet (↑Rekombination).

Neben dem Proof-reading durch die $3' {\rightarrow} 5'$-Exonukleaseaktivität der DNA-Polymerase (DNA-Polymerase I, Kornberg-Enzym; ein monomeres Protein mit 3 aktiven Zentren; besitzt $5' {\rightarrow} 3'$- und $3' {\rightarrow} 5'$-Exonukleaseaktivität) verfügen *E. coli* und andere Prokaryonten ebenso wie Eukaryonten über ein weniger gut charakterisiertes Postreplikationsreparatursystem, das von mindestens 4 Genen (uvrE, mutH, mutL und mutS) codiert wird und Fehler in frisch replizierter DNA erkennt, bevor diese an CTAG-Sequenzen des *de novo* synthetisierten Stranges durch die Dam-Methylase (Dam methylase; Methylierung von Adenin A*) gemäß dem komplementären alten Strang (GA* TC) eine CTA*G-Methylierung erfahren. Postreplikations-Reparatursysteme existieren auch in Eukaryonten, zumal diese ausgeprägte Methylierungen und andere für die Erkennung durch Proteine wichtige chemische Modifikationen von Basen und/oder des Zuckerphosphatrückgrates in bedeutendem Ausmaß zeigen. Methylierungen und Demethylierungen regulieren hier schließlich wichtige molekulare Ereignisse wie Chromatinkondensation in Mitose und Meiose (↑Chromatin und Chromosomen) und schließlich die ↑Genexpression auf Transkriptionsebene (↑Transkription). Ein oder mehrere als Error-prone-Repa-

ratursysteme bezeichnete Reparaturmechanismen erkennen andere fehlerhafte (error prone) Stellen der DNA, bevor sie nach erfolgter ↑Replikation als ↑Mutation manifest würden. So unterliegen die durch alkylierende Agentien (↑Mutagenese) verursachten Quervernetzungen von DNA-Strängen (DNA crosslinks) und die durch interkalierende Substanzen (intercalating dyes; planare aromatische Ringsysteme) verursachten Matrizenverschiebungen (die zu Rastermutationen, frameshift mutations, führen können) einer Error-prone-Reparatur. Error-prone-Reparaturen sind in *E. coli* wenig erforscht und für Eukaryonten lediglich nachgewiesen. Eine ähnliche Zahl der in Reparaturfunktionen involvierten Gene ist bisher nur für *Saccharomyces cerevisiae* beschrieben; für höhere Eukaryonten ist hingegen genetisch wie auf Enzymebene generell wenig über Reparaturmechanismen bekannt. Der Enzympool der verschiedenen Reparatursysteme ist überlappend, was sich deutlich in der SOS-Antwort (SOS response) zeigt. Wann immer erhöhtes Schadrisiko der DNA oder eine Inhibition der Replikation droht, wird die SOS-Antwort in *E. coli* induziert. Das lexA-Genprodukt reprimiert durch Bindung an die SOS-Box ein Cluster von mindestens 11 Genen des Long-patch excision-Reparatursystems und des Rekombinationsreparatursystems. Gleichzeitig reprimiert das lexA-Genprodukt partiell den lexA-Locus und das recA-Gen. In Anwesenheit mutagener Agentien oder Substanzen, die die ↑Replikation inhibieren, wird recA stark exprimiert; es kommt durch das recA-Protein zu einer proteolytischen Spaltung des lexA-Genproduktes (=Repressor) und damit zur Induktion der beiden Reparatursysteme, also der SOS-Antwort. Reparaturmechanismen schützen sowohl Somazellen (Körperzellen) als auch die Keimbahn (germ line) vor Schäden.

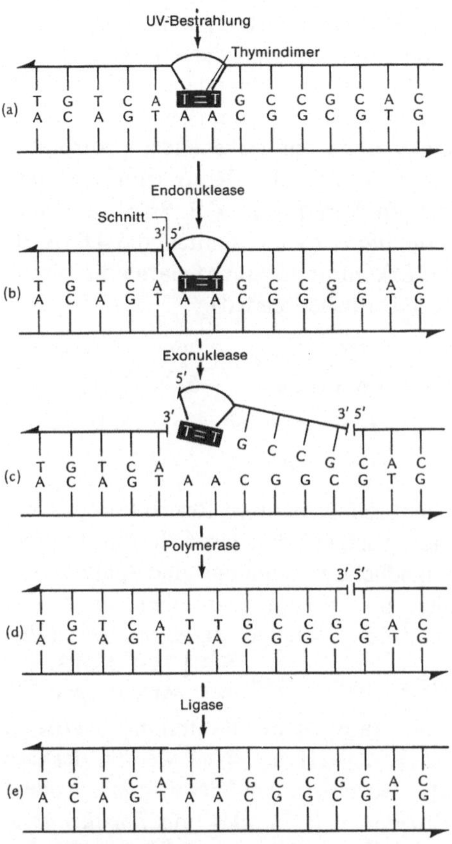

Da für gentechnische Experimente isolierte DNA lange Zeit unter zum Teil unphysiologischen Bedingungen gehalten wird und Mutagene wie Ethidiumbromid routinemäßig für Vektor-Isolierungen eingesetzt werden, treten chemische Veränderungen der DNA erheblich häufiger auf als unter in vivo-Bedingungen. Nach ↑Gentransfer kommt es daher vermehrt zur Reparatur. Dies ist eine nicht zu unterschätzende Quelle möglicher Artefakte, wie sie bei Experimenten der ↑molekularen Klonierung immer wieder beobachtet werden.

↑Mutation und Mutagenese, ↑Gerichtete Mutagenese

Literatur
Lewin B (1987) Genes III, 3rd edn. John Wiley & Sons
Lewin B (1990) Genes IV, 4th edn. Oxford University Press
Strickberger MW (1988) Genetik. Carl Hanser

DNA/RNA-modifizierende Enzyme. Bei der molekularen Klonierung von DNA-Fragmenten in geeignete Klonierungsvektoren finden je nach Problemstellung verschiedene Enzyme Anwendung. Die hier eingesetzten Enzyme lassen sich in folgende Gruppen einteilen: **1.** Restriktionsendonukleasen **2.** DNA-Enden modifizierende Enzyme:

– Alkalische Phosphatase
– Polynukleotidkinase
– Terminale Transferase
– Nukleasen
  Nuklease S1
  Nuklease Bal-31
  Exonuklease III
  Lambda Exonuklease
– DNA-Polymerasen

3. DNA-Methylasen **4.** DNA-Polymerasen **5.** DNA-Ligasen **6.** Reverse

Abb. 14 a–e. Dunkelreparatur nach UV-Schäden. Mechanismus der „Dunkelreparatur", durch die Pyrimidindimere herausgeschnitten und ersetzt werden. **a** Bildung eines Thymindimers durch UV-Strahlung. **b** Die Reparatur beginnt damit, daß von einer speziellen Endonuklease an einem dem Thymindimer benachbarten Nukleotid im Zucker-Phosphat-Rückgrat ein Schnitt gesetzt wird. Durch ein anderes Enzym (eine Phosphatase oder 3′-Exonuklease) wird an dieser Schnittstelle die 3′-Phosphatgruppe entfernt, und es entsteht ein Nukleotidende mit einer 3′-Hydroxylgruppe. **c** Anschließend entfernt eine 5′-Exonuklease einen etwa 6 oder 7 Nukleotide langen Abschnitt, der das Thymindimer enthält. Bei *E. coli* übernimmt diese Aufgabe die DNA-Polymerase I. **d** Der fehlende DNA-Abschnitt wird durch die DNA-Polymerase, beginnend an dem freien 3′-Ende, ergänzt, wobei der komplementäre Strang als Matrize dient. **e** Die Lücke zwischen dem 3′- und dem 5′-Ende, die nach dem Auffüllen zwischen zwei benachbarten Nukleotiden zurückbleibt, wird von der Polynukleotid-Ligase „verbunden". Aus: Genetik, Carl Hanser Verlag, 1988 [11]

DNA/RNA-modifizierende Enzyme

Transkriptase **7.** RNasen **8.** RNA-Polymerasen Restriktionsendonukleasen (auch Restriktionsenzyme genannt) sind endolytische DNasen prokaryontischen Ursprungs, die kurze, spezifische Basenabfolgen in doppelsträngiger DNA erkennen. Die Restriktionsenzyme lassen sich in drei Klassen I, II, III einteilen. Restriktionsenzyme der Klasse I (sog. komplexe Nukleasen) besitzen eine modifizierende, d. h. DNA-methylierende (↑Restriktion und Modifikation) und eine ATP-abhängige Spaltaktivität (Restriktion) im gleichen Protein. Sie erkennen eine unmethylierte Erkennungssequenz in der DNA und spalten diese in einem definierten Abstand (oft 1000 Basenpaare und mehr) vom Erkennungsort entfernt sequenzspezifisch. DNA-Heteroduplices mit nur einem methylierten Strang werden nicht gespalten, sondern in der Erkennungsregion vollständig methyliert. Methylierte DNA ist kein Substrat dieser Enzyme. Restriktionsenzyme vom Typ III unterscheiden sich von Enzymen des Typs I lediglich in der Spezifität der Spaltstelle; auch hier erfolgt die Spaltung an einer wohldefinierten Sequenz.

In der Gentechnik sind besonders Restriktionsendonukleasen vom Typ II mit getrennter Restriktions-/Modifikationsaktivität von Bedeutung. Sie benötigen für die Spaltreaktion kein ATP und spalten die DNA meist direkt oder zumindest in unmittelbarer Nähe der Erkennungssequenz. Als Erkennungssequenz fungiert entweder eine Tetra-, Penta-, Hexa-, Hepta- oder Oktanukleotidsequenz, also eine Basensequenz aus 4, 5, 6, 7 oder 8 Basenpaaren. So erkennt das Enzym EcoRI (aus *Escherichia coli R*) die Sequenz:

$$5' - \text{G}{\downarrow}\text{AATT C} - 3' \qquad \xrightarrow{\text{EcoRI}} \qquad 5' - \text{G } 3' \qquad 5'\text{AATT C} - 3'$$
$$3' - \text{C TTAA}_{\uparrow}\text{G} - 5' \qquad\qquad\qquad 3' - \text{C TTAA } 5' \qquad 3'\text{G} - 5'$$

Ähnlich wie EcoRI spalten viele dieser Restriktionsenzyme die DNA in Spaltstücke mit überstehenden, einzelsträngigen Enden (klebrigen, cohäsiven Enden; sticky ends, cohesive ends, protruding ends). Einige der Restriktionsendonukleasen vom Typ II, z. B. SmaI (aus *Serratia marcescens*), spalten die DNA in der Erkennungssequenz glattendig (blunt ended, flushed ended).

$$5' - \text{CCC}{\downarrow}\text{GGG} - 3' \qquad \xrightarrow{\text{SmaI}}$$
$$3' - \text{GGG}_{\uparrow}\text{CCC} - 5'$$

$$\xrightarrow{\text{SmaI}} \quad 5' - \text{CCC } 3' \qquad 5'\text{GGG} - 3'$$
$$3' - \text{GGG } 5' \qquad 3'\text{CCC} - 5'$$

Nicht immer besitzen Restriktionsenzyme biologisch verschiedener Herkunft unterschiedliche Erkennungs- und Spaltsequenzen. So erkennt und schneidet AvaIII (aus der Blaualge *Anabaena variabilis*) die gleiche Region $\begin{matrix}5'\text{A}{\downarrow}\text{TGCA T}3'\\3'\text{T ACGT}{\uparrow}\text{A}5'\end{matrix}$ wie NsiI (aus dem Bakterium *Neisseria sicca*). AvaIII und NsiI werden deshalb als Isoschizomere bezeichnet. Andere Enzyme, z. B. BamHI (aus *Bacillus amyloliquefaciens* H) und Sau3A (aus *Staphylococcus aureus* 3A) schneiden DNA an der Sequenz: $\begin{matrix}5'\text{G}{\downarrow}\text{GATC C}3'\\3'\text{C CTAG}{\uparrow}\text{G}5'\end{matrix}$ (BamHI) bzw. $\begin{matrix}5'{\downarrow}\text{GATC }3'\\3'\text{ CTAG}{\uparrow}5'\end{matrix}$ (Sau3A), d. h. unter Bildung partiell kompatibler Enden. BamHI- und Sau3A-geschnittene DNA kann ohne Probleme über die partiell kompatiblen, kohäsiven Enden miteinander ligiert, d. h. kovalent verbunden werden.

Nicht immer gestatten die erforderlichen Schnitte von Vektor-DNA und Passagier-DNA eine direkte Verknüpfung über kompatible Enden, z. B. wenn Vektor-DNA und Passagier-DNA mit völlig unterschiedlichen Restriktionsenzymen geschnitten werden müssen. In diesem Fall muß dann die Passagier-DNA und/oder Vektor-DNA über eine Linker/Adaptertechnik oder eine enzymatische Modifikation der DNA-Enden angepaßt werden.

Eine häufige Modifikation ist die Dephosphorylierung, d. h. das Entfernen des 5′-Phosphates der Vektor-DNA mit alkalischer Phosphatase aus Kälberdarm (Kälberdarmphosphatase; CIP; *calf intestine phosphatase*) oder bakterieller alkalischer Phosphatase (BAP; *bacterial alkaline phosphatase*). Die Dephosphorylierung der Vektor-DNA verhindert deren Selbstligation und sorgt deshalb ausschließlich für eine Ligation von Vektor-DNA mit Passagier-DNA. Dies ist gerade beim Erstellen einer ↑Genbank unerläßlich.

Schematisch katalysiert die alkalische Phosphatase die Dephosphorylierungsreaktion:

$$5' \text{—— G}$$
$$3' \text{—— CTTAA } 5'_P \xrightarrow[\text{BAP}]{\text{CIP}}$$

$$\xrightarrow[\text{BAP}]{\text{CIP}} \quad 5' \text{—— G}$$
$$3' \text{—— CTTAA } 5'_{OH}$$

Die Sequenzierung einer DNA nach ↑MAXAM und GILBERT erfordert nach der Dephosphorylierung deren Endmarkierung (end labelling) mit Hilfe von Polynukleotidkinase (PNK) mit $\gamma^{32}P^*$-ATP als Cosubstrat:

$$5' \text{—— G}$$
$$3' \text{—— CTTAA } 5'_{OH} \xrightarrow[\gamma P^*ATP]{\text{PNK}}$$

$$\xrightarrow[\gamma P^*ATP]{\text{PNK}} \quad 5' \text{—— G}$$
$$3' \text{—— CTTAA } 5'_{P^*}$$

Zur Endmarkierung kann auch Terminale Desoxynukleotidyltransferase (Ter-

minale Transferase, TdT; Bollum-Enzym) verwendet werden:

$$5' \text{—— } 3' \xrightarrow[\text{dNTP}]{\text{TdT}} \quad 5' \text{——} 3'$$
$$3' \text{—— } 5' \qquad\qquad 3' \text{——} 5'$$

Terminale Transferase katalysiert bevorzugt die Anheftung von Deoxyribonukleosidtriphosphaten an 3′-Enden einzel- und doppelsträngiger DNA. Sie wird auch beim Homopolymertailing verwendet (↑cDNA-Genbank). Im Falle nicht kompatibler Enden von Vektor-DNA und Passagier-DNA können die kohäsiven Enden von Vektor und Passagier entweder über die einzelstrangspezifische Nuklease S1 aus *Aspergillus oryzae* entfernt werden:

$$5' \text{—— G} \xrightarrow{\text{S1-Nuklease}} 5' \text{—— G}$$
$$3' \text{—— CTTAA} \qquad\qquad 3' \text{—— C}$$

oder die Enden mit *E. coli*-DNA-Polymerase I (Kornberg-Enzym), bzw. der daraus gewonnenen Klenow-Polymerase mit den 4 Nukleosidtriphosphaten (dNTPs) als Cosubstraten aufgefüllt werden (Auffüllreaktion; fill in):

$$5' \text{—— G} \xrightarrow[\text{dNTP}]{\text{Klenow-Polymerase}}$$
$$3' \text{—— CTTAA}$$

$$\xrightarrow[\text{dNTP}]{\text{Klenow-Polymerase}} \quad 5' \text{—— GAATT}$$
$$3' \text{—— CTTAA}$$

Die über S1-Nukleaseverdau oder Klenow-fill-in erzeugte glattendige Vektor-DNA und Passagier-DNA kann dann über DNA-Ligase miteinander verknüpft werden. Die S1-Nuklease wird auch zur Entfernung von Haarnadelstrukturen (hairpin loops) bei der cDNA-Klonierung (↑cDNA-Genbank) und zur S1-Kartierung (S1 mapping) nach Berk und Sharp verwendet (↑Berk-Sharp-Kartierung).

Eine andere Nuklease, Bal-31 (aus *Alteromonas espejiana* Bal-31), wird in einer leicht steuerbaren Reaktion mit konstanter Geschwindigkeit (Entfernung von einem Basenpaar pro Minute) zur definierten Verkürzung doppelsträngiger DNA von beiden Seiten her verwendet. Mit Bal-31 lassen sich DNA-Abschnitte entfernen (deletieren). Bal-31 wird deshalb für die ↑Restriktionskartierung und in der ↑gerichteten Mutagenese verwendet:

$$5'——— 3' \quad \xrightarrow[\text{definierte Zeit}]{\text{Bal-31}} \quad 5'— 3'$$
$$3'——— 5' \quad\qquad\qquad\qquad 3'— 5'$$

Die Exonuklease III aus *E. coli* ($3' \rightarrow 5'$-Exonuklease) und die Lambda-Exonuklease ($5' \rightarrow 3'$-Exonuklease) finden bei der ↑DNA-Sequenzierung nach Sanger und bei der ↑gerichteten Mutagenese ihre Anwendung:

$$5'— 3' \quad \xrightarrow{\text{Exo III}} \quad 5'— 3'$$
$$3'— 5' \quad\qquad\qquad 3'— 5'$$

$$5'— 3' \quad \xrightarrow{\text{Lambda Exo}} \quad 5'— 3'$$
$$3'— 5' \quad\qquad\qquad\qquad 3'— 5'$$

Beim Einsatz von Linkern ist neben der Modifikation der DNA-Enden eine spezifische Methylierung von internen Restriktionschnittstellen nötig, da nur der ligierte Linker mit dem entsprechenden Restriktionsenzym geschnitten werden soll. Die Methylierung der Schnittstellen im Insert verhindert deren Spaltung durch das Restriktionsenzym, das dann nur die endständigen Linker schneidet. Neben der erwähnten Auffüllreaktion (fill in) finden ↑DNA-Polymerasen, bevorzugt DNA-Polymerase I (Kornberg-Enzym) aus *E. coli* bzw. das daraus gewonnene Klenow-Fragment oder die T4-DNA-Polymerase eine mannigfaltige Anwendung. DNA-Polymerasen werden in der ↑Nick-Translation zur Erzeugung radioaktiv markierter Gensonden, der enzymatischen ↑DNA-Sequenzierung nach Sanger, der Bildung doppelsträngiger ↑cDNA, der ↑gerichteten Mutagenese und der Primer-extended-Trans-

lation, auch Oligolabelling genannt, eingesetzt. Beim Oligolabelling wird an einzelsträngige DNA mit einem Oligonukleotid als Primer ein radioaktiv markierter (labelled), komplementärer DNA-Strang synthetisiert, der wie nicktranslatierte DNA als radioaktive Gensonde verwendet wird.

Die kovalente Verknüpfung von Passagier-DNA mit Vektor-DNA (↑molekulare Klonierung) erfordert den Einsatz von DNA-Ligasen. In der Regel wird dazu die vom Coliphagen T4 codierte T4-DNA-Ligase verwendet. Sie katalysiert ATP-abhängig die Reaktion:

$$5'—\downarrow— 3' \quad \xrightarrow[\text{Ligase}]{\text{T4-DNA}} \quad 5'——— 3'$$
$$3'—\uparrow— 5' \quad\qquad\qquad 3'——— 5'$$

$$5'—\downarrow— 5' \qquad\qquad\qquad 5'——— 3'$$
$$3'—\uparrow— 3' \qquad\qquad\qquad 3'——— 5'$$
$$\xrightarrow[\text{ATP}]{\text{Ligase}}$$
$$5'——— 3' \qquad\qquad 5'——— 3' \quad \uparrow \text{nicks}$$
$$3'—\uparrow^{\text{RNA}}— 5' \qquad\quad 3'———— 5'$$

Kompliziertere Ligationen glattendiger (blunt ended, flushed ended) DNA-Moleküle werden von RNA-Ligasen wie der T4-RNA-Ligase katalysiert.

Die reverse Transkriptase oder Revertase, auch RNA-abhängige DNA-Polymerase genannt, katalysiert die Reaktion:

RNA $\rightarrow$ cDNA/RNA-Hybrid $\rightarrow$ doppelsträngige cDNA.

Das Enzym wird entweder aus dem Avian Myeloblastosis Virus (AMV-Reverse-Transkriptase oder dem Moloney Murine Leukemia Virus (M-MLV-Reverse-Transkriptase) isoliert und zur Erzeugung komplementärer DNA = copy DNA (↑cDNA, ↑cDNA-Genbank) verwendet.

RNasen, speziell Ribonuklease T_1, Ribonuklease U_2, Ribonuklease CL3 sowie

Ribonuklease PhyM werden in der enzymatischen ↑RNA-Sequenzierung benutzt. Ribonuklease H entfernt selektiv den RNA-Strang eines RNA/DNA-Hybrids. RNaseH kann bei der Synthese von ↑cDNA eingesetzt werden.

Mit Hilfe einer speziellen RNA-Polymerase, der SP6-RNA-Polymerase des Phagen SP6 können an DNA-Inserten, die vor den SP6-Promotor von pSP6-Plasmiden kloniert wurden, große Mengen radioaktiv markierter, komplementärer RNAs erzeugt werden (↑in vitro-Transkriptionssysteme). Diese können als Gensonde verwendet werden oder ihr ↑Processing in einem eukaryontischen System studiert werden.

DNasen. Desoxyribonukleasen, DNA-abbauende Enzyme. In der Gentechnik besonders wichtig sind die Restriktionsendonukleasen ↑DNA/RNA-modifizierende Enzyme

DNA-Sequenzierung. Als DNA-Sequenzierung kann jede Methode verstanden werden, die es erlaubt, die Primärstruktur oder kovalente Basenabfolge (Sequenz) eines beliebigen DNA-Stückes zu bestimmen. Zwei verschiedene Methoden haben sich in den letzten Jahren durchgesetzt: einmal die Sequenzierung endmarkierter DNA nach basenspezifischer chemischer Spaltung (Maxam-Gilbert-Sequenzierung) und die Sequenzierung nach geprimter, enzymatischer Synthese von DNA (SANGER, NICKLEN und COULSON 1977). Die Sequenzierung nach der chemischen Methode (MAXAM und GILBERT 1977) erfolgt in mehreren Schritten: **1.** Isolierung und Reinigung des zu sequenzierenden DNA-Fragments **2.** Endmarkierung (end labelling) des DNA-Fragments **3.** Trennung der DNA-Stränge **4.** Basenspezifische chemische Spaltung der DNA **5.** Auftrennung der Spaltprodukte in einem Polyacrylamidgel **6.** Ablesen der Sequenz auf einem Autoradiogramm des Sequenzierungsgels.

Das zu sequenzierende DNA-Fragment ist in der Regel als Insert in einem Klonierungsvektor beliebig vermehrbar und durch einfache Restriktionsspaltung mit einem Restriktionsenzym zu isolieren. Nach elektrophoretischer Auftrennung des Restriktionsansatzes in einem Polyacrylamid- oder Agarosegel kann das zu sequenzierende DNA-Fragment aus dem Gel eluiert werden. Um später die Spaltprodukte der DNA auf einem Autoradiogramm sichtbar zu machen, ist eine radioaktive Markierung eines der DNA-Enden erforderlich. Diese Endmarkierung (end labelling) kann entweder am 5'- oder 3'-Ende der DNA erfolgen. Am gebräuchlichsten ist die 5'-Endmarkierung mit Hilfe von T4-Polynukleotidkinase (s. S. 66).

Eine Endmarkierung am 3'-Ende folgt dem gleichen Schema; auf die Behandlung mit alkalischer Phosphatase wird dabei verzichtet und statt mit Polynukleotidkinase mit Terminaler Transferase (↑DNA/RNA-modifizierende Enzyme) und gamma (γ) ^{32}P-ATP das 3'-Ende radioaktiv markiert. Die basenspezifische chemische Spaltung der DNA kann sowohl an doppelsträngiger DNA mit einem radioaktiv markierten Ende oder an einzelsträngiger DNA erfolgen. Die einseitige Endmarkierung doppelsträngiger DNA wird durch nachträgliches Spalten der endmarkierten DNA mit einem Restriktionsenzym erzielt. Das gewünschte, zu sequenzierende DNA-Fragment wird dann nach Elektrophorese aus dem Gel isoliert. Häufiger bedient man sich jedoch der Sequenzierung von DNA-Einzelsträngen, die nach Strangtrennung in einem denaturierenden Gel nach Elek-

DNA-Sequenzierung

5′P   ——— 3′
3′   ——— 5′P
    ↓ alkalische Phosphatase
5′OH ——— 3′
3′   ——— 5′OH
    γ^{32}P*ATP,
    ↓ Polynukleotidkinase
5′P* ——— 3′
3′   ——— 5′P*

    Spaltung mit Restriktions-   oder Strangtrennung
    ↓ endonuklease   auf denaturierendem Gel
5′P* ——— 3′   5′P* ——— 3′
3′ ——— 5′P*   3′   ——— 5′P*

Elektrophorese und Elution   Elution der getrennten
des gewünschten Fragments   Einzelstränge aus dem Gel
    ↓   ↓
Sequenzierung des   Sequenzierung des
Doppelstranges   Einzelstranges

---

trophorese als zwei distinkte Banden erscheinen. Dabei werden meist beide Stränge sequenziert, da über die Komplementarität der beiden DNA-Stränge Unklarheiten in der Sequenz des einen oder anderen Stranges leicht behoben werden können. Die endmarkierte doppelsträngige DNA, bzw. der endmarkierte Einzelstrang, wird dann nach basenspezifischer chemischer Modifikation als Voraussetzung für die nachfolgende limitierte, basenspezifische Spaltung in vier

getrennten Ansätzen mit den entsprechenden spezifischen Reagentien versetzt. In der Regel wird dabei Guanin-, Guanin + Adenin (= Purin)-, Cytosin + Thymidin (= Pyrimidin)- und Cytosinspezifisch chemisch modifiziert und anschließend gespalten. Der Chemismus dieser spezifischen Modifikations- und Spaltungsreaktionen ist Gegenstand umfangreicher Literatur. Die limitierte chemische Spaltung liefert an einem DNA-Molekül der Sequenz:

5′P* — ‖ — GCTTACG — 3′

die Spaltprodukte:

5′P* — ‖ — GCTTACG   — in G und G + A Reaktion
5′P* — ‖ — GCTTA   G — in C und C + T Reaktion
5′P* — ‖ — GCTT   CG — in G + A Reaktion
5′P* — ‖ — GCT   ACG — in C + T Reaktion
5′P* — ‖ — GC   TACG — in C + T Reaktion
5′P* — ‖ — G   TTACG — in C und C + T Reaktion
5′P* — ‖ —   CTTACG — in G und G + A Reaktion

Die Elektrophorese der Spaltprodukte in einem hochauflösenden, hochprozentigen Polyacrylamidgel, welches DNA-Moleküle trennen kann, deren Kettenlänge jeweils nur um ein Nukleotid differiert, ergibt dann diskrete Banden im Autoradiogramm des Gels:

G	A+G	C+T	C	Sequenz	Spaltprodukt
—	—			G	5′P* — — GCTTACG
		—	—	C	
		—		A	
			—	T	
			—	T	
		—	—	C	5′P* — — G
—	—			G	

Im Autoradiogramm des Gels erscheinen nur die radioaktiv endmarkierten DNA-Moleküle geordnet nach Kettenlänge als geschwärzte Banden auf dem Röntgenfilm. Die Sequenz ist anhand der Bandenposition und der Kenntnis der jeweils erfolgten chemischen Spaltung daraus abzuleiten (siehe Schema). Das zweite, heute gängige Verfahren der DNA-Sequenzierung basiert auf der geprimten enzymatischen Synthese einer radioaktiv markierten, komplementären Kopie des zu sequenzierenden Matrizenstranges, wie sie von SANGER et al. (1977) entwickelt wurde. Die ursprüngliche Plus-Minus-Methode der Sanger-Sequenzierung ist heute durch das Kettenabbruchverfahren (chain termination method) abgelöst. Nur letzteres wird hier beschrieben. Ausgangsmaterial ist ein zu sequenzierendes DNA-Insert einer rekombinanten, einzelsträngigen M13-DNA (↑M13-Klonierungs-/Sequenzierungssystem). Am 3′-Ende dieser Sequenz wird ein universeller Starter (universal primer), also eine Oligonukleotidsequenz, die zu einer kurzen Basenfolge des M13-Vektors am Übergang von Insert zu M13-Vektor-DNA komplementär ist, anhybridisiert:

$$5′P \underset{\text{M13-Vektor-DNA}\quad\text{Insert}\quad\text{M13}}{\rule{4cm}{0.4pt}}\ 3′$$

universeller Primer
= Starter

Von diesem Starter aus kann dann mit dem Klenow-Fragment der *E. coli*-DNA-Polymerase I (Kornberg-Enzym) die Synthese eines zur Insertmatrize komplementären Stranges erfolgen. Diese Synthese verläuft in 4 Parallelansätzen, von denen jeder ein Nukleotid, z. B. dATP, radioaktiv markiert enthält. Die übrigen 3 Nukleotide dCTP, dGTP und dTTP sind nicht radioaktiv markiert. Jeder der vier Ansätze enthält zusätzlich je eines der 4 Nukleotide als Dideoxynukleotid (ddNTP), d. h. ein Ansatz enthält ddATP, der nächste ddCTP usw. Der Einbau eines Dideoxynukleotids in die synthetisierte DNA bedingt wegen des fehlenden 2′- und 3′-Hydroxyendes einen sofortigen Abbruch der weiteren Synthese (Kettenabbruch).

Die DNA-Sequenz:

$$5′P — || — GCTTACG — 3′$$

liefert in den 4 Ansätzen folgende Syntheseprodukte:

Ansatz	Syntheseprodukte
ddATP	— || — GCTTACG —
	*ddA*TGC —
	— || — GCTTACG —
	*ddA*ATGC —
ddCTP	— || — GCTTACG —
	ddC —
	— || — GCTTACG —
	*ddC*GAATGC —

```
ddGTP          — ‖ — GCTTACG —
                        ddGC —
               — ‖ — GCTTACG —
                        ddGAATGC —
ddTTP          — ‖ — GCTTACG —
                        ddTGC —
```

Die Auftrennung der 4 Gemische in einem hochauflösenden Polyacrylamidgel mit Strangtrennung liefert dann folgendes Bandenmuster des Autoradiogramms:

```
ddATP   ddGTP   ddCTP   ddTTP
                        —        C3'
                —                G
                        —        T
        —                        A
        —                        A
                —                G
                        —        C5'
```

Wegen der Strangtrennung im denaturierenden Gel erscheinen nur die neu synthetisierten, d. h. radioaktiv markierten DNA-Moleküle nach ihrer Kettenlänge geordnet als Banden im Autoradiogramm. Die $(5'\rightarrow3')$-Sequenz des synthetisierten Stranges läßt sich unmittelbar vom Autoradiogramm ablesen (siehe Skizze).

Die Sequenzierung größerer DNA-Abschnitte, z. B. ganzer viraler Genome, erfolgt häufig im sog. ↑Schrotschußverfahren (shotgun sequencing). Dazu wird der DNA-Abschnitt in Restriktionsfragmente zerlegt, kloniert und diese Fragmente ohne Kenntnis ihrer natürlichen Anordnung in diesem Abschnitt sequenziert. Anhand der schnell ermittelten Sequenzen kann dann über die überlappenden Basenfolgen die gesamte Sequenz abgeleitet werden. Neben der noch weithin üblichen, hier abgehandelten Sequenzierung von Inserten über das ↑M13-Klonierungs-/Sequenzierungssystem bürgert sich mehr und mehr die enzymatische,

geprimte Sanger-Sequenzierung doppelsträngiger DNA, die in Plasmide inseriert ist, als sog. Plasmidsequenzierung (plasmid sequencing) ein. Eine ebenso neue Variante, die sich der Sanger-Methode bedient, ist als genomische Sequenzierung (genomic sequencing) bekannt. Bei der genomischen Sequenzierung wird an die nach Denaturierung einzelsträngige DNA eines Restriktionsverdaus der Gesamt-DNA ein synthetisch hergestellter Oligonukleotidprimer, dessen Sequenz aus bekannten DNA- oder Proteinsequenzdaten abgeleitet ist, anhybridisiert. Die Sequenzierung des Restriktionsfragments erfolgt dann nach der Sanger-Methode. Die genomische Sequenzierung erspart als direkte Sequenzierungsmethode das zeitaufwendige Erstellen einer ↑Genbank und deren Absuche (Screening) nach der gewünschten, zu sequenzierenden DNA. Handelsübliche DNA-Sequenzierungsautomaten erlauben über chemische Markierung mit Fluoreszenzfarbstoffen eine vollautomatische Sequenzierung. In vollautomatischer Sequenzierung wird derzeit eine Kapazität von etwa 8 kb pro Sequenzierungsgel ($\sim$16 Klone) erreicht. Die Analyse wird graphisch, als Text und Datenfile dokumentiert; eine einmal ermittelte Sequenz ist somit unmittelbar einer Aufarbeitung durch Computer zugänglich. Die Sequenzierung erfolgt enzymatisch unter Einsatz von ↑Taq-Polymerase. In einer Sequenz von etwa 10 000 Basenpaaren ist durchschnittlich mit einem Fehler zu rechnen. Erste vollautomatische DNA-Extraktoren erlauben eine sequenzierungsgerechte Zulieferung einer DNA und damit eine Vollautomatisierung von der Probenbereitung und Sequenzierung bis zur elektro-nischen Verarbeitung der Sequenzdaten in Computersystemen. Von der Fülle der DNA-Sequenzen, die in Datenbanken gespeichert und per Computer verglichen werden können, lassen sich Sequenzeigentümlichkeiten definierter DNA-Abschnitte sowie Beziehungen zwischen speziellen DNA-Basenabfolgen und deren funktioneller Bedeutung im Zell- und Entwicklungsgeschehen ableiten. Von einem besseren Verständnis der DNA-Organisation und -Expression profitieren dann wiederum Molekulargenetik und Gentechnologie.

Literatur
Maxam AM, Gilbert W (1977) Proc Natl Acad Sci 74:560
Sanger F, Nicklen S, Coulson AR (1977) Proc Natl Acad Sci 74:5463

DNA-Topologie. Das Erbmaterial von Organismen, die DNA, ist keine in ihrer räumlichen Architektur monotone Struktur (Watson-Crick-Modell der DNA 1953), sondern eine topologische Mannigfaltigkeit mit lokalen Abweichungen von der Grundform der B-Helix (10 bp pro Umdrehung). Die in einem bestimmten Bereich gegebene B-Helix kann je nach Nukleotidsequenz 10–10,6 bp (10,3 ± 3%) betragen, wie Röntgenstrukturanalysen von Oligonukleotiden definierter Sequenz ergaben. Die höhere Auflösung der Röntgenstruktur ($\geq$ 0,001 nm heute, gegenüber $\geq$ 0,01 nm 1950) und die Möglichkeit der Synthese großer Mengen in ihrer Sequenz bekannter Oligonukleotide erlauben seit etwa 1980 solche detaillierten Studien der DNA-Helixstrukturen und ihrer sequenzspezifischen Abweichungen. Die geringen Unterschiede von 10–10,6 bp pro Umdrehung beeinflussen enzymatische Aktivitäten, z. B. Restriktions- und Modifikationsenzyme in vitro erheblich und gestatten modifizierenden Enzymen ein einfaches primäres, topologiespezifisches Erkennen (primary recognition, topology specific recognition) spezifischer Sequenzen anhand der lokalen Topologie (local topo-

logy). Nach Anbringen einer chemischen Markierung (chemical label) können Proteine, die primär zu einer Erkennung der Topologie nicht fähig sind, diese Stelle erkennen und der daran gebildete DNA/Proteinkomplex kann ein Assembly weiterer Proteine an dieser Stelle über Protein-Proteinwechselwirkung gestatten. Auf diese Weise sind selbst kompliziertere Proteinaggregationen, wie sie in eukaryontischem Chromatin gegeben sind, zumindest im Prinzip erklärbar. Neben der topologischen Grundmatrix der durchschnittlichen B-Helix (10,4 bp pro Umdrehung, 2,0 nm Durchmesser) und ihren Varianten gibt es noch weitere, bereits 1953 als Grundform diskutierte Doppelhelixstrukturklassen, nämlich eine A- oder C-Helix als lokale topologische Elemente einer DNA, sowie eine völlig abweichende linkshändige (left handed) Z-DNA. Diese Strukturen legen aufgrund sequenzspezifischer Varianten – wie bei der B-Helix – Subtopologien fest. Mit Ausnahme der Z-DNA sind die Helixstrukturen der DNA (A-, B-, C-DNA) rechtshändig (right handed) und legen im Strangumgang eine große und eine kleine Furche (major (wide) and minor (narrow) groove) fest, an die sich die Tertiär- oder Quartärstruktur der unmittelbar mit der DNA interagierenden Proteine in ihrer Topologie oder Untereinheitenstruktur (subunit structure) coadaptiert hat (Coadaptation der DNA/DNA-interagierenden Proteine). Die stark abweichende linkshändige Z-Form zeigt keinen gleitenden Helixumgang (helical turn) mit großer und kleiner Furche, sondern einen zickzackförmigen Umlauf (zig zag DNA → Z-DNA) des Zuckerphosphatrückgrates. Neben diesen in vivo beobachteten DNA-Helixstrukturen (DNA-Topologien) finden sich mit einer rechtshändi-

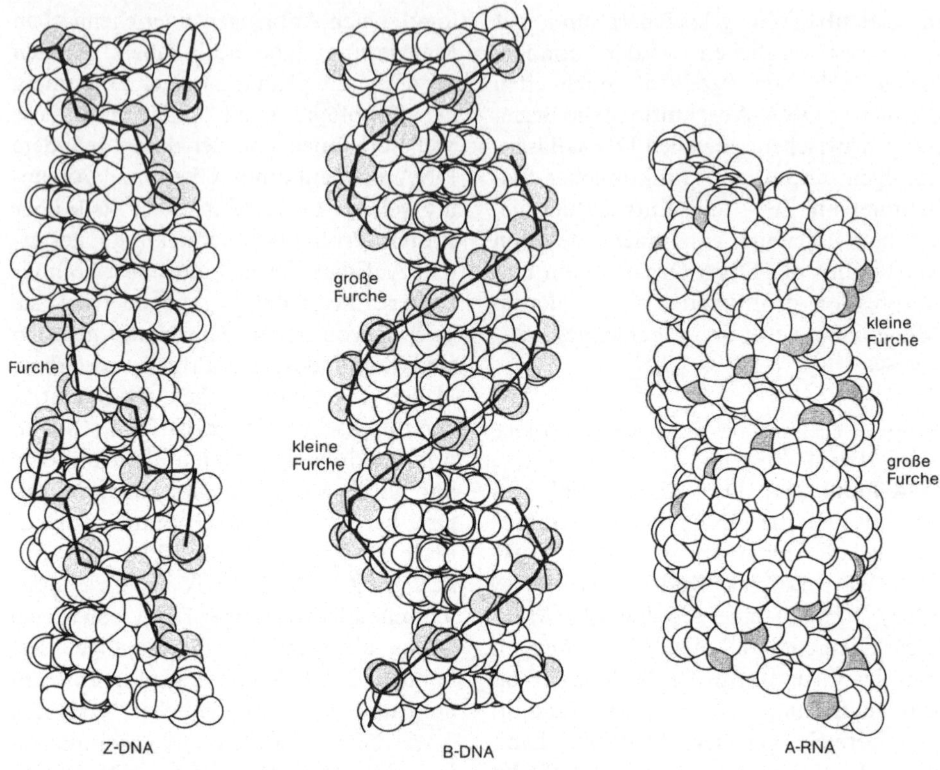

Abb. 15. DNA-Strukturen. Aus: Gene, Verlag Chemie, 1988 [12]

gen D- und E-Helix noch weitere, bisher nur in vitro, also unter unphysiologischen Bedingungen analysierte Helixstrukturen:

Helix Typ	bp/U	Basenabstand	Durchmesser	Händigkeit
A	11	0,256 nm	2,3 nm	+
B	10,4	0,340 nm	2,0 nm	+
C	9,33	0,332 nm	1,9 nm	+
D?	8			+
E?	7,5	DNA ohne Guanine, nur in vitro		+
Z	12	0,371 nm	1,8 nm	−

bp = Basenpaare, U = helicale Umdrehung, B = Matrix, + rechtshändig, − linkshändig

Die Z-Form der Helix erscheint in DNA-Polymeren, die eine alternierende Abfolge von Purinen und Pyrimidinen, also $\left(\dfrac{GC}{CG}\right)_n$ oder $\left(\dfrac{AC}{TG}\right)_n$, zeigen. Die Konversion einer B-DNA in Z-DNA erfordert einen Energieaufwand von $\Delta G = +7{,}7$ kcal/Mol an jeder Übergangsstelle (junction) und ein $\Delta G = +0{,}45$ kcal/Mol pro Basenpaar der Z-DNA. Der hohe Energieaufwand am Übergang erklärt sich aus dem Vorkommen einer oder mehrerer Basenpaare, die in keiner Helixstruktur vorliegen dürfen, da die DNA nicht so verformbar ist, daß ein Übergang von einer rechtshändigen in eine linkshändige Form ohne amorphen, nichthelicalen Bereich erfolgen könnte.

Anhand der verschiedenen Helixklassen (A, B, C und Z) und ihrer sequenzspezifischen Subklassen lassen sich einige primäre Erkennungsregionen denken, die über DNA-bindende Enzyme modifiziert und dann von weiteren Enzymen erkannt werden können. Daneben befinden sich in der DNA Sequenzeigentümlichkeiten, die ein Abbiegen (bends) oder Abknicken (kinks) markieren und invers repetitive Sequenzelemente (inverted repeats; Palindrome), die bei „Atmen" der DNA (DNA breathing) in thermodynamisch nicht favorisierte ($\Delta G \leq 50$ kcal/Mol) cruciforme (kreuzförmige) Strukturen (symmetrische Haarnadelschleifen; hairpin loops) übergehen können; die Stabilisierung erfordert eine sofortige DNA/Proteinwechselwirkung. Schließlich gestattet auch das periodische „Atmen" der DNA, mit kurzer Öffnung des Doppelstranges, eine sofortige Interaktion mit Proteinen, die sich in unmittelbarer Nähe einer „atmenden" Region (breathing region) aufhalten. Alle spezifisch mit der DNA interagierenden Proteine binden zunächst unspezifisch an die DNA, nämlich dort, wo die ersten Zufallskontakte (random contacts) stattfinden. Die positive Ladung der Proteine und die negative Ladung der DNA begünstigen eine schnelle erste Kontaktaufnahme. Im weiteren bewegen sich die Proteine dann längs der DNA, bis ein ihrer Spezifität entsprechender Bindungsort gefunden wird (lineare Diffusion). Bei Kontakt mit Proteinen an anderen Bindungsstellen lösen sie sich ab und erlangen nach kurzer dreidimensionaler Diffusion um dieses Protein wiederum freie Diffusion längs der DNA (lineare Diffusion), bis sie schließlich an einem spezifischen Bindungsort auflaufen. Die Diffusion um ein Protein ist wegen des (abstoßenden) positiven Ladungsüberschusses DNA-bindender Proteine und der anziehenden negativen Ladungen der DNA nicht zufällig, sondern durch das den DNA/Proteinkomplex umgebende elektrische Feld zur DNA gerichtet. Somit herrscht in jedem DNA-Abschnitt ein ‚Patrouillieren' von Proteinen auf der Suche nach spezifischen Zielorten (targets), also Helixdeformationen, cruciformen Strukturen und anderen lokalen Topologien, die erst nach chemischen DNA-Modifikationen auftreten und deshalb von Proteinen erkannt werden, denen ein anderes Protein vorab Markierungen setzen mußte. Schließlich legen auch lokale räumliche Drehungen der DNA-Helix um die Helixachse (Superhelices, Supercoils, Supertwists) begrenzte, von Proteinen leicht erfaßbare lokale Topologien fest. Ein negatives Supercoiling (negative supercoiling) dreht die DNA-Helix entgegen dem Uhrzeigersinn des Helixumlaufes um die Helixachse, was eine unterspiralisierte (underwound) DNA zur Folge hat. Orte, an denen Strangtrennungen erforderlich sind (Replikationsstartstellen, oris, Promotoren), können Stellen lokal negativen Supercoilings sein, weil dies die Strangtrennung (strand separation) erheblich erleichtert, besonders dann, wenn diese Orte außerdem A/T-reich sind. Positives Supercoiling (positive supercoiling) erzeugt wegen der Torsion der DNA im Uhrzeigersinn um die Helixachse eine kompaktere DNA-Struktur (überspiralisierte DNA; overwound DNA). Topologische Veränderungen der DNA (topological manipulations) beeinflussen eine Vielzahl ihrer biologischen Funktionen (↑Replikation, ↑Transkription (?), ↑Rekombination und ↑Reparatur), wobei speziell ein Supercoiling topologische Isomere (Topoisomere; topological isomers, topoisomers) mit graduell unterschiedlicher Funktion festlegt. Während

71

DNA-Vehikel (DNA vehicle, DNA vector)

Varianten der Helixstruktur und cruciforme Strukturen intrinsische Topologieeigenschaften einer DNA darstellen und unmittelbar den Sequenzeigenschaften folgen, ist die Übertopologie (Supertopologie), also superhelicale Strukturen, durch Enzyme (Topoisomerasen) vermittelt. Die Topoisomerasen werden in zwei Klassen, Topoisomerasen des Typs I und II eingeteilt:

Topoisomerase	Aktion an der DNA	Relaxierung
Typ I	transienter Einzelstrangbruch (transient nick)	negative Supercoils
Typ II	transienter Doppelstrangbruch (transient double strand break)	negative und positive Supercoils ATP als Cofaktor

Topoisomerasen führen damit die verschiedenen Topoisomere ineinander über. Sie sind daher an ↑Replikation, ↑Transkription und ↑Rekombination beteiligt und legen vermutlich auch für die Erkennung bei weiteren DNA/Proteinwechselwirkungen lokale Übertopologien fest.

↑Replikation, ↑Transkription, ↑Rekombination

Literatur
Lewin B (1987) Genes III, 3rd edn. John Wiley & Sons
Lewin B (1990) Genes IV, 4th edn. Oxford University Press
Saenger W (1984) Principles of Nucleic Acid Structure. Springer
Watson JD, Crick FC (1953) Nature 171:737

DNA-Vehikel (DNA vehicle, DNA vector). ↑DNA-Vektoren

DNA-Vektoren. Jedes in einem Wirtssystem replizierbare und leicht gewinnbare DNA-Fragment, das ein mit ihm durch in vitro-Neukombination kovalent verbundenes zweites DNA-Stück (Passagier-DNA, Fremd-DNA, Insert-DNA) beliebiger biologischer oder synthetischer Herkunft in einem ↑Wirt (host) entweder autonom oder durch Integration ins Wirtsgenom vermehren läßt, kann als DNA-Vektor, Genvektor oder DNA-Vehikel (cloning vector, cloning vehicle) bezeichnet werden. Wegen der identischen, vektorabhängigen Vermehrung (Replikation) dieses DNA-Stückes spricht man von der molekularen Klonierung (Klonierung eines DNA-Moleküls) und, zusammen mit dem dieses DNA-Stück vermehrenden Wirt, von einem molekularen Klon. Die DNA-Vektoren können einmal nach der biologischen Herkunft der Vektor-DNA gekennzeichnet werden:

DNA Vektor	Herkunft	Wirtssystem
Adenovektoren	Adenoviren	Säugerzellen
SV40-Vektoren	SV40-Virus	Säugerzellen
Adeno-SV40-Hybridvektoren	SV40-Virus, Adenoviren	Säugerzellen
Caulimovektoren	Caulimoviren	Pflanzen
Geminivektoren	Geminiviren	Pflanzen
Ti-Plasmid	Ti-Plasmid (aus *Agrobacterium tumefaciens*)	Pflanzen
Plasmide	Bakterien, Hefe	Bakterien, Hefe, Pilze, z. T. Pflanzen und Säuger
fd-Vektoren	Phage fd	*E. coli*
P-Phagen-Vektoren	P-Phagen	*E. coli*
Lambda-Vektoren	Phage Lambda	*E. coli*
T4-Lambda-Hybridvektoren	Phage T4, Phage Lambda	*E. coli*
Cosmide	Plasmide mit cos-Stelle des Phagen Lambda	*E. coli*
M13-Vektoren	Phage M13	*E. coli*
2-Mikron-Plasmide	2-Mikron-DNA	Hefe
Artifizielle Hefechromosomen, YACs		Hefe

Andererseits lassen sich die DNA-Vektoren nach dem Wirtssystem ordnen in ↑Säugervektoren (mammalian vectors), ↑Pflanzenvektoren (plant vectors), ↑Hefevektoren (yeast vectors) und die heute gängigen bakteriellen Vektoren (bacterial vectors): *E. coli*-, *Bacillus subtilis*-, Streptomyceten- und Pseudomonaden-Vektoren (↑Wirte). Eine andere Art der Einteilung folgt mehr der technischen Natur der Vektoren und der damit verbundenen Klonierungsstrategie. In dieser Gliederung gibt es ↑Plasmidvektoren, virale Vektoren (↑Adenovektoren, ↑SV40-Vektoren, ↑Adeno-SV40-Hybridvektoren, retrovirale Vektoren, ↑Caulimovektoren) mit den in der Gentechnik prominenten Phagen-Vektoren ↑Lambda-Vektoren (↑Lambda-Klonierung, ↑Genbank) und ↑M13-Vektoren (↑M13-Klonierung, ↑DNA-Sequenzierung) des wichtigen *E. coli*-Wirtssystems; Phasmide (Hybridvektoren aus Phagen-DNA und Plasmiden, die die Vorteile von Phagensystemen und Plasmidsystemen verbinden) und Cosmide (Plasmide mit der cos-Stelle des Phagen Lambda), die die Vorteile der Lambda-Klonierung und der Plasmidklonierung vereinen. Letztere sind auf *E. coli* als Wirt beschränkt. Falls Plasmide oder Cosmide von *E. coli* im parasexuellen Prozeß der Konjugation (conjugation) auf andere Bakterienarten transferierbar sind, werden diese Vektoren auch conjugative Plasmide (conjugative plasmids, transferable plasmids), Plastramide oder Costramide (Plasmid bzw. Cosmid mit Transferfunktion) genannt. Plasmidvektoren, die durch ↑Amplifikation in *E. coli*-Zellen in hoher Kopienzahl vermehrbar sind, werden als Multicopy-Plasmide (multicopy plasmids, high copy number plasmids) bezeichnet. Sog. „Weglauf"- oder „Überlauf"-Vektoren (runaway vectors) gestat-

ten eine Erhöhung der Kopienzahl und damit eine Verstärkung der Genexpression nur bei erhöhter Temperatur. Das vom Vektor codierte und dann im Überschuß produzierte Protein tötet dabei die Wirtszelle ab. Runaway-Plasmide müssen verwendet werden, falls den Wirt tötende oder extrem schwächende Proteine gentechnisch erzeugt werden sollen. Bei niederer Temperatur kann der Klon vermehrt, bei hoher Temperatur das Protein gewonnen werden. DNA-Vektoren, meist Plasmide, die in zwei biologisch völlig verschiedenen Wirtssystemen (meist *E. coli* und ein anderer, eukaryontischer Wirt) vermehrbar sind, heißen binäre (bifunktionelle) Vektoren (bzw. Plasmide), Pendel- oder Schaukelvektoren (binary vectors, shuttle vectors). DNA-Vektoren, die eine Expression (↑Transkription, ↑Translation) der inserierten Fremd-DNA erlauben, werden ↑Expressionsvektoren genannt. Falls DNA-Vektoren ein Gen tragen, das für eine letale Funktion codiert (Letalgen), in das die Passagier-DNA zur Inaktivierung der Letalfunktion einkloniert werden muß, heißen diese Selbstmord-Vektoren (suicide vectors), da das Letalgen ohne Passagier-DNA (Selbstligation ohne Insert) den Selbstmord des Wirtssystems bewirkt. Vektoren, die ein promotorfreies (↑Promotor) oder terminatorfreies Gen besitzen und damit die Klonierung von Promotoren oder Terminatoren als Transkriptionssignale erlauben, heißen Promotor- oder Terminator-Test-Vektoren (promotor analysis vectors, terminator analysis vectors). Mit ars-Vektoren (meist ars-Plasmiden), denen ein Replikationsursprung fehlt, werden autonom replizierende (*a*utonomously *r*eplicating *s*equences, ars) Sequenzen über ein Screening aus der DNA fremder Organismen molekular kloniert. Je nachdem,

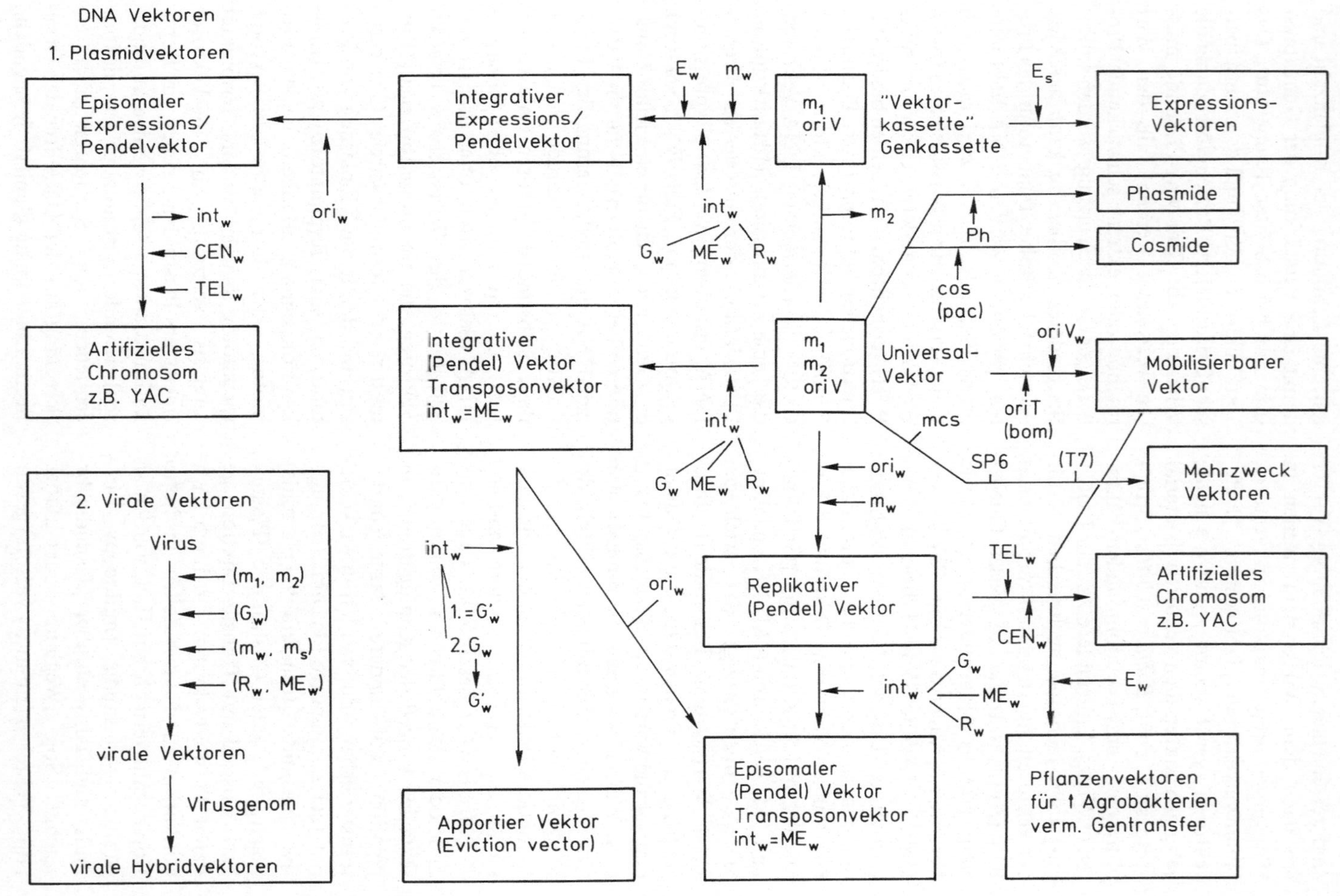

DNA Vektoren
1. Plasmidvektoren
Episomaler Expressions/ Pendelvektor
Integrativer Expressions/ Pendelvektor
m_1 ori V
"Vektor-kassette" Genkassette
Expressions-Vektoren
E_w   m_w
int_w
G_w   ME_w   R_w
E_s
ori_w
int_w
CEN_w
TEL_w
Artifizielles Chromosom z.B. YAC
m_2
Phasmide
Cosmide
Ph
cos (pac)
Integrativer (Pendel) Vektor Transposonvektor int_w=ME_w
m_1 m_2 ori V
Universal-Vektor
mcs
ori V_w
oriT (bom)
Mobilisierbarer Vektor
int_w
G_w   ME_w   R_w
ori_w
m_w
SP6   (T7)
Mehrzweck Vektoren
2. Virale Vektoren
Virus
(m_1, m_2)
(G_w)
(m_w, m_s)
(R_w, ME_w)
virale Vektoren
Virusgenom
virale Hybridvektoren
int_w
1.=G'_w
2.G_w
G'_w
ori_w
Replikativer (Pendel) Vektor
TEL_w
CEN_w
Artifizielles Chromosom z.B. YAC
E_w
int_w
G_w   ME_w   R_w
Apportier Vektor (Eviction vector)
Episomaler (Pendel) Vektor Transposonvektor int_w=ME_w
Pflanzenvektoren für ↑ Agrobakterien verm. Gentransfer
74

ob ein DNA-Vektor autonom replizieren kann, in das Genom des Wirts integrieren muß, oder beide Eigenschaften in sich vereinigt, wird er, speziell im Hefesystem, als episomaler, integrativer oder replikativer Vektor (episomal, integrative or replicative vector) bezeichnet. Replikative Hefevektoren mit centromeraler und telomeraler DNA (*yeast artificial chromosomes*, YACs ↑Artifizielle Chromosomen) erlauben eine Insertion besonders großer DNA-Fragmente (200–800 kb) und deren Vermehrung im Hefesystem. Integrative ↑Hefevektoren mit mutierten Allelkopien gestatten eine Gewinnung (eviction; eviction plasmids) von Wildallelen aus Hefe-, Säuger- oder Pflanzengenomen. Die heute verwendeten DNA-Vektoren besitzen als kurze DNA-Fragmente (meist wenige tausend Basenpaare lang) neben dem Replikationsursprung mindestens einen ↑Marker und

ein oder zwei kurze Sequenzabschnitte, die von einer Vielzahl von ↑Restriktionsendonukleasen nur einmal geschnitten werden (*m*ultiple *c*loning *s*ite, mcs, Polylinker). An dieser Stelle wird dann die Insert-DNA bei der Klonierung eingebaut. Der Marker erlaubt eine einfache Selektion von genetisch transformierten Wirten, die den Hybridvektor (Vektor + kovalent gebundener DNA-Insert) tragen, da sie über die Expression des Markers mit einer neuen genetischen Eigenschaft (Phänotyp; phenotype) gekennzeichnet sind. DNA-Vektoren sind entweder kovalent geschlossene, zirkuläre (*c*ovalently *c*losed *c*ircular, cccDNA, auch supertwisted oder supercoil DNA) DNA-Moleküle mit einer „multiple-cloning site," in die die Passagier-DNA inseriert wird (Insertionsvektoren; insertional vectors) oder lineare DNA-Moleküle mit einem von zwei „multiple cloning sites" flankierten DNA-Fragment (stuffer fragment, stuffer), das durch die Passagier-DNA ersetzt wird (Substitutionsvektoren; replacement vectors). Zu den ersteren gehören alle Plasmide und Cosmide sowie die replikative Form (= RF) des ↑M13-Vektors. Die in der Gentechnik bedeutenden ↑Lambda-Vektoren sind den Substitutionsvektoren zuzurechnen. Die DNA-Vektoren leiten sich meist von gentechnisch geeigneten und veränderten, natürlich vorkommenden kleinen Plasmiden, DNA-Viren (↑virale Vektoren) oder Transposonen (↑transposonbasierte Vektoren) ab. Die DNA-Vektoren werden dann in Mutanten eines Wirtsorganismus, die eine hohe genetische Transformierbarkeit und genetische Stabilität gewährleisten (= ↑Wirte), vermehrt. Spezielle Vektorsysteme (pMON, pBIN) sind für den ↑Agrobakterien-vermittelten Gentransfer erforderlich, da dieser entweder über

---

Zeichenerklärung: DNA-Vektoren

bom = oriT	basis of mobilisation (= origin of transfer replication)
cos	cos-Stelle
CEN_w	Centromer-DNA des Wirtes w
E_s	Expressionskassette für Standardwirt
E_w	Expressionskassette für Wirt w
G_w	Gen aus Wirt w
G'_w	mutiertes Allel von G_w
int_w	DNA-Sequenz aus Wirt w, die eine genetische Rekombination im Wirt w erlaubt (Gen, mobiles Element, repetitive Sequenzen aus w)
m_1, m_2	Marker, die im Standardwirt exprimiert werden
m_w	Marker, der im Wirt w exprimiert wird
mcs	multiple cloning site (Polylinker)
ME_w	mobiles genetisches Element aus Wirt w
$oriV_s$	vegetativer ori des Standardwirtes
$oriV_w$	vegetativer ori des Wirtes w
oriT = bom	Origin der Transferreplikation (= basis of mobilisation)
pac	pac-site; DNA-Sequenz für Verpackung von DNA in P-Phagen
Ph	Phagengenom

Cointegrate (pMON) mit einem Ti-Helferplasmid oder einem eine Transmobilisierung (pBIN) erlaubenden Ti-Helferplasmid erfolgen muß.

Die Molekulargenetik und die Gentechnik sind laufend um Verbesserung konventioneller Wirt/Vektorsysteme (host/ vector systems) und die Entwicklung neuer Systeme bemüht.

↑Wirte

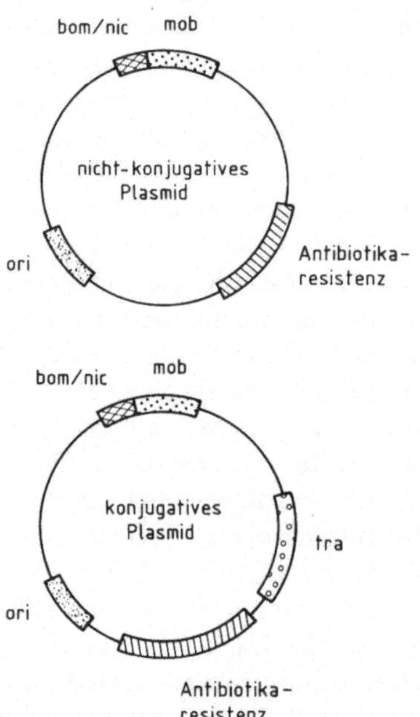

Abb. 16. Allgemeine Struktur von Plasmiden. Nicht-konjugative und konjugative Plasmide unterscheiden sich durch Ab- bzw. Anwesenheit sog. Transferfunktionen (*tra*). Aus: Gene und Klone, Verlag Chemie, 1984 [13]

DNA-Vermittelter Gentransfer (DNA Mediated Gene Transfer). = DMGT, ↑Gentransfer

Donor. Spender von DNA für gentechnische Versuche und Genübertragungen oder der Überträger von DNA in sexuellen oder parasexuellen Prozessen ↑Gentransfer ↑Parasexuelle Mechanismen

Doppelseitiger Transfer (double sided blot). Ein DNA-Blot mit Übertragung (Transfer) der DNA auf zwei Nukleinsäure-bindende Membranen (Nitrocellulose oder Nylon), welche sich während des Übertrags unter und, wie gewöhnlich, auch über dem Gel befinden. Auf diese Weise erhält man zwei identische Übertragungen für getrennte Hybridisierungsprozeduren. Die leichte Entfernbarkeit von Signalen und die Stabilität der Filter gestatten heute eine Mehrfachverwendung des gleichen Filters (reprobing) mit verschiedenen Sonden, was den doppelseitigen Transfer heute allerdings weitgehend überflüssig macht.

↑Blotting

Doppelstrangenden, Doppelsträngige Enden. DNA-Enden ohne überstehende Enden (5'- oder 3'-Extensionen, Protrusionen, 5'- oder 3'-extensions, protruding ends); Doppelstrangenden werden auch als glatte Enden, blunt ends, flushed ends und polished ends bezeichnet; als polished ends dann, wenn die Enden nach Schneiden mit einem Restriktionsenzym, welches cohäsive Enden erzeugt, geglättet wurden (↑Modifikation von DNA-Enden).

Drug Resistance Genes. ↑Arzneimittelresistenz-Gene, ↑Marker, ↑Säugervektoren

DTE. ↑Antoxidantien

DTNB. ↑Antoxidantien

DTT. ↑Antoxidantien

Dye Conjugated Antibodies (dye labelled antibodies). Fluoreszenz-conjugierte Antikörper, ↑Enzym-conjugierte Antikörper

Dye Labelled Primers (fluorescence labelled primers). ↑Fluoreszenz-markierte Primer, ↑automatisierte DNA-Sequenzierung

E

Eam-Mutation. Ambermutation im Gen E des Phagen Lambda ↑Dam-Mutation, ↑in vitro-Verpackung

Eckhardt-Methode. Im Gegensatz zur gängigen ↑Birnboim-Doly-Methode, mit der sich kleine Plasmide (speziell Plasmidvektoren) und rekombinante Plasmide einfach gewinnen lassen, erfolgt eine Darstellung großer Plasmide (sog. Megaplasmide > 200 kb) nach der Eckhardt-Methode. Die möglichst schonende Lyse der Bakterien erfolgt hier in der Geltasche, so daß keine Scherkräfte die Megaplasmide zerstören können.

ECL-Gen-Detektionssystem. Ein Gen-Nachweissystem, das Meerrettichperoxidase-gekoppelten DNA-Sonden (*h*orse *r*adish *p*eroxidase *l*abelled probes, HRP labelled probes) beim ↑Gene Screening, bei in situ-Hybridisierungen und beim ↑Blotting einsetzt. Die Peroxidase oxidiert Luminol, wobei die freiwerdende Energie als Blaulicht freigesetzt wird, was nach Verstärkung der Lichtsignale auf einem Blaulicht-sensitiven Röntgenfilm festgehalten werden kann (ECL = *e*nhanced *c*hemi*l*uminescence, verstärkte Chemolumineszenz). ↑DNA-Detektionssysteme

Editosom. Multiproteinkomplex, der maßgeblich am ↑RNA Editing beteiligt ist.

Edman-Abbau. ↑Proteinsequenzierung

EDTA. ↑Chelator

EGTA. ↑Chelator

Einzelkolonielysat (single colony lysate). DNA-Präparation aus einzelnen bakteriellen Klonen, speziell nach der ↑Birnboim-Doly-Methode oder der ↑Eckhardt-Methode

Electric Field Mediated Gene Transfer. Elektroporation ↑Gentransfer

Elektroblotting. = Elektrotransfer, ↑Blotting

Elektrofocussierung. Auftrennung von Proteingemischen nach ihrem *i*soelektrischen *P*unkt (i.P.) mit Ampholine als Matrix. Bei 2D (zweidimensionaler)-Elektrophorese werden die Proteine in der 1. Dimension nach Molekulargewicht und in der 2. Dimension durch Elektrofocussierung getrennt.

Elektronenmikroskopie von Nukleinsäuren. Elektronenmikroskopische Verfahren zur Visualisierung von Nukleinsäuren basieren auf einer von KLEINSCHMIDT (1968) entwickelten Spreitungsmethode. In Cytochrom C gelöste DNA wird dabei auf eine Ammonium-Acetat-Hypophase (Tröpfchen einer Ammoniumacetatlösung) gegeben, der auf der Oberfläche befindliche Film aus Protein (Cytochrom C) und DNA auf einen mit einer Trägerfolie beschichteten Netz-Objektträger (grid) aufgenommen und das Präparat anschließend durch Uranylacetat und/oder Bedampfung mit Platin/ Kohlenstoff kontrastiert. DNA-Doppelstränge erscheinen in solchen Präparaten als Filamente von etwa 8 bis 15 nm Durchmesser; eine einzelsträngige DNA infolge zufälliger Basenpaarung als Zufallsknäuel (random coils) in ‚Buschform' (bushes). In den heute üblichen Formamid-Lösungen erfolgt allerdings auch eine Spreitung einzelsträngiger DNA in dünnere Filamente, die anhand des geringeren Durchmessers leicht von doppelsträngiger DNA unterschieden werden können. Damit gestattet die Elektronenmikroskopie von Nukleinsäuren: **1.** Eine Lokalisierung und Längenbestimmung einzelsträngiger und doppelsträngiger DNA-Bereiche. **2.** Eine

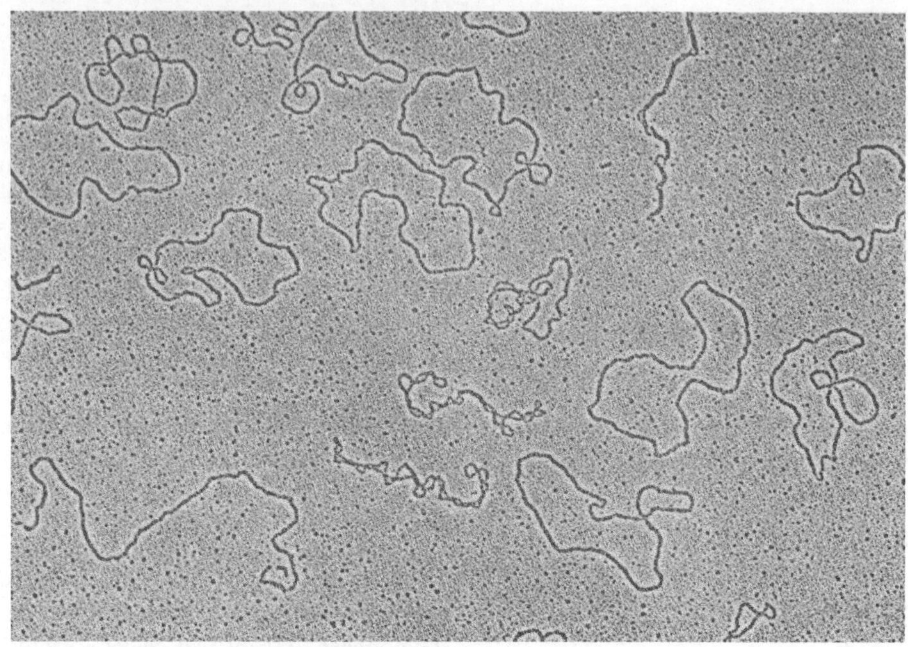

Abb. 17. DNA-Längenbestimmung. DNS eines Plasmids (Bezeichnung dieses Plasmids: pML21, Molekulargewicht $7,42 \times 10^6 = 11\,200$ Basenpaare, Länge 3,6 µm). Es sind neben einer Reihe ringförmiger (zirkularer) Moleküle superhelicale Moleküle (drei vollständig, eines teilweise abgebildet), sowie ein linearisiertes Molekül zu sehen. Ringschluß eines DNS-Moleküls führt zwangsläufig zu einer Verdrillung der DNS-Doppelhelix um sich selbst. Es entsteht somit eine Superhelix. „Offene", ringförmige Moleküle entstehen durch einen Einzelstrangbruch. Vergrößerung: 24900fach (Aufnahme STÜBER, Heidelberg, 1979). Aus: Molekular- und Zellbiologie, Springer, 1979 [14]

Längenbestimmung linearer und zirkulärer, einzel- wie doppelsträngiger DNA. **3.** Eine Unterscheidung linearer, zirkulärer und superhelikaler DNA-Strukturen.

Speziell die Möglichkeit der Diskriminierung zwischen einzel- und doppelsträngiger DNA schafft mannigfaltige Möglichkeiten der Anwendung elektronenoptischer Verfahren in der modernen Molekulargenetik:

1. Interpersionsuntersuchungen
Eukaryontische DNA zeigt eine Interpersion, also eine alternierende Abfolge repetitiver (= redundanter), in mehreren Kopien vorliegender DNA-Abschnitte mit singulären DNA-Elementen (single copy DNA, unique DNA), die deutlich im Elektronenmikroskop erkennbar ist. Geringe Mengen hochmolekularer DNA werden nach Denaturierung mit kurzen, ebenfalls denaturierten, repetitiven DNA-Elementen im Überschuß renaturiert und das Gemisch anschließend analysiert. Im Elektronenmikroskop zeigt sich dabei folgendes Bild (Abb. 18).

Damit gestattet das Elektronenmikroskop eine einfache Bestimmung der Länge reassoziierter, repetitiver Duplices (im Bild als doppelsträngige DNA erscheinend) sowie eine Ermittlung der Abstände repetitiver Elemente, die im elektronenmikroskopischen Bild als Einzel-

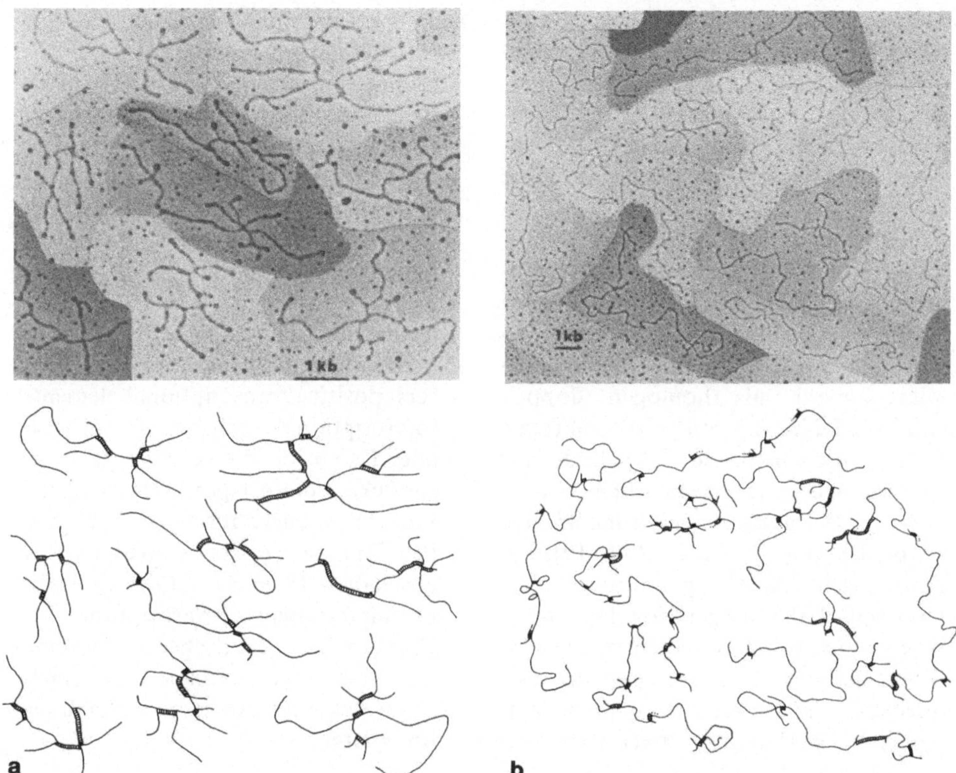

Abb. 18. a Elektronenmikroskopischer Nachweis von repetitiven DNS-Sequenzen, die zwischen singuläre eingestreut sind. DNS aus Ratten wurde in Stücke von 2500 Basenpaaren Länge fragmentiert, dann denaturiert und schließlich unter Bedingungen renaturiert, unter denen sich nur repetitive Abschnitte paaren. Es sind ausgewählte Felder mit partiellen Heteroduplices zusammengestellt, die sowohl Einzel- als auch Doppelstranganteile enthalten. Der untere Teil des Bildes gibt eine Deutung der Aufnahmen. Die bizarr aussehenden Formen sind ein Anzeichen dafür, daß repetitive und singuläre Sequenzen einander abwechseln. (Die Markierung im Bild: 1 kb bedeutet 1000 Basenpaare.) **b** Singuläre Sequenzen in Fragmenten von 20000 Basenpaaren Länge. Diese Stücke wurden gegen kurze Fragmente (900 Basenpaare lang) hybridisiert (Aufnahme WILKES, PAARSON, WU, J. BONNER, Pasadena, 1978). Aus: Molekular- und Zellbiologie, Springer, 1979 [15]

stränge erscheinen, womit sich das Interpersionsmuster des betreffenden Organismus festlegen läßt:

Short term pattern: Kurze (300–400 Basenpaare) repetitive Elemente (SINES, short *in*terspersed *element*s) alternieren mit ebenfalls kurzen singulären (unique, single copy) DNA-Elementen (500–2000 Basenpaare).

Long term pattern: Längere (1000–3000 Basenpaare) repetitive Sequenzen (LINES, *l*ong *in*terspersed *element*s) wechseln mit längeren singulären DNA-Sequenzen (10000 Basenpaare). Short-Term-Interspersion-Pattern bzw. Long-Term-Interspersion-Pattern werden auch nach den Eukaryonten, in denen sie zuerst entdeckt wurden, als Xenopus-like (interspersion) pattern oder Drosophila-like (interspersion) pattern (also nach dem südafrikanischen Krallenfrosch *Xenopus laevis* und nach der Frucht- oder Taufliege *Drosophila melanogaster*) bezeichnet. Neben der Festlegung des DNA-Interspersionsmusters gestattet das Elektronenmikroskop auch eine Bestimmung der Verteilung palindromischer DNA.

2. Verteilung von Palindromen

Längere Anhäufungen (cluster) palindromischer Sequenzen, wie sie in allen bisher untersuchten Eukaryonten zu beobachten sind, erscheinen elektronenmikroskopisch als homogen doppelsträngige DNA, die von palindromfreien DNA-Zwischenstücken (palindromic spacers, spacers) unterbrochen werden und somit folgendes elektronenmikroskopisches Bild liefern (s. Abb. 19). Palindromische Cluster (palindromic clusters) mit Anhäufungen überlappender, invers repetitiver DNA-Elemente (Palindrome; palindromes, invers repetitive sequences, snap backs; hier: sequenzüberlappend; overlapping) markieren vornehmlich Orte molekulargenetisch regulatorischen Geschehens:

- Replikationsstartpunkte (Replikationsursprünge; origins of replication, oris).

- Regulatorische Sequenzen und Promotoren der Transkription (regulatory sequences and promoters, 5'-flanking regions) sowie deren Modulatorelemente (transcriptional modulator elements, modulators; negative transcriptional elements, transcriptional silencers; positive transcriptional elements; transcriptional enhancers), Silencer oder Enhancer, die gewebe-, differenzierungs- oder artspezifisch die Transkription eukaryontischer Gene erhöhen (Enhancer) oder erniedrigen bzw. abschalten (Silencer) ↑Genexpression in Eukaryonten, ↑Transkription.

- Orte erhöhter genetischer Rekombination (bevorzugte Stellen der genetischen Rekombination; recombinational hot spots).

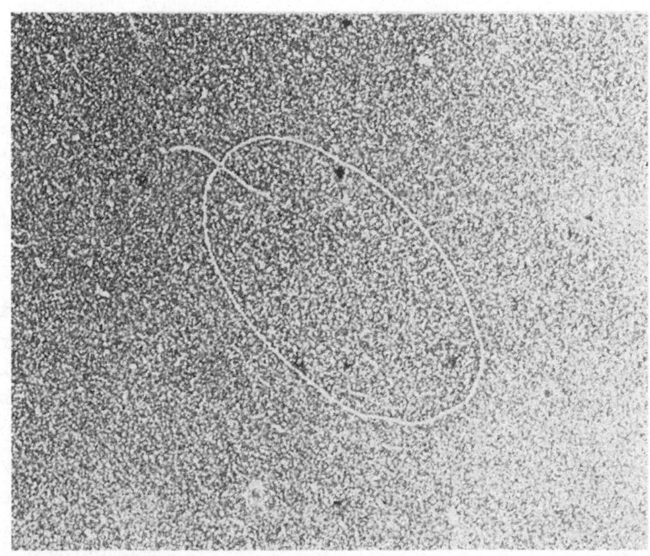

Abb. 19. Kreuzform (cruciform) einer DNA. Elektronenmikroskopische Aufnahme einer Kreuzform, die in vitro in DNA hergestellt wurde (Aufnahme mit freundlicher Genehmigung von M. GELLERT). Aus: Gene, Verlag Chemie, 1988 [16]

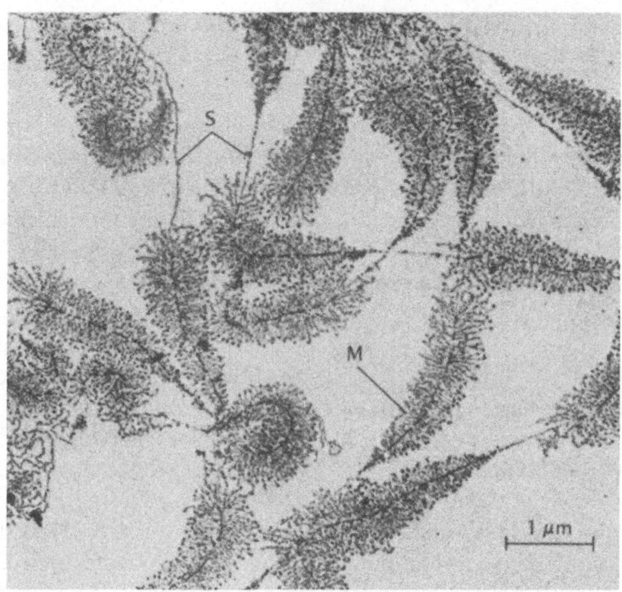

Abb. 20. Aktive Gene. Elektronenmikroskopische Aufnahme von etwa 25 Genen, die alle ribosomale RNA bilden und aus der Organisatorregion des Nucleolus einer *Triturus viridescens*-Oocyte isoliert wurden. Wie bereits erwähnt, besteht jede Molekülmatrix (*M*), die sich von einer dünnen DNA-Achse nach außen erstreckt, aus RNA-Molekülen in verschiedenen Transkriptionsstadien: Die kleineren RNA-Moleküle befinden sich in der Nähe des Startpunktes der Transkription, die längeren in der Nähe des Endpunktes. Die Transkriptionsabschnitte sind nicht fortlaufend; zwischen den Genen, die nicht transkribiert werden, befinden sich „Spacer" (*S*) (von OL MILLER, Jr, BR BEATTY, BA HAMKALO und CA THOMAS, Jr, 1970. Electron microscopic visualization of transcription. Cold Sp Harb Symp 35: 505–512). Aus: Genetik, Carl Hanser Verlag, 1988 [17]

Das Vermessen der Länge solcher Cluster molekulargenetisch wichtiger Sequenzen und deren Abstände (spacers) an zufallssortierter DNA ergibt wichtige Einblicke in die Verteilung (distribution) regulatorischer Elemente in Genomen, wie sie in ‚atomistischer' Detailstudie einzelner Genomabschnitte nach DNA-Sequenzierung zwar feinauflösend, aber für einen ersten Überblick zu aufwendig erwerbbar sind. Ein anderer Teil solcher regulatorischen Sequenzen verbirgt sich im oben erwähnten Interspersionsmuster in den repetitiven Sequenzelementen. Weitere Sequenzeigentümlichkeiten wie A/T-reiche Abschnitte (copolymeric stretches) mit aktivitätsregulierender Funktion (A/T-reiche Replikationsstart-stellen; origins of replication, oris), zum Teil auch Promotoren und bevorzugte Stellen der Rekombination als A/T-reiche Palindrome, intergenische Zwischenstücke (intercistronische Spacer; intergenic spacers, intercistronic spacers, spacers) sind an partiell denaturierter DNA (partially denaturated DNA) im Elektronenmikroskop ebenso leicht zu identifizieren.

Darüber hinaus lassen sich größere nichthomologe DNA-Abschnitte in DNA-Hybriden verschiedener Herkunft (Heteroduplices) erkennen und kartieren (Heteroduplexkartierung, Intron/Exon-Kartierung; heteroduplex mapping, intron exon mapping). Im Elektronenmikroskop sind Abschnitte mit definiertem Proteinbesatz leicht zu erkennen und entsprechend zu kartieren. Neuerdings werden auch Detailbereiche chromosomaler Abschnitte von Metaphasechromosomen elektronenmikroskopisch studiert. Für vergleichende Untersuchungen von Strukturunterschieden bei Metaphasechromosomen wird vermehrt die Rasterelektronenmikroskopie herangezogen.

Literatur
Kleinschmidt AK (1968) Methods in Enzymology 12B:361
v. Sengbusch P (1979) Molekular- und Zellbiologie. Springer

Elektrophorese (electrophoresis). In der Gentechnik und Molekulargenetik finden Gelelektrophoresen – Agarosegelelektrophorese und *Polyacrylamidgelelektrophorese* (PAGE) – mannigfaltigste Anwendung. Die Träger Agarose und Polyacrylamid fungieren als Molekularsieb (molecular sieve), die Auftrennung im elektrischen Feld bandiert DNA, RNA und Proteine nach dem Molekulargewicht. Die Molekülgröße, z. B. von Restriktionsfragmenten, können nach Ethidiumbromidfärbung über einen mitgeführten Standard bestimmt werden. Dies gestattet die Erstellung von Restriktionskarten (restriction maps) sowie vielfältige Kontrollen bei Arbeitsschritten einer ↑molekularen Klonierung und Separationen nach Molekülgröße für Blots (↑Blotting) wie auch den Einsatz in der ↑DNA-Sequenzierung. Auf Proteinebene dominiert die PAGE. Die Trennung von Nukleinsäuren erfolgt häufig in Agarosegelen; kleine DNA- oder RNA-

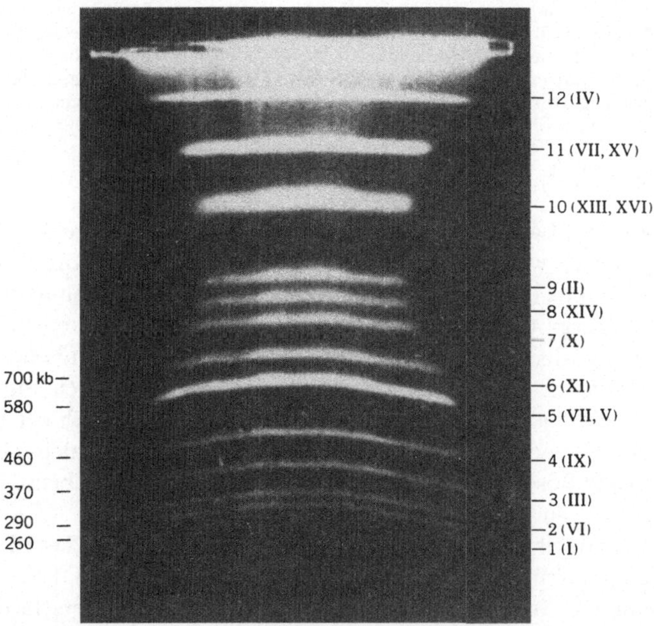

Abb. 21. Elektrophoretische Trennung chromosomaler DNA aus Hefe. Die chromosomale DNA der Hefe *S. cerevisiae* kann in zwölf Banden aufgetrennt werden, von denen neun einzelne Chromosomen repräsentieren und drei jeweils zwei Chromosomen. Die Bestandteile der Dubletten können auf anderen Gelen voneinander getrennt werden. Zwei Chromosomen können mit Hilfe dieser Technik nicht identifiziert werden (Aufnahme mit freundlicher Genehmigung von MAYNARD OLSEN). Aus: Gene, Verlag Chemie, 1988 [18]

82

Moleküle (≤ 500 bp) werden jedoch über PAGE getrennt. Die Wiedergewinnung (recovery) von DNA, RNA und Proteinen aus den gelelektrophoretisch aufgetrennten Banden ist über eine Vielzahl von Techniken möglich. Die Auftrennung besonders großer DNA-Moleküle, z. B. der kompletten DNA ganzer Chromosomen, wird durch die ↑Pulsfeldelektrophorese (pulsed field electrophoresis) möglich. Die mit Ethidiumbromid gefärbten Nukleinsäurebanden fluoreszieren im UV-Licht. Die Proteinbanden werden mit Amidoschwarz (amido black) oder Coomassieblau gefärbt, das Gel dann photographiert.

Literatur
Dunbor BS (1987) Two Dimensional Electrophoresis and Immunological Techniques. Plenum Press
Hames BD, Richwood D (1981) Gel Electrophoresis of Proteins: A Practical Approach. IRL Press, Oxford
Richwood D, Hames BD (eds) (1981) Gel Electrophoresis of Nucleic Acids: A Practical Approach. IRL Press, Oxford

ELISA-Test (*E*nzyme *l*inked *i*mmunosorbent *a*ssay). Im ELISA-Test wird ein Antigen (in der Gentechnik meist ein Polypeptid als Genprodukt eines rekombinanten Klons oder transgenen Organismus) an eine Matrix fixiert und dann ein Testantikörper zugesetzt. An den entstandenen Antigen/Antikörper-Komplex bindet dann ein Ligand/Enzym-Komplex. In der Folge setzt das ligandgebundene Enzym (Peroxidase, Phosphatase oder Urease) ein Chromogen in ein farbiges Endprodukt um. So kann die vorliegende Antigenkonzentration über die gebildete Farbstoffmenge photometrisch quantitativ erfaßt werden.

Im ↑Radioimmuntest (RIA), der im Prinzip ähnlich aufgebaut ist, wird statt eines Chromogens ein radioaktiver Ligand verwendet.

↑Immuntests

Ellman-Reagenz (Ellman's Reagent). = DTNB ↑Antoxidantien

Embryoide. Adventivembryone, somatische Embryone oder asexuelle Embryone, aus denen ganze Pflanzen regeneriert werden können ↑Reproduktionstechnik Pflanzen

Endmarkierung (end labelling). Radioaktive oder chemische Markierung von DNA- oder RNA-Enden ↑DNA-Sequenzierung

Endonukleasen. Nukleasen, die DNA oder RNA innerhalb des Moleküls spalten; spezielle Endonukleasen sind ↑Restriktionsendonukleasen, ↑DNA/RNA-modifizierende Enzyme, ↑Restriktion und Modifikation

Enhancer. DNA-Sequenzen in 5'-Richtung vor eukaryontischen oder viralen Promotoren, die deren Funktion und damit die Transkriptionsrate gewebe- und/oder wirtsspezifisch erhöhen ↑Transkription, ↑Genexpression in Eukaryonten

Enrichment. = ↑Anreicherung

Entrapment (liposome entrapment). = Liposome mediated gene transfer, ↑Gentransfer

Enzym-conjugierte Antikörper. Enzym-conjugierte Antikörper (enzyme conjugated antibodies), also an einen spezifisch gegen ein Antigen gerichteten Antikörper gebundene Enzyme, dienen in der Molekularbiologie und Gentechnik dem Nachweis (detection) eines bestimmten Proteins oder einer definierten Nukleinsäuresequenz. Enzym-conjugierte Antikörper eignen sich deshalb zum Nachweis spezifischer Nukleinsäuresequenzen nach Hybridisierung mit chemisch markierten Gensonden (Biotin- oder Digoxingenin-markierter Nukleinsäure, biotinylierter oder digoxigenierter Nukleinsäure; ↑Biotin-16-dUTP, ↑Dig-11-dUTP) bei Koloniehybridisierungen (Grunstein-Hogness-Hybridisierungen, colony blotting, colony lift), Plaquehybridisierungen (Benton-Davis-Hybridisierung, plaque blotting, plaque lift, plaque transfer; ↑Gene Screening, ↑Blotting), DNA- und RNA-Blots (Southern-Blots, Northern Blots; ↑Blotting) sowie cytologischen Hybridisierungen (cytological hybridizations, in situ hybridizations, in situ-Immunhybridisierung; ↑Chromosomen). Auf Proteinebene erfolgen enzymimmunologische Tests, wie der ELISA-Test (enzyme linked immunosorbent assay), Protein-Hybridisierungen (Protein Blot, Immunoblot, Western Blot; ↑Blotting) und in situ-Immuntests (cytologische Immunhybridisierung) als Nachweis eines Genprodukts in Zellen, aber auch Bakterienkolonien und Plaques (in situ immunoassays, in situ immunohybridizations; ↑Gene Screening), mit Enzym-conjugierten Antikörpern oder deren Fab-Fragmenten als hochspezifischem Nachweisagens. Zum Teil verdrängen Enzym-gekoppelte Antikörper auch die radioaktiv oder chemisch markierten Antikörper in bisher konventionell radioimmunologischen Tests (radioimmunological assays, radioimmunological tests wie dem ↑Radioimmuntest, Radioimmunoassay = RIA; Radioallergosorbent-Test = RAST und Radioimmunosorbent-Test = RIST). Der heute in Immunologie, Virologie, Parasitologie, Molekularbiologie und Gentechnik weitverbreitete ELISA-Test ist im Prinzip ähnlich dem Radioimmunoassay (RIA), nur daß hier der radioaktiv markierte Antikörper durch einen Enzym-conjugierten Antikörper (enzyme linked antibody) ersetzt ist. Die konjugierten Enzyme müssen zur Sicherung des Nachweises selbst kleinster Antigen-

mengen (derzeit etwa $1\,\mathrm{pg} = 10^{-12}\,\mathrm{g}$) einen extrem hohen Substratumsatz (turnover rate) zeigen und ein farbloses, chromogenes Substratanaloges ebenso spezifisch und in hoher Rate zu einem farbigen Edukt (= Endprodukt) umsetzen. Die gestellten Bedingungen werden bestens von alkalischen Phosphatasen (AP, BAP, CIP) oder Peroxidasen erfüllt. Speziell die Wurzeln des Meerrettichs (*Armoracia rusticana,* Brassicaceae, Kreuzblütengewächse) sind reich an Peroxidasen (POD, Meerrettich-Peroxidase, *horse radish peroxidase* = HRP). Alkalische Phosphatase-conjugierte Antikörper (AP-conjugated antibodies, *A*lkalische *P*hosphatase-*A*nti-*A*lkalische *P*hosphatase = APAAP und Anti-Digoxigenin-AP) setzen über die angekoppelte alkalische Phosphatase (AP) das chromogene Substrat BCIP (= X-Phosphat, X-phosphate oder 5-Bromo-4-chloro-3-indolylphosphat) in das farbige 5-Brom-4-Chlor-3-Indol und Phosphat (X-Phosphat Dephosphorylierung) um. Mit NBT (4-*N*itro *b*lue *t*etrazolium chloride, Tetrazoliumblau) bildet sich ein violett-roter bis bräunlicher Komplex. Biotinylierte DNA oder biotinylierte Proteine werden über Biotin-bindende Proteine (Avidin aus Hühnereiklar oder Streptavidin aus *Streptomyces avidini*), an die alkalische Phosphatase gebunden ist, nachgewiesen. Die Avidin- oder Streptavidin-conjugierte alkalische Phosphatase setzt in diesen Ansätzen wiederum das chromogene BCIP (X-Phosphat) um. Peroxidase (POD)-conjugierte Antikörper (Immunperoxidasen) setzen die chromogenen Peroxide DAB (3,3′,4,4′-Tetraaminobiphenyl = 3,3′-Diaminobenzidin), AEC (3-*A*mino-9-*E*thyl*c*arbazol) oder CN (4-*C*hlor-1-*N*aphthol) in farbige Endprodukte um. Die gleichen POD-Substrate werden auch bei DNA-Nachweisen über

84

Anti-Digoxigenin-Peroxidase (Anti-Digoxigenin-POD, ↑DIG-11-dUTP; Nachweis digoxigenierter Nukleinsäuren) oder Avidin- bzw. Streptavidin-conjugierter Peroxidase (Nachweis biotinylierter Nukleinsäurehybride) verwendet. Ein neueres DNA-Nachweis-System (DNA detection system, gene detection system) bindet HRP (*horse radish peroxidase*, Meerrettichperoxidase) über Glutaraldehyd aenzymatisch kovalent an die Aminogruppen einzelner Nukleinsäurebasen einzelsträngiger Sonden-DNA. Der Nachweis von Nukleinsäurehybriden (↑Gene Screening, ↑Blotting) erfolgt über Chemolumineszenz. In Gegenwart von Wasserstoffperoxid H_2O_2 katalysiert die HRP die Oxidation von Luminol (5-Amino-2,3-dihydro-1,4-phthalazindion), was mit einer Emission von blauem Licht der Wellenlänge 428 nm verbunden ist. Bei gleichzeitiger Zugabe eines Scintillationsverstärkers (scintillation enhancer), kann die Hybridisierung als Schwärzung eines blausensitiven Röntgenfilms festgehalten werden. Wegen des DNA- bzw. Gen-Nachweises über verstärkte Chemolumineszenz (enhanced chemiluminescence, ECL) wird das System als ECL-Gen-Detektionssystem radioaktiven Nachweissystemen und dem Biotin-DNA- bzw. dem Digoxigenin-DNA-Detektions-System gegenübergestellt.

Eine Biotinylierung (biotin labelling), Digoxigenierung (digoxigenin labelling) oder HRP-Markierung (HRP labelling) kann auch mit Proteinen erfolgen, was sensitive Nachweise der erwünschten Genprodukte, z. B. in transgenen Organismen, ermöglicht.

Speziell zum Proteinnachweis, z. T. aber auch DNA-Nachweis (↑DIG-11-dUTP) werden auch nicht-radioaktiv (non radioactively labelled), sondern chemisch markierte Antikörper (chemically labelled antibodies) verwendet. Die chemische Markierung erfolgt dabei durch Farbstoffe, wie Rhodamine, Fluoreszenzfarbstoffe (vor allem Fluoresceine, z. B.: FITC = *F*luorescein*iso*t*h*io*c*yanat) oder durch eine Beschickung mit feinsten Partikeln (5–10 nm) colloidalen Goldes (Immungold; immunogold staining).

↑Blotting, ↑Markierung von DNA

Enzyme Labelled Nucleic Acids. ↑Enzym-markierte Nukleinsäuren

Enzym-markierte Nukleinsäuren. Enzym-markierte Nukleinsäuren (enzyme labelled nucleic acids) erlauben durch den Umsatz chromogener Substrate den Nachweis von Nukleinsäuren mit Hilfe sog. DNA- oder Gendetektionskits, wie dem ECL-Gen-Detectionssystem mit HRP-gebundener DNA (*horse radish peroxidase* bound DNA, HRP labelled DNA, Meerrettichperoxidase-gebundene DNA, Meerrettichperoxidase-markierte DNA).

Episom. Extragenomische, prokaryontische DNA mit der Fähigkeit autonomer Replikation (wie z. B. Plasmid-DNA und DNA-Phagen Genome) und der zusätzlichen Fähigkeit der Integration in das bakterielle Genom, wie es für den F-Faktor von *E. coli,* den RP4-Faktor, temperente Phagen (z. B. die lambdaoiden Phagen, wie Lambda und Φ 80 von *E. coli*) typisch ist. ↑Hefevektoren ↑Parasexuelle Mechanismen

EPSPS-Glyphosat-Resistenzgen (EPSPS-Gly^R-Gen). Ein mutiertes *E*nol*p*yruvyl*s*hikimat*p*hosphat*s*ynthase (EPSPS)-Allel, welches Resistenz gegen das Herbizid Glyphosat verleiht und deshalb als chimäres, selektionierbares Markiergen in höheren Planzen zur Kon-

Erkennungsstelle (recognition site)

struktion von Pflanzenvektoren verwendet werden kann ↑Herbizidresistenzgene
Literatur
Comai L et al. (1985) Nature 317:741
Shah DM et al. (1986) Science 233:478

Erkennungsstelle (recognition site). Erkennungsstelle von Restriktionsendonukleasen ↑Restriktion und Modifikation, ↑DNA/RNA-modifizierende Enzyme

Erzwungene Klonierung (forced cloning). Eine Strategie, bei der Vektor-DNA und Passagier-DNA mit den Restriktionsenzymen R1 und R2 geschnitten werden. Wenn die R1- und R2-Enden nicht kompatibel sind, ist erzwungenermaßen nur eine Erzeugung rekombinanter Moleküle möglich, nicht aber eine Selbstligation des Vektors.

Escherichia coli (E. coli). Gramnegatives, stäbchenförmiges, peritrich begeißeltes Bakterium (Enterobacteriaceae); *E. coli* K12-Stämme mit daran adaptierten ↑DNA-Vektoren sind die prominentesten gentechnischen ↑Wirte

Ethidiumbromid (Etbr). Interkalierender Farbstoff zur Fluoreszenzfärbung von DNA in Gelen und Dichtegradienten ↑DNA-Isolierung, ↑Elektrophorese

Ethik der Gentechnologie. Die Gentechnologie und die daraus entstandenen vielfältigen Möglichkeiten der Genmanipulation haben den Menschen in einem bisher nie gekannten Ausmaß in die Lage versetzt, selbst gestaltend in essentielle biologische Entwicklungsvorgänge einzugreifen und ‚schöpferisch' an Lebewesen tätig zu werden.
Wie keine andere naturwissenschaftliche Disziplin berührt deshalb die Gentechnologie ethische, philosophische und religiöse Themen sowie den Menschen in seinem Persönlichkeitsrecht und der Unantastbarkeit seiner Würde.

Die kritische Auseinandersetzung mit den Erfahrungen der Industriegesellschaften und ein wachsendes Verständnis für globale ökologische Zusammenhänge beziehen die Umwelt wie auch die Mitlebewesen des Menschen auf der Erde in eine verantwortungsvolle Diskussion mit ein.
Die Ethik der Naturwissenschaften hat sich heute durch Lehrstühle und entsprechende interdisziplinäre Studiengänge an den Universitäten auf einer breiten Basis akademisch etabliert. Nationale und internationale Genetik- und Gentechnologie-Kongresse bieten regelmäßig eigene Symposien zu ethischen Themen.
Literatur
Baumann-Hölzle R, Bondolfi A, Ruh H (Hrsg) (1990) Genetische Testmöglichkeiten – Ethische und rechtliche Fragen. Campus Verlag
Braun V, Mieth D, Steigleder K (Hrsg) (1987) Ethische und rechtliche Fragen der Gentechnologie und der Reproduktionsmedizin. J Schweizer Verlag

Exconjuganten. Die aus einer bakteriellen Kreuzung zwischen einem Donor und einem Rezipienten resultierenden Empfänger, die aus dem Donor übertragene DNA enthalten und als erwünschte Produkte einer Conjugation (bakterielle Syngamie; conjugation, bacterial syngamy) weiterkultiviert werden ↑Parasexuelle Mechanismen

Exkretionsvektor (excretion vector). = Sekretionsvektor (secretion vector); ↑Expressionsvektoren, ↑Translation

Exon. Codierender DNA-Abschnitt eines eukaryontischen Cistrons, wenn dieses durch nichtcodierende Introns unterbrochen ist ↑Genstruktur in Eukaryonten

Exonukleasen. Enzyme, die DNA oder RNA von den freien Enden her abdauen (5'- oder 3'-Exonukleasen) ↑DNA/RNA-modifizierende Enzyme

Expressionsvektoren. Expressionsvektoren sind DNA-Vektoren (Klonierungsvektoren, Klonierungsvehikel) mit wirts- oder wirtsklassenspezifischen (z. B. Prokaryonten) starken Expressionssignalen, zumeist ↑Promotoren, die im passenden ↑Wirt eine effiziente Expression (↑Transkription und ↑Translation) einer proteincodierenden DNA-Sequenz exogener Herkunft erlauben, welche durch in vitro-Rekombination diesen Signalen nachgeschaltet wurde. Zumeist handelt es sich bei Expressionsvektoren um Expressionsplasmide, die den üblichen Kriterien von ↑Plasmidvektoren genügen und durch Restriktionsspaltung isolierbare und damit in andere Vektoren klonierbare, d. h. portable Promotor- und Terminatorsignale als Promotor/Terminatorkassetten (promotor/terminator cassettes; promotor/terminator cartridges; portable promotors, portable terminators) enthalten. Zwischen den Promotor- und Terminatorsequenzen befindet sich meist eine „multiple cloning site" (Polylinker) mit einer Anzahl singulärer Restriktionsschnittstellen, die eine einfache Einklonierung einer zu exprimierenden, proteincodierenden DNA-Sequenz gestattet. Eine im Expressionsvektor erzeugte transkribierbare Einheit (transcriptional unit) aus wirtsklassenspezifischem Promotor sowie exogener, proteincodierender Sequenz und wirtsklassenspezifischem Terminator wird als chimäres Gen oder als chimäre Transkriptionseinheit bezeichnet. Wegen der bevorzugten Expression eukaryotischer cDNA-Inserte als proteincodierende Sequenzen sind speziell für den Universalwirt *E. coli* potente Expressionsvektoren bekannt, die zumeist auf starken Phagenpromotoren (Phagen T4 und T7 oder dem p_L-Promotor des Phagen Lambda) oder Mutanten des lac-Promotors

(lacUV5, Promotor des Lactoseoperons von *E. coli*), des trp-Promotors (trp, Tryptophanoperon von *E. coli*) bzw. einem aus lac und trp erzeugten, tac-Promotor genannten Expressionssignal basieren. Diesen Promotoren ist in den prokaryontischen Expressionsvektoren in Transkriptionsrichtung eine ribosomale Bindungsstelle (ribosomal attachment site, ribosomal binding site) mit einer ↑Shine-Dalgarno-Box der Sequenz 5'AGGAGGT...ATG 3' vorgeschaltet, die eine effiziente Translation in das gewünschte Polypeptid sicherstellt. Da eine Shine-Dalgarno-Sequenz eukaryontischer mRNA generell fehlt, ist diese Basenfolge zur Expression eukaryontischer cDNA-Inserte in Prokaryonten eine Voraussetzung für einen funktionstüchtigen Expressionsvektor. Die Insertion der cDNA hat zusätzlich in definiertem Abstand des ATG-Startcodons zu der Shine-Dalgarno-Box zu erfolgen, was meist eine gezielte Deletion (z. B. mit dem Enzym Bal-31) 5'-terminaler Sequenzen der cDNA vor ihrer Klonierung in den prokaryontischen Expressionsvektor erforderlich macht. Neben den in der Gentechnik wichtigen prokaryontischen Expressionsvektoren zur Expression eukaryontischer Inserte gewinnen eukaryontische Expressionsvektoren für Hefe (*Saccharomyces cerevisiae*), höhere Pflanzen und Säuger mit Hefe-, Pflanzen- oder Säugerpromotoren und -terminatoren zunehmend an Bedeutung. Mit solchen eukaryontischen Expressionsvektoren wird bevorzugt eine genetische Expression bakterieller, proteincodierender Sequenzen in diesen Wirtssystemen angestrebt.

Nicht selten enthalten diese eukaryontischen Expressionsvektoren eines oder mehrere Signale mit der Sequenz 5'AATAAA3', die eine Polyadenylierung der Transkripte gestattet, wie sie nur in Eukaryonten, nicht aber in Prokaryonten erfolgt. Speziell die Entwicklung solcher eukaryontischer Expressionsvektoren befindet sich derzeit in starkem Auftrieb. So werden heute bevorzugt 5'-regulatorische Regionen (regulatory regions; Regulatorische Sequenzen mit Promotor als RNA-Polymerase II-Bindungsstelle, ↑Genexpression in Eukaryonten; ↑Genstruktur in Eukaryonten) verwendet, die eine Induktion der Genaktivität anhand leicht steuerbarer, externer physikalischer oder chemischer Stimuli (5'-regulatorische Region von Hitzeschockgenen; Hitzeschockinduktion; 5'-regulatorische Region des pflanzlichen Rubisco-Gens (Ribulose 1,5 Biphosphat Carboxylase/ Oxygenase Gen) mit Licht-induzierbarer Genexpression; 5'-regulatorische Region von Metallothioneingenen; Schwermetall-induzierbare Genexpression) gestatten. Mit Hilfe der 5'-regulatorischen Region des Rubisco-Gens ist sogar eine extrem starke Expression chimärer Gene erzielbar (bis maximal 50% des Gesamtproteins; sonstige Promotoren 1–10%, selten mehr). Andere gentechnisch interessante 5'-regulatorische Sequenzen (5'-flanking regions) stammen von Hormoninduzierbaren (z. B. Steroid-, Glucocorticoid- oder Ecdyson-aktivierbaren) Genen oder von Genen viraler Herkunft. Ebenso werden in Zukunft vermehrt synthetische Konsensussequenzen (Prototypsequenzen, kanonische Sequenzen) 5'-regulatorischer Regionen in vorgegebene 5'-flanking regions in adäquater Position eingebaut, was dann eine multiple Induktion der Genaktivität über diverse Stimuli erlaubt. Schließlich werden auch vermehrt Enhancerelemente zu gewebespezifisch (tissue-specific) oder wirtsspezifisch (host-specific) erhöhter Expression heterologer oder chimärer Gene

(↑Genexpression in Eukaryonten; ↑Genstruktur in Eukaryonten) in Expressionskassetten (expressional cassettes, expressional cartridges) eukaryontischer Expressionsvektoren verwendet.

Neuere Entwicklungen favorisieren auch vermehrt den Einsatz von prokaryontischen wie eukaryontischen Expressions-Sekretions-Vektoren (expression-secretion vectors); häufig mit portablen Expressions-Sekretions-Kassetten, Polylinker (multiple cloning sites), 3'-flanking region (3'-Trailer), die leicht in andere Genvektoren klonierbar sind.

In solchen Vektoren wird eine proteincodierende Sequenz natürlicher oder synthetischer Herkunft (↑Gensynthese) nicht nur vor die Transkription fördernden Signale, sondern auch vor eine Signalpeptid-codierende Sequenz gesetzt. Das nach Translation (Proteinbiosynthese) resultierende heterologe Fusionsprotein (ein chimäres Protein mit artfremdem Signalpeptid) erfährt dann einen Transport in Zellorganellen (Mitochondrien, Plastiden) oder cytoplasmatische Kompartimente, Interzellularräume oder intraorganismische Transportsysteme (z. B. Blut, Lymphsystem), wie sie das Signalpeptid gebietet. Im Falle prokaryontischer Expressions-Sekretions-Vektoren ist zumeist ein Transport des Fusionsproteins in den periplasmatischen Raum oder das Außenmedium in Form eines Exoproteins (meist Exoenzym) angestrebt. Nach proteolytischer Abspaltung des Signalpeptids ist das Protein dann an seinem jeweiligen Zielort biologisch aktiv. Expressions-Sekretions-Vektoren sind wegen der Spezifität der Signalpeptide allerdings oft wirtsspezifischer als konventionelle Expressionsvektoren. Wegen der gut untersuchten Signalpeptide des *E. coli*-Wirtssystems sind solche, hier Fusionsvektoren genannte (liefern Fusionsproteine) Expressions-Sekretions-Vektoren schon länger im Einsatz. So wird gentechnisch erzeugtes Humaninsulin (Humulin) aus dem ins Medium ausgeschiedenen Fusionsprotein nach chemischer Spaltung mit Bromcyan aufgereinigt. Nicht selten enthalten die prokaryontischen Expressions-Sekretions-Kassetten bzw. -Vektoren zwischen prokaryontischem Promotor und Ribosomenbindungsstelle (RBS, *ribosomal binding site* mit ↑Shine-Dalgarno-Box, ribosomal attachment site) ein Operatorelement, welches die gezielte Induktion (z. B. durch Laktoseanaloga, wie IPTG) eines chimären Genkonstruktes erlaubt (= sandwiched gene; die proteincodierende Sequenz heterologer Herkunft ist in der multiple cloning site zwischen 5′- und 3′-regulatorische Elemente kloniert). Dies ist besonders dann wichtig, wenn nach ‚gene sandwiching' toxische, den Wirt tötende Genprodukte erzeugt werden. Ohne Induktion kann der rekombinante Wirt (host) erhalten und beliebig vermehrt werden; nach Induktion kann das gewünschte Genprodukt gewonnen werden. Häufig verhindert aber auch schon die bloße Ausscheidung des heterologen Proteins dessen nur zellintern wirksame Toxizität. Eine andere Art von Expressionsvektoren, die eine Expression chimärer Gene (sandwiched genes) mit Erzeugung toxischer Produkte in *E. coli* erlaubt, sind Runaway-Replikations-Plasmide als Derivate des Resistenzfaktors R1. Als Deletionsmutanten codieren diese ↑Runaway-Plasmide (Runaway-Replikations-Plasmide; runaway replication plasmids) ein temperatursensitives Regulator-Protein. Dieses wird bei höherer Temperatur (42 °C) inaktiviert, was zu starker Erhöhung der Kopienzahl (von ca. 10 auf einige Tausend Plasmid-

kopien pro *E. coli*-Zelle) und über den damit verbundenen Gendosiseffekt zur gewünschten Überexpression führt. Unter permissiven Bedingungen (28 °C) kann der gewünschte Klon erhalten und vermehrt werden. Bifunktionelle (binäre; binary) Expressionsvektoren (Expressions-Schaukel-Vektoren, Expressions-Pendel-Vektoren; expressional shuttle vectors replikativer (B) oder integrativer (C) Natur) erlauben eine für den Wirt expressionsgerechte Etablierung einer Genbank (↑cDNA-Genbank, ↑Genbank) und deren Absuche (↑ Gene Screening) nach dem gewünschten molekularen Klon sowie die Anreicherung des rekombinanten Expressionsvektors, der das gewünschte chimäre (sandwiched) Gen für einen ↑Gentransfer in Wirt b trägt. Schließlich wird die für den Wirt b expressionsgerechte Genbank (expressional gene library, expressional gene bank) im primären Wirt a ausschließlich zum Zweck der Isolierung und Übertragung einer gewünschten Gensequenz in Wirt b angelegt. Als primärer Wirt fungiert fast ausschließlich *E. coli* mit Plasmid pBR322 (↑Plasmidvektoren) als Basisvektor (mit ori_a und Marker M_a). Binäre Expressionsvektoren für sekundär eukaryontische Wirte werden hinsichtlich Replikation (ori_b), Selektion (Marker M_b) und Sequenzelementen der Expressionskassette (EC, Expressionskartusche; expressional cassette, expressional cartridge) auf eine Replikation und Expression in gewünschten zellulären Kompartimenten (Zellkern, Mitochondrien, Plastiden z. B. Chloroplasten) mit Verwendung entsprechender DNA-Sequenzelemente (ori_b, M_b, EC) festgelegt. Dabei sind die entsprechenden Sequenzelemente (ori_b, M_b, EC) homologer (der gleichen biologischen Spezies) oder heterologer (anderer Art als Wirt b) Herkunft. Besonders

Expressionsvektoren

in Zellkernen mit Chromosomen, die als Kopplungsgruppen von Genen präzise Mendel-Segregation (Mendel'sche Gesetze, Chromosomentheorie der Vererbung) zeigen, bedingen nichtmendelnde Expressionsplasmide mit Zufallsverteilung (random segregation) hohe Instabilitäten in der mitotischen oder meiotischen Weitergabe eines eingeführten Allels. Dies kann durch Schaffung von ↑Artifiziellen Chromosomen durch Einfügen artspezifischer DNA der ↑Centromeren (=Kinetochor, primäre Konstriktion, CEN$_b$) und Insertion der DNA homologer und heterologer Telomere (=Chromosomenenden) erzielt werden. ↑Artifizielle Chromosomen zeigen – von abortivem Verhalten abgesehen – men-

delnde Verteilung wie native Chromosomen. Angesichts einiger Probleme mit ↑Artifiziellen Chromosomen werden allgemein integrative Expressionsvektoren (c) mit einer integrationsfördernden (integrative) DNA-Sequenz (z. B. LTRs = long terminal repeats von Retroviren, inverse Sequenzwiederholungen; inverted repeats), direkte Sequenzwiederholungen (direct repeats) mobiler genetischer Elemente (↑Transposone), repetitive Gene oder Sequenzelemente davon (z. B. rRNA-Gene, tRNA-Gene u. ä.), repetitive Elemente (Alu-Sequenzen, Mitglieder der Kpn-Familie) oder singuläre Gene (leu-, trp-, ura-Gene = Leucin-, Tryptophan-, Uracilsynthese der Hefe) eingebaut. Diese integrative sequences erlauben dann dem Expressionsvektor über ein ‚Looping -in', also einem singulärem genetischem in vivo-Rekombinationsereignis (einfaches crossing over; single c.o.), die kovalente Integration in eine Ziel-DNA (target DNA; der Kern-DNA, Plastiden-DNA oder mitochondrialen DNA), die durch die Herkunft der int-Sequenzen (integrative sequences) festgelegt ist.

Die Expressionskassette EC (Expressions-Kartusche; expressional cassette, – cartridge) gestattet je nach Sequenzaufbau der flankierenden Regionen (5'-F bzw. 3'-F) die gewünschte Gestaltung der

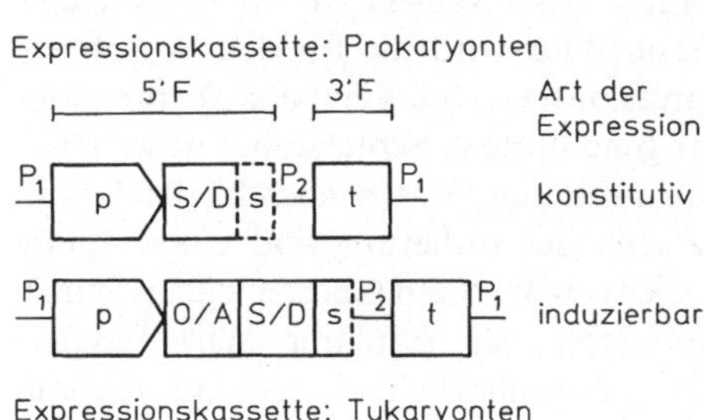

Abb. 22. Bauplan einer Expressionskassette (P$_{1,2}$ = Polylinker, p = Promotor, S/D = Shine-Dalgarno-Box, s = Signalpeptide, O/A = Operator/Aktivator)

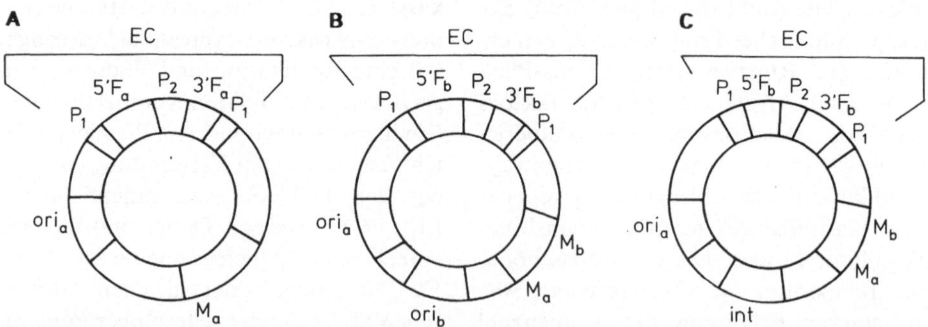

Abb. 23. Bauplan von Expressionsvektoren (**A** *E. coli*; **B, C** *E. coli* und Wirt b)

Expression der über den Polylinker (P_2 = multiple cloning site) in vitro einrekombinierten proteincodierenden Sequenz (Abb. 23, Vektor A).

Die heute sehr wichtigen Expressionsvektoren, die oft als bifunktionelle (binäre) Vektoren (shuttle vectors) mit der Möglichkeit binär autonomer Replikation in beiden Wirten (a und b) oder autonomer Replikation in einem Wirt (primärer Wirt a) und Integration in einem anderen Wirt (sekundärer Wirt b) ausgelegt sind, besitzen einen Aufbau wie in Abb. 23 B + C skizziert.

↑DNA Vektoren

Extension (= Extrusion). Überstehende Enden nach Restriktionsspaltung (5'-Extension oder 3'-Extension) ↑DNA/RNA-modifizierende Enzyme, ↑Kohäsive Enden

Extrachromosomale Vererbung (extrachromosomal inheritance). Cytoplasmatische Vererbung (cytoplasmatic inheritance, Non Mendelian inheritance); nichtmendelnde Segregation des Plasmons (extrachromosomale DNA von Chloroplasten und Mitochondrien).

F

Fab-Fragmente. Nach Spaltung von Immunglobulinen mit Papain, einer Protease des Melonenbaums (Papaya) *Carica papaya* erhält man pro 7S-Molekül zwei Fab-Fragmente, die jeweils die leichte Kette und den N-Terminus der schweren Kette und damit eine vollständige Antikörperbindungsstelle (antibody binding site) besitzen. Im Gegensatz zu den bivalenten Antikörpern können Fab-Fragmente als univalente Antikörper nur ein Antigen binden und kein Präzipitat (Antigen-Antikörper-Netzwerk) bilden, weshalb ↑Enyzym-konjugierte Antikörper für DNA-Detektionssysteme bevor-

zugt mit Fab-Fragmenten (statt ganzen Antikörpern) hergestellt werden, da eine Präzipitat-Bildung bei Gen-Detektionssystemen störend wäre.

fd-Phage. fd; ein eng mit M13-Phagen verwandter, männchenspezifischer DNA-Phage von *E. coli,* fd-Vektoren ↑DNA-Vektoren

Fertilitätsfaktor (fertility factor). = F-Faktor ↑Parasexuelle Mechanismen

FIGE. Die Feldinversionsgel-Elektrophorese (FIGE; *f*ield *i*nversion *g*el *e*lectrophoresis) arbeitet als ↑Pulsfeldelektrophorese mit zwei elektrischen Feldern entgegengesetzter Polarität, welche längs einer Achse orientiert sind, womit das in Plusrichtung orientierte Feld mit dem in Minusrichtung orientierten Feld überlappt. Die Vorwärtsimpulse ($+ \rightarrow -$) sind länger als die Rückwärtsimpulse, was letztlich in einer Vorwärtswanderung ($+ \rightarrow -$) resultiert.

Fill In (Auffüllreaktionen). Auffüllen von 5'-überstehenden Enden durch DNA-Polymerasen, speziell Klenow-Polymerase ↑Modifikation von DNA-Enden

Filter-Hybridisierung. Alle Formen von Hybridisierungen an Matrix (Filter)-gebundener Nukleinsäure ↑Blotting

Fingerprinting. Als Fingerprinting wird jede Methode bezeichnet, die in 1- oder 2-dimensionaler Auftrennung von Nukleinsäure- oder Polypeptidfragmenten ein charakteristisches Bandenmuster (band pattern) oder Fleckenmuster (spot pattern) ergibt, welches eine Nukleinsäure oder ein Polypeptid eindeutig identifiziert und einem biologischen Organismus zuordnen läßt, so wie Fingerabdrücke (fingerprints) eindeutig einer Person zuzuordnen sind. Die Fragmentierung von DNA erfolgt entweder durch vollständigen oder partiellen Restriktionsverdau oder chemische Spaltung; bei RNA durch partielle oder vollständige chemische oder enzymatische Spaltung wie bei ↑RNA-Sequenzierung. Im Falle von Proteinen erfolgt das Fingerprinting durch partiellen oder vollständigen Verdau mit Proteasen oder durch chemischen Abbau. Die ‚Fingerabdrücke‘ (fingerprints) von Nukleinsäuren können bei radioaktiver oder chemischer Markierung unmittelbar oder nach Hybridisierung mit einer markierten Sonde sichtbar gemacht werden. Das Protein-Fingerprinting erfolgt zumeist mit radioaktiv markiertem Protein, bei größeren Mengen kann auch eine gängige Proteinfärbung oder ein Nachweis über Aminosäurereagentien (z. B. Ninhydrin) erfolgen. Fingerprinting findet eine mannigfaltige Anwendung in Gentechnik und Molekularbiologie, so bei der Kontrolle von Sequenzen bei Oligonukleotid- und Oligopeptidsynthese (↑Gensynthese und Proteinsynthese) und der Identifizierung von Arten und deren Vergleich zur Gewinnung molekularer Stammbäume (molecular trees). Im DNA-Fingerprinting lassen sich über den Vergleich vom Bandenmuster eines Partialverdaus mit Restriktionsenzymen einer spezifischen DNA nach Gelelektrophorese und Hybridisierung mit einer Gensonde Aussagen über die genetische Konstitution eines Genlocus gewinnen, also entscheiden, ob ein homo- oder heterozygoter Zustand vorliegt. Auf Proteinebene (Enzympolymorphismus, z. B. für Paternitätsgutachten) lassen sich nur solche Allele eines Locus erkennen, die gegenüber einem Wildtypallel (monomorpher Locus mit einem Wildtypallel oder dimorpher Locus = polymorpher Locus mit 2 common alleles) eine elektrophoretisch erkennbare Aminosäurensubstitution aufweisen. Im DNA-Fingerprinting lassen sich hingegen alle Basensubstitutionen (↑Mutation und Mutagenese) erfassen, also auch solche, die nicht im Polypeptid erscheinen (silent mutations) (Jeffreys et al. 1985, 1990).

Literatur
Jeffreys AI et al. (1985) Nature 314:67
Jeffreys AI et al. (1990) Cell 60:173

FITC. *F*luoreszein-*iso*thio*c*yanat (FITC) ist ein Fluoreszeinderivat zur Proteinfärbung in alkalischem Milieu, da FITC im Alkalischen an Proteine bindet. FITC wird auch zur Herstellung Fluoreszeinmarkierter Antikörper oder Fab-Fragmente für DNA-Detektionssysteme und andere Immunfluoreszenztechniken verwendet.

Fluoreszenz-conjugierte Antikörper (Fluoreszenz-markierte Antikörper).

Fluoreszenz-markierte Antikörper (fluorescence conjugated antibodies, fluorescence labelled antibodies, fluorescence linked antibodies, dye bound antibodies, dye conjugated antibodies) dienen in DNA-Detektionssystemen und bei Immunchemie-Techniken, bei Gene Screening, in situ-Immunhybridisierungen, DNA-, RNA- und Proteinblots als Nukleinsäure- oder Proteinnachweisreagenz, soweit nicht ↑Enzym-conjugierte Antikörper, Enzym-markierte Bindungsproteine (z. B. Avidin/Streptavidin-conjugierte alkalische Phosphatase oder Peroxidase) oder Enzym-markierte Nukleinsäuren (↑ECL-Gen-Detektionssystem) verwendet werden. Die bekanntesten Fluoreszenz-markierten (Fluorochrommarkierten) Antikörper sind Anti-Digoxigenin-Fluorescein (anti-digoxigenin fluoresceine) und Anti-Digoxigenin-Rhodamin (anti-digoxigenin rhodamine) des DIG-DNA-Detektionssystems (DIG-DNA detection kit) ↑Blotting. ↑Enzym-conjugierte Antikörper, ↑DIG-11-dUTP

Fluoreszenz-markierte Primer (fluorescence labelled primers). Mit Fluoreszenzfarbstoffen am 5′-Phosphatende markierte Primer für die automatisierte enzymatische DNA- oder RNA-Sequenzierung nach der Sanger-Methode (fluorescence labelled primers, fluorescence labelled sequencing primers für DNA-Sequenzierungen, fluorescence labelled phasing primers für RNA-Sequenzierungen; fluorophore-labelled primers etc., dye labelled primers etc.) ↑Automatisierte DNA- und RNA-Sequenzierung

Fluorochrome (fluorochromes). = Fluoreszenzfarbstoffe zur Protein-, Antikörper- und Nukleinsäuremarkierung. ↑Fluoreszenz-conjugierte Antikörper ↑Fluoreszenz-markierte Primer

Fluorophore (fluorophores). = Fluoreszenzfarbstoffe ↑Fluorochrome

Flushed Ends (glatte Enden). = ↑Blunt ends (polished ends) ↑DNA/RNA-modifizierende Enzyme

Footprint (DNA protection experiment). Im DNA-Schutzexperiment lassen sich nach dem Maxam-Gilbert-Verfahren der ↑DNA-Sequenzierung und dem partiellen DNase-Verdau diejenigen DNA-Sequenzen ermitteln, die vor chemischer Modifikation oder DNase Abbau geschützt sind, weil spezifische Proteine dort binden. Die Abbaureaktion erfolgt zum Vergleich parallel an proteingeschützter und ungeschützter DNA. Im Autoradiogramm des Sequenzierungsgels erkennt man dann als ‚Fußspuren‘ ein Fehlen von Banden in derjenigen Gelspur, in der proteingeschützte DNA aufgetragen wurde.
Autoradiogrammausschnitt (1. ungeschützte Probe, 2. proteingeschützte Probe):

```
        A C G T | A C G T
   T        –   |       – T  ┐
   C    –       |           │
 S A  –         |           │
 e G        –   |           │ footprint
 q C  –         |           │
 u C  –         |       –   C ┘
 e A  –         |     –     A
 n
 z 1.           |           2.
```

In der Sequenz ACCGACT wurde an der proteinbindenden Sequenz CGAC ein ‚footprint‘ hinterlassen.

Literatur
Perbal B (1989) A Practical Guide to Molecular Cloning, 2nd edn. John Wiley & Sons
Sambrook J, Fritsch EF, Maniatis T (1989) Molecular Cloning – A Laboratory Manual, 2nd edn. Cold Spring Harbor

Fusionspeptid. = Fusionsprotein, ↑Expressionsvektoren, ↑Translation

G

G418. Ein Aminoglykosidantibiotikum der Gentamycinfamilie, welches bei transgenen Säugerzellen und Pflanzen eine effizientere Selektion als Kanamycin oder Neomycin gestattet.

Gap. Einzelstranglücke (≥ 1 Nukleotid) in doppelsträngiger DNA

Geklärtes Lysat (cleared lysate). Von Zelldebris gereinigter Überstand, wie er bei der Isolierung von Plasmiden anfällt ↑DNA-Isolierung

Gel. Trägermaterial der Gelelektrophorese, meist Agarose oder Polyacrylamid ↑Elektrophorese

Gelretardationsexperiment (mobility shift experiment). Spezifisch mit Proteinen verbundene Nukleinsäuren zeigen gegenüber unbeladenen Nukleinsäuren eine veränderte Mobilität in der Agarose- oder Polyacrylamid-Gelelektrophorese (band shifting). Somit läßt sich auf einfache Weise prüfen, ob eine wohldefinierte DNA (z. B. ein Restriktionsfragment) eine Wechselwirkung mit spezifischen Proteinen (z. B. RNA-Polymerase/Promotor-Wechselwirkung) zeigt. Zur Elektrophorese muß ein DNA/Protein-Komplex durch „cross links" stabilisiert werden. Wenn im Gel eine oder mehrere DNA/Protein-Interaktionen erkannt werden, können die Sequenzen der Proteinbindungen und ihre relative Lage auf dem DNA-Fragment über ↑Footprints ermittelt werden.

Literatur
Perbal B (1989) A Practical Guide to Molecular Cloning, 2nd edn. John Wiley & Sons

Geminiviren. Phytopathogene Viren mit zwei zusammenhängenden Capsiden („Gemini'), die monocotyle und dicotyle Pflanzen befallen; sie haben lineare Einzelstrang-DNA-Genome, welche über doppelsträngige, replikative Intermediate (RF-Formen) replizieren (↑Replikation). Damit lassen sich DNA-Vektoren (Geminivektoren) für die Gentechnik an monocotylen Pflanzen (speziell Nutzgräser, Getreidearten, Poaceae) entwikkeln, die dem ↑Agrobakterien-vermittelten-Gentransfer schwer zugänglich sind. ↑Gentransfer, ↑Caulimovektoren, ↑Cauliflower Mosaic Virus

Gen. Das Gen oder Cistron ist eine DNA-Sequenz oder Basenabfolge einer RNA (RNA-Viren), die in serialer Verschaltung zu Kopplungsgruppen (linkage groups), also cytologisch Chromosomen, den Genbestand einer Art im haploiden Chromosomensatz (Genom) repräsentieren. Das einzelne Cistron (BENZER 1957, 1961) einer Kopplungsgruppe (linkage group; Chromosom) ist eine Einheit der biologischen Funktion (1 Cistron → 1 Polypeptid), der ↑Mutation (1 Muton $\hat{=}$ 1 Nukleotid) und Rekombination (1 Rekon $\hat{=}$ 1 Nukleotid), wie es, von intragenischer Komplementation abgesehen, durch den cis/trans- oder Komplementationstest (BENZER 1957) ermittelt wird. In höheren Eukaryonten entspricht das Cistron einer Einheit der ↑Transkription (Transkriptionseinheit $\hat{=}$ Transkripton; transcriptional unit) mit Promotor (promoter), codierender Sequenz (coding sequence) und Terminationssequenz der ↑Transkription (transcriptional terminator); die daran formierte RNA, im Falle proteincodierender Gene mRNA, ist monocistronisch. In Prokaryonten (Eubacteriales, Archaebacteriales, Cyanobacteriales) kann das Transkripton mehrere codierende Einheiten ($\hat{=}$ Cistrone) als polycistronisches Operon umfassen (↑Transkription, ↑Gen-expression in Prokaryonten, ↑Genex-pression in Eukaryonten).

Die klassische Genetik unterscheidet je nach Funktion im Zellgeschehen etwa 50 verschiedene Genklassen, wie Letalgene, Suppressorgene etc., die diesem klassischen Begriff widerspruchsfrei genügen. Darüber hinaus kennt speziell die Molekulargenetik aufgrund der Seuqenzanalyse von Genen eine Serie von Genen, die dem klassischen Begriff nicht unmittelbar genügen: Mosaikgene (split genes, interrupted genes), also eukaryontische Gene mit Intron/Exonabfolge, in denen codierende Bereiche (Exone) durch nichtcodierende (Introns; intervening sequences) Bereiche unterbrochen sind. Weiterhin kennt man heute alternative Gene (alternative genes, alternate genes) mit gewebe- oder stadienspezifisch unterschiedlichem Processing der prä-mRNA (z. B. alternatives Spleißen; alternative splicing = unterschiedliches Entfernen von introncodierten Sequenzen I_{1-n}; Gewebe A: Entfernen von I_1, I_2, I_3, I_4; Gewebe B: I_1, I_3).

94

Speziell in genisch kompakt organisierten Genomen (Viren; tierische Mitochondrien) finden sich überlappende Gene (overlapping genes), also Cistrone, die mehr als ein Polypeptid codieren. Overlapping genes sind entweder Sinnstrang-überlappend (sense strand overlapping genes) oder sie unterliegen asymmetrischer ↑Transkription (strand overlapping genes).

Einige Gene (rRNA-, tRNA-, snRNA-Gene, Histongene) finden sich in reiterierter Abfolge (reiterated genes, repetitive genes) in Genomen und sind nicht selten in repeating units (z. B. 18S-23S-5S; 18S-5.8S-28S-rRNA repeat units) oder Genbatterien (gene batteries; z. B. Histongene mit artspezifischer Abfolge der Histon H2A, H2B, H3, H4 und H1 codierenden Gene) organisiert. Gelegentlich finden sich bei Histongenen auch an anderen chromosomalen Orten „verwaist" gefundene Genkopien (gene orphans). Üblicherweise ist einem Gen ein definierter Ort auf einem Chromosom (Genlocus) zugeordnet, der als solcher durch Genkartierung (gene mapping, genetic mapping) erfaßt werden kann. Multiple Genorte werden von springenden Genen (↑mobile genetische Elemente; jumping genes, nomadic genes) eingenommen. Promiskuitive Gene (promiscuistic genes) finden sich als mobile Gene in verschiedenen Kompartimenten (Mitochondrien, Kern, Chloroplasten. Das Umkopieren von mRNAs (reverse Transkription; reverse transcription) in DNA führt nach Transposition (transposition) dieser reversen Kopien (↑Retrotransposone, Retroposone, ↑mobile genetische Elemente) zu genetisch inerten Genen oder Pseudogenen (pseudogenes, truncated genes), die wegen des Fehlens einer Promotorsequenz nicht transkribiert werden. Ob Antisense-Gene (antisense genes, antisense DNA), die eine ↑Antisense-RNA codieren, weitverbreitet vorkommen (bisher: ein bakterielles Gen ompC (*outer membrane protein*) in *E. coli* mit Antisense-RNA-Regulation), bleibt abzuwarten. ↑Antisense-RNA bindet als komplementäre RNA an mRNA; die RNA-Duplex gestattet in vitro keine ↑Translation und damit Genexpression. ↑Antisense-RNA wird bisher erfolgreich in in vitro-Studien der ↑Translation eingesetzt und als gentechnische Möglichkeit, zur Ausschaltung detrimentaler Gene diskutiert. Supergene oder komplexe Gene (supergenes, complex genes), also komplexe Loci, die wegen engster Koppelung praktisch keine ↑Rekombination zeigen und deshalb einem quasi monogenen Erbgang genügen (Pseudoallelie), verletzen das 1 Cistron → 1 Polypeptid → 1 Phän Schema (Polygenie) ebenso wie Gene mit pleiotropem Effekt (1 Cistron → 1 Polypeptid → mehrere Phäne). Echter Pleiotropismus ist von Pseudoallelie (Supergenen) und überlappenden Genen (overlapping genes, mit mehr als einem Polypeptid und deshalb mehr als einem Phän) zu unterscheiden. Der Begriff des Gens ist lediglich für haploide Zustände mit dem Allelbegriff gleichzusetzen, im diploiden oder polyploiden System ist ein Genlocus von identischen Allelen (Homozygotie) oder sequenzverschiedenen Allelen besetzt (Heterozygotie). Durch ↑Gentransfer werden heterologe Gene (Gene aus sexuell oder parasexuell nicht kreuzbaren Arten) übertragen. Falls Donor und Rezipient in ihrem Transkriptionssystem stark abweichen (z. B. Prokaryonten/Eukaryonten; ↑Transkription, ↑Genexpression in Prokaryonten, ↑Genexpression in Eukaryonten), sind chimäre Gene (sandwiched genes) zu übertragen, die die codierende Sequenz (coding sequence) mit

Rezipienten-kompatiblen, am besten homologen 5'-(Promotor) und 3'-Signalen (Transkriptionsterminatoren; transcriptional terminators) versehen. Der ↑Gentransfer in nichthaploide (in der Regel diploide) Arten (Angiospermae, Vertebratae) etabliert einen hemizygoten Zustand, der nach *inter se*-Kreuzung eine homozygote reinerbige transgene Linie etablieren läßt. Dieser Zustand ist mit den Methoden der klassischen Genetik (Formalgenetik) zu belegen.

Literatur
Benzer S (1957) in: McElroy WD, Glass B (eds) The Chemical Basis of Heredity. Baltimore, John Hopkins Press, p 70
Benzer S (1961) Proc Natl Acad Sci 47:403

Genbank. Eine Genbank wird häufig auch als Genbibliothek, Klonbank oder Koloniebank (gene bank, gene library, clone bank, colony bank) bezeichnet. Bei Erstellung einer Genbank in Phagenvektoren wie Lambda-Vektoren oder M13-Vektoren spricht man sinngemäß von einer Phagenbank oder Phagenbibliothek (phage bank, phage library). Dabei sind prinzipiell 2 Arten von Genbanken zu unterscheiden: **1.** Die genomische Genbank.   **2.** Die cDNA-Genbank.

Eine genomische Genbank ist eine Population bakterieller Transformanten oder eine Phagenpopulation, in der jede DNA-Sequenz eines Organismus, aus dem die genomische DNA (↑Genom) isoliert wurde, entsprechend ihrer Häufigkeit im betreffenden Genom, d. h. ihrem jeweiligen Grad der ↑Redundanz, als Insert in einem DNA-Klonierungsvektor vertreten ist.

Da in der Regel die gesamte DNA eines Organismus für die Gewinnung einer sog. genomischen Genbank verwendet wird, sind die meisten genomischen Genbanken im strikten Sinne nicht genomisch, da neben genomischer DNA (↑Genom) auch nicht-genomische DNA-

Sequenzen (Mitochondrien-DNA, Chloroplasten-DNA) kloniert werden. Da nicht nur transkribierte oder transkribierbare DNA-Sequenzen, d. h. Gene im molekulargenetischen Sinne, sondern auch genetisch inaktive DNA-Sequenzen, die den Hauptanteil eukaryontischer DNA ausmachen, in der genomischen Genbank vertreten sind, wäre die Bezeichnung DNA-Sequenzbank zutreffender.

Im Gegensatz zur genomischen Genbank ist eine cDNA-Genbank eine Population bakterieller Transformanten oder eine Phagenpopulation, in der jede mRNA-Spezies gemäß ihrer Häufigkeit (d. h. Abundanz in den Zellen, aus denen die mRNA isoliert wurde), als cDNA-Insert in einem Klonierungsvektor vorhanden ist (↑cDNA-Genbank).

Die Anlage einer Genbank erfolgt stets in der Absicht, einen oder mehrere Transformanten, die eine spezifische DNA-Sequenz von Interesse tragen, in einem geeigneten Screeningverfahren (↑Gene Screening) aufzufinden. Die so isolierten DNA-Sequenzen stehen nach Insertion in einen DNA-Klonierungsvektor für weitere Experimente in beliebiger Menge zur Verfügung.

Aus prokaryontischen Organismen (Bakterien und Blaualgen) wird generell eine genomische Genbank (meist in *E. coli*) erstellt. Da Prokaryonten über keine polyadenylierte mRNA verfügen, ist eine direkte Gewinnung von cDNA nicht möglich, andererseits verfügen Prokaryonten über geringe Anteile genetisch inaktiver DNA-Abschnitte und eine geringe Genomgröße. Daher müssen gegenüber Genbanken eukaryontischer DNA vergleichsweise geringe Kolonienzahlen nach einer gewünschten Sequenz abgesucht werden. Von eukaryontischer DNA wird in der Regel nur dann eine gegenüber einer cDNA-Genbank wesentlich umfangreichere genomische Koloniebank angelegt, wenn nach DNA-Sequenzen gesucht wird, die nicht in mRNA transkribiert werden. Ebenso wird eine genomische Genbank erstellt, wenn ein Gen in seiner DNA-Organisation, also seiner Intron-Exon-Abfolge als Mosaikgen untersucht werden soll. Da in reifen mRNAs, die zur Umkopierung in cDNA verwendet werden, sämtliche Intronsequenzen im ↑Processing entfernt werden, repräsentiert eine cDNA die intronfreie Kopie eines eukaryontischen Gens. Als solche kann die eukaryontische cDNA-Genkopie – im Gegensatz zum Mosaikgen – in Prokaryonten wie *E. coli* korrekt in ein Polypeptid exprimiert werden. Die im Mosaikgen vorhandenen Intronsequenzen würden in Prokaryonten nicht aus der mRNA entfernt, da diesen ein eukaryontischer Splice-Mechanismus (↑Splicing) fehlt, was die Produktion eines völlig abortiven Polypeptids bedingen würde. Bei Interesse an proteincodierenden Sequenzen, die in mRNA erscheinen und in prokaryontischen Wirten exprimiert werden sollen, wird deshalb stets eine cDNA-Genbank angelegt. Häufig wird aber auch eine cDNA-Genbank erstellt, um nachträglich den cDNA-Insert eines Klones als ↑Gensonde für die Absuche einer erheblich umfangreicheren genomischen Genbank parat zu haben. Immer häufiger werden heute partielle Genbanken (minilibraries) angelegt, bei denen vor Klonierung die gewünschten DNA-Sequenzen oder mRNAs zur Umkopierung angereichert werden. Dies setzt zwar die entsprechenden Kenntnisse dieser Sequenzen voraus, die nicht immer gegeben sind, reduziert aber den Umfang der Absuche einer Genbank (↑Gene Screening) nach der gewünschten Sequenz erheblich. Speziell die Kenntnis einer vollständigen oder partiellen Pro-

teinsequenz erlaubt oft die Synthese von Oligonukleotiden (↑Chemische DNA-Synthese) und damit eine affinitätschromatographische Anreicherung einer mRNA oder DNA-Sequenz, die dann eine direkte Klonierung einer erzeugten cDNA-Kopie oder einer DNA gestattet (↑Gene Editing, ↑PCR). Damit werden aufwendige Genbanken in Zukunft mehr und mehr an Bedeutung verlieren.

Die Anlage einer genomischen Genbank verläuft in folgenden Schritten:

- Partialverdau hochmolekularer genomischer DNA mit einem Restriktionsenzym geeigneter Wahl.
- Größenfraktionierung der geschnittenen genomischen DNA über Sucrosegradienten oder Gelelektrophorese.
- Schneiden des DNA-Klonierungsvektors (↑DNA-Vektor oder ↑Cosmidvektor) mit einem Restriktionsenzym.

Falls die Enden von Vektor- und geschnittener genomischer DNA nicht identisch sind (Schneiden mit unterschiedlichem, nicht kompatiblem Restriktionsenzym), erfolgt eine Anpassung der Vektorenden an die genomische DNA über ↑DNA-Linker oder ↑DNA-Adaptoren. Gelegentlich werden auch kompatible glatte Enden an Vektor-DNA und genomischer DNA über den Abdau der überstehenden Enden mit S1-Nuklease oder Auffüllen der Enden mit ↑Klenow-Polymerase erzeugt.

- Dephosphorylierung der Vektor-DNA mit ↑alkalischer Phosphatase zur Vermeidung der insertfreien Selbstligation.
- Ligation von genomischer DNA mit Vektor-DNA über T4-DNA-Ligase.
- In vitro-Verpackung der rekombinanten DNA in Phagenpartikel.
- Infektion des *E. coli*-Wirtes und Anzucht der Kolonien bzw. Phagen in Plaques.

– Durchmusterung (screening) der Koloniebank oder Phagenbank nach der gewünschten Sequenz (↑Gene Screening).

↑Lambda-Vektoren, ↑Cosmidvektoren und ↑YACs sind wegen ihrer hohen Klonierungskapazität, die die Klonierung großer DNA-Fragmente erlaubt, bevorzugte Klonierungsvehikel für genomische Genbanken, da die Aufnahme großer Inserte die Zahl der zu untersuchenden Kolonien bzw. Plaques reduziert. Das DNA-Insert eines positiven Klones wird dann über weiteren Restriktionsverdau in Plasmide oder ↑M13-Vektoren, die eine einfache DNA-Sequenzierung erlauben, subkloniert.

↑cDNA, ↑cDNA-Genbank, ↑Cosmidvektoren, ↑DNA-Vektoren, ↑Lambda-Vektoren

Gen-Detektionssystem (gene detection system, gene detection kit). = ↑DNA-Detektionssysteme

Gendosis. In einer definierten genetischen Umgebung (genetic background, genic backgrund, genetic environment; genotypisches Milieu) liefern die drei Genotypen AA, Aa und aa des Locus A definierte Mengen eines primären Genproduktes (Polypeptides) und damit einen bestimmten Beitrag zum Phänotyp. Nach sexueller Kreuzung oder nach einer Übertragung eines Gens in einen Rezipienten, der von der Donorspezies verschieden ist (heterologer Gentransfer), ändert sich mit dem anderen genotypischen Milieu die Gendosis. Ebenso verändert sich die Gendosis, wenn mehrere A-Loci pro Genom vorhanden sind, was unter natürlichen Bedingungen durch Genamplifikation oder Transpositionen mobiler Gene möglich ist. In der Gentechnik können Tandemloci (Gentandems) eingebracht werden. Dies läßt aber keinesfalls eine geometrische Progres-

sion der Gendosis G gemäß Formel: $G_n = 2^n \times G_1$ (G_n Gendosis bei n Loci pro Genom; G_1 Gendosis bei einem Locus pro Genom) erwarten, da speziell in Diplonten oder polyloiden Rassen häufig eine Kompensation der Gendosis (Dosiskompensation; dosage compensation) zu beobachten ist; so ist der Zuckergehalt triploider Zuckerrüben höher als der der diploiden Wildform. Der Saccharosegehalt tetraploider Rassen wiederum ist niedriger als der der diploiden Ausgangsform. Ebenso ist die Gendosis eines Tandemlocus, der aus einer Dimerisierung der T-DNA (selten; 1–2% der Übertragungen, Polymerisierungen sehr selten) während der Integration ins pflanzliche Genom hervorgegangen ist, selten höher als die einfache Gendosis. Ein exakter Vergleich ist bei transgenen Pflanzen allerdings nicht möglich, da die Integrationsorte der übertragenen Gene nicht bekannt sind und die Expression eines Gens in Eukaryonten erheblich mehr als in Prokaryonten vom Ort der Integration ins Genom abhängt (↑Positionseffekte). Eine eindeutige Festlegung der einfachen Gendosis ist schwer möglich. Die Expression von Tandemloci liegt manchmal kaum höher als eine über alle Klone gemittelte Gendosis.

Im Gegensatz zu Eukaryonten ist bei Prokaryonten mit einer Erhöhung der Genkopien häufig eine Erhöhung der Gendosis verbunden (überproduzierende Stämme; overproducing strains).

Gene Cartridge (Genkassette). ↑Expressionsvektoren

Gene Editing. Nach affinitätschromatographischer Anreicherung von mRNA oder Einzelstrang-DNA wird an der isolierten Vorlage eine cDNA oder eine doppelsträngige DNA erzeugt, was als Gene Editing bezeichnet wird ↑Genisolierung

Gene Eviction = Gene Rescue = Gen-Rückgewinnung. Über einen molekularen Klon mit den flankierenden Sequenzen eines Wildallels oder eines mutierten Allels auf einem integrativen Vektor (Apportiervektor; eviction vector) kann jedes beliebige Allel eines Genortes gewonnen oder rückgewonnen werden, da Crossing-over in beiden flankierenden Regionen (flanking sequences, flanking regions) das Allel aus dem Genom auf den Apportiervektor rekombiniert. ↑Hefevektoren, ↑Rescue-Techniken

Gene Farming (molecular farming). Nach der Isolierung und molekularen Klonierung eines Gens (↑Genisolierung) erlaubt ein ↑Gentransfer in geeignete Nutztiere, die das gewünschte Genprodukt in die Milch (Rinder, Schafe, Ziegen) oder Eier (Hühner, Enten, Gänse) abgeben, dem Landwirt eine Bereitstellung dieser Produkte in transgenem, aber sonst konventionellem Zuchtmaterial. Gene farming beschreibt den Betrieb transgener Hochleistungstiere als Bioreaktor anstelle von Fermenteranlagen mit rekombinanten Bakterien. ↑Gentransfer in Eizellen.
Literatur
van Brunt J (1988) Bio/Technology 6:1149

Gene Machine. = DNA-Syntheseautomat (DNA synthesizer); ↑Chemische DNA-Synthese, ↑Gensynthese

Gene Replacement = Gene Transplacement (Allelaustausch). Bei der Transplacement-Technik wird eine Allelsequenz in einem DNA-Vektor durch ein korrespondierendes Wildtypallel oder ein mutiertes Allel des betreffenden Genortes ersetzt, wenn zwischen dem Plasmid-Allel und einem der beiden Allele des betreffenden Genortes bzw. dem einzigen Allel (bei Haplonten wie Bakterien) am Genort ein doppeltes Crossing-over

eintritt. Auf diese Weise läßt sich in Genomen ein Wildtypallel durch ein mutiertes Allel ersetzen und umgekehrt. Die verwendeten Vektoren sind Apportiervektoren (eviction vectors), welche nicht nur flankierende Sequenzen, sondern das vollständige Wildtypallel oder ein mutiertes Allel des Genortes tragen, an dem das Transplacement stattfinden soll (DNA transplacement vectors, transplacement vectors). Die Gen-Transplacement-Technik wird auch in ihrer Anwendung bei ↑Gentherapien diskutiert. ↑Hefevektoren

Gene Screening. Im Falle einer ↑Genbank prokaryontischer DNA-Sequenzen kann die Selektion des richtigen Klones direkt über den erzeugten Phänotyp erfolgen. Dies setzt voraus, daß intakte bakterielle Operone in der Genbank erfaßt sind. Ein direktes Absuchen (Screening) über den Phänotyp ist bei Klonierungen eukaryontischer DNA-Sequenzen wegen der Mosaik-Struktur der Gene (↑Mosaikgen) nicht möglich. *E. coli* verfügt nicht über einen geeigneten Splice-Mechanismus, der eine Expression eukaryontischer Gene erlauben würde. Dies kann jedoch durch die Verwendung von cDNA-Kopien (↑cDNA-Genbank), die in geeignete ↑Expressionsvektoren kloniert sind, umgangen werden.
Falls eine Methode der direkten Selektion nicht angewandt werden kann, stehen eine Reihe indirekter Methoden zur Verfügung: **1.** Nukleinsäurenhybridisierungen **2.** Immunochemische Methoden des Proteinnachweises. **3.** Hybridarretierte (hybrid arrested) und Hybridfreisetzungstranslation (hybrid release translation)
Die am weitesten verbreitete Methode, spezifische Klone in einer Genbank zu entdecken, basiert auf der Hybridisierung mit radioaktiv markierter, genspezi-

Gene Screening

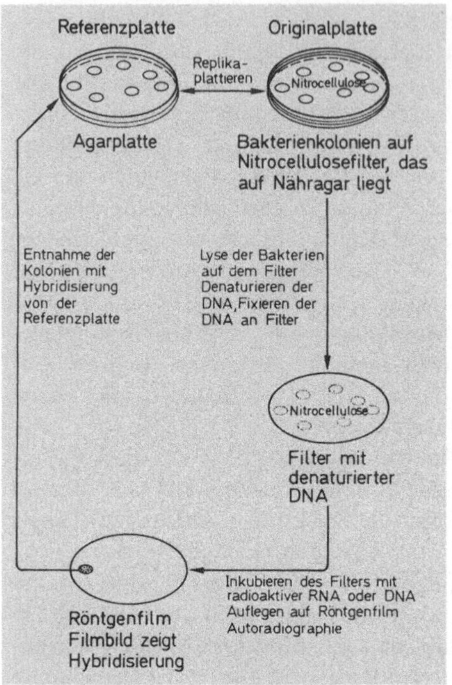

Abb. 24. Prinzip der Kolonie-Hybridisierung zum Auffinden spezifischer DNA-Klone. Nach GRUNSTEIN M, WALLIS J (1979) Methods Enzymol 68:379–389. Aus: Molekulare Genetik, Georg Thieme Verlag, 1985 [19]

fischer DNA oder RNA als ↑Gensonde (probe). Die Methode zur Durchmusterung (Screening) rekombinanter Kolonien wurde als Koloniehybridisierung (colony hybridisation) von GRUNSTEIN und HOGNESS 1975 entwickelt (Grunstein-Hogness-Hybridisierung). Die bakteriellen Transformanten werden auf Nitrocellulose-Filter, die einem festen Nährmedium in einer Petrischale aufliegen, plattiert. Nach Wachstum der Kolonien werden diese auf neue Filter überstempelt. Nach Inkubation erhält man so zwei Kopien der Filter; eine Kopie zur Aufbewahrung, die andere für die Hybridisierung. Die angewachsenen Kolonien eines Filters werden dann in situ lysiert, die DNA alkalisch denaturiert und nach Neutralisierung auf den Filter gebacken. Die hitzedenaturierte, einzelsträngige, radioaktive Sonde (eine spezifische DNA- oder RNA-Sequenz, mit der gesucht wird) wird dann mit der DNA auf den Filtern zur Hybridisierung gebracht. Ein positiver, mit der Sonde hybridisierender Klon zeigt sich dann als schwarzer Fleck auf dem ↑Autoradiogramm des Hybridisierungsfilters. Anhand seiner Position auf dem Röntgenfilm kann dann der entsprechende Klon auf der Vorlageplatte (master copy) identifiziert und weiter vermehrt werden. Ein prinzipiell ähnliches Verfahren der Plaquehybridisierung wurde von BENTON und DAVIS 1977 entwickelt (Plaquehybridisierung oder Benton-Davis-Hybridisierung). Anstatt bakterieller Kolonien werden hier die Phagen in den Plaques auf Nitrocellulose-Filter übertragen. Die weitere Behandlung der Filter erfolgt dann wie bei der Grunstein-Hogness-Methode. Die Plaquehybridisierung wird beim Screening von Genbanken in Lambda-Phagen oder von M13-Klonen verwendet. Statt der Autoradiographie mit radioaktiver Gensonde bürgern sich immer mehr fluorographische Verfahren mit biotinylierten Gensonden ein. Dies hat den Vorteil, daß Arbeiten dieser Art nicht in speziellen Isotopenlabors durchgeführt werden müssen. Eine andere Möglichkeit, Strukturgene in einem rekombinanten Vektor zu identifizieren, bietet sich mit der hybridarretierten Translation (hybrid arrested translation) oder der Hybridfreisetzungstranslation (hybrid release translation) an. Die hybridarretierte Translation basiert auf der Tatsache, daß mRNA, die an komplementäre, einzelsträngige DNA gebunden ist, in einem Translationssystem (↑in vitro-Translation) inaktiv ist. Die DNA eines Klones wird mit einer

Restriktionsendonuklease geschnitten und die denaturierte, einzelsträngige DNA in ein Translationssystem, z. B. einen S30-Extrakt von *E. coli,* ein Retikulozytensystem, ein ↑Weizenkeimsystem (wheat germ system) oder in ↑Xenopusoocyten eingebracht. Als Kontrolle dient das gleiche Translationssystem ohne Zugabe von DNA. Dem Testsystem und Kontrollsystem wird zusätzlich mRNA, von der die cDNA des zu testenden Klones synthetisiert wurde, zugeben. Die in beiden Systemen synthetisierten ^{35}S-Methionin-markierten Proteine werden dann in einem denaturierenden Gel aufgetrennt und die Proteinbanden in einem Autoradiogramm sichtbar gemacht. Wenn eine Proteinbande im Autoradiogramm des Testsystems fehlt, die in der Kontrolle vorhanden ist, so kodiert die getestete cDNA im rekombinanten Plasmid für das Protein dieser Bande. Geht man bei der hybridarretierten Translation von einer großen mRNA-Population aus, so ist das Fehlen einer Proteinbande oft schwer nachzuweisen. Bei der Hybrid-release-Translation wird die einzelsträngige DNA eines Klons an Nitrozellulosefilter oder Diazobenzyloxymethyl-Papier (DBM-Papier) gebunden und anschließend mit einer mRNA-Population hybridisiert. Die nicht gebundene, nichtkomplementäre RNA wird durch kurzes Erhitzen freigesetzt und anschließend in einem zellfreien System in radioaktiv markiertes Protein übersetzt, das dann auf dem ↑Autoradiogramm eines denaturierenden Gels als Bande identifizierbar ist. Als positiver Nachweis ist die Hybridrelease-Translation der hybridarretierten Translation überlegen. Selbst mRNA niederer ↑Abundanz kann mit diesem Verfahren nachgewiesen werden, speziell in empfindlichen ↑Western-Blots.

Immunochemische Methoden zum Proteinnachweis können dann erfolgreich angewandt werden, wenn die Fremd-DNA zumindest teilweise in *E. coli* exprimiert wird, aber keinen einfach selektionierbaren Phänotyp ergibt. Der für den Nachweis spezifische Antikörper (monoklonale Antikörper oder gereinigte IgG-Fraktion) wird an eine feste Phase gebunden und anschließend mit auf einem Filter in situ lysierten Kolonien in Kontakt gebracht. Falls eine Kolonie das gesuchte Protein, also das Antigen produziert, bildet sich ein unlöslicher Antigen-Antikörper-Komplex. Dieser Komplex kann dann mit ^{125}Jod-markiertem Antikörper oder einer ^{125}Jod-markierten IgG-Lösung nachgewiesen werden, wenn das Antigen zwei Determinanten aufweist. Anderenfalls kann ein anderer, gegen das Antigen gerichteter ^{125}Jod-markierter Antikörper oder ^{125}Jod-markiertes Protein-A aus *Staphylococcus aureus* zur Auffindung des Antigen-Antikörper-Komplexes benutzt werden. Statt der Verwendung radioaktiv markierter Antikörper und der ↑Autoradiographie setzt sich mehr und mehr die Anwendung biotinylierter Antikörper und geeigneter Fluoreszenzsysteme durch. Generell sind immunologische Methoden des Gene Screening der hybridarretierten Translation oder der Hybridfreisetzungstranslation überlegen, da sich auch Teile eines Strukturgens über unvollständige Proteine identifizieren lassen.

Prokaryontische Gene oder in *E. coli*-↑Expressionsvektoren klonierte cDNA-Kopien eukaryontischer Gene können auch in sog. Mini- oder Maxizellen von *E. coli* identifiziert werden. Minizellen sind Abschnürungen von *E. coli*-Zellen, die kein Genom, wohl aber Plasmid-DNA besitzen. Maxizellen sind normale *E. coli*-Zellen, in denen das Genom z. B.

Gene Tagging

durch UV-Bestrahlung genetisch inaktiviert wurde. Die Plasmid-DNA wird in Maxizellen normal exprimiert. In beiden Systemen werden daher selektiv nur plasmid-codierte Proteine erzeugt, die dann in herkömmlichen enzymatischen oder immunologischen Tests in einem Trenngel identifiziert werden können.

↑cDNA-Genbank, ↑Genbank
Literatur
Benton WD, Davis RW (1977) Science 196:180
Grunstein M, Hogness D (1975) Proc Natl Acad
 Sci 72:3961

Gene Tagging. = Transposon tagging; ↑Transposonmutagenese, ↑Genisolierung

Genetic Engineering. ↑Gentechnologie

Genetik. Genetik ist die Wissenschaft von der Transmission (Übertragung) und Manifestierung (Umsetzung) biologischer Information (Bioinformation) in biologisch vorgegebenen Einheiten („Bionitäten'; biounits). Als ‚Bionitäten' haben informationstragende biologische Makromoleküle (Nukleinsäuren und Proteine) sowie deren subzelluläre Aggregate, die Zelle, Zellverbände (Gewebe), Geweveverbände (Organe), ganze Organismen (Individuen), Individuenverbände mit parasexuellen und/oder sexuellen Mechanismen (Population) und schließlich die terrestrische Gesamtheit solcher Individuenverbände, also die biologischen Species, zu gelten. Demgemäß gliedert sich die Genetik anhand der ‚Bionitäten' in folgende Teildisziplinen: **1.** Molekulargenetik (molecular genetics) **2.** Biochemische Genetik (biochemical genetics) **3.** Cytogenetik (cytogenetics) **4.** Individualgenetik, also klassische Genetik oder Formalgenetik bzw. Transmissionsgenetik (classical genetics, formal genetics) **5.** Populationsgenetik (population genetics) **6.** Evolutionsgenetik (evolutionary genetics).

102

Die Molekulargenetik bemüht sich um das Verständnis des biologischen Informationstransfers von primärer Erbinformation (DNA in Zellen; DNA oder RNA in Viren), also der identischen Reduplikation (= ↑Replikation) des Erbmaterials in der Generationenfolge (Transmission) auf der Ebene makromolekularer Ereignisse ebenso wie dessen Umsetzung im zellulären Geschehen, studiert also die Phänomene ↑Transkription und ↑Translation sowie die posttranskriptionalen und posttranslationalen Veränderungen (↑Processing der RNA; chemische in vivo-Modifikation von Nukleinsäuren und Polypeptiden bzw. Proteinen). Des weiteren erforscht sie den Chemismus stochastischer (zufallsgemäßer) Abänderungen des Erbmaterials und deren Auswirkungen auf Primärprodukte (Proteine) wie komplexe subzelluläre Strukturen (Membranen, Ribosomen, Organellen etc.). Sie erklärt somit die Chemie mutativer Veränderungen, speziell von Genmutationen (Punktmutationen, Kleinmutationen) wie auch den chemischen Wirkmechanismus mutationsauslösender Agentien (↑Mutation und Mutagenese) und studiert die molekulare Grundlage der genetischen ↑Rekombination – neben der Mutation als stochastischer Faktor ein unabdingbarer Motor evolutiver Veränderungen von Organismen auf der molekularen Ebene der Nukleinsäuren. Da Veränderungen der Nukleinsäuren (↑Mutation) noch vor ihrer Manifestierung im zellulären Geschehen Korrekturmechanismen (↑DNA-Reparatur; DNA repair systems) unterliegen, sind auch diese Gegenstand molekulargenetischer Forschung. Neben den ‚klassischen' Mechanismen von ↑Mutation und ↑Rekombination als Grundlage genetischer Variabilität, ist die Erforschung der Genomumstrukturierung durch transponierbare (mobile) gene-

tische Elemente (↑Transposone), wie sie ursprünglich auf formal-/cytogenetischer Grundlage von BARBARA MCCLINTOCK (Kontrollelemente; controlling elements) beim Mais gefunden wurden, besonders nach den ersten molekularen Untersuchungen bakterieller Transposone (HEDGES und JACOB 1974) ein neues Feld. Besonderes Interesse gilt auch der Retroposition und der Struktur von Retroposonen (Retrotransposone, ↑Transposone), also den aus mRNA durch ↑reverse Transkription erzeugten, transponierbaren Elementen, wie zuerst von ROGERS (1983) erkannt. Das von KONARSKA et al. (1985) sowie SOLNICK (1985) entdeckte Trans-Spleißen (intermolekulares Spleißen; trans splicing) exoncodierter mRNA-Sequenzen zweier verschiedener mRNAs erlaubt bei Retroposition solcher Sequenzen vor ↑Promotoren die evolutive Schöpfung neuer Gene. Wenngleich auch solche Retroponierungen zumeist funktionslose Pseudogene schaffen – wie sie zuerst von PROUDFOOT und MANIATIS (1980) im menschlichen β-Globingencluster gefunden wurden – so verleihen Transponierungen und Retrotransponierungen eukaryontischen Genomen eine evolutive Verformbarkeit, die vermehrt die Evolutionsgenetik beschäftigen muß.
Die biochemische Genetik (biochemical genetics) bemüht sich um das molekulare Verstehen der Vererbung, ganz speziell den Weg vom Polypeptid zum Merkmal oder den Merkmalen (1 Gen → 1 Polypeptid → 1 Phän; Beadle Tatum-Hypothese) in Genwirkungsketten (genetic traits).
Die Cytogenetik (cytogenetics) erfaßt Struktur und Strukturabweichungen von Chromosomen. Sie charakterisiert die Metaphasechromosomen eines Karyotyps anhand verschiedener Bänderungstechniken (banding techniques), einmal

zum Vergleich mit anderen Arten, zum anderen zu diagnostischen Zwecken wie dem Nachweis von chromosomalen Aberrationen beim Menschen. Die Bänderungstechniken haben vor etwa 20 Jahren erste Studien dieser Art erlaubt und eine Vielzahl von Erkenntnissen über die Evolution des Erbmaterials, speziell der Chromosomen (Großmutationen) erbracht. An Sonderformen von Chromosomen (Riesenchromosomen, polytäne Chromosomen) ist eine cytologische Kartierung über klassische genetische Methoden oder in situ-Hybridisierung noch immer ein Forschungszweig der Cytogenetik. Methoden der in situ-Hybridisierung (cytologische Hybridisierung) sind auch für die Molekulargenetik und die Gentechnologie interessant.
Die klassische Genetik (Formalgenetik, Transmissionsgenetik), also die Mendel-Morgan-Genetik mit ihrer mathematisch/biometrischen Analyse und exakten Aussage zur Natur der Vererbung von Merkmalen (z. B. Pleiotropie, Polygenie, Epistasie etc.) liefert mit einfachsten Mitteln wertvolle Aussagen über das Verhalten von Allelen, wie sie selten durch aufwendige (teilweise umstrittene) physiologisch-biochemische Experimente erbracht werden können. Keine noch so sorgfältige Aufreinigung von Organellen-DNA (Verunreinigung mit Kern-DNA!) erbringt eindeutig, im Gegensatz zum schlichten Nachweis nichtmendelnder Vererbung, den Beweis cytoplasmatischer Vererbung. Vor einem Transfer von Genen in einen Rezipienten sollte bekannt sein, ob diese bereits im Donor mehr als eine genetische Wirkung zeigen, ob also Pleiotropie vorliegt. Letztlich muß auch über Formalgenetik belegt werden, ob in einen Organismus eingebrachte Allele in Mitose und Meiose stabil segregieren.

Die Populationsgenetik und Evolutionsgenetik versucht die Änderungen der Allelfrequenzen in einer Reproduktionsgemeinschaft (Population) zu erfassen, und das bei weitgehend quantitativer Abschätzung des Effektes einzelner Evolutionsfaktoren (Mutation, Rekombination, Selektion, Migration, genetische Zufallsdrift, meiotic drive Mechanismen, Isolationsmechanismen) auf die beobachtbare Allelfrequenzänderung. Speziell nach Freisetzung transgener Organismen sind populationsgenetische Studien in Zusammenschau mit ökologischen Untersuchungen von größter Wichtigkeit, da eine Adaptation des eingeführten Allels an das Wirtsgengefüge, an das jedes Gen coadaptiert ist, erfolgen muß. Speziell die Evolutionsgenetik will die Entstehung der Arten (Species) und der Artenspektren, also die Phylogenese, auf molekularer und genetischer Grundlage verstehen. Die Allgemeine Genetik (general genetics) bemüht sich um Zusammenhalt und Zusammenschau, also eine Synopse der Teildisziplinen, was speziell bei der heute möglichen Nutzanwendung molekularer Techniken der Gentechnologie eine dringliche Notwendigkeit ist, zumal die Gentechnologie im Hinblick auf Nutzanwendungen oft nur molekular (also chemisch/biochemisch) und nur in diesem Teilaspekt gesehen wird.

Die einzelnen Teildisziplinen der Genetik lassen sich mehr oder weniger ausgeprägt auf Begründer zurückführen:

Molekulare Genetik	AVERY 1944
Biochemische Genetik	BEADLE und TATUM 1945
Cytogenetik	SUTTON 1903 BOVERI 1905
Formalgenetik	MENDEL 1866
	DE VRIES
	CORRENS ⎫1900
	TSCHERMAK ⎭
Populationsgenetik	CASTLE 1903 HARDY und WEINBERG 1908
Evolutionsgenetik	DOBZHANSKY 1937

Die Angewandte Genetik (applied genetics) umfaßt die Züchtungsgenetik (breeding) und verstärkt die Anwendung der Zell- und Gewebekultur von Pflanzen (↑Reproduktionstechnik Pflanzen) und rekombinante DNA-Techniken zum Zwecke der Erzeugung neuartiger transgener Organismen, also die Gentechnik im engeren Sinne des Wortbegriffs.

Literatur
Fincham JRS (1983) Genetics. John Wiley & Sons
Gölthenboth F (Hrsg) (1978) Chromosomenpraktikum. Thieme
Gottschalk W (1989) Allgemeine Genetik, 2. Aufl. Thieme
Hagemann R (1986) Allgemeine Genetik, 2. Aufl. UTB Fischer
Hedges RW, Jacob AE (1974) Molec Gen Genet 132:31
Kaudewitz F (1983) Genetik. UTB Ulmer
Konarska MM et al. (1985) Cell 42:157
Kühn A, Hess O (1986) Grundriß der Vererbungslehre, 9. Aufl. UTB Quelle & Meyer
Leibenguth F (1982) Züchtungsgenetik. Thieme
Lewin B (1987) Genes III, 3rd edn. John Wiley & Sons
Maynard Smith J (1989) Evolutionary Genetics. Oxford University Press
Proudfoot NJ, Maniatis T (1980) Cell 21:537
Rogers E (1983) Nature 305:101
Rothwell NV (1983) Understanding Genetics. Oxford University Press
Solnick D (1985) Cell 43:667
Sperlich D (1989) Populationsgenetik, 2. Aufl. Fischer
Strickberger MW (1988) Genetik. Carl Hanser
Suzuki DT, Griffiths AJF, Lewontin RC (1981) An Introduction to Genetic Analysis. Freeman + Company, San Francisco

Genexpression in Eukaryonten. Im Gegensatz zu den einzelligen, kernlosen Prokaryonten, die in ihrer Genregulation unmittelbar und direkt auf externe Stimuli (z. B. Substrate wie Laktose) reagieren, sind Genaktivitäten eukaryontischer Zellen weit mehr von internen Signalen der umliegenden Zellen, des Gewebeverbandes oder von Impulsen des Entwicklungs- und Differenzierungsgeschehens abhängig. Der wesentlich höhere DNA-Gehalt und die damit verbundene größere genetische Komplexität erfordern eine Kompartimentierung der eukaryontischen Zelle in verschiedene Reaktionsräume, so auch den Zellkern als DNA-haltiges Kompartiment. Damit sind die fundamentalen Prozesse der Genexpression, nämlich Transkription und Translation, auf distinkte Räume, eben Zellkern (Transkription) und cytoplasmatische Kompartimente (Translation) verteilt. Die geordnete Segregation der auf Chromosomen gekoppelten Gene nach den Regeln der Mendel'schen Vererbung verlangt eine permanente Komplexierung der Kern-DNA mit Nukleosomen in der Nucleoproteidsuperstruktur (↑Chromatin) der Chromatinfibrille, die durch phosphoryliertes Histon H1 und Nichthistone in Mitose und Meiose über weitere Verknäuelungszustände in die Transportform des Chromatins, d. h. die Chromosomen, überführt werden:

Perlschnurform

↓

DNA-Superhelix

↓

DNA-Super-Superhelix
(= Solenoid, aus 6 Nucleosomen über
H1-H1-Wechselwirkung stabilisiert)

↓

Chromosom

Das genetisch aktive Euchromatin des Interphasekerns oder des somatischen Arbeitskerns der G_0-Phase liegt als Solenoid, also eine geordnete DNA-Super-Superhelix vor. Aktiv transkribierte Gene befinden sich in der Perlschnurform der Nucleosomenfibrille (beads on a string). In den Vorstadien von Mitose und Meiose wird die Solenoidstruktur über Nichthistone in Schleifen (looped domains) gebündelt; mehrere ‚looped do-

mains' werden danach über phosphoryliertes Histon H1 (und eventuell Nichthistone) zu lichtmikroskopisch leicht erkennbaren Chromomeren geknäuelt und die Chromomeren mit ihren Interchromomeren (Solenoidbereiche zwischen zwei Chromomeren) wieder über phosphoryliertes Histon H1 und Nichthistone zum Metaphasechromosom aufgefaltet. Die im Faltungsprozeß beteiligten Nichthistone gestatten eine arttypische Bänderung der Chromosomen (Giemsa banding, Q-banding, C-banding, R-banding), die bei der Analyse des Karyotyps z. B. der Erkennung von Chromosomenanomalien anhand des Karyogramms verwendet werden. Nach der Mitose gehen die Mutter- und Tochterzelle wieder in die Interphase, oder bei Differenzierung in eine nicht weiter teilungsfähige Gewebezelle, in die G_0-Ruhephase, d. h. eine permanente Interphase über. Vom Genbestand der differenzierten Zelle werden über das genetische Programm des somatischen Arbeitskerns neben Haushaltsfunktionen (house keeping functions) gewebetypische Syntheseleistungen erbracht. Die Individualstruktur der Chromosomen geht dabei in genetisch inaktive (nicht transkribierte) Heterochromatinabschnitte über, die lokal weitgehend auf dem Verpackungsgrad des Metaphasechromosoms oder der Chromomeren (Chromomerenaggregate) verbleiben. Fakultatives Heterochromatin ist im einen Zelltyp genetisch inaktiv und dicht gepackt, im anderen genetisch aktives Euchromatin. Konstitutives Heterochromatin liegt in allen Zelltypen als Heterochromatin vor. Genetisch aktive Bereiche eines Zelltyps liegen wieder als Euchromatin in Form der DNA-Super-Superhelix vor oder, im Falle gerade transkribierter Gene, als Nucleosomenfibrille in Perlschnurform (beads on a string). Im

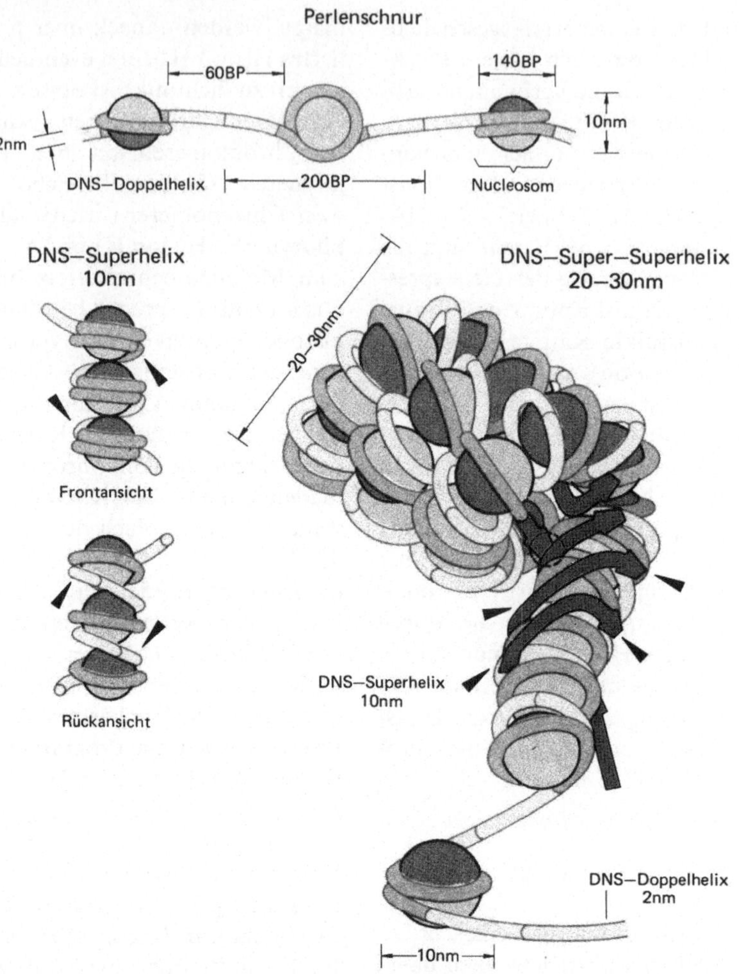

Abb. 25. Nucleosomenfibrille – DNA-Superhelix – Solenoid. Aus: Biochemie, Springer, 1980 [20]

Zustand der Transkription befindliche Bereiche der Nucleosomenfibrille sind erheblich DNase-sensitiver, d. h. die um das Nucleosom gebundene DNA sitzt diesem ‚lockerer' und damit für Enzyme leichter zugänglich auf. Die für die Genaktivität erforderliche lokale Chromatinauflockerung ist mit einer Dephosphorylierung von Histon H1 verbunden. Dies führt die DNA-Super-Superhelix in die Nucleosomenfibrille über. Zusätzlich wird über spezifische Acetylierungen, Methylierungen bzw. Phosphorylierungen der Histone (Histon-Modifikation) im Nucleosom die Auflage der DNA gelockert und damit die Zugänglichkeit für Enzyme, speziell RNA-Polymerasen sichergestellt. Diese Histonmodifikation erfolgt über Enzyme der Nichthistonfraktion, die spezifisch Gene an- oder abschaltet, wie in vitro-Rekonstitutionsexperimente von Chromatin verschiedener

Herkunft zeigen. So kann z. B. aus der DNA des Gehirns und den Histonen aus Gehirnzellen eine Nucleosomenfibrille in vitro rekonstituiert werden, die nach Zugabe der gesamten Nichthistonfraktion aus Erythroblasten das Globingen transkribiert. Umgekehrt hemmt die Nichthistonfraktion aus Gehirnzellen die genetische Aktivität von rekonstituiertem Erythroblastenchromatin. Die komplexe Nichthistonfraktion aktiviert oder reprimiert eukaryontische Gene spezifisch. In stark transkribierenden Kernen liegt daher ein hoher Anteil an Nichthistonen im Chromatin vor (Histon : Nichthiston = 1 : 1; sonst = 1 : 0,1). Die Nichthistonfraktion des Chromatins ist äußerst mannigfaltig und umfaßt neben den hochabundanten HMG (*high mobility group*)-Proteinen, von denen z. B. HMG14 und HMG17 regelmäßig an Nucleosomen aktiver, transkribierter Säuger DNA vorkommen, eine Vielzahl weiterer, meist saurer Proteine, die nucleosomenfreie Abschnitte nackter DNA zwischen DNA-Super-Superhelices (Solenoide) „punktieren" (chromatin punctuation). Diese Proteine liegen in sehr geringer Konzentration vor, haben vermutlich regulatorische Funktionen (gene regulatory proteins) und sitzen an DNase-hypersensitiven Stellen des Chromatins. Diese umfassen vermutlich „nackte" und damit leicht zugängliche DNA-Abschnitte der 5'-flankierenden Sequenzen (↑Genstruktur) mit ihren regulatorischen Bereichen oder ↑Modifiern.

Bisher sind nur wenige solcher regulatorischer Proteine, z. B. das T-Antigen des ↑SV40-Virus und ein das 5S-rRNA-Gen regulierender Transkriptionsfaktor identifiziert. Die Interaktion solcher regulatorischer Proteine mit der regulatorischen Sequenz (regulatory region) im 5'-Bereich vor dem Promotor löst diesen vermutlich vom Nucleosom ab und gestattet damit die Bindung der RNA-Polymerase II an den Promotor und somit die Initiation der Transkription. Weitere, vermutlich sekundäre Ereignisse der Histonmodifikation im Nucleosom erlauben ein besseres Arbeiten der RNA-Polymerasen an der den Nucleosomen aufsitzenden DNA-Matrize (= höhere Nukleaseempfindlichkeit der transkribierten DNA). Schließlich wird die Genexpression primär über das Ausmaß der DNA-Methylierung reguliert, wobei die Cytosine in 5'-GC-3'Dinukleotidsequenzen methyliert sind. Unmethylierte DNA-Sequenzen, insbesondere ↑Gene mit unmethylierten Bereichen der 5'-flankierenden Sequenzen werden stark, hochgradig methylierte DNA dagegen wenig transkribiert (RAZIN und RIGGS 1980, DOERFLER 1983). Das Methylierungsmuster, welches letztlich über die genetische Aktivität eines Chromatinabschnittes entscheidet, wird wahrscheinlich in der Ontogenese (Individualentwicklung) bei der gewebespezifischen Differenzierung einer Zelle auf bisher ungeklärte Weise festgelegt. Die Nucleosomen methylierter und unmethylierter DNA-Bereiche unterscheiden sich nur im Zustand aktuell erfolgender Transkription durch die Modifikation (Acetylierung, Methylierung, Phosphorylierung) der Histone voneinander.

Neben der Genaktivierung durch regulatorische Proteine, die methylierte (inaktive) und nicht methylierte (genetisch zu aktivierende) DNA in einem Primärprozeß erkennen, existieren auch Modelle, die eine Aktivierung über eine RNA diskutieren, z. B. das Britten-Davidson-Modell. Hierbei wird nach Aktivierung eines Integratorgenes über eine ‚sensor site' (= regulatorische Region des Integratorgens; Aktivierung über ein regulatorisches Protein) eine Aktivator-RNA synthetisiert, die dann sämtliche, auch auf verschiedenen Chromosomen lokalisierte Strukturgene aktiviert, die über eine zu dieser Aktivator-RNA komplementäre „receptor site" (= regulatorische Region des Strukturgens) verfügen. Dabei können Strukturgene über multiple regulatorische Regionen (receptor site) dieser Gene durch verschiedene Aktivator-RNAs aktiviert werden. Das Britten-Davidson-Modell (1973, 1979) der Genregulation erspart weitgehend den Umweg über das Cytoplasma (im Kern: Transkription; im Cytoplasma: Translation) und den Transport regulatorischer Proteine in den Zellkern, erklärt aber nicht die Funktion repetitiver Sequenzen des Interpersionsmusters oder generell die Funktion repetitiver Sequenzen (C-Wert-Paradoxon), da diese nur in geringem Umfang transkribiert werden und dann meist als Transkripte repetitiver Gene (Histongene; rRNA-Gene, tRNA-Gene, mobile Elemente) oder von 5'-Leaderelementen der mRNA. Schließlich konnte selbst mit hochauflösenden Methoden der Molekulargenetik/Gentechnik bis heute keine Aktivator-RNA isoliert werden. Statt dessen lassen neuere Befunde proteinsynthetisierende Aktivitäten (intakte Ribosomen etc.) des Zellkerns vermuten, die zumindest eine interne Synthese regulatorischer Proteine im gleichen Kompartiment (Zellkern = Nukleus) erlauben würden. Somit ist nahezu allen Hypothesen zur eukaryontischen Genexpression, die aktivierende RNA-Intermediate anstatt regulatorischer Proteine fordern, eine wesentliche Grundlage entzogen. Dennoch erfahren gerade in jüngster Zeit ‚RNA-Hypothesen der Genregulation' in Eukaryonten, wenn auch erheblich verändert, eine gewisse Renaissance: In einer überwiegend theoreti-

schen Arbeit hat DIANA K. LOVETT (1984) eine mögliche Bedeutung der Intronsequenzen, wie sie noch in der prämRNA (hn RNA; *h*eterogene *n*ukleäre RNA) erscheinen, postuliert. Die RNA-Sequenzen der Introne der Globingene können über Sequenzhomologien mit der regulatorischen/Promotorregion so paaren, daß wesentliche Promotorelemente (CAAT-Box; TATA-Box ↑Genstruktur bei Eukaryonten) in kurzen Haarnadelschleifen (hairpin loops) für eine RNA-Polymerase II-Interaktion exponiert (aktivierende Intronsequenzen) oder in DNA/RNA-Hybriden maskiert (inhibierende Intronsequenzen) vorliegen. Damit läßt sich das An- und Abschalten verschiedener Globingene (ε-Kette im Embryo, γ-Kette im Foetus, β- und δ-Ketten im Adulten) im Verlauf der Ontogenese erklären. Obgleich empirische Beweise für eine derartige Funktion, bzw. überhaupt eine Funktion der Introne bisher fehlen, ist die Hypothese der Genregulation über RNA-Kopien von Intronsequenzen attraktiv. Die gestückelte Mosaikstruktur eukaryontischer Gene (↑Mosaikgen), die in einigen Fällen ↑Introne stärker als ↑Exone strukturell und damit für eine fundamentale Funktion konserviert, ist sicherlich keine ‚Laune der Natur'. Die eukaryontische Zelle dürfte lebenswichtige Informationen (Gene) wohl kaum mit ‚verwirrenden Unsinnsignalen' (junk signals) der Introne mischen und diese dann bei der Realisierung genetischer Information (Zentrales Dogma der Molekularbiologie DNA→RNA→Polypeptid) hochpräzise über ein komplexes ↑Processing entfernen, was als reiner Luxus gelten müßte. Da Polypeptide andererseits aus 3 bis 4 funktionell verschiedenen Domänen aufgebaut sind, und diese sich bei einigen Proteinen mit den Exonsequenzen ihrer

Gene decken, schafft die Exonshuffling-Hypothese (to shuffle = eigentlich: Karten mischen, GILBERT 1978), die über hochvariable, genetische ↑Rekombination in Intronen rasch alle möglichen Permutationen von Exonen fordert, eine andere oder vielleicht zusätzliche Erklärung der Funktion von Intronen. Das Exonshuffling erzeugt in Ontogenese und Phylogenese die Vielfalt von Antikörpern der humoralen Immunabwehr der Vertebraten, also in rascher Folge neue Proteine und, im Zusammenspiel mit mobilen genetischen Elementen (↑Transposone), eine Fülle von dynamischen Genomumwandlungen. Die beschleunigte Entwicklung neuer Proteine in der Eukaryontenevolution (4,5 Mrd. Jahre Prokaryonten, 1,5 Mrd. Jahre Eukaryonten) kann kaum anders als über den eukaryontentypischen Mechanismus des Exonshufflings erklärt werden. Das Exonshuffling erfordert allerdings keine starke Konservierung der Position und Sequenz von Intronen, wenn diese lediglich als ‚recombinational hot spots' fungieren. Ob Introne daher bifunktionelle (Genregulation und exon shuffling) oder alternativ monofunktionelle (Introne mit genregulatorischer Funktion, Introne mit Exonshuffling-Funktion) Strukturelemente sind, ist derzeit nicht entscheidbar.

Ein weiteres interessantes „RNA-Konzept" der Genregulation in Eukaryonten impliziert eine Kontrolle der Genaktivität auf der Ebene der Translation (translational control) über Antisense-RNA. Antisense-RNA ist eine kurze, zur 5′-leader Sequenz einer spezifischen mRNA komplementäre oder zumindest partiell komplementäre RNA, die deshalb an die 5′-leader Sequenz dieser mRNA unter Bildung eines kurzen RNA-Doppelstranges binden und somit die Translation dieser mRNA an eukaryontischen Ribosomen verhindern kann. Die Antisense-RNA entspricht einem partiellen Transkript des ‚Nichtsinnstranges' (antisense strand) einer Transkriptionseinheit, an dessen Sinnstrang (sense strand) die mRNA synthetisiert wurde. Antisense-RNA wird in ↑in vitro-Translationssystemen und ↑Xenopusoocyten als Translationshemmer eingesetzt, obgleich ihre biologische Bedeutung noch umstritten ist. Andererseits erscheint gerade eine Kontrolle der eukaryontischen Genaktivität auf Translationsebene wichtig, da vermutlich in allen Gewebetypen eines Eukaryonten der gesamte Genbestand konstitutiv (also beständig) in mRNA transkribiert wird. Die überwiegende Mehrzahl der Transkripte liegt als nieder-abundante mRNA (low abundancy mRNA) vor, deren Translationsprodukte (Polypeptide) häufig fehlen (z. B. Hämoglobine im Gehirn). Gene, die Haushaltsproteine (house keeping proteins; konstitutive Proteine als Baubestandteile der Zelle, Enzyme des Intermediärstoffwechsels) codieren, liegen als mRNA-Population mittlerer Abundanz und gewebespezifische mRNA-Populationen, die für gewebetypische (Differenzierung der eukaryontischen Zelle) Proteine codieren, in hoher Abundanz (prävalente mRNA; abundancy; abundant mRNA, prevalent mRNA) vor. Die prävalenten RNA-Populationen variieren erheblich von Zelltyp zu Zelltyp, da völlig identische Gene in dem einen Zelltyp in prävalente mRNA, in dem anderen in niederabundante mRNA (1 bis höchstens 10 RNA-Kopien pro Zelle) transkribiert werden, d. h. nahezu alle Gene transkribiert werden, aber von Gewebe zu Gewebe in unterschiedlicher Intensität. Diese rein quantitativen Unterschiede basieren zum einen auf einer unterschiedlichen Stärke der Promotoren, im wesentlichen aber auf gewebespezifischen Enhancern, also DNA-Sequenzen meist zwischen Genen (und oft weit von diesen entfernt: bis zu 10000 Basenpaaren), die die Transkriptionsrate des nach und/oder vor ihnen liegenden Genes ganz drastisch erhöhen können (Bildung prävalenter mRNA). Auch virale DNA-Genome verfügen oft über wirtsspezifische Enhancer. Andererseits können ähnliche, Silencer genannte Elemente die Transkriptionsrate von Genen sehr stark reduzieren, womit die niederabundanten mRNA-Populationen zu erklären sind. Vermutlich erlauben die Silencer keine komplette Transkriptionshemmung, weshalb neben der Modulation der Transkription (transcriptional control, transcriptional modulation) eine potente Translationskontrolle z. B. über Antisense-RNA erfolgen sollte (translational control). Wie Modulatoren der Genaktivität (modulator = Enhancer oder Silencer) die Transkriptionsrate modulieren und worauf deren gewebe- aber nicht arttypische Spezifität basiert, ist bisher unbekannt. Enhancer werden als nucleosomenfreie DNA-Segmente, als „RNA-Polymerasefalle" (RNA polymerase trap), verstanden. Inwieweit Antisense-RNA über partielle Komplementarität mit der 5'-Leadersequenz verschiedener mRNAs sämtliche mRNAs eines Syntheseweges (synthetic pathway, trait), im Translationsschritt hemmt, ist bisher ungeklärt. Während in Bakterien Operone vorherrschen, sind in Eukaryonten ausschließlich Regulone zu finden. Dabei werden alle mRNAs eines Syntheseweges von Genen auf verschiedenen Chromosomen auf einen gemeinsamen aktivierenden Stimulus hin transkribiert. Neben ‚echten' Genen, die transkribiert werden oder zumindest transkribierbar sind, gibt es in Eukaryonten eine Vielzahl sog. Pseudogene, die als ‚verstümmelte' Kopien ‚echter' Gene (truncated genes) nicht exprimiert werden. Pseudogene bewegen sich vermutlich als Retroposone (↑Transposone) im Eukaryontengenom. Ihre funktionelle wie evolutionäre Bedeutung ist bisher völlig ungeklärt. Spezialformen von Chromosomen sind ‚pseudomeiotische' oder meiotische Chromosomen. Dazu zählen polytäne Chromosomen (= Riesenchromosomen, z. B. in Speicheldrüsen von Dipteren), die aus Bündeln mit 500–1000 Chromatiden (mit Chromomerenbündeln als Banden) bestehen, bei Genaktivität Puffs bilden, und als Chromonemalagen oder Interbanden in somatischer Paarung (somatischer Synapse) vorliegen. Zu den Spezialformen werden auch die Lampenbürstenchromosomen der Oocyten mit Chromomeren-Chromonemastruktur gerechnet. Da diese nicht-typischen Interphasechromosomen wegen ihrer höheren Stufe der Verknäuelung nicht dem Chromatin (DNA-Superhelix, DNA-Super-Superhelix = Solenoid) üblicher Interphasekerne entsprechen, eignen sie sich trotz der leicht nachweisbaren und schon seit Jahrzehnten studierten Transkriptionsaktivität nicht für generelle Untersuchungen der Genaktivität in Eukaryonten mit üblichem Interphasechromatin. Wenngleich die angeführten ‚RNA-Hypothesen' für einige Regulationsmechanismen attraktiv sind, so zeigen genauer untersuchte und über ↑gerichtete Mutagenese veränderte eukaryontische Gene (z. B. Gene unter Steroidhormonkontrolle, Hitzeschockgene; heat shock genes) eine sequenzspezifische Interaktion regulatorischer Proteine mit definierten, kurzen, kanonischen DNA-Abschnitten innerhalb einer regulatorischen Sequenz (↑Genstruktur in Eukaryonten).

Der Einbau solcher kanonischer Oligonukleotidsequenzen in 5′-regulatorische Bereiche von Genen, die anderen, aktivierenden regulatorischen Proteinen gehorchen, führt dann zu zusätzlicher Aktivierung dieses Gens über ein bereits bekanntes Regulatorprotein und erlaubt damit ein Engineering der Transkriptionskontrolle. Bei der Erkennung solcher kanonischer Oligonukleotide (consensus sequences) durch regulatorische Proteine spielt nicht nur der Methylierungsgrad, sondern auch die lokale Helixstruktur (lokale ↑DNA-Topologie) eine erhebliche Rolle. Synthetische Oligonukleotide bekannter Sequenz weichen, wie in der Röntgenstrukturanalyse erkennbar, oft erheblich in ihrer helikalen Struktur von der generellen B-Helix (Watson-Crick-Helix) der Gesamt-DNA ab. Die DNA wird deshalb heute mehr und mehr als topologische Struktur mit lokalen Abwandlungen einer nicht uniform helikalen Struktur verstanden. Extremes Beispiel solcher lokaler Abweichung der DNA-Topologie sind kurze ↑Z-DNA-Abschnitte (Z-DNA stretches) mit links- (left handed) statt sonst üblicher rechtsdrehender (right handed) Helixstruktur, die von spezifischen Proteinen erkannt und damit immunologisch nachweisbar sind.

Aufgrund des geringeren Verständnisses eukaryontischer Genexpression müssen isolierte Gene in noch weit größerem Umfang nach ↑molekularer Klonierung gezielt verändert, via ↑Gentransfer in Eukaryonten eingeführt und in ihrer genetischen Expression studiert werden. Damit liefert die Gentechnologie auch den entscheidenden Beitrag zur Erforschung der Genregulation in Eukaryonten.

↑Genexpression in Prokaryonten

Literatur
Davidson EH, Britten RJ (1973) Quart Rev Biol 48:565
Davidson EH, Britten RJ (1979) Science 204:1052
Doerfler W (1983) Ann Rev Biochem 52:93
Gilbert W (1978) Nature 271:501
Lovett DK (1984) J Theor Biol 107:1
Razin A, Riggs AD (1980) Science 210:607

Genexpression in Prokaryonten. Unter Genexpression oder besser genetischer Expression versteht man die Realisierung der biologischen Information einer Transkriptionseinheit (transcriptional unit) entsprechend des zentralen Dogmas der Molekularbiologie:

$$\text{Transkriptionseinheit} \xrightarrow{\text{Transkription}} \text{mRNA} \xrightarrow{\text{Translation}} \text{Polypeptid.}$$

Im Falle prokaryontischer Organismen ist die Transkriptionseinheit polycistronisch, d. h. für mehrere Polypeptide codierend, als sog. ↑Operon organisiert.

Abb. 26. Operon (p = Promotor; O = Operator; L = Leader; S = Strukturgene; r = Ribosomenbindungsstelle; t = Terminator)

Genexpression in Prokaryonten

Die Polypeptide P_1, P_2, P_3 sind oft Enzyme, die eine Substratumsatzkette:

$$A \xrightarrow{P_1} B \xrightarrow{P_2} C \xrightarrow{P_3} D$$

katalysieren. Der prokaryontische Promotor als Bindungsstelle der prokaryontischen DNA-abhängigen RNA-Polymerase zeigt die konservierte Konsensussequenz:

$$5'(\text{AT-reich}) \ldots \underset{\text{„-45“-Box}}{\text{TTGaca}} - \underset{\text{„-35“-Box}}{\text{ttt}} - (6-9 \text{ Bp}) \text{ attttgt } \underset{\text{„-10“-Box}}{\text{TATAAT}} \text{ g } (4-7 \text{ Bp}) \text{ cat}^{+1}$$

Die stark konservierte Sequenz TATAAT, die etwa 10 Basenpaare (Bp) vor (-10) dem Transkriptionsstart $(+1)$ liegt, wird als Pribnow-Schaller-Box bezeichnet. Eine weitere, stärker konservierte Sequenz liegt bei -35 („-35“-Box). Zwischen diesen beiden Sequenzen und dem Start der Transkription liegen zwei schwach konservierte Bereiche (Basenfolge in Kleinbuchstaben). Insbesondere der exakte Abstand der „-35“-Box von der Pribnow-Schaller-Box bestimmt die Promotorstärke, d.h. die Transkriptionsaktivität des Operons. Auf Enzymebene ist für die Promotorerkennung und Spezifität die Sigma-Untereinheit des RNA-Polymerase-Holoenzyms $(\alpha_2\beta\beta'\sigma)$ verantwortlich. Die erwähnten Prototypsequenzen des Promotors gelten streng für *E. coli* mit einem einzigen Sigmafaktor des Molekulargewichts 70000 (σ^{70}). Das Wirtssystem *E. coli* ist mit diesem Sigmafaktor in der Erkennung von Transkriptionssignalen äußerst tolerant und exprimiert Operone verschiedenster bakterieller Herkunft, außerdem sogar einige Hefegene. *Bacillus subtilis* (grampositive, sporenbildende Bakterienart) hingegen verfügt über verschiedene Sigmafaktoren in vegetativen $(\sigma^{55}, \sigma^{37}, \sigma^{28})$ und sporulierenden Zellen (σ^{29}), die andere, bekannte Promotorensequenzen erfordern. Trotz gleicher Konsensussequenzen von Promotoren des *E. coli*-Systems (σ^{70}) und des σ^{55}-Systems von *B. subtilis* sind Promotoren des σ^{70}-Systems nur äußerst schwache Transkriptionssignale in *B. subtilis,* obwohl σ^{70}-Promotoren in nahezu allen gramnegativen Bakterien, die über vermutlich nahe verwandte σ^{70}-Faktoren verfügen, erkannt werden. Die Wechselwirkungen der Untereinheiten mit dem Promotor und die damit verbundene Promotorspezifität und Promotorstärke ist auch in Prokaryonten noch nicht völlig verstanden. Der Operator ist eine in 3'-Richtung vom Promotor gelegene DNA-Sequenz von etwa 50 Basenpaaren Länge, an die in Operonen, die der negativen Kontrolle unterliegen, ein Repressor (Repressorprotein) bindet, der wiederum die Transkription des Operons verhindert. Ein Operon unter negativer Kontrolle heißt induzierbares Operon, wenn das Anfangssubstrat A der Umsatzkette als Induktor (sog. Substratinduktion) an den Repressor bindet. Der Repressor-Induktor-Komplex verliert dabei die Fähigkeit der Bindung an den Operator. Das Operon ist damit induziert, d.h. es wird transkribiert, da die RNA-Polymerase ungestört die DNA in RNA umschreiben kann. Im Translationsschritt werden die Enzyme E_1, E_2 ... E_n synthetisiert, die das Substrat A in der Umsatzkette $A \rightarrow B \rightarrow C \rightarrow \ldots$ abbauen. Dieser Modus der Regulation, wie er von JACOB und MONOD 1961 (Jacob-Monod-Modell der Genregulation) gefunden wurde, gestattet eine sehr ökonomische Regulation eines Operons. Die substratabbauenden Enzyme (Katabolismus) werden nur synthetisiert, wenn sie benötigt werden, d.h. wenn Substrat A in der Zelle vorliegt.

Anabolische Enzyme, d. h. Enzyme, die in einer Stoffwechselkette wirken, in der eine Substanz D über Intermediate aus A aufgebaut wird, können über negativ kontrollierte, reprimierbare Operone reguliert werden. Das Endprodukt D bindet als Corepressor (Endprodukthemmung) an den inaktiven Repressor (= Aporepressor), der dann als aktiver Aporepressor-Corepressor-Komplex an den Operator bindet und so das Operon reprimiert. Liegt genügend Syntheseprodukt D in der Zelle vor, wird das Operon wiederum ökonomisch abgeschaltet, da keine D synthetisierenden Enzyme mehr benötigt werden. Ist die Substanz D verbraucht, kann der Aporepressor, ohne D als Corepressor, nicht mehr an den Operator binden; das Operon wird transkribiert, die Synthese der Enzyme (Translation) bewirkt den erforderlichen Aufbau der Substanz D, die dann erneut den Repressor aktiviert, der wiederum das Operon reprimiert.

In Operonen mit positiver Kontrolle dient der Operator als Bindestelle eines Aktivatorproteins, welches das Operon aktiviert, also dessen Transkription fördert. Bei positiv kontrollierten, induzierbaren Operonen, die einen katabolischen Prozeß des Abbaus einer Ausgangssubstanz A→B→C→ ... steuern, wirkt A als Induktor oder Coaktivator, der nach Bindung an das Apoaktivatorprotein die Transkription fördert. In positiv kontrollierten, reprimierbaren Operonen, die eine anabolische Umsatzkette zum Endprodukt D steuern, wirkt D als Inhibitor des Aktivators. Der Inhibitor-Aktivator-Komplex reprimiert das Operon, verhindert also dessen Transkription. Neben diesen negativ über ein Repressorprotein/Operatorsystem bzw. positiv über ein Aktivatorprotein/Operatorsystem regulierten Operonen gibt es auch in ihrer

genetischen Aktivität nichtregulierte Operone, die als konstitutiv bezeichnet werden. Konstitutive Operone werden dauernd transkribiert. Sie codieren für Enzyme oder Strukturproteine, die ständig von der prokaryontischen Zelle, unabhängig von deren Stoffwechsellage, benötigt werden. Konstitutive Operone verfügen entweder über kein Operatorelement oder über ein mutiertes Operatorelement, das keine Wechselwirkung mit einem Repressor (negative Kontrolle) oder Aktivator (positive Kontrolle) erlaubt. Andererseits kann auch eine ↑Mutation im Repressor- oder Aktivatorgen zur Bildung eines funktionsuntüchtigen Proteins führen, welches keine Wechselwirkung mit dem Operator zeigt.

Operatoren sind palindromische DNA-Sequenzen mit zweifacher Symmetrie, die eine Auffaltung der DNA zu einer cruciformen Struktur erlauben.

Katabolische Operone in *E. coli* sind neben der spezifischen Operator/Repressorkontrolle zusätzlich konzertiert über die CAP (*c*atabolite *a*ctivator *p*rotein)-Funktion, die an die CAP-site in 5′-Richtung vor dem Promotor bindet, in positiver Kontrolle aktivierbar (sog. Katabolitkontrolle). Ähnlich konzertiert werden auch die RNA-Polymerase-Untereinheiten und ribosomale Proteine codierenden Operone (Transkriptions-/Translationsoperone) über ein multivalentes Kontrollsystem reguliert.

Statt eines Operatorelements kann die Operonkontrolle (operon control) auch über ein Attenuatorelement erfolgen, das sich in der Leadersequenz oder in den intercistronischen Bereichen befindet. Ein Attenuator ist ein Terminator der Transkription, der aktiv über die Aminoacyl-t-RNA-Konzentration der Zelle die Transkriptionsgeschwindigkeit regu-

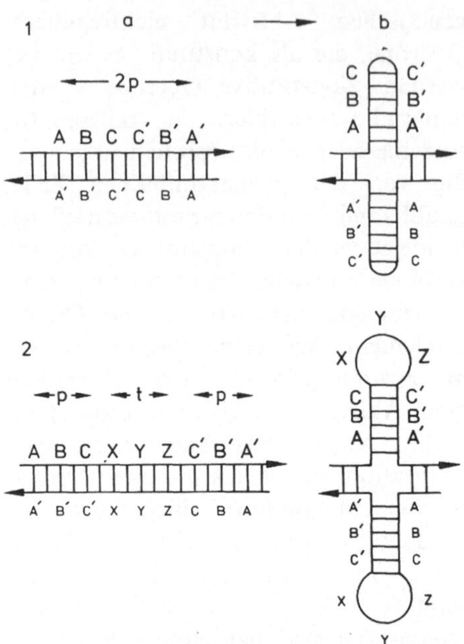

Abb. 27 a, b. Palindromische Strukturen. Zwei Typen invertierter Repetitionseinheiten. Jede besteht aus 2p Nukleotiden, die durch Wasserstoffbrücken miteinander verknüpft sein müssen, um ein Palindrom (**b**) auszubilden. Bei **1** sind die Einheiten nicht durch nichtrepetitive Sequenzbereiche voneinander getrennt. Bei **2** ist das der Fall (*X, Y, Z*). Die Sequenz ist *t* Nukleotide lang (*t* = *turn around sequenz* = Biegung). Man beachte, daß in beiden Fällen am Scheitel des Palindroms einige Basen ungepaart bleiben (HAMMER und THOMAS, 1974). Aus: Molekular- und Zellbiologie, Springer, 1979 [21]

liert. Je nach Translationsgeschwindigkeit kann die DNA ein oder mehrere Palindromstrukturen mit G/C-reichem Stamm, einer Schleife und einem Oligo-U-Stück (stem loop structure) als Terminator der Transkription ausbilden (Attenuation), oder die Transkription kann fortgesetzt werden (Anti-Attenuation).

Da die DNA mit ihrer linearen Abfolge von Operonen in Prokaryonten frei im Cytoplasma vorkommt, erfolgen Transkription und Translation simultan, was eine Regulation über Attenuation ermöglicht.

An einem unter den jeweiligen Kontrollbedingungen aktiven Operon verläuft die Transkription in $5' \to 3'$-Richtung asymmetrisch (d. h. es wird nur ein DNA-Strang in $3' \to 5'$-Richtung gelesen). An der naszierenden RNA sitzen bereits die Ribosomen auf; die mRNA wird augenblicklich in Polypeptide translatiert.

In der Leadersequenz und den intercistronischen Bereichen zwischen den Strukturgenen befinden sich *R*ibosomen-*b*indungs*s*tellen (RBS; ribosomal attachment sites; *r*ibosomal *b*inding *s*ites, rbs) mit einer stark konservierten Sequenz: AGGAGGT ... ATG, die als Shine-Dalgarno-Box bekannt ist. Der Grad der Homologie dieser Shine-Dalgarno-Sequenz (S/D-Box) mit dem 3'-Ende der 16S-rRNA bestimmt maßgeblich die Translationsaktivität der mRNA und damit die Menge an gebildetem Polypeptid. Die Effizienz einer ribosomalen Bindungsstelle (RBS) hängt zudem von weiteren Sequenzeigenschaften ab, die mit den Stormo-Regeln (STORMO et al. 1982) erfaßt werden. So muß nach STORMO eine funktionstüchtige S/D-Box mindestens die Sequenz:

$$\text{AGG} - (6-9\,\text{bp}) - \overset{+1}{\text{ATG.}}\underset{\text{T}}{\text{A}}\ldots\overset{+5\quad+10}{\underset{\text{T}}{\text{A}}}$$

besitzen. Zwei weitere Stormo-Regeln legen die Sequenzbeschaffenheit des 6−9 Basenpaare (Bp) langen Zwischenstücks (spacer) zwischen der AGG-Basenfolge und dem Startcodon ATG fest.

Der Abbruch der RNA-Synthese erfolgt an einem als Terminator bezeichneten DNA-Element der Struktur:

$$(\text{G/C})_{10} - \text{NNNNN} - (\text{G/C})_{10}\, \text{A}_{4-8}\, \text{U}.$$

Die Transkripte enden damit in einer typischen Haarnadelstruktur (hairpin structure, stem loop structure).

Zur Termination bindet ein Protein (rho-Faktor) an die RNA-Polymerase (rho-

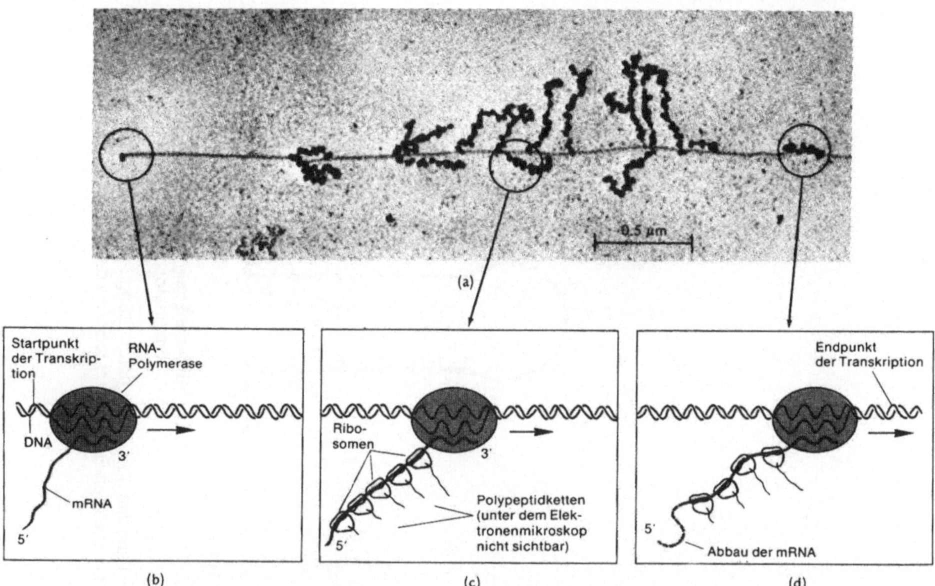

Abb. 28a–d. Transkription/Translation in Prokaryonten. **a** Elektronenmikroskopische Aufnahme eines DNA-Fadens von *E. coli*, an dem RNA-Polymerase und Ribosomen angelagert sind. **b** Schematische Darstellung des Bereiches, an dem die Transkription beginnt. Die RNA-Polymerase bewegt sich nach rechts und synthetisiert ein mRNA-Molekül, das zu einem der DNA-Stränge komplementär ist. **c** Während die RNA-Polymerase wandert, verlängert sich ihr mRNA-Produkt, an das jetzt einige Ribosomen gebunden sind. Jedes Ribosom bindet an das 5'-Ende der mRNA. Während es zum 3'-Ende des Messengers wandert, translatiert es die Nukleotidsequenz in eine Polypeptidkette. **d** Sobald die RNA-Polymerase den Transkriptionsendpunkt erreicht hat, wird die mRNA abgebaut, wodurch vermutlich die Zahl der assoziierten Ribosomen verringert wird. Hat der Abbau am 5'-Ende der mRNA einmal begonnen, können sich keine „neuen" Ribosomen mehr anlagern, um die Translation zu starten, und „alte" Ribosomen lösen sich von der mRNA, sobald sie die Translation beendet haben. Obwohl man das Gen, das in dieser Abb. gleichzeitig transkribiert und translatiert wird, nicht kennt, erhält man in einigen Fällen doch Informationen über die Zahl der an diesen Vorgängen beteiligten Enzyme, Ribosomen und Proteine. Die Gruppe aus Genen, die z. B. für den Tryptophanstoffwechsel bei *E. coli* verantwortlich ist, erstreckt sich über eine Länge von etwa 7000 Basenpaaren. Bei der Transkription dieses Genortes binden mehrere RNA-Polymerasemoleküle nacheinander an die Startstelle. Nach drei Minuten sind etwa 15 davon über das DNA-Molekül verteilt. Jeder von einer RNA-Polymerase gebildete mRNA-Strang wird dann von etwa 30 Ribosomen translatiert und anschließend abgebaut. In dieser DNA-Region finden also innerhalb von drei Minuten etwa 15 × 30 = 450 Translationen statt (elektronenmikroskopische Aufnahme von MILLER, HAMKALO und THOMAS; freundlicherweise von O. L. MILLER, Jr. zur Verfügung gestellt). Aus: Genetik, Carl Hanser Verlag, 1988 [22]

abhängige Termination) oder die Termination erfolgt als rho-unabhängiges Ereignis. In prokaryontischen ↑Expressionsvektoren werden spezielle starke Promotoren (z. B. der lacUV5-Promotor des lac-Operons, der trp-Promotor des trp-Operons bzw. ein Hybridpromotor tac aus trp- und lac-Promotor) oder Coliphagenpromotoren, wie der Lambda$_{PL}$- bzw. ein T7-Promotor mit starken S/D-Sequenzen (portable Promotoren; portable promotors) vor eine intronfreie cDNA-Kopie eines eukaryontischen Gens als proteincodierender Sequenz inseriert. Dies gestattet die konstitutive Expression des ↑chimären Gens in *E. coli* als einem ‚Paradewirt' der Gentechnik. Häufig wird im ↑Expressionsvektor auch

115

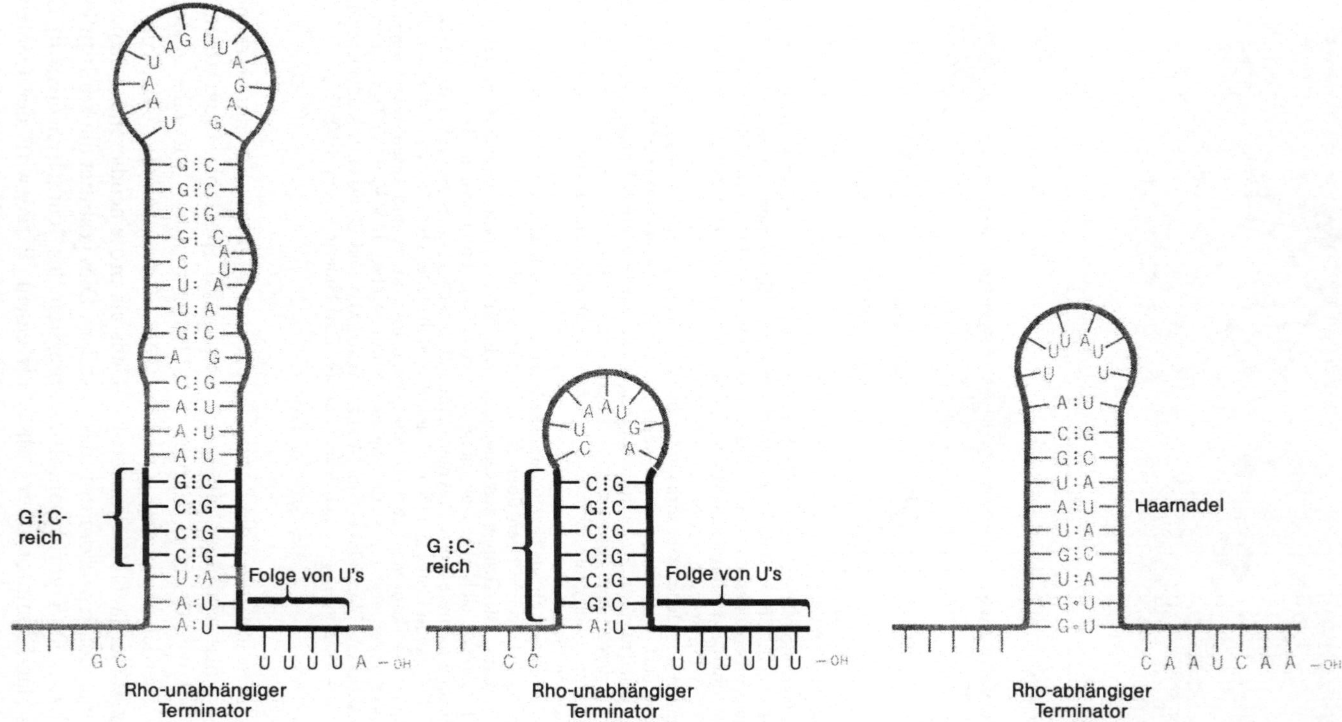

Abb. 29. Terminator-Sequenz. Terminator-Sequenzen enthalten Palindrombereiche, die Haarnadeln bilden, deren Länge zwischen 7 und 20 Bp schwankt. Den Kamm-Schleifen-Strukturen folgt bei Rho-unabhängigen, nicht aber bei Rho-abhängigen Stellen eine Serie von U-Resten. Aus: Gene, Verlag Chemie, 1988 [23]

eine Promotor-Operator-S/D-Box-Kassette (Expressionskassette; expressional cassette, expressional cartridge) dem eukaryontischen cDNA-Insert vorgeschaltet, was dann eine nicht-konstitutive, substratinduzierbare Expression der eukaryontischen cDNA in *E. coli* erlaubt. So ermöglicht die NcoI-Schnittstelle im spacer des Expressionsvektors pKK 233-2

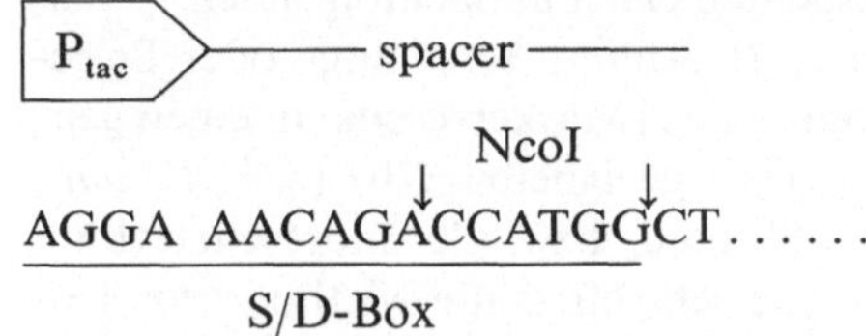

oft eine direkte Klonierung eukaryontischer cDNA, da eine NcoI-Schnittstelle im Bereich des Startcodons eukaryontischer Gene häufig vorhanden ist. Ansonsten muß die Einfügung einer eukaryontischen „coding sequence" über ↑Linker oder ↑Adaptoren in die NcoI-Schnittstelle erfolgen.

↑Expressionsvektoren, ↑Genexpression in Eukaryonten, ↑Genstruktur in Eukaryonten

Literatur
Birge A (1988) Bacterial and Bacteriophage Genetics – An Introduction, 2nd edn. Springer
Glass RE (1983) Gene Function. *E. coli* and its heritable elements. Croom Helm, London
Monod J, Jacob F (1961) Cold Spr Harb Symp 26:193
Stormo GD, Schneider TG, Gold LM (1982) Nucl Acid Res 10:2971
Winnacker EL (1986) Gene und Klone – Eine Einführung in die Gentechnologie, 2. Aufl. Verlag Chemie

Genisolierung. Die in jüngerer Zeit entwickelten und mittlerweile verbesserten Methoden des ↑Gentransfers, speziell in Säuger und höhere Pflanzen, ermöglichen eine gezielte Übertragung gewünschter Gene. Für solche Übertragungen stehen neben Säugerzellen, die nach Genübertragung in Gewebekultur transgene Zelllinien darstellen und spezifische,

für therapeutische Zwecke wichtige Genprodukte bereitstellen sollen, auch menschliche Zellinien zur Verfügung. Andererseits ist über einen ↑Gentransfer in Eizellen auch an ein Einbringen neuer Gene in die Keimbahn von Haus- und Nutztieren zu denken. Ebenso ermöglicht der direkte wie indirekte ↑Gentransfer in pflanzliche ↑Protoplasten oder die ↑Leaf-Disc-Transformation das Einschleusen neuartiger Gene mit nachfolgender Gewinnung fruchtbarer, transgener Pflanzen. Dabei sind nur solche Gene für eine Übertragung interessant, die nicht über sexuelle Prozesse der Kreuzung, also klassische züchterische Methoden in eine Art eingebracht werden können. Die Palette züchterischer Methoden ist aber naturgemäß auf eine enge Bandbreite innerartlicher Kreuzungen mit fertilen Nachkommen oder auf Artbastarde (sehr selten Gattungsbastarde) begrenzt, die nach Ploidisierung durchaus fertile Nachkommen (z. B. bei Pflanzen) liefern können oder ansonsten vegetativ (Pflanzen) vermehrbar sind.
In der Tierzucht ist die Methodenauswahl noch begrenzter, da vegetative Vermehrung unmöglich und Ploidisierung wegen der damit verbundenen Dysbalance der Geschlechtschromosomen unmöglich ist. Dem Tierzüchter verbleibt daher nur die eng begrenzte innerartliche Kreuzung innerhalb einer Wirbeltierart (überwiegend Säugetiere als Nutztiere). Die nur bei Pflanzen wegen der Totipotenz jeder pflanzlichen Zelle mögliche Erzeugung hybrider Pflanzen über Protoplastenfusion von Protoplasten sexuell inkompatibler Arten (z. B. Tomoffel, Karmate; Hybride: Kartoffel × Tomate; *potato* × to*mato*; pomato) bringt nicht nur gewünschte Gene, sondern ganze Genbestände in den genetischen Hintergrund einer Pflanze ein, was meistens

steuerbare Eliminierungsereignisse im Genbestand eines Fusionspartners und damit eine ganz erhebliche Hybridinstabilität zur Folge hat. Die einzige Möglichkeit, die natürlich vorgegebene Artbarriere, die züchterische Erfolge limitiert, völlig zu überwinden, basiert auf dem ↑Gentransfer ↑heterologer Gene oder ↑chimärer Gene mit expressionskompatiblen, ↑regulatorischen Sequenzen der 5'-(regulatory region; Promotor und/oder Enhancerelementen) und 3'-Region (3'-trailer, 3'-flanking region; mit Polyadenylierungssignal und Terminationssequenz), die eine proteincodierende Region (cDNA-Kopie; oder ein synthetisches Gen ↑Gensynthese) flankieren (↑Genexpression in Eukaryonten; ↑Genstruktur in Eukaryonten). Die Erzeugung solcher chimärer Gene, die im gewünschten Wirt optimal exprimierbar sein sollen, erfordert zunächst gentechnische Methoden zur Isolierung eines gewünschten Gens aus einem Organismus, in dem dieses Gen natürlicherweise vorkommt (gene hunting). Dazu stehen heute verschiedene, hinsichtlich Zeit- und Arbeitsaufwand unterschiedliche Methoden zur Verfügung: **1.** ↑Genbanken, meistens ↑cDNA-Genbanken. Das Absuchen (↑Screening) nach einem gewünschten Gen ist sehr zeit- und arbeitsaufwendig. **2.** Partielle ↑Genbanken; partielle ↑cDNA-Genbanken (Minilibraries). mRNA Sequenzen werden vor dem Umkopieren in cDNA angereichert, z. B. aus Geweben mit hohem Anteil dieser mRNA; Anreicherung aus spezifischen Entwicklungsstadien eines Organismus. **3.** Partielle Genbanken einer Chromosomensektion von Chromosomenabschnitten, die mikromanipulativ an assortierten Chromosomen (assorted chromosomes) erstellt wird. Bisher nur an Riesenchromosomen praktikabel. **4.** Chro-

mosome walking libraries oder Chromosome jumping libraries (↑Chromosomenwanderung). Ausgehend von zwei Markern werden in ihrer Sequenz überlappende Klone einer Genbank auf das gewünschte Gen, das zwischen den beiden Markern liegt, abgesucht. **5.** ↑Plasmid- oder Cosmidshuttling einer Genbank in eine Zellinie mit Mutation im gesuchten Gen mit nachfolgendem ↑Plasmid-, ↑Cosmid-, Screening- oder Selectionrescue (↑Markerrescue) in einen gentechnisch geeigneten Wirt (z. B. *E. coli*). Die Plasmid- bzw. Cosmidrescuetechnik ist eine sehr effiziente Methode zur Isolierung von Säugergenen. **6.** Gene Tagging ↑Transposonmutagenese. Aus einer Transposonmutante mit ↑Transposon im gesuchten Gen wird in einer Genbank ein Klon mit dem entsprechenden Transposon gesucht. Das DNA-Insert dieses molekularen Klones wird dann als Hybridsonde beim Absuchen einer Genbank des Wildtyps verwendet. Das Gene Tagging ist bei Eukaryonten mit großen Genomen wegen des Umfangs der Genbanken, selbst bei Vorliegen einer Transposonmutante, sehr aufwendig und nur im Falle eines Genes, das mit einer anderen Methode unter geringerem Aufwand nicht isolierbar ist, zu empfehlen. Für Prokaryonten ist gene tagging ein öfters angewandtes Verfahren, da sie ein kleines Genom besitzen. **7.** ↑Gene Editing. Die schnelle Isolierung und Charakterisierung von Proteinen in geringsten Mengen für die ↑Proteinsequenzierung erlaubt die Synthese von gemischten ↑Gensonden (mixed probes) mit Hilfe von DNA-Syntheseautomaten. Über Hybridisierung dieser „mixed probes" mit mRNA läßt sich affinitätschromatographisch eine spezifische mRNA anreichern, daran doppelsträngige cDNA synthetisieren und damit dann leicht ein

118

cDNA Klon des Gens fassen. Schließlich ist über die Sequenzierung des Gesamtproteins eine Vollsynthese des Gens möglich. **8.** ↑Polymerase-Kettenreaktion (polymerase chain reaction, PCR) mit enzymatischer Anreicherung gesuchter DNA-Sequenzen. **9.** Vollsynthese des Gens, ↑Gensynthese. Gene Editing, ↑PCR und die Vollsynthese von Genen werden zunehmend die dominierenden Methoden der Genisolierung, die zukünftig alle anderen Methoden nahezu verdrängen. Schließlich könnte das im ↑Protein Engineering erworbene Wissen über die Korrelation zwischen Proteinstruktur und Proteinfunktion die Genisolierung völlig überflüssig werden lassen. Dann nämlich werden vom Menschen problemspezifisch Proteine am Computer entworfen (protein design) und das für das jeweilige biologische System in seiner Codonpräferenz und seinen Expressionssignalen optimale, im Evolutionsprozeß nicht geschaffene Gen vollsynthetisch erzeugt. Diese dann wohl als ‚genschöpfende Gentechnik' (‚gene creation technique') bezeichnete Gentechnik mit ihrem gene design ist Gentechnik der höchsten Entwicklungsstufe.

Die gentechnische Bereitstellung solcher Nutzgene erfordert neben deren Isolierung (↑Genisolierung) häufig eine Subklonierung der proteincodierenden Sequenz als dem essentiellen Teil des Gens zwischen 5'- und 3'-regulatorischen Sequenzen (↑Genexpression in Eukaryonten, ↑Genstruktur in Eukaryonten) von ↑Expressionsvektoren. Diese erlauben dann erst eine Expression dieser heterologen proteincodierenden Sequenz des chimären Gens (= sandwiched gene; heterologe codierende Sequenz, die von Expressionssignalen flankiert wird). ↑Agrobakterien-vermittelter Gentransfer, ↑Gentransfer, ↑Gentransfer in Eizel-

len, ↑cDNA-Genbank, ↑Genbank, ↑Gensynthese, ↑Protein Engineering

Genmanipulation. ↑Gentechnologie

Genom. Summe aller kerncodierten Gene im haploiden Chromosomensatz

Genomische Sequenzierung (genomic sequencing). Im Gegensatz zur konventionellen Sequenzierung, die an klonierten DNA-Sequenzen erfolgt, wird die genomische Sequenzierung direkt an Gesamt-DNA durchgeführt ↑DNA-Sequenzierung

Genomischer Blot (genomic blot, genomic Southern). = Southern-Blot mit der Gesamt-DNA eines Organismus

Gensonde (probe, DNA probe). ↑Gene Screening, ↑Blotting

Genstruktur bei Eukaryonten. Im Gegensatz zur vorherrschenden Operonstruktur (↑Genexpression in Prokaryonten) der vorwiegend einzelligen Prokaryonten ist die Transkriptionseinheit (transcriptional unit, als Gen im molekulargenetischen Sinne) der meist vielzelligen Eukaryonten monocistronisch (für ein Polypeptid codierend) und nicht selten als Mosaikgen (gestückeltes Gen; split gene) mit Exon-Intron-Abfolgen organisiert. Mehrere Transkriptionseinheiten, die häufig auf verschiedenen Chromosomen liegen, werden übergeordnet über ein regulatorisches Signal (regulatorische Proteine, ↑Genexpression in Eukaryonten) reguliert, liegen also als Regulon vor. Die für Prokaryonten typischen Operone fehlen Eukaryonten, dagegen sind einige Regulone bei Bakterien (z. B. das Arg-Regulon, Regulon der Argininsynthese in *E. coli*) bekannt. Die eukaryontische Transkriptionseinheit besitzt aufgrund der heutigen Kenntnisse eukaryontischer Genstrukturen und DNA-Sequenzdaten folgenden generalisierten Aufbau (Abb. 30).

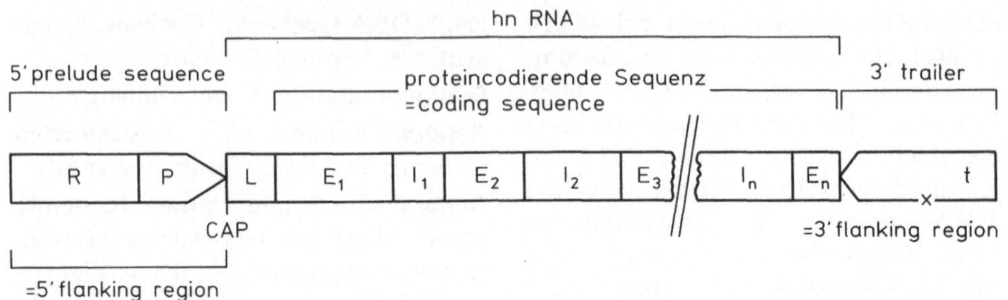

Abb. 30. Aufbau einer Transkriptionseinheit (R = regulatorische Sequenzen; P = Promotor; CAP = CAP site; L = Leader; E = Exon; I = Introne; x = Polyadenylierungsstelle; t = Terminator)

Die regulatorische Region (regulatory region) liegt im Gegensatz zu prokaryontischen regulatorischen Regionen mit etwa analoger Funktion (Operator oder Attenuator, ↑Genexpression in Prokaryonten) in 5'-Richtung vor dem Promotor und bildet oft mit diesem eine regulatorische Einheit mit einer Länge von einigen hundert Basenpaaren. In der regulatorischen Region aller Transkriptionseinheiten unterschiedlichster biologischer Herkunft befindet sich eine (häufig auch mehrere) konservierte Consensussequenz (kanonische Sequenz), die vom gleichen aktivierenden Stimulus (regulatorisches Protein) genetisch aktiviert werden, z. B. die Sequenz 5'GxxACAAxxTGTPyCT3' in allen über Glucocorticoidhormone aktivierbaren Gensystemen (Moore et al. 1985). Das Glucocorticoidrezeptorprotein bindet nur dann an diese Konsensussequenz, wenn die beiden Guanylreste unmethyliert sind. Eine Bindung dieses Rezeptors bedingt dann die glucocorticoidstimulierte ↑Transkription des Gens. Der Einbau einer solchen Consensussequenz in die regulatorische Region eines nicht durch Glucocorticoid stimulierbaren Gens bewirkt bei richtiger Positionierung eine glucocorticoidstimulierte Transkription dieses Gens. In ähnlicher Weise erlaubt der Einbau solcher kanonischer Sequenzen (Konsensussequenzen) von

Steroid-, Ecdyson- (Häutungshormon der Insekten), Hitzeschock-, Schwermetall- (regulatorische Region der Metallothioneingene) oder Licht- (Rubisco-Gen, Rubisco = Ribulose-1,5-bisphosphatcarboxylase) induzierbaren Genen in isolierte eukaryontische Gene eine gezielte Manipulation der Genexpression in transgenen Organismen, in die jene veränderten Gene via ↑Gentransfer eingeführt wurden. Die Bindung eines spezifischen Regulatorproteins führt dann direkt oder über eine damit induzierte Bindung weiterer Proteine zu einem Protein-Protein-Kontakt mit der am Promotor „wartenden" RNA-Polymerase, der als Transkriptionsbefehl wirkt.

Die eukaryontische Promotorregion proteincodierender Gene, die von der RNA-Polymerase II (RNA-Polymerase B) gelesen werden, zeigen abweichend von prokaryontischen Promotoren (↑Genexpression in Prokaryonten) folgende Eigentümlichkeiten konservierter, kanonischer

Basenfolgen: **1.** $gg_t^c CAAT$ ct, die sog.

CAT- oder CAAT-Box, die 100 bis 60 Basenpaare (-100 bis -60) vor dem Transkriptionsstart (cap site $+1$) liegt. Eine in ↑gerichteter Mutagenese erzeugte Deletion dieser Box bewirkt in *in vitro*-Transkriptions-/Translationssystemen (z. B. ↑Xenopusoocyten) eine drastische Verminderung der Transkription, weshalb dieses Signal auch als Quantifier bezeichnet wird.

Bei pflanzlichen Genen kann in gleicher Position anstelle der CAAT-Box eine als AGGA-Box bezeichnete Consensussequenz (MESSING et al. 1983) $^{c}_{t}A_{2-5}\,^{c}_{t}NNGA_{2-4}\,^{cc}_{tt}$ oder eine CAAT und eine AGGA-Box auftreten.

2. $TATA^{\,t\,t}_{\,a\,a}$, die sog. Goldberg-Hogness-Box (auch TATA- oder ATA-Box), die in pflanzlichen Genen die Consensus Sequenz:

$$T^{C}_{G}TATA^{T}_{A}A_{1-3}\,^{C}_{T}A \text{ besitzt.}$$

Die TATA-Box befindet sich im Bereich -35 bis -21, also $35-21$ Basenpaare vor dem Transkriptionsstart. Mutationen der TATA-Box führen zu einem unspezifischen Start der Transkription vor oder nach der cap-site, weshalb die TATA-Sequenz auch als Specifier bezeichnet wird. Der Start der Transkription ($+1$), die sog. cap-site ist durch die Konsensussequenz $5'$ PyPy $CAPy_{5}3'$ bzw. $5'PyPy\ CA\ Py_{n}3'$ in Pflanzen markiert (Py = Pyrimidin) (MESSING et al. 1983). Dem Transkriptionsstart folgt eine 11 bis 25 Basenpaare lange, als Leader bezeichnete Sequenz, deren Ende das Startcodon mit der flankierenden konservierten Sequenz $^{A}_{G}NNATG$ in tierischen Organismen bzw. $^{C}_{G}AANNATGG$ in höheren Pflanzen markiert.

Die im Interspeziesvergleich der DNA-Sequenzen nicht konservierte Basenfolge des Leaders, welche sowohl im primären Transkript (hn RNA, *h*eterogene *nu*kleäre RNA; *h*eterogenous *n*uclear RNA oder prä mRNA) wie der reifen mRNA (*m*essenger RNA) erscheint, verfügt insbesondere im Bereich des Startcodons AUG oder selten GUG über Sequenzmotive, die eine gewebe-, stadien- oder entwicklungsspezifisch höhere translatorische Effizienz, also ein unterschiedliches Ausmaß der Übersetzung der mRNA in Polypeptidsequenzen an der Ribosomenpopulation oder an Ribosomensubpopulationen festlegen. Im Falle der Hitzeschockgene der Fruchtfliege *Drosophila melanogaster* determiniert die Consensussequenz $ATCA^{G}_{T}T^{C}_{T}$ des Leaders neben kanonischen Motiven der $5'$-regulatorischen Sequenz sowohl die Transkription der Hitzeschockgene unter Temperaturerhöhung, wie die erhöhte ↑Translation der an diesen Genen gebildeten mRNA. Eukaryontische mRNAs und die sie codierenden Gene verfügen über keine Consensussequenz der Ribosomenbindung (Ribosomenbindungsstelle; ribosomal attachment site, ribosomal binding site mit Shine-Dalgarno-Box). Nach Bindung des Initiationsfaktors eIF3 an die mRNA wird die eukaryontische mRNA, die zudem in Eukaryonten als mRNP (*m*essenger *Ribo*-*nu*cleo*p*roteid) proteinverpackt (in Prokaryonten als reine mRNA, nackt) im Cytoplasma vorliegt, nach dem Startcodon abgesucht (messenger scanning). Der Prozeß der mRNP-Bindung und die Translationsinitiation an den komplexeren eukaryontischen Ribosomen (80S-Ribosomen: 40S-, 60S-Untereinheiten; Prokaryonten mit 70S-Ribosomen: 30S- und 50S-Untereinheiten) erfordert hier im Gegensatz zu Prokaryonten (3 Initiationsfaktoren) 8 Initiationsfaktoren. Elongation und Termination der ↑Translation in Pro- wie Eukaryonten sind dagegen weitgehend ähnlich. Wegen der kanonischen $5'^{A}_{G}NNATG3'$-Sequenz im

Genstruktur bei Eukaryonten

Bereich des Translationsstarts können cDNA-Kopien eukaryontischer Gene in 5–6% aller Fälle über einen NcoI-Schnitt (5'CCATGG3') expressionsgerecht in prokaryontische ↑Expressionsvektoren (↑Genexpression in Prokaryonten) eingefügt werden.

Die in Eukaryonten weit verbreitete Mosaikstruktur der Gene, die die informative, in Proteinsequenzen erscheinende Nukleinsäuresequenz (Exons) durch nichtinformative Introns (intervening sequences) im mRNA-Vorläufer (mRNA-Präcursor; mRNA precursor), d. h. dem Primärtranskript hnRNA (= *h*eterogene *n*ukleäre RNA oder prä mRNA) unterbricht, welche im Reifungsprozeß (Processing, RNA Splicing) der hnRNA zu mRNA entfernt werden, erfordert konservierte Sequenzen der Exon-Intron-Grenzen (exon intron borders; exon intron junctions) in Tieren:

$$5'\quad {}^{A}_{C}AG \;\Big|\; GT\,{}^{A}_{G}\,AGT$$

$\qquad$ 5' Ende des Introns
$\qquad$ = donor site
$\qquad$ = 5' splice site

bzw. in Pflanzen:

Exon $\qquad\qquad\qquad\qquad$ Intron

$$5'\quad {}^{TC}_{AA} \times {}^{T}_{A}G \;\Big|\; GT\,A\,{}^{A}_{T}\,GT\,{}^{ATTA}_{TAAT}$$

(MESSING et al. 1983) mit jeweils unmittelbaren $AG\,|\,GT$ Übergängen.

Das Entfernen der Intronsequenzen ($I_1 \ldots I_n$) proteincodierender Transkripte erfolgt sequentiell gemäß der jeweiligen neuen Sekundärstruktur der Zwischenprodukte, z. B. Entfernen I_3, dann I_1, danach I_2 und schließlich I_4 und nicht nach der von 5' nach 3' geordneten Abfolge der Introns I_1, I_2, I_3, I_4 in einer $5' \to 3'$- oder $3' \to 5'$-Richtung. Das Entfernen der Intronsequenzen (Excision; excision) und

nachfolgende Spleißen (splicing) der Exonsequenzen – die Prozessierung (processing) – erfolgt in einer komplexen, wahrscheinlich an einem als Spliceosom (spliceosome; Analogie zu Ribosom) bezeichneten Multienzymkomplex. Dieser greift an einem vollständigen, proteinverpackten und polyadenylierten Primärtranskript (hnRNP *h*eterogenes *n*ukleäres *R*ibo*n*ukleo*p*rotein) nach ↑Transkription (posttranskriptional) an und liefert unter sequentieller Intronentfernung reife, proteinverpackte mRNP-Partikel (*m*essenger *R*ibo*n*ukleo*p*rotein Partikel), die durch die Kernporen zur ↑Translation an cytoplasmatische Ribosomen gelangen. Das Spliceosom umfaßt neben endolytischer RNase- (Excision) und RNA-Ligaseaktivität (Splei-ßen; splicing) mindestens fünf Proteinfaktoren (SF1, SF2, SF3, SF4A und SF4B; SF = *s*plicing *f*actors) sowie protein-

$$\begin{matrix}T\\C_{15}\end{matrix}\; N\,{}^{C}_{T}\,AG \;\Big|\; G\,{}^{G}_{T} \qquad\qquad 3'$$

$\qquad$ 3' Ende des Introns
$\qquad$ = acceptor site
$\qquad$ = 3' splice site

$\qquad\qquad\qquad\qquad$ Exon

$$\begin{matrix}T\\A\end{matrix}\,TT\,{}^{TTT}_{AAA}\,A\,{}^{AT}_{TA}\,T\,{}^{TGT}_{AAC}\,AG \;\Big|\; G\,{}^{T}_{A} \quad 3'$$

verpackte U-snRNAs (U-Uracil; sn = small nuclear; die U-snRNAs sind Uracilreich), nämlich U_1-snRNPs (RNP für *R*ibo*n*ucleo*p*roteid), U_2-snRNPs, U_5-snRNPs, U_4/U_6-snRNPs und weitere U-snRNPs (Aggregate) sowie ATP und Magnesiumionen als Cofaktoren (BERGET und ROBBERSON 1986). Der eukaryontische Splicemechanismus scheint nicht nach einem universellen Schema abzulaufen, da Transkripte in dem einen oder anderen heterologen System von der homologen Situation abweichend an anderer Stelle gespleißt werden können. Neben den Konsensussequenzen der Exon/Introngrenzen erscheint auch eine introninterne, kanonische $5'CT^A_G\,A^C_T\,3'$ Basenfolge für das Splicing erforderlich zu sein (RAUTHMANN und BREATHNACH 1985). Neben den normalen Splice-Stellen (normal splice sites) treten in Intronen kryptische Spleißstellen (cryptic splice sites) auf, die verwendet werden, wenn normale Spleißorte mutiert sind.

Die 3'-Trailerregion (3' trailer region, 3' flanking region) der bisher sequenzierten Gene weist bis auf die kanonische Sequenz 5'AATAAA3', die als Signal für die Polyadenylierung der hnRNA fungiert, keine konservierten Sequenzmotive auf. Der AATAA-Konsensus befindet sich in der oft mehrere hundert Basenpaare langen 3'-Trailersequenz bei tierischen Genen im letzten Drittel der Sequenz. Pflanzliche Gene verfügen oft über zwei AATAAA-Boxen, eine nicht funktionelle AATAAA-Box in der Nähe des Stopcodons und weitere, nicht funktionelle AATAAA-Boxen, die 130–370 Basenpaare vom Stopcodon entfernt liegen (MESSING et al. 1983). Die Transkription endet 11–30 Basenpaare in 3'-Richtung hinter dem Polyadenylierungssignal. Bisher wurde kein kanonisches Terminationssignal beobachtet; die von Hefegenen bekannten Terminationsmotive finden sich nicht in höheren Eukaryonten (Wirbeltiere, Arthropoden, höhere Pflanzen). Obwohl die angegebenen kanonischen Sequenzen auch in niederen Eukaryonten (Schleimpilze, Protozoen, Hefen) in analoger Positionierung und weitreichender Homologie auftreten, wird in heterologen Systemen bei einigen Genen geringe oder abortive genetische Expression beobachtet. So erfolgt bei manchen Genen der Start der Transkription an anderer Stelle, das Processing mit Entfernung der Intronsequenzen zeigt einen anderen Verlauf oder Terminationssignale werden überlesen (read through). Die RNA-Polymerase II beginnt die Transkription an der Cap-Stelle (capsite). Das 5'-Ende der hnRNA (heterogene nukleäre RNA; heterogenous nuclear RNA, prä-RNA) wird während der Transkription, also an der naszierenden RNA-Kette in einem enzymatischen Prozeß basenspezifisch modifiziert:
Dabei wird zunächst ein Guanylrest angefügt und dieser methyliert (cap 0). Durch weitere Methylierung der nachfolgenden Base (cap 1) und der nächstfolgenden (cap 2) werden drei verschiedene cap-Typen (cap 0, cap 1, cap 2) erzeugt. Das für Eukaryonten typische RNA-capping ist in seiner funktionellen Bedeutung bisher unverstanden. Während der Transkription erfolgt eine weitere Methylierung der hnRNA und die Proteinverpackung zu einem hnRNP (*heterogenes nukleäres Ribonukleoproteid*). Das fertige hnRNP wird nach Transkription polyadenyliert. Die sequentielle Entfernung der Introns und das Splicing vollziehen sich an der kompliziert gefalteten Sekundär- und Tertiärstruktur. Die nach jeder Intronentfernung nun sich ergebende Raumstruktur des hnRNP-Zwischenproduktes determiniert dann die nachfolgende Entfernung eines weiteren Introns, die nicht in 3'→5'- oder 5'→3'-Richtung geordnet erfolgt. Nach Entfernung aller Introne verläßt ein reifes mRNP (messenger Ribonukleoproteid) über Kernporen den Nukleus. Im Cytoplasma kann das mRNP bis zur ↑Translation gespeichert oder unverzüglich in Protein übersetzt (translatiert) werden.
Die chromosomal lokalen Anhäufungen (cluster) ribosomaler Gene des Nukleo-

lus werden von einer anderen, als RNA-Polymerase I bezeichneten RNA-Polymerase in prä-rRNA transkribiert. Die rRNA-Geneinheiten (gene units) verfügen daher über Promotoren und Terminatoren, die von denen der proteincodierenden Gene völlig verschieden sind. Die Entfernung der rRNA Introne erfolgt ohne Beteiligung von Enzymen über die autokatalytische Funktion der Introne als Ribozym im Maturationsprozeß. tRNA-, 5S-rRNA-Gene und eine Reihe repetitiver Familien (z. B. Alu-Sequenzen der Säuger) werden von RNA-Polymerase III über RNA-Polymerase III spezifische Promotoren transkribiert. Die Primärtranskripte, aus denen die Intronsequenzen nach einem von rRNA- und proteincodierenden Genen verschiedenen Mechanismus entfernt werden, werden posttranskriptional zu reifen tRNAs oder 5S-rRNAs in einer sequenziellen Kaskade von Ereignissen verändert.

↑Gen

Literatur
Bergert SM, Robberson BL (1986) Cell 46:691
Lewin B (1990) Genes IV, 4th edn. Oxford University Press
Messing J et al. (1983) In: Kosuge T, Meredith CP, Hollander A (eds) Genetic Engineering of Plants, Plenum Press, New York, p 211
Moore DD et al. (1985) Proc Natl Acad Sci 82:699
Rauthmann G, Breathnach R (1985) Nature 315:430

Gensynthese. Die rapiden Fortschritte in der chemischen Synthese von Oligodesoxyribonukleotiden (↑Chemische DNA-Synthese) und deren Automation gestattet heute schon problemlose chemische Vollsynthesen ganzer Gene anhand bekannter Proteinsequenzen (bisher ca. 400 Gensynthesen). Die Aminosäureabfolge eines Proteins, die heute schnell und unter Einsatz kleinster Proteinmengen ermittelt werden kann (↑Proteinsequenzierung), wird unter Berücksichtigung der Codonverwendung (Codonwahl; codon usage) des Wirtsorganismus, in den das synthetische Gen eingeführt werden soll, in eine für die genetische Expression optimale proteincodierende DNA Sequenz übersetzt. Die 20 biogenen Aminosäuren werden durch 1, 2, 4 oder 6 DNA-Basentripletts (Codone) über den genetischen Code spezifiziert, wobei ein bestimmter Organismus für jede Aminosäure ein bestimmtes Codon entschieden bevorzugt, also Codonpräferenz zeigt. Das Einführen eines Genes in einen Wirt anderer Codonpräferenz, wie es bei der herkömmlichen Verwendung von cDNA-Genen, die natürlicherweise die Codonpräferenz des mRNA-Spenderorganismus zeigen, unvermeidbar ist, vermindert die genetische Expression im Wirt oft drastisch. Eine expressionsoptimierte DNA-Sequenz kann daher nur über eine chemische Vollsynthese der proteincodierenden DNA-Sequenz unter strikter Berücksichtigung der Codonpräferenz erzeugt werden.

Eine nach Codonpräferenz computerermittelte expressionsoptimierte, proteincodierende DNA-Doppelstrang-Sequenz:

$$5' \ \overline{\quad A \quad B \quad C \quad D \quad} \ 3'$$
$$3' \ \overline{\quad A' \quad B' \quad C' \quad D' \quad} \ 5'$$

wird dann in einzelsträngigen Oligodesoxynukleotidsequenzen A, B, C, D, A', B', C', D' des Sinn- und Antisinnstranges in DNA-Syntheseautomaten synthetisiert. Die jeweils partiell komplementären Oligonukleotide des Sinn- und Antisinnstranges werden dann zu Doppelstrangfragmenten $\left(\dfrac{A}{A'}\dfrac{B}{B'}\dfrac{C}{C'}\dfrac{D}{D'}\right)$ mit überlappenden Einzelstrangenden reassoziiert. Ein 1:1 Gemisch dieser Fragmente reassoziiert über die überlappenden Enden in der korrekten Fragmentanordnung (abcd): $\dfrac{A}{A'}\dfrac{B}{B'}\dfrac{C}{C'}\dfrac{D}{D'}$.

Die miteinander in korrekter Anordnung reassoziierten Fragmente werden dann in einer T4-DNA-Ligase katalysierten Reaktion kovalent verbunden. Die vollständige proteincodierende DNA-Sequenz (abcd) wird dann von verbleibenden mono- (a,b,c,d), di- (ab;bc;cd) und trimeren (abc;bcd) Produkten unvollständiger Reassoziation und Ligation über Polyacrylamidgelelektrophorese gereinigt. Die angereicherte, vollsynthetische, proteincodierende Sequenz kann dann über die Linker/Adaptor-Technik in einen ↑Expressionsvektor eingefügt werden. Alternativ können die Adaptorsequenzen schon als komplementäre Einzelstränge an die einzelsträngigen Oligonukleotide A und D′ in der chemischen Synthese angefügt werden. Proteincodierende DNA-Sequenzen der üblichen Länge von 300–450 Basenpaaren (= 100–150 Aminosäuren des Proteins) können heute aus 3–5 Doppelstrangfragmenten nach diesem Verfahren synthetisiert werden. Über einen Linker/Adaptor wird die proteincodierende Sequenz in die entsprechende Restriktionsschnittstelle eines Expressionsplasmids in expressionsgerecht optimalem Abstand (spacing) des Startcodons von einer Promotorsequenz und optimalem Abstand (spacing) des Stopcodons von einer Terminatorsequenz eingebaut. Die so erzeugte chimäre Transkriptionseinheit (chim(a)eric transcription unit) mit ↑regulatorischen Sequenzen (↑Promotor und ↑Terminator) des Wirtes und einer proteincodierenden DNA-Sequenz anderer Herkunft (=chimäres Gen) erlaubt dann eine gewünschte, an das Wirtssystem bestens angepaßte Transkription und Translation (= genetische Expression) des chimären Genes und damit eine hohe Proteinausbeute.

Die beschriebene Gensynthese ist trotz relativ teurer DNA-Synthese bereits erheblich wirtschaftlicher als die mühsame und zeitaufwendige Anlage und vor allem die Absuche (↑Gene Screening) einer ↑cDNA-Genbank. Auch die gezielte affinitätschromatographische Anreicherung einer spezifischen, das gewünschte Protein spezifizierenden mRNA über synthetische, gemischte Gensonden (mixed probes), deren Umkopierung und die Klonierung des gewünschten cDNA-Genes (Gene Editing) ist oft schon unwirtschaftlicher als die Vollsynthese, wenn die Codonpräferenz der mRNA-Quelle die Expression und damit die Proteinausbeute erheblich limitiert. Die Vollsynthese von Genen, also die ‚synthetische Biologie‘ oder besser die synthetische Gentechnik, die ihre Nukleinsäuren chemisch synthetisiert, bestimmt mit Genchemikern oder Geningenieuren im Computer-Design gewünschter Gene das zukünftige Bild industriell angewandter ↑Gentechnologie. Die überwiegend nichtsynthetische Gentechnik bemüht sich weiter als analytische Gentechnik mit der ↑DNA-Sequenzierung als Analyseverfahren, über ↑Genbanken, ↑Gene Editing und ↑Polymerase-Kettenreaktion angereicherte DNAs und deren molekulare Klone (Gene Editing) um das Verständnis natürlicher, in biologischer Evolution erzeugter DNA-Sequenzen.

Gentechnologie. Als Gentechnologie, Gentechnik, Genmanipulation oder rekombinante DNA-Technik (gene technology, genetic engineering, recombinant DNA technology) wird jede Methode der in vitro-Rekombination von genetischem Material (DNA) und dessen Einführung und identische Vermehrung (Replikation) in einem vom Spender des genetischen Materials (DNA-Donor) verschiedenen Organismus, der als ↑Wirt oder Rezipient bezeichnet wird, verstanden. Ein genetisches Experiment erfordert gemäß dieser Definition drei Struktur- und Funktionseinheiten: **1.** einen DNA-Vektor (DNA-Vehikel, Genvektor, Klonierungsvektor); **2.** Passagier-DNA (DNA-Insert, Insert-DNA oder Fremd-DNA), die nach in vitro-Kopplung an die Vektor-DNA als Hybrid-DNA (Hybrid-Vektor) in einem neuen Wirtssystem mindestens vermehrbar, eventuell auch exprimierbar ist; **3.** einen für die Passage und Vermehrung der Hybrid-DNA (des Hybrid-Vektors) geeigneten Wirt oder Rezipient. Der Vektor muß entweder die Fähigkeit autonomer Replikation (↑DNA-Vektoren) besitzen (sog. replikativer Vektor) oder über eine wirtsspezifisch hohe Tendenz zur Integration in die genomische DNA des Rezipienten verfügen (integrativer Vektor). Die eine oder andere Eigenschaft gewährt dann der im Hybrid-Vektor kovalent an die Vektor-DNA gebundenen Passagier-DNA entweder eine vektorabhängige oder per Integration vermittelte Vermehrung im Wirtsorganismus. Ein für Eukaryonten entwickelter DNA-Vektor sollte dabei auch die Segregation der Passagier-DNA in Mitose und Meiose erlauben.

Hauptanwender dieser Technik, die seit ihren Anfängen im Jahre 1973 eine stürmische Entwicklung verzeichnet, ist und bleibt die molekularbiologische Grundlagenforschung. Zusammen mit den 1977 entwickelten Methoden der ↑DNA-Sequenzierung und der ↑gerichteten Mutagenese, die letztlich von den Fortschritten in der chemischen Synthese von Oligonukleotiden profitiert, sorgt diese Technik für ein hochauflösendes (bis auf einzelne Nukleotide) Verständnis zwischen der Primärstruktur eines DNA-Abschnittes und seiner Funktion im Zell- und Entwicklungsgeschehen. So bedie-

nen sich heute eine Reihe biologischer Disziplinen wie Physiologie, Zellbiologie (Cytologie) und nicht zuletzt die Entwicklungsbiologie dieser Technik, da im Grunde jede dieser Forschungsrichtungen ein profundes Verständnis der funktionellen (und damit DNA-strukturellen) Zusammenhänge entsprechend dem zentralen Dogma der Molekularbiologie (DNA → RNA → Polypeptid → Phänotyp) anstreben muß. Ein tieferes, molekulares Verständnis der Struktur, Funktion und Evolution eukaryontischer Gene ist wiederum Grundlage verbesserter Gentechnik. Zum anderen erweitert gerade die starke Anwendung gentechnischer Arbeitsweisen in der Mikrobiologie und Virologie das Spektrum der Wirte und die Palette der DNA-Vektoren (Wirte: Streptomyceten, Pseudomonaden, Hefen; DNA-Vektoren: ↑SV40-Vektoren, ↑Adenovektoren, Retroviren, ↑Caulimovektoren). So seien hier gerade die grundlegende Strukturaufklärung von Retroviren, viralen und zellulären ↑Onkogenen und andere Beiträge zum molekularen Verständnis des Krebsgeschehens aufgeführt. Auch die Aufklärung der Struktur der Immunglobuline, des T-Zell-Rezeptors und des Histokompatibilitätskomplexes wäre ohne Gentechnik und DNA-Sequenzierung, die hier beachtliche Erkenntnisse erbracht hat, undenkbar. Ein profundes Verständnis des Immunapparates und seiner genetischen Expression und Regulation ist für viele Bereiche der Human- und Veterinärmedizin von großer Bedeutung (z. B. Immundefekte und Allergien). Schließlich verdankt auch die Molekularbiologie, speziell die molekulare Genetik die heutigen Erkenntnisse über mobile genetische Elemente (↑Transposone, springende Gene, Retroposone), die das alte Bild eines starren, statischen Genmaterials zugunsten einer sehr dyna-

126

mischen DNA-Struktur in revolutionärer Weise umgestaltet haben, der Gentechnik. Auch das Verständnis der Mosaikstruktur eukaryontischer Gene (↑Mosaikgen), die die klassische Vorstellung vom Gen erheblich erschüttert hat, wäre ohne Gentechnologie nicht möglich gewesen. Die Gentechnik ihrerseits sollte dabei als folgerichtige Entwicklung molekulargenetischer Methoden verstanden werden, die auf der Molekulargenetik prokaryontischer Systeme basiert. Gerade die molekulare Genetik der Prokaryonten (speziell *E. coli* und seiner Phagen) hat sich in den letzten vier Jahrzehnten stürmisch und kontinuierlich entwickelt. Auch heute noch sind nahezu alle in der Gentechnik verwendeten Enzyme (↑DNA/RNA-modifizierende Enzyme), ↑DNA-Vektoren und ↑Wirte prokaryontischen Ursprungs. Während die klassischen molekularen Methoden der Bakterien- und Phagentechnik schon vor der Ära der Gentechnik hervorragende Erkenntnisse prokaryontischer Organismen lieferten, fehlte es der Molekulargenetik der Eukaryonten völlig an geeigneten Methoden. Erst die Gentechnik, die die Isolierung und Untersuchung beliebiger DNA-Abschnitte eines Eukaryontengenoms erlaubte, erwies sich als adäquates Handwerkszeug beim Studium eukaryontischer DNA. Einige Erfolge bei der Anwendung dieser Technik bei Eukaryonten wurden bereits erwähnt.

Auch in der angewandten, praxisorientierten Forschung und Entwicklung, insbesondere der Biotechnologie, gewinnt die Gentechnik zunehmend an Bedeutung. So existiert bereits heute ein Bedarf an gentechnologisch herstellbaren Produkten wie:

– Peptidhormone (Insulin, Wachstumshormon etc.)
– Interferone
– Vakzine (Hepatitis B, Polio, Herpes, Aids, Malaria)
– Blutgerinnungsfaktoren und andere Blutplasmaproteine (Faktor VIII)
– Regulationsstoffe (tumor necrosis factor, Interleukine)
– Enzyme für diagnostische Zwecke
– Enzyme für die Gentechnik

Dabei handelt es sich vorwiegend um pharmazeutische Produkte, wie sie für Diagnose (Enzyme), Therapie (z. B. Plasmaproteine) oder medizinische Prophylaxe (Vakzine) benötigt werden. Bevorzugtes Wirtssystem für die Expression der in ↑Expressionsvektoren klonierten Gene, die hohe Ausbeuten an einem gewünschten Protein sichern, ist noch immer *E. coli*. Einige der hier aufgeführten Produkte, wie Humaninsulin, Wachstumshormon, Hepatitis B Seren und Enzyme für die Diagnose und Gentechnik, werden schon jetzt als gentechnische Produkte auf dem Markt vertrieben. An einer nicht näher bekannten, größeren Zahl weiterer Produkte wird in der pharmazeutischen Großindustrie und einigen sog. Genfirmen, die bisher auf einem sehr dynamischen Markt über Risikokapital (z. B. in den USA) finanziert werden, gearbeitet. Mit der Entwicklung weiterer Mikroorganismen, die in der Biotechnologie bereits eine prominente Rolle spielen, zu genetisch geeigneten ↑Wirten, lassen sich zunehmend komplexere Phänotypen genetisch ausnutzen, z. B. für die Synthese von Naturstoffen, Aminosäuren, Antibiotika und sogar organisch chemischen Grundstoffen. Damit steigt nicht nur der Bedarf gentechnisch erzeugter Produkte auf dem Pharmasektor, sondern auch Chemie und Umweltschutz melden gentechnologische Bedürfnisse für Synthesen hochwertiger Substanzen bzw. den Abbau von Schadstoffen an. Gleiches gilt für mikrobielle Produkte und Mikroorganismen in der Lebensmittel- und Futter-mitteltechnologie und der Chemie in der Landwirtschaft. Gentechnisch bedingte Synthesen sind gegenüber chemischen Synthesen wegen des Einsatzes DNA-codierter Enzyme als ↑Biokatalysatoren energiesparend und gegenüber chemischen Umsätzen hochspezifisch auf die Anlieferung eines Produktes ausgerichtet. Dies führt neben einem Angebot bisher nur schwer synthetisierbarer Stoffe zu einer erheblich wirtschaftlicheren Erzeugung auch konventioneller Produkte (Energieersparnis, Aufreinigungskosten). Schließlich profitiert auch der Pharmasektor von besseren Wirtssystemen, die mit einem gewünschten Produkt keine Endotoxine anliefern, welche teure Reinigungsverfahren und kostspielige klinische Tests für Therapeutika erforderlich machen, wie dies bei dem Wirt *E. coli* der Fall ist. Während die bisher behandelte ‚klassische' Gentechnologie mit ihrer leicht kontrollierbaren Verwendung von Mikroorganismen als Wirtssysteme unbedenkliches Zivilisationsgut einer modernen Industriegesellschaft ist, stößt die Genmanipulation an höheren Organismen auf berechtigte Einwände. Die kontrollierbaren, physikalischen Parameter einer industriellen Anlage und die Verwendung von Sicherheitsstämmen (↑Sicherheitsrichtlinien) mit stark reduzierten Überlebenschancen in einer natürlichen Umwelt, machen genetisch manipulierte Mikroorganismen zu idealen ‚Synthesemaschinen', die eine natürliche Umwelt nicht belasten sollen.

Anders verhält es sich bei der Anwendung gentechnischer Methoden (↑Agrobakterien-vermittelter Gentransfer, direkter Gentransfer) an pflanzlichen Protoplasten mit nachfolgender Regeneration ganzer Pflanzen, deren Saatgut dann in die Landwirtschaft gelangt. Hier sind Störungen natürlicher Ökosysteme nicht auszuschließen, da die Ausbreitung solcher Pflanzen vom Menschen nur unzureichend kontrollierbar ist. Noch bedenklicher gestaltet sich eine genetische Manipulation der Eizelle von Säugern, sei es als echte Gentherapie zur Heilung genetischer Schäden oder zum Erreichen sonstiger gewünschter genetischer Veränderungen via Gentransfer und nachfolgender extrakorporaler Befruchtung. Dies gilt ganz besonders in der Anwendung auf die menschliche Eizelle. Hier sind, neben moralisch-ethischen, auch erhebliche soziale und juristische Folgen zu bedenken. Gleiches gilt für die zelluläre Klonierung oder den Embryonentransfer und deren Kombination mit gentechnischen Methoden. Wenn auch das geringe molekulare Verständnis des Entwicklungsgeschehens Versuche dieser Art noch aus wissenschaftlicher Sicht verbietet, so war hier eine frühzeitige Erörterung der die Gesamtgesellschaft betreffenden Folgen bereits angezeigt. Bereits die ↑Sicherheitsrichtlinien unterbinden diese Art von Experimenten: ‚Die Einführung von neukombinierten Nucleinsäuren in Keimbahnzellen des Menschen ist nicht zulässig.' Eine kommerzielle Anwendung der Gentechnik an höheren Pflanzen (grüne Gentechnologie) oder an Säugern sollte daher auf Gewebekulturen beschränkt bleiben. Wegen der häufig erforderlichen posttranslationalen Veränderungen vieler Proteine (z. B. Glykosylierungen) nach artspezifischem Muster ist allerdings auf Gewebekulturen humaner Zellinien als Wirte rekombinanter DNA nicht zu verzichten. Nicht selten verleihen erst solche spezifisch posttranslationalen Veränderungen im geeigneten Wirt dem Protein seine biologische Funktion. Gewebekulturen sind, ähnlich wie mikrobielle Sicherheitsstämme, in natürlicher Umgebung nicht überlebensfähig und in einer industriellen Umwelt oder dem Labor leicht als ‚Syntheseautomaten' zu kontrollieren. Der Nutzeffekt in Forschung und Anwendung überwiegt daher bei weitem alle potentiellen Risiken.

↑Gentechnologie, ↑cDNA-Genbank, ↑DNA/RNA-modifizierende Enzyme, ↑DNA-Sequenzierung, ↑DNA-Synthese, ↑DNA-Vektoren, ↑Genbank, ↑Gene Screening, ↑Gensythese, ↑Gerichtete Mutagenese, ↑Gentransfer, ↑Molekulare Klonierung, ↑Proteinsequenzierung, ↑Sicherheitsrichtlinien

Literatur
Ausubel FM et al. (1989) Current Protocols in Molecular Biology. Greene Publishers and John Wiley & Sons
Gassen HG, Martin A, Bertram S (1987) Gentechnik, 2. Aufl. Gustav Fischer
Klingmüller W (1982) Erbforschung heute. Verlag Chemie
Klingmüller W (1986) Genforschung im Widerstreit. Wissenschaftliche Verlagsgesellschaft mbH, Stuttgart
Klingmüller W (1988) Risk Assessment for Deliberate Release. Springer
Knippers R (1990) Molekulare Genetik, 5. Aufl. Thieme
Pühler A, Timmis KN (eds) (1984) Advanced Molecular Genetics. Springer
Sambrook J, Fritsch EF, Maniatis T (1989) Molecular Cloning – A laboratory Manual, 2nd edn. Cold Spring Harbor
Watson JD, Tooze J, Kurtz DT (1985) Rekombinierte DNA – Eine Einführung. Spektrum der Wissenschaft
Winnacker EL (1986) Gene und Klone – Eine Einführung in die Gentechnologie, 2. Aufl. Verlag Chemie

Gentherapie. Unter Gentherapie (Genchirurgie; gene therapy, gene surgery) versteht man die gezielte Heilung genetisch bedingter Schäden durch Einbringen eines oder mehrerer intakter Gene in die genetisch defekten Zellen des betroffenen Gewebes, in welchem diese Gene in gesunden Organismen aktiv sind. Dabei stehen prinzipiell zwei Methoden zur Verfügung: **1.** in situ-Methoden mit in vivo-Gentransfer. Der ↑Gentransfer in die geschädigten Zellen erfolgt dabei unmittelbar am geschädigten Organismus selbst, nämlich **a.** durch abgeschwächte, avirulente und apathogene rekombinante Viren, die Wildtypkopien der defekten Gene einschleusen (z. B. Shope-Papillomaviren, Vakzineviren, Retroviren); **b.** durch gezielten Gentransfer (targeted gene transfer) mit spezifisch vesikelgebundener rekombinanter DNA, die nur von den betroffenen Zellen über spezifische Rezeptoren aufgenommen wird; **2.** durch Reimplantation genetisch transformierten Gewebes oder Implantation entsprechend transgener (geheilter) Zellen des Erkrankten, die nach in vitro-↑Gentransfer gewonnen werden. Bisher ist keiner gentherapeutischen Maßnahme ein Erfolg und schon gar kein dauerhafter Erfolg beschieden, obgleich erste Versuche dieser Art schon Anfang der Siebziger Jahre begonnen wurden. Wegen der enorm hohen Kosten (Zeit, Personal) wäre dabei eine Gentherapie in der Praxis letztlich ohnehin auf den Menschen begrenzt. Geheilt werden können dabei im Prinzip nur Enzymopathien (inborn errors of metabolism) mit genetisch bedingtem Ausfall eines Enzyms. Monogen, also durch einen Erbfaktor bedingte morphologische Anomalien, die Geschädigte meist wesentlich stärker behindern, können nicht geheilt werden, da die defekten Gene auf einer frühen vorgeburtlichen Entwicklungsstufe zu irreversibel festgelegten anatomischen Mißbildungen geführt haben, die postnatal gentherapeutisch nicht mehr heilbar sind. Da die meisten dieser Erbleiden auf rezessiven Faktoren beruhen und daher in gesunden Eltern nicht oder allenfalls nach aufwendiger, molekularer Analyse erkennbar wären, würden rechtzeitige gentherapeutische Eingriffe eine volkswirtschaftlich nicht erschwingliche genetische Vorsorgeuntersuchung auf eine Vielzahl potentiell möglicher Erbleiden von Kindern oder umfangreiche und kostspieligste pränatale Analysen voraussetzen. Anderenfalls ist eine mögliche Gentherapie undurchführbar, da sie postnatal, d. h. nach Manifestation und somit zu spät erfolgen müßte. Von den heute bekannten etwa 4000 Heredopathien (Erbleiden), die in jeder Humangeneration der (statistisch erfaßten) Industrienationen 3–4% erblich Benachteiligte bis gravierend Erbkranke (2–2,5%) ergeben, entfallen die Mehrzahl auf chromosomale Aberrationen (0,5%), wie beispielsweise Trisomie 21 (Down-Syndrom; früher: Mongolismus) oder monogen bzw. polygen bedingte, morphologische Anomalien (ca. 1,5%). Diese Krankheiten können gentherapeutisch nicht (chromosomale Aberrationen) oder nur unter größtem Aufwand behandelt werden. Damit reduziert sich die Anwendung potentiell gentherapeutischer Maßnahmen auf eine verschwindend kleine Zahl monogen bedingter Enzymopathien, die lokal auf ein Gewebe eines Organs begrenzt sein müssen. Zudem muß eine konventionell medizinisch unzureichende und/oder den Lebenslauf des Erkrankten erheblich einschränkende Therapie vorliegen. Diese Bedingungen sind nur für sehr wenige Heredopathien wirklich gegeben, so daß eine in absehbarer Zeit von der Praktikabilität her wissenschaftlich vertretbare Gentherapie kaum eine nennenswerte Bedeutung für die Praxis erlangen dürfte.

Mit Sicherheit gewinnt aber eine konventionelle Therapie mit gentechnisch hergestellten Produkten, speziell Enzymen, die bei Enzymopathien eingesetzt werden können, erheblich an Bedeutung. Die

Therapie genetisch bedingter Leiden erfährt mit Hilfe der Gentechnik auch ohne Gentherapie eine ganz erhebliche Verbesserung, nämlich

- durch gentechnische Gewinnung der Therapeutika;
- durch verbesserte Diagnose von Erbleiden mit gentechnischen Arbeitsmethoden.

Die zunehmend machbare, gezielte Abänderung von Proteinen, speziell Enzymen im ↑Protein-Engineering, sorgt mit Sicherheit für immer bessere Therapien, die den Tagesablauf der Erkrankten immer weniger beeinträchtigen. So kann durch ↑Protein-Engineering verändertes Humaninsulin als ein im menschlichen Verdauungstrakt unverdauliches Peptidhormon bei sonst unveränderter biologischer Wirksamkeit Diabetikern vermutlich schon bald in Pillenform verabreicht werden. Ähnlich können durch ↑Protein-Engineering Enzyme zur Behandlung hereditärer Enzymopathien an technische, mikroprozessorgesteuerte Eingabevorrichtungen angepaßt werden, die dann in längeren Zeiträumen gewartet werden müssen. Dies gestattet einem Erkrankten dann eine kaum noch von seinem Leiden beeinträchtigte Lebensgestaltung. Gegenüber einer stets mit Risiken (z. B. Krebsrisiko, Nebenwirkungen der Therapie bei Anreicherung der transformierten Zellen) verbundenen Gentherapie schafft diese, praktisch risikolose Kombination von Gentechnik und moderner Steuer- und Regeltechnik neue Industriezweige und eine breite Palette von Arbeitsmöglichkeiten, die nicht nur von hochspezialisierten Wissenschaftlern und Ärzten wahrgenommen werden können. Eine Gentherapie bleibt zunächst auf einige wenige exemplarische Fälle beschränkt, in denen der Mensch seine prinzipielle Fähigkeit zur echten Heilung genetischer Schäden unter Beweis stellt. Es ist dennoch wichtig, daß für alle Versuche zur Entwicklung von Gentherapien ein medizinisches Gutachten über den erzielbaren Heilerfolg und die Zustimmung einer Ethikkommission erforderlich ist (↑Sicherheitsrichtlinien). Die gentechnischen Methoden eröffnen der Humangenetik und Humanmedizin eine zusätzliche, rege genutzte Palette verbesserter Diagnosemöglichkeiten von Erbschäden, speziell des ungeborenen Lebens. Derzeit können (chromosomale Aberrationen eingeschlossen) etwa 100 Erbkrankheiten nach Amniozentese oder Chorionbiopsie erkannt und damit eine genetische Beratung (genetic counselling) betroffener oder potentiell betroffener Paare gestaltet werden. Von speziellem diagnostischen Wert sind in der Humangenetik vor allem ↑Fingerprinting und ↑Restriktions-Fragmentlängen Polymorphismus (RFLP) Studien.

Literatur
Fernandes J, Saudubray JM, Tada K (1990) Inborn Metabolic Diseases – Diagnosis and Treatment. Springer

Gentransfer. Unter Gentransfer wird jede Methode zur Übertragung genetisch aktiver Gene in einen Wirtsorganismus verstanden. Die eingeführten Gene oder das eingeführte Gen muß bei gelungenem Gentransfer zumindest transient exprimiert werden (d.h. transkribiert und translatiert werden und einen neuen Phänotyp erzeugen) und stabil von Generation zu Generation weitervererbt werden, also in Zellkulturen mindestens mitotisch, in ganzen Organismen mitotisch und meiotisch segregieren.
Bei der Übertragung von DNA in Säugerzellen bieten sich fünf Möglichkeiten des Gentransfers an (GRAESSMANN 1980): **1.** DNA-vermittelter Gentransfer (DNA mediated gene transfer) mit Calciumpräzipitation der DNA. Der Calcium-DNA-Komplex (ein Calciumcopräzipitat) gelangt dabei entweder durch Phagozytose oder direkte Penetration in die Zelle. **2.** Vesikel-abhängiger Gentransfer (vesicle mediated gene transfer). **a.** Mit Erythrozyten ‚ghosts‘, die nach hypotonischer Hämolyse entstehen, kann RNA, aber keine DNA in Rezipientenzellen eingeführt werden. **b.** Liposomen (↑Liposomen vermittelter Gentransfer; liposome mediated gene transfer) können während ihrer Bildung DNA inkorporieren, die über Endozytose in die Zielzelle gelangt. Nach Inkorporation spezifischer Liganden in die Liposomenmembran kann ein gezielter Gentransfer (targeted DNA transfer) in spezifische Zielzellen mit passendem Oberflächenrezeptor erfolgen. In Liposomen ist neben DNA auch RNA inkorporierbar. **c.** Die äußere Hülle (envelope) des Sendai-Virus kann ebenfalls als Carrier für DNA und RNA zum Gentransfer verwendet werden. **3.** Elektroporation (electric field mediated gene transfer, electroporation). Kurze, multiple Depolarisationen der Zellmembran in einem elektrischen Feld machen diese für Makromoleküle wie DNA durchlässig. **4.** Gentransfer via Fusion von Zielzellen mit bakteriellen ↑Sphäroplasten, welche das zu übertragende Gen auf rekombinanten Plasmiden tragen. **5.** Mikroinjektion. Über feine Kapillaren lassen sich Zellorganellen, Viren, DNA, RNA, Proteine in Zielzellen direkt injizieren.
Bei Genübertragungen in pflanzliche Protoplasten unterscheidet man auch zwischen: **a.** dem direkten Gentransfer (direct gene transfer) und **b.** dem indirekten Gentransfer (indirect gene transfer). Der direkte Gentransfer kann dabei wie bei Säugerzellen über Calciumpräzipita-

tion nackter DNA (DAVEY et al. 1980), Liposomen-vermittelt (DELLAPORTA und FRALEY 1981; FUKUNAGA et al. 1981), via Protoplasten/Sphäroplasten (HASEZAWA et al. 1981, Agrobakterien-Sphäroplasten; HAIN et al. 1984, *E. coli*-Sphäroplasten), Phagen-verpackt (LIEBKE und HESS 1977, rekombinante Phagen), Elektroporation oder Mikroinjektion (HAIN et al. 1984) oder durch Particle-Gun-Transformation (particle acceleration transformation, Beschuß mit DNA-beladenen Goldpartikeln, McCABE et al. 1988) erfolgen.

Die Genübertragungsraten bei Calciumpräzipitation bewegen sich im Säuger- und Protoplastensystem in der Größenordnung von 10^{-6} bis 10^{-5}, im Vesikel-vermittelten Gentransfer zwischen 10^{-5} und 10^{-4}. Mit Elektroporation und Sphäroplastenfusion lassen sich Transformationsraten von 10^{-3} bis 10^{-2} erreichen. Bei der Mikroinjektion gelingt schließlich das Einbringen der DNA in jede Zelle.

In der Cokultur von Agrobakterien mit Protoplasten nach MARTON et al. (1979) werden 0,1–10% transgene Kalli von Modelltabaken (z. B. *Nicotiana tabacum*, Stamm SR1) erzielt (↑Agrobakterien-vermittelter Gentransfer). Bei Verwendung von Protoplasten anderer dicotyler Pflanzenarten liegt die Transferrate bei 0,01–1%. Ähnlich liegen die Transferraten bei der Leaf-Disc-Transformation (HORSCH et al. 1985). Der bisher gebräuchliche ↑Agrobakterien-vermittelte Gentransfer in Protoplasten (gemäß MARTON et al. 1979) und dessen heute üblichen Varianten werden zunehmend von der Leaf-Disc-Transformation (Cokultivierung von Agrobakterien und Blattscheiben) verdrängt, die erheblich einfacher, wesentlich weniger aufwendig und zudem auf ein breiteres Spektrum

pflanzlicher Spezies anwendbar ist. Die Leaf-Disc-Transformation beinhaltet eine Selektion cotransferierter Markierallele (üblicherweise unpräzis als Markiergene bezeichnet; marker). Dies sind ↑Allele heterologer oder chimärer Natur, die im Wirt – hier der Pflanze – einen leicht erkennbaren Phänotyp schaffen und mit einem ‚Nutzallel‘ in der auf die Pflanze übertragbaren T-DNA (↑Agrobakterien-vermittelter Gentransfer) kovalent gekoppelt sind.

Jüngere Ergebnisse indizieren auch zumindest eine Übertragbarkeit viraler RF-Formen (RF = replicative forms), also doppelsträngiger DNA-Kopien von DNA-Einzelstrang-Viren, die interzellulär ausschließlich der Viruspropagation (Virusvermehrung) dienen, von ↑Geminiviren (hier: maize streak virus, MSV, in *Zea mays*) in monocotylen Pflanzen (GRIMSLEY et al. 1987), die für den Gentransfer via Agrobakterien unzugänglich (insusceptible) sind. Da Agrobakterien auch unter natürlichen Bedingungen Genmaterial zur Tumorinduktion und -ernährung (Opine, Aminosäurederivate als Kohlenstoff- und Stickstoffquelle) in dicotyle Pflanzen einbringen, wird der ↑Agrobakterien-vermittelte Gentransfer – via rekombinanter Agrobakterien – auch als natürlicher Gentransfer (natural gene transfer) bezeichnet, im Gegensatz zu den übrigen, künstlichen (artificial) Methoden des direkten Gentransfers in pflanzliche Protoplasten.

Bei den hier erwähnten Methoden eines in vitro-Gentransfers wird rekombinantes Genmaterial (nackte DNA, Virus- oder Vesikel-verpackte DNA, rekombinante Agrobakterien etc.) mit Zellen (von Nutzsäugern und Geflügel), pflanzlichen Protoplasten oder Blattscheibchen (leaf discs) in Gewebekultur (in vitro) inkubiert. Daneben spielt ein in vivo-Gentransfer am lebenden Organismus – speziell als in situ-Gentransfer in ein von genetischem Schaden (genetic damage) betroffenes Organ oder Gewebe (tissue) – bei der ↑Gentherapie eine Rolle. Wegen der enormen Kosten ist ein in vivo- oder in situ-Gentransfer – von ethischen, human- und populationsgenetischen Bedenken abgesehen (↑Sicherheitsrichtlinien, ↑Gentherapie) – letztlich nur am Menschen zur Heilung genetischer Schäden denkbar. Tiere, wie die Labormaus, dienen dem Erwerb adäquaten Know-Hows. Da die frühe Festlegung in Keimbahn (germ line) und Somazellen bei tierischen Organismen wegen des Verlustes der Totipotenz somatischer Zellen keine Regeneration ganzer tierischer Organismen aus Einzelzellen einer Zellkultur oder Gewebekultur erlaubt, ist die Erzeugung transgener Tiere (speziell transgener Nutztiere wie Nutzsäuger und Geflügel) an einen Gentransfer in Keimbahnzellen (Eizellen oder Spermien) gebunden. Eine erfolgreiche Erzeugung transgener Nutzsäuger oder transgenen Geflügels via transgene Spermien ist nur dann sinnvoll wie praktikabel, wenn extrem hohe Transferraten (10%, optimal 40–50%), wie sie bei Mikroinjektion in Zellen erzielt werden, erreichbar wären. Angesichts der großen Zahl an Spermien in einem Ejakulat, ihrer Kleinheit und äußersten Beweglichkeit wegen, sind Mikroinjektionen mit Erzielen derartiger Gentransferraten völlig utopisch. Ein Gentransfer in Eizellen via Mikroinjektion von DNA in männliche Vorkerne erlaubt in etwa 15% aller Fälle eine Entwicklung transgener Tiere. Maximal können sich je nach Art 40–50% genetisch manipulierter Zygoten zu transgenen Tieren entwickeln, – Voraussetzung dabei ist kein durch die Transfertechnik verursachter Schaden an manipulierten

Zygoten –, da sich natürlicherweise nur 40–50% der befruchteten Eizellen in die Uterusschleimhaut einnisten (Nidation) und eine nachfolgende Keimesentwicklung durchlaufen.

Obgleich – im Gegensatz zu Tieren – die Totipotenz jeder pflanzlichen Zelle, wie sie schon HABERLANDT 1902 postulierte, die in vitro-Regeneration ganzer Pflanzen aus Protoplasten oder Zellen von Blattscheibchen (leaf disc culture) erlaubt, gestaltet sich eine solche in vitro-Regeneration einiger Nutzpflanzen (Hülsenfrüchtler, Leguminosae = Fabales, und vor allem Getreidearten, Poaceae = Gramineae) als äußerst kompliziert (↑Reproduktionstechnik Pflanzen). Jüngere Erfolge der in vitro-Regeneration von Reis (*Oryzae sativa*) und die sog. Agroinfektion (T-DNA-vermittelte Virusinfektion als Spezialform einer ↑Transfektion; agroinfection) lassen eine mögliche Anwendung des ↑Agrobakterien-vermittelten Gentransfers mit in vitro-Regeneration transgener Getreideprotoplasten (Ausdehnung der Cokulturtechnik nach MARTON et al. 1979 auf monocotyle Pflanzen, speziell Getreidearten) erwarten. Daneben fehlt es nicht an Versuchen zum Gentransfer in Pollen und pflanzliche Eizellen (HESS et al. 1976). Pollen ist von dicken, für Makromoleküle sehr schwer durchlässigen Wandungen (Intine und Exine) umgeben und muß, um eine Eizelle befruchten zu können, Pollenschläuche bilden, d. h. keimen. Die bisherigen, weitgehend an Protoplasten erfolgreichen Methoden des Gentransfers erlauben bei Pollen bisher nur sehr geringe Transferraten. Die durch die dicken Wandungen vorgegebenen Barrieren werden entweder nicht passiert oder die erforderliche Behandlung mit DNA läßt keine Pollenkeimung mehr zu, was speziell auf Mikroinjektion und direkten Gentransfer zutrifft (HESS 1987). Auch der Gentransfer in Eizellen ist stark erschwert, da die Eizelle nicht – wie bei Tieren – isoliert, im Reagenzglas manipuliert und dann reimplantiert werden kann. Injiziertes Genmaterial stößt daher im Ovar nicht nur auf die Eizelle, sondern auf eine erhebliche Anzahl vegetativer Zellen, die im ↑Gentransfer konkurrieren. Zudem sind intakte Zellen wegen ihrer Zellwand, die deshalb beim Protoplasten-basierten Gentransfer entfernt wird, erheblich schwerer passierbar. Das Einbringen eines Nutzgens erfolgt in Kopplung mit mindestens einem Marker oder Reporter (↑DNA-Vektoren) oder besser noch als Marker$_1$–Nutzgen–Marker$_2$ System in einem geeigneten DNA-Vektor. Je nach Organismus führt ein Marker-Nutzgen-Marker Cotransfersystem in meist mehr als 80% aller Fälle zu einer stabilen Integration des Nutzgens, wenn beide Marker (bzw. Reportergene) in einem transgenen Organismus aktiv sind. Desweiteren muß die Aktivität und Stabilität des eingebrachten Nutzgens mit Hilfe molekulargenetischer Methoden (Southern-Blots und Proteinblots) über mehrere Generationen verfolgt werden.

In klassisch genetischer Analyse (Formalgenetik, ↑Genetik) muß unabhängig von molekulargenetischen Untersuchungen (Southern-Blots, Proteinblots) eine stabil unveränderte Transmission des eingebrachten Phänotyps beobachtet werden. Je nach chromosomalem Einbauort tritt in transgenen Linien eine unterschiedlich hohe Expression bzw. Ausfall des neuen Phänotyps durch genetische Rearrangements (genetic rearrangements) auf. Speziell transgene Linien mit Transpositionen des Nutzgens (Fremdgen) bedürfen sorgfältigster Beobachtung. Jedes eingebrachte Nutzgen steht unter erhöhtem Druck der Coadaptation an das Wirtsgengefüge, was Rearrangements durch genetische ↑Rekombination, vor allem aber ↑Mutation und ↑Transposition fördert.

Produkte eines erfolgreichen Gentransfers sind transgene Zellinien, transgene Tiere (nach gelungenem Gentransfer in Eizellen), transgene Protoplasten, transgene Kalli (undifferenzierte Zellhaufen pflanzlicher Zellen) und schließlich transgene Pflanzen, deren Genome deshalb auch als Transgenome bezeichnet werden. Angesichts der heute gegebenen Möglichkeiten des Gentransfers zur Erzeugung transgener Nutzorganismen (transgenic livestock) erfolgt kompetitiv in allen Industrienationen eine intensive Suche sowie gentechnische Bereitstellung wirtschaftlich relevanter Nutzgene (gene hunting). Die transgenen Nützlinge sollen dann dem Landwirt im ↑Gene Farming neben konventioneller Nutzung die Möglichkeit geben, neue, von transgenen Tieren oder Pflanzen erzeugte Produkte dem Markt zu offerieren.

↑Agrobakterien-vermittelter Gentransfer, ↑Gentransfer in Eizellen, ↑Genisolierung, ↑Reproduktionstechnik Pflanzen

Literatur
Davey MR et al. (1980) Plant Sci Lett 18:307
Dellaporta SL, Fraley RT (1981) Plant Biol Newslett 2:59
Fukunaga Y, Nagata T, Takebe I (1981) Virology 113:752
Graessmann A (1980) In: Celis IE, Graessmann A, Loyter A (eds) Transfer of Cell Constituents into Eukaryotic Cells. Plenum Press, New York
Grimsley N et al. (1987) Nature 325:177
Haberlandt G (1902) Sitzungsber Akad Wiss Wien, Math Naturwiss Kl Abt 2b 111:69
Hain R, Steinbiss HH, Schell J (1984) Plant Cell Rep 3:60
Hasezawa S, Nagata T, Syono K (1981) Mol Gen Genet 182:206
Heß D et al. (1976) Z Pflanzenphysiol 77:274
Heß D (1987) In: Giles KL, Prakash J (eds) Pollen Development and Cytology. Academic Press, p 367

Horsch RB et al. (1985) Science 227:1229
Liebke B, Heß D (1977) Biochem Physiol Pflanzen 171:493
Marton L et al. (1979) Nature 277:129
McCabe de et al. (1988) Bio/Technology 6:923

Gentransfer in Eizellen. Aufgrund der generellen Totipotenz aller pflanzlichen Zellen ist nach ↑Gentransfer heterologer pflanzlicher Gene oder ↑chimärer Gene auf geeigneten rekombinanten Genkonstrukten in Protoplasten (also ihrer Zellwand beraubter, somatischer Zellen) über undifferenzierte Zellhaufen (Kalli) die Regeneration ganzer transgener Nutzpflanzen möglich. Die Erzeugung transgener Nutztiere, speziell Nutzsäuger, hingegen ist strikt auf die Einführung heterologer oder ↑chimärer Gene auf geeigneten rekombinanten ↑DNA-Vektoren in Eizellen und somit die tierische Keimbahn (animal germ line) angewiesen. Die im Zwei- oder Vierzellstadium der Keimesentwicklung erfolgende Festlegung (Differenzierung) der Zellen in Keimbahn (Urkeimzellen) und Somazellen (Soma gr Körper) erlaubt keine Gewinnung vollständiger tierischer Organismen aus Zellen des somatischen Gewebes mehr.

Ein derartiger Gentransfer heterologer oder ↑chimärer Gene in die tierische Keimbahn kann auf verschiedene Weise erfolgen: **1.** Durch Mikroinjektion der genetischen Information (rekombinante Plasmide, rekombinante Retroviren) in männliche Vorkerne (Pronuclei) frisch befruchteter Eizellen = Zygoten (GORDON et al. 1980, GORDON und RUDDLE 1981).

Dazu werden in vitro (Reagenzglas, Gewebekulturschale), besser in vivo frisch befruchtete Eizellen benutzt, bei denen der Zellkern der Eizelle (weiblicher Vorkern oder Pronucleus; female pronucleus) nach erfolgter Penetration (Befruchtung; Eindringen eines in der Regel singulären männlichen Spermiums in die Eizelle; Monospermie der Wirbeltiere, außer Haie) und nachfolgender Plasmogamie noch nicht mit dem Zellkern des Spermiums verschmolzen ist, der als männlicher Vorkern (male pronucleus) neben dem weiblichen Vorkern als eigenständige Entität in der Eizelle vorliegt. Die Mikroinjektion der DNA erfolgt mit einigen 100 bis einigen 10000 Genkopien in 1–2 Pikolitern. Diese werden mit Hilfe einer Mikrokapillare bei etwa 600facher Vergrößerung unter dem Lichtmikroskop in den größeren männlichen Vorkern eingebracht, wenn dieser seine maximale Größe erreicht hat und somit vor der Wanderung der Kerne zur Kernverschmelzung (Karyogamie) noch keine DNA-Synthese begonnen hat. Die nachfolgende DNA-Synthese und Karyogamie (Verschmelzung der Kerne) bedingt in dieser Phase der Genomumstrukturierung eine hohe Integrationsfrequenz (etwa 80% der Zygoten) der injizierten heterologen oder ↑chimären Gene. Etwa 20% der manipulierten Zygoten integrieren die DNA während einer späteren Entwicklungsstufe (2. und 3. Teilung) und liefern nachfolgend transgene Mosaiktiere (genetic mosaics; 50% bzw. 25% der Zellen sind hier transgen; GORDON et al. 1980; LACY et al. 1983). Etwa 50–80% der Zygoten überleben den Eingriff und gestatten zu 10–40% eine vollständige Entwicklung zu transgenen Tieren (HOGAN et al. 1986). Damit beläuft sich die Gesamtchance der Erzeugung transgener Organismen durch Genmanipulation der Keimbahn derzeit auf etwa 15%. Die Verwendung superovulierender Weibchen, die 20–30 befruchtete Eier liefern, werden für Gentransferexperimente in Eizellen entschieden bevorzugt. Unmittelbar nach der Genmanipulation wird die Zygote vor oder nach der

1. Teilung in den Eileiter (Ovidukt) eines hormonell stimulierten, pseudograviden (scheinschwangeren; pseudopregnant) Weibchen als Leihmutter (foster mother) implantiert (HOGAN et al. 1986). Alternativ kann die manipulierte Zygote in vitro bis zum Blastocystenstadium entwickelt und dann erst in den Uterus eines pseudograviden Weibchens implantiert werden (HOGAN et al. 1986), was eine Selektion auf transgene Embryonen erlaubt. Nach molekulargenetischer Analyse (Restriktionsverdau der Gesamt-DNA, ↑Southern-Blot zum Nachweis des eingeführten Gens, ↑in situ-Hybridisierung der ↑Chromosomen) aus somatischen Gewebeproben transgener Tiere können diese nach Erlangen der Geschlechtsreife *inter se* gekreuzt werden (die ursprünglich erzeugten transgenen Tiere sind für das transgene ↑Allel heterozygot oder besser hemizygot) und liefern dann zu 25% homozygot transgene Nachkommen (1. Mendel-Gesetz), aus denen eine homozygot transgene (= reine transgene) Linie etabliert wird.   **2.** Alternativ können Embryonen vor oder nach Implantation mit rekombinanten Retroviren infiziert werden. Dabei werden aber meist transgene Mosaike erzeugt. Die Methode wird daher nur dann angewandt, wenn transgene Mosaike erwünscht sind (JAENISCH 1976).   **3.** Von Teratokarzinomen stammende, transgene, embryonale Karzinomzellen aus einer Gewebekultur können Blastocysten injiziert (BRINSTER 1974; MINTZ und ILLMENSEE 1975) oder mit 8-Zellstadienembryonen aggregiert werden (STEWART 1982). Die eingebrachten, transgenen Karzinomzellen nehmen an einer normalen Keimesentwicklung teil, wobei fast ausschließlich Mosaike erzeugt werden, da die neue Erbinformation nicht in die Keimbahn gelangen kann, denn bereits bei der 1. Teilung wird

aus der Zygote eine Zelle zur Urkeimzelle (als Keimbahnvorläufer) und die andere als Ursomazelle (Vorläufer aller weiteren Körperzellen) festgelegt.

Die Mikroinjektion in befruchtete Eizellen ist die Methode der Wahl zur Erzeugung komplett transgener Tiere, wie es für die Praxis wünschenswert ist. Die echte Heilung genetischer Schäden der Folgegenerationen durch Behandlung einer elterlichen Eizelle ist im Falle von Nutztieren bei weitem zu teuer; lediglich das Einbringen neuer Gene, die nicht über sexuelle Kreuzung eingeführt werden können (also über Artbarrieren hinweg), kann gentechnisch wertvolle, transgene Nutztiere anliefern. Interessenverbände des In- und Auslandes debattieren bereits die gentechnische Bereitstellung der entsprechenden heterologen oder ↑chimären Gene (gene hunting) zur Erzeugung transgener Nutztiere, die dann im ↑Gene Farming nutzvolle, gentechnische Produkte liefern sollen. So steigert humanes Wachstumshormon bei Milchkühen die Milchleistung um 40%, ebenso Wachstum und damit Fleischertrag und kann für die Pharmaindustrie zusätzlich interessante Ausbeuten an Wachstumshormon erbringen. Für ↑Gene Farming ist dabei an eine Palette interessanter, von transgenen Tieren codierter Produkte wie Milchproteine und Keratingene (Wolle) gedacht. Transgen bedingte Resistenzen, speziell gegen Viren, für die meist spezifische medikamentöse Behandlungen fehlen, stehen jedoch vorrangig auf der Wunschliste von Tierzüchtern und Veterinärmedizinern, ebenso die transgenisch bedingte Abschaltung unerwünschter Gene über Genkonstrukte, die entsprechende ↑Antisense-RNAs codieren.

Die Korrektur menschlicher Erbschäden über Einfuhr entsprechender Gene in die Keimbahn des Menschen oder das Einschleusen völlig neuer Gene in die Keimbahn, also die Erzeugung eines transgenen *Homo sapiens* ist aufgrund der Unantastbarkeit der Würde des Menschen untersagt (↑Sicherheitsrichtlinien, sog. ‚Genrichtlinien‘).

‚Paradeobjekt‘ zur Übertragung fremder Gene und der Erprobung von Techniken ist bisher die Labormaus, in deren Keimbahn bereits einige Gene, so z. B. das Somatostasingen (Somatostasin, ein Wachstumshormon) transferiert wurden. Die transgenen Mäuse zeigen einen bis zu 80%igen Größenzuwachs.

Literatur
Brinster RL (1974) J Exp Med 140:1049
Gordon JW et al. (1980) Proc Natl Acad Sci 77:7380
Gordon JW, Ruddle FH (1981) Science 214:1244
Hogan B, Costanini F, Lacy E (1986) Manipulating the Mouse Embryo – A Laboratory Manual. Cold Spring Harbour Laboratory
Jaenisch R (1976) Proc Natl Acad Sci 73:1260
Lacy E et al. (1983) Cell 34:343
Mintz B, Illmensee K (1975) Proc Natl Acad Sci 72:3585
Stewart CL (1982) J Embryol Exp Morphol 67:167

Genvektor (gene vector). ↑DNA-Vektoren

Gerichtete Mutagenese. Die Aufklärung der Funktion von Genen, d. h. deren Expression, ist an das Vorhandensein geeigneter Mutanten mit vollständigem oder partiellem Ausfall der Funktion geknüpft. Wegen der niederen Mutationsrate und der Richtungslosigkeit der Mutation sind klassische Verfahren der Mutagenese bei der Suche nach einer speziellen Mutante sehr aufwendig. Bei der gerichteten Mutagenese (gezielte Mutagenese, in vitro Mutagenese, lokale Mutagenese; site specific mutagenesis, targeted mutagenesis, in vitro mutagenesis, local mutagenesis), wird ein molekular klonierter DNA-Abschnitt mit geeigneten in vitro-Methoden an einer definierten Stelle durch Deletion, Insertion oder Basensubstitution (↑Mutation und Mutagenese) derart verändert, daß die funktionelle Bedeutung der definiert veränderten Basensequenz für die Ausprägung des Phänotyps erkannt werden kann.

Die einfachste Form der gerichteten Mutagenese sind Bal-31-Deletionen. Die zu deletierende DNA wird mit der Nuklease Bal-31 (aus *Alteromonas espejiana* Bal-31) unterschiedlich lange Zeiten von beiden Seiten her definiert verkürzt (z. B. ca. 10 bp = 10 min Abbauzeit) und neu kloniert. Anschließend wird in einem geeigneten Wirt die Expression der verkürzten DNA-Inserte beobachtet. Kleinere Deletionen lassen sich von einer gegebenen Restriktionsschnittstelle aus über nachfolgenden S1-Nukleaseverdau oder den Einsatz von Lambda-Exonuklease bzw. Exonuklease III erzeugen. Die erzeugte Population deletierter Inserte muß dann über Linker/Adaptoren oder nach ↑Fill in neu kloniert und der Einfluß der Deletionen auf die Ausprägung des Phänotyps beobachtet werden. Insertionen können durch Einsatz von synthetischen Oligonukleotid-↑Linkern an einer gegebenen Stelle einer zu mutierenden DNA erzeugt werden. Eine Population rekombinanter Plasmide kann mit pankreatischer DNaseI in niedriger Konzentration an einer Vielzahl von Stellen zufällig glattendig geschnitten werden und mit einem Linker an beiden Enden versehen, zu neuen Plasmiden mit Insertionen definierter Länge religiert werden. Nach Transformation in einen geeigneten Wirt erhält man so eine Population aller möglichen Insertionsmutanten, die das Erkennen funktionell bedeutender DNA-Abschnitte ermöglichen.

Häufig werden bei der gerichteten Mutagenese auch Substitutionsmutanten (Basenaustausch, z. B. C→T) an einer definierten Stelle einer DNA-Sequenz erzeugt. Ein gängiges Verfahren basiert auf der leichten Desaminierung von Cytosin mit Hilfe von Disulfit (sog. Bisulfit-Mutagenese nach SHORTLE und NATHANS 1979). Bei der Bisulfit-Mutagenese wird das rekombinante Plasmid an einer singulären Restriktionsstelle des zu mutierenden Inserts bei niedriger Ethidiumbromidkonzentration geschnitten. Das interkalierende Ethidiumbromid führt zu einem DNA-Einzelstrangbruch (nick) an definierter Stelle. Mit Hilfe der Exonukleaseaktivität der *Micrococcus luteus*-Polymerase wird der nick zu einer Einzelstranglücke von ca. 20 Nukleotiden Länge (gap) erweitert. Die Desaminierung von Cytosinresten mit Bisulfit führt diese jeweils in ein Uracil über. Nach Auffüllen (↑Fill in) der mutierten Stelle durch Klenow-Polymerase erhält man ein Plasmid, in dem sämtliche GC-Paare an der Mutationsstelle durch AT-Paare substituiert sind. Schließlich lassen sich um eine definierte Restriktionsschnittstelle in einem Insert auch größere Lücken (gaps) nach vollständiger Restriktionsspaltung und Exonuklease III- bzw. Lambda-Exonukleaseverdau herstellen.

Auch die 3′→5′-Exonukleaseaktivität des ↑Klenow-Fragments kann zur Erzeugung einer definierten Einzelstranglücke an glattendig gespaltener DNA verwendet werden. Wenn nur eines der 4 Nukleosidtriphosphate im Reaktionsgemisch vorliegt, besitzt das Klenow-Fragment solange 3′→5′-Exonukleaseaktivität, bis das Nukleosidtriphosphat im Ansatz zu einer Base des entstandenen Einzelstranges komplementär ist. Auf diese Weise erzeugt das Klenow-Fragment mit dATP um eine SmaI-Stelle der Sequenz:

Sma I

5′ ——ATGCTCCCGGGTTA—— 3′
3′ ——TACGAGGGCCCAAT—— 5′

die Lücken:

5′ ——A   GGGTTA—— 3′
3′ ——TACGAGG   AAT—— 5′

Die Cytosinreste der Einzelstränge können über Desaminierung mit Bisulfit in Uracil überführt werden. Nach Auffüllen mit Klenow-Polymerase unter Einsatz aller Nukleosidtriphosphate und nachfolgender Ligation der DNA ergibt sich dann die mutierte Sequenz:

Sma I

5′ ——ATACTCCCGGGTTA—— 3′
3′ ——TAUGAGGGCCCAAT—— 5′

Die Replikation im Wirt sorgt dann noch für den korrekten Einbau eines Thymidinrestes an der Uracilstelle, womit eine definierte GC→AT-Transition erfolgt ist. Mit Hilfe einiger anderer Chemikalien bzw. dem enzymatischen Einbau von Nukleotidenanaloga oder falscher Nukleotide im Polymeraseschritt läßt sich an einer definierten Einzelstranglücke jede denkbare Basensubstitution (Transition, Transversion; ↑Mutation und Mutagenese) erzeugen.

Während die gezielte Mutagenese an einer Restriktionsschnittstelle von dem zufälligen Vorhandensein einer solchen Stelle in der DNA-Sequenz abhängt, gestattet die Oligonukleotid-geprimte Mutagenese (Segment-gesteuerte Mutagenese; segment directed mutagenesis) generell eine gezielte und definierte DNA-Sequenzänderung an jeder beliebigen Stelle einer bekannten DNA-Sequenz. Anhand der Sequenz eines M13-Inserts wird ein 12–15 Nukleotide langer komplementärer Primer mit einer oder mehreren inkorrekten Basen an gewünschter Position synthetisiert (↑Chemische DNA-Synthese) und mit der einzelsträngigen, Phagen-Insert-DNA (mit Fehlpaarung) hybridisiert. Danach erfolgt mit Hilfe der Klenow-Polymerase die

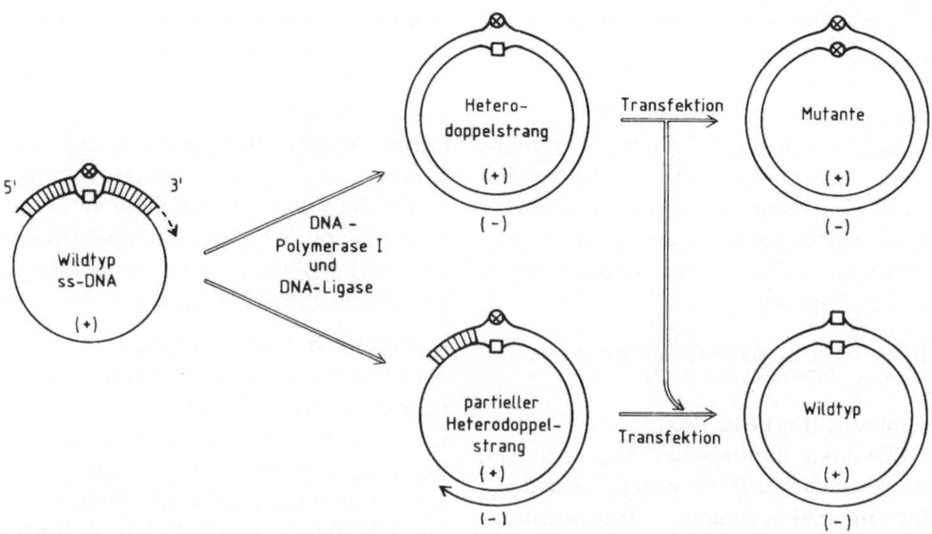

Abb. 31. Gerichtete Mutagenese mit synthetischem Oligonukleotid. Aus: Gene und Klone, Verlag Chemie, 1984 [24]

Synthese doppelsträngiger DNA mit der einzelsträngigen M13-DNA als Matrize (template) und dem anhybridisierten Oligonukleotid als Starter (primer). Die gebildete, doppelsträngige, replikative Form (RF-Form) des rekombinanten M13-Klones wird dann in einen *E. coli*-Wirt eingeschleust. Nach DNA-Reparatur an der fehlgepaarten Stelle werden zur Hälfte Klone der ursprünglichen Wildtypsequenz und zu 50% (bei ↑U-DNA-Mutagenese 100%) die gewünschten, wohldefinierten Mutanten erzeugt, da einmal der Originalstrang der DNA und ein anderes Mal der mutierte Strang als Reparaturvorlage verwendet wird.

Wegen ihrer generellen Anwendbarkeit verdrängt die Oligonukleotid-geprimte Mutagenese mehr und mehr die älteren Verfahren der gerichteten (= gezielten) Mutagenese. Speziell im ↑Protein-Engineering ist der Einsatz von TAB-Linkern (↑TAB-Linker-Mutagenese) von Bedeutung. ↑PCR-Mutagenese

Literatur
Shortle D, Nathans D (1979) J Mol Biol 131:801

Gewebekulturen (tissue cultures).
↑Zell- und Gewebekultur

Glucuronidasegene. = ↑Gus-Gen

Glyceringradient. Anstelle eines CsCl-Stufengradienten kann ein Glyceringradient zur Anreicherung und Reinigung von Lambdaphagen (z. B. rekombinante Phagen einer Genbank) verwendet werden ↑DNA-Isolierung

Glyoxal (Ethandial). Ein stark denaturierendes Agens zur Denaturierung doppelsträngiger Nukleinsäuren ↑Denaturierendes Gel

Glyphosat. Ein Herbizid; ↑EPSPS-Gly-Gen ↑Herbizidresistenz

Gnomics. *Genomic* mnemonic*s*; konservierte DNA-Regionen (Konsensussequenzen ↑Kanonische Sequenzen: hier definiert als ‚genetische Befehlssprache' in Analogie zur Maschinensprache des Computers), die spezifische Interaktionen mit Proteinen zeigen. Bisher sind etwa 800 kanonische Grundmotive in ungefähr 1300 Varianten in 4000 DNA-Sequenzen (6 000 000 bp der DNA-Datenbanken) entdeckt. Wenn nicht Primärstruktureigenheiten eine DNA/Protein-Wechselwirkung festlegen, so sind sequenzunabhängige topologische Eigenschaften der DNA dafür verantwortlich. ↑DNA-Topologie

Literatur
Trifonow EN, Brendel V (1986) Gnomic – A Dictionary of Genic Codes. VCH

Goldberg-Hogness-Box. = ↑ATA-Box, TATA-Box; kanonisches Sequenzmotiv eukaryontischer Promotoren ↑Genstruktur in Eukaryonten, ↑Transkription, ↑Genexpression in Eukaryonten

Grunstein-Hogness-Hybridisierung. ↑Gene Screening, ↑Blotting

Guanidinchlorid. Chaotrope Substanz und deshalb starker RNase-Inhibitor, der ebenso wie Guanidinisothiocyanat bei der ↑RNA-Isolierung eingesetzt wird

Guanidinisothiocyanat. Chaotrope Substanz und deshalb starker RNase-Inhibitor, der ebenso wie Guanidinchlorid bei der ↑RNA-Isolierung eingesetzt wird

Guidesequenzen. Externe Guidesequenzen (*external guide sequences*, EGS) der Ul-snRNA hybridisieren mit der prä-mRNA über Sequenzhomologien an Intron/Exon-Übergängen der prä-mRNA (*exon/intron borders*), dirigieren also das korrekte Spleißen (*splicing*) der prä-mRNA. Bei rRNA-Genen (*Tetrahymena pyrimiformis*) und mitochondrialen prä-mRNAs (*Aspergillus nidulans*) sind prä-mRNA-interne Guidesequenzen (*internal guide sequences*, IGS) für das ↑Processing verantwortlich. ↑Transkription, ↑Genexpression in Eukaryonten, ↑Genstruktur in Eukaryonten

Gus-Gen, Gus-Reportergen. Ein chimäres Glucuronidasegen mit pCaMV-Promotor, welches bei Gentransferexperimenten in höheren Pflanzen als Reportergen fungiert und deshalb auch zur Konstruktion von ↑Pflanzenvektoren verwendet wird. Als Nachweis dient die Spaltung von X-Gluc (5-Bromo-4-chloro-3-indolyl-β-D-glucuronat) in grünes X und das farblose Glucuronat.

Gynogenese. Gewinnung ganzer haploider Pflanzen aus einer Ovarienkultur mit nachfolgender Kultivierung der Embryonen (*embryo rescue*) oder Gewinnung haploider Embryonen nach einer Scheinbefruchtung der Eizelle mit sterilem Pollen. Die Eizelle wird auf diese Weise zur Parthenogenese angeregt. Eine Kreuzung der tetraploiden Kulturform der Kartoffel mit der Primitivform *Solanum phureja* liefert bis zu 40% Haploide durch Parthenogenese.

Literatur
Kuckuck H, Kokabe G, Wenzel G (1985) Grundzüge der Pflanzenzüchtung, 5. Aufl. Walter de Gruyter

H

Haarnadelschleife (hairpin loop). Auch stem loop structure, lollypop; eine DNA- oder RNA-Sequenz, die über interne Basenpaarung eine Haarnadelstruktur ausbilden kann ↑RNA-Topologie

$$\begin{array}{c}A-C-G-G-C-T-A{\diagup}^{\displaystyle C-C}{\diagdown}_{\displaystyle C}\\T-G-C-C-G-A-T{\diagdown}_{\displaystyle A-T}{\diagup}\end{array}$$

HAP. ↑Hydroxylapatit

HART. Hybridarretierte Translation (Hybrid Arrested Translation) ↑Gene Screening

HAT-Medium. In der Säugergenetik verwendetes Selektionsmedium, das *H*ypoxanthin, *A*minopterin und *T*hymidin enthält. Nach ↑DNA-vermitteltem Gentransfer erlaubt dieses nur den Transformanten, in die das Markergen Thymidinkinasegen eingeführt wurde, ein Wachstum. ↑Säugervektoren, ↑Zell- und Gewebekultur

Heatshock Promoters. ↑Promotoren von Hitzeschockgenen, die bei Wärmestress genetisch aktiv werden. Die Verwendung von Hitzeschockpromotoren in chimären Genprodukten gestattet deshalb eine Induktion dieser Gene durch Temperaturerhöhung ↑Expressionsvektoren, ↑Genexpression in Eukaryonten

Heavy Metal Resistance Gene Promotors. Schwermetall-induzierbare Promotoren (heavy metal inducible promotors)

Hefen (yeasts). Speziell der Protoascomycet *Saccharomyces cerevisiae*, die Bier-, Bäcker- oder Weinhefe, ist ein gentechnisch prominentes Wirtssystem (↑Wirte, ↑Hefevektoren); weitere echte und imperfekte Hefen sind aufgrund ihrer biochemischen Leistungen ebenfalls gentechnisch interessant.

Hefevektoren. Geeignete Stämme der gewöhnlichen Bier- oder Bäckerhefe *Saccharomyces cerevisiae* (yeast) erlangen nicht zuletzt zur Erzeugung gentechnischer Produkte in der industriellen Biotechnologie immer größere Bedeutung, da *Saccharomyces cerevisiae*

– keinerlei Toxine produziert, die aus ihr gewonnene Pharmazeutika kontaminieren könnten. Teure Aufreinigungskosten und aufwendige toxikologische Untersuchungen entfallen daher.
– ein völlig apathogener Organismus ist.
– eine generell hohe Stabilität heterologer Proteine (Fremdproteine) aufweist, die auf einer allgemein niederen proteolytischen Aktivität basiert und deshalb auch eine bequeme Isolierung

intakter Fremdproteine aus Rohextrakten erlaubt.

– als Eukaryont eine Reihe eukaryonten-spezifischer post-translationaler Modifikationen (meist Glykosylierungen) heterologer Proteine durchführt, die deren Stabilität und zum Teil Funktion in anderen Eukaryonten erheblich begünstigen, wenn diese zur Therapie oder Diagnose in höheren Eukaryonten (Mensch und Tier) eingesetzt werden sollen. Prokaryontische Wirte verfügen generell über keinen derart eukaryonten-spezifischen Modifikationsmechanismus von Proteinen.
– als Eukaryont interessante eukaryontische Gene heterologer Herkunft, die akademisch oder wirtschaftlich interessant sind, oft ohne aufwendige gentechnische Abänderung exprimiert.
– in der Lebensmittel- und Getränkebereitung seit alters her zu großtechnischer Eignung ‚fermentergerecht' optimiert wurde.

Die echte Hefe *Saccharomyces cerevisiae* genügt damit praktisch allen Anforderungen eines gentechnisch optimalen Wirtes (↑Wirte; hosts) und verdrängt daher in der industriell angewandten Gentechnik mit Massenproduktion gentechnischer Produkte zunehmend den gentechnologischen ‚Paradewirt' *Escherichia coli* mit seinen – rein von der Klonierungstechnik gesehen – exzellenten Möglichkeiten. DNA-Vektoren der Hefe (↑Hefevektoren; yeast vectors) sind alle als Hefe/*E. coli*-Pendelvektoren (Schaukelvektoren, binäre Vektoren, bifunktionelle Vektoren, alternative Vektoren; shuttle vectors, binary vectors, alternate vectors,) mit einem Replikationsstartpunkt (Replikationsursprung; origin of replication, origin, ori) eines amplifizierbaren *E. coli*-DNA-Vektors und mindestens einem Marker zur Selektion in *E. coli* ausgelegt. Als *E. coli*-ori und Markerdonor dient in fast allen Hefevektoren ein EcoRI/PvuII-Fragment des ‚Universalvektorplasmids' pBR322 mit ori und Ampicillinresistenzmarker bzw. das entsprechende Fragment des ‚Universalcosmids' pHC79 (↑Cosmidvektoren), welches zusätzlich eine ↑cos-Stelle des Phagen Lambda trägt. Daneben verfügen alle Hefevektoren, die wegen des eben erwähnten pBR322 bzw. pHC79 Anteils Plasmidcharakter besitzen, obligatorisch einen chromosomalen Genlocus der Hefe als Wildtypallel zur Selektion transformierter Hefewirte. Als solche Markiergene dienen Auxotrophiemarker der Aminosäuresynthese, wie arg8 (Gen 8 der Argininsynthese), leu2 (Gen 2 der Leucinsynthese, welches das erforderliche zweite Enzym dieser Synthesekette codiert), his3 (codiert das 3. Enzym der Histidinsynthese) oder ura3 (Uracilbiosynthese). Nach erfolgreicher genetischer Transformation eines auxotrophen Hefewirtes (yeast host) erlaubt der über den Hefevektor eingeschleuste chromosomale Hefemarker (yeast chromosomal marker, yeast marker) eine Selektion prototropher Hefeklone. Wegen der bekannt hohen Toleranz von *E. coli* gegenüber heterologen Promotoren werden diese Hefegene in *E. coli* genetisch exprimiert. Somit komplementieren (genetische Komplementierung, ↑Komplementationstest) sie auch korrespondierende Auxotrophiemutanten des *E. coli*-Wirtssystems. Derartige Zwei-Gen-Vektorsysteme mit einer Anzahl singulärer Restriktionsschnittstellen (single restriction sites) können als effiziente und potente Klonierungsvektoren für *E. coli* und dem eigentlichen Zielwirt oder Endwirt (final host), nämlich *S. cerevisiae* verwendet werden. Die in eines dieser Gene unter

Insertionsinaktivierung (insertional inactivation, ↑DNA-Vektoren) einklonierte DNA-Sequenz muß zumindest in der Hefe exprimiert werden, was meist nur für homologe Gene – also Hefegene – sichergestellt sein kann. In allen anderen Fällen werden Hefe/*E. coli*-Shuttlevektoren mit einem weiteren in *E. coli* exprimierbaren *E. coli*- oder Hefegen verwendet. Das Einklonieren einer Passagier-DNA (Insert-DNA; passenger DNA, insert DNA) erfolgt dann in singuläre Restriktionsschnittstellen (single restriction sites) dieses Gens. Alternativ können sich auf diesem Vektor auch 5′- und 3′-regulatorische Sequenzen (↑Genexpression in Eukaryonten, ↑Genstruktur in Eukaryonten) eines Hefegens (regulatorische Sequenzen eines Alkoholdehydrogenasegens oder eines Pyruvatdecarboxylasegens für effiziente Expression in der Hefe befinden. Über einen zwischen 5′-regulatorischer und 3′-regulatorischer Sequenz befindlichen Polylinker (= multiple cloning site mcs; ein synthetisch erzeugtes Oligonukleotid mit multiplen, singulären Restriktionsschnittstellen verschiedener, handelsüblicher Restriktionsenzyme) kann jede beliebige proteincodierende DNA-Sequenz natürlicher, halb- oder vollsynthetischer Herkunft einkloniert werden. Das so klonierte Gen wird dann als chimäres Gen (chim(a)eric gene, sandwiched gene; zwischen den regulatorischen Signalen liegt die codierende Sequenz) mit hoher Rate in der Hefe exprimiert. Solche Hefe/*E. coli*-Expressions-Shuttlevektoren (binäre Vektoren, bifunktionelle Vektoren, alternative Expressionsvektoren, Expressionspendelvektoren, Expressionsschaukelvektoren; expression shuttle vectors, binary expressional vectors, alternate vectors, bifunctional vectors) spielen vor allem in der industriell angewandten Gentechnik eine zunehmend prominentere Rolle. Hier wird wegen der eingangs erwähnten Vorteile der Hefe (die besonders gegenüber *E. coli* gelten), vermehrt Hefe statt *E. coli* verwendet, wobei speziell bei der Erzeugung wichtiger prokaryontischer Genprodukte ein ‚Sandwiching‘ prokaryontischer, proteincodierender DNA-Sequenzen erforderlich ist.

Je nach dem erwünschten oder problemspezifisch erforderlichen replikativen Modus unterscheidet man bei Hefevektoren zwischen vier verschiedenen Vektorkategorien: **1.** Replikative Vektoren (replikative Hefevektoren; yeast replicative vectors). Replikative Vektoren zeigen eine autonome Replikation in der Hefe, die entweder durch einen homologen Replikationsursprung (ori) der Hefe oder durch eine in der Hefe autonom replizierende Sequenz (↑ars-Sequenz) heterologer Herkunft vermittelt wird. Diese ars-Sequenz muß nicht notwendigerweise im homologen System ihrer Herkunft ori-Funktion zeigen. Zumeist wird in replikativen und episomalen Hefevektoren und ↑artifiziellen Chromosomen statt ars-Sequenzen ein homologer ori eines endogenen Plasmids, des sog. 2 µ-Plasmids (2-Mikron-Plasmid, mit einer Konturlänge von 2 µm) verwendet. Das 2 µ-Plasmid und seine natürlichen Derivate ist ein in vielen Bierhefen natürlich vorkommendes Plasmid in größerer Kopienzahl. Deshalb sichert ein ori des 2 µ-Plasmids auch den darauf basierenden replikativen und episomalen Hefevektoren eine hohe Kopienzahl. Damit ist eine hohe Stabilität in der zufallsgemäßen, weil nichtmendelnden Weitergabe (nichtmendelnde Segregation; non-Mendelian segregation) im Verlauf der alternativ sexuell oder asexuell erfolgenden Vermehrung der Hefe gewährleistet. Für ars-Plasmide mit zumeist niedriger Kopien-zahl ist diese erwünschte Stabilität keineswegs gesichert. **2.** Integrative Vektoren (integrative Hefevektoren; yeast integrative vectors). Diese Vektoren verfügen neben dem obligaten ori zur Vermehrung und Amplifikation in *E. coli* über keinerlei weiteren hefespezifischen ori oder eine hefespezifische ars-Sequenz. Eine autonome Replikation dieser Vektoren in der Hefe ist somit nicht möglich. Eine stabile Weitergabe des Plasmids oder zumindest eines Gens als Teil eines solchen Plasmids ist erst nach erfolgreicher Integration in ein Hefechromosom möglich. Der homologe Hefemarker des Vektors diktiert dabei den Einbauort (Integrationsort; integration site) im Hefegenom. So erfolgt der Einbau eines integrativen Vektors mit leu2-Wildtypallel in den leu2-Locus des leu2⁻-Wirtes auf Chromosom 3 der Hefe durch homologe Rekombination. Dies geschieht meist durch einfaches (singuläres) Crossing-over (single crossing over) mit Integration (looping in) des gesamten Vektors. Seltener verläuft der Einbau über ein weiteres Crossing-over (double crossing over) mit Integration eines intakten Hefegens in den chromosomalen Zielort (chromosomal target, integration(al) target) und der Verwerfung des Restvektors. Wegen des gezielten (targeted, directed) Vektoreinbaus in einen chromosomalen Zielort spricht man von gezielter Integration oder auch spezifischer Integration (targeted integration, directed integration, specific integration). Diese Integration sichert dem Vektor und damit dem eingeführten „gene of interest“ neben der Replikation im Genverband eines Chromosoms eine streng mendelnde Segregation (Mendelian segregation) in Mitose und Meiose, wie sie für „echte“ eukaryontische Gene üblich ist. Daher bedient sich gerade die industriell angewandte Gentechnik bevorzugt integrativer Vektoren, da nur diese eine äußerst stabile Weitergabe ihrer Nutzgene (genes of interest) gewährleisten. Eine Spezialform integrativer Vektoren sind Apportiervektoren (eviction vectors), die der Isolierung von Allelen eines wohldefinierten Genlocus dienen. **3.** Episomale Vektoren (episomale Hefevektoren; yeast episomal vectors). Episomale Vektoren besitzen neben einem obligaten prokaryontischen ori eines amplifizierbaren Multicopy-Plasmids (pBR322 oder Cosmid pHC79) einen hefeeigenen Replikationsursprung (meistens den ori des 2 μ-Plasmids) oder eine hefespezifische ars-Sequenz, welche eine Multicopy-Replikation oder zumindest eine Replikation in Hefe erlauben. Eine zur genomischen DNA eines Hefechromosoms homologe DNA-Sequenz (meist ein Hefegen) des Vektors sorgt zusätzlich für eine hohe Integrationsfrequenz in die genomische DNA der Hefe. Damit verhält sich ein episomaler Vektor wie ein Episom (THOMPSON 1931; JACOB und WOLLMAN 1958), also wie ein bakterielles Plasmid, welches in zwei Zuständen in der Bakterienzelle vorliegen kann, nämlich autonom replizierend (als Plasmid) oder in das Wirtsgenom integriert. Weil sie einen hefespezifischen Marker besitzen, sind auch alle replikativen Hefevektoren eigentlich episomale Vektoren. Es genügt daher zumeist, zwischen integrativen und episomalen Vektoren zu unterscheiden. Im Gegensatz zu integrativen Vektoren, die in allen Transformanten, in denen keine Integration erfolgt, verloren gehen (↑abortive Transformation), gestatten episomale Vektoren eine stabile Transformation (stable transformation) sowohl bei autonomer Replikation als auch nach unmittelbarer oder in späteren Generationen erfolgender Integration.

Hefevektoren werden häufig gemäß ihrer Natur (replikativ, integrativ, episomal) mit pYR (*P*lasmid, *y*east *r*eplicative), pYI (*P*lasmid, *y*east *i*ntegrative) oder pYE (*P*lasmid, *y*east *e*pisomal) und dem Zusatz des Hefemarkers (leu2, his3, trp1, arg8, ura3) bezeichnet, also z. B. pYEleu2 oder pYIura3. Alternativ ist auch eine Bezeichnung pYX oder YXp (X = R, I oder E) mit weiterem Buchstaben und/oder dreistelliger Ziffer üblich. Darüber hinaus sind auch für DNA-Vektoren allgemein gängige Benennungen (pAB/C/xyz für Plasmid p; ABC für jede Folge von zwei oder drei Buchstaben = Initialen der Konstrukteure; xyz für eine dreistellige Zahl) oder Namen wie p*SV*xyz, pY*SV*xyz oder p*SV*Yxyz (SV = shuttle vector, Y = yeast) zu finden. **4.** ↑Artifizielle Chromosomen (*y*east *a*rtificial *c*hromosome*s*, YACs). Artifizielle Chromosomen (früher auch Minichromosomen) für Hefen sind replikative Vektoren, die die hefespezifische DNA der Centromerregion (CEN) enthalten. Damit verhalten sich diese künstlichen Chromosomen wie normale eukaryontische Chromosomen, d. h. sie liegen in der vegetativen Hefezelle in exakt zwei Kopien pro Kern (=diploid), in den sexuellen Ascosporen haploid vor und zeigen als lineares Chromosom im ‚Kleinformat' eine exakte Mendel-Segregation in Mitose und Meiose. Zumeist verfügen artifizielle Chromosomen noch über homologe oder heterologe DNA chromosomaler Termini (chromosomale Enden = ↑Telomere, TEL), welche einer weiteren Stabilisierung der Chromosomenfunktion dienen. Eine völlig stabile Segregation, wie sie für Chromosomen gegeben ist, ist für YACs erst ab 50 kb gesichert; in der Regel werden Inserte von 200 – 800 kb Länge in YACs kloniert. Für höhere Eukaryonten mit ihren natürlicherweise größeren Chromosomen sind auch größere artifizielle Chromosomen erforderlich, wenn eine stabile Segregation erzielt werden soll. Zudem bedingt die Anwesenheit von Centromeren natürlicher Chromosomen eine Bildung von Multivalenten anstatt normaler Bivalente und damit eine Instabilität in der Meiose. Artifizielle Chromosomen, die in vieler Hinsicht optimale Klonierungsvehikel für Eukaryonten darstellen, verdrängen deshalb die integrativen oder episomalen Vektoren, die eine stabile ‚Verankerung' von Genen im natürlichen ‚Genverbund' der Chromosomen erlauben, nicht völlig.   **5.** Apportiervektoren (eviction vectors, yeast eviction vectors). Apportiervektoren sind integrative Vektoren mit einem Genlocus als Wildtypallel und dessen flankierenden Sequenzen, die je eine singuläre Restriktionsschnittstelle (single restriction site) besitzen und damit die Isolierung mutierter Allele des gleichen Genlocus (ein ‚Apportieren') gestatten. Dafür ist zunächst eine homologe Rekombination mit Einzel-Crossing-over (single crossing over, looping in) dieses Plasmids über den homologen Genlocus in das Chromosom einer Hefemutante erforderlich. Nach Restriktionsspaltung und Ligation erhält man ein Plasmid mit dem mutierten Allel. Effizientere Apportiervektoren verfügen nicht mehr über einen homologen Genlocus als Wildtypallel, sondern lediglich über dessen flankierende Sequenzen (flanking sequences). Nach homologer Rekombination mit doppeltem Crossing-over (double crossing over) erhält man den zu isolierenden Genlocus mit seinem jeweiligen Allel dann auf dem verwendeten Apportiervektor, wenn dieser als replikativer (episomaler) Vektor ausgelegt ist, also eine autonome Replikation im Wirt erlaubt. Das Konzept replikativer,

integrativer und episomaler Vektoren, wie es für die Hefe *Saccharomyces cerevisiae* entwickelt wurde, ermöglicht die Gestaltung nahezu aller Vektorsysteme für niedere (z. B. in der Biotechnologie etablierte Pilze) wie höhere Eukaryonten, hier speziell Säugerzellsysteme sowie Vektorkonzeptionen zur Erzeugung transgener Säuger via ↑Gentransfer in Eizellen. Soweit höhere Pflanzen (Angiospermen) über direkten Gentransfer manipuliert werden sollen oder müssen, weil der etablierte indirekte ↑Agrobakterien-vermittelte Gentransfer versagt (insuszeptible Systeme), orientiert sich das Konzept einer Erzeugung optimaler Vektorsysteme ebenso an den Grundprinzipien der Gestaltung effizienter Hefevektoren. Als Donoren für Markergene oder ↑Promotoren für eine starke genetische Expression chimärer Marker eignen sich ganz besonders DNA-Viren mit doppelsträngiger DNA oder solchen Intermediaten im natürlichen Verlauf der Viruspropagation, da die Gewinnung und gentechnische Bereitstellung solcher Marker aus einem natürlichen und damit molekularbiologisch ‚handlichen Genpaket' erheblich weniger aufwendig ist als die Bereitstellung von Markern aus den hochkomplexen Genomen höherer Eukaryonten. Zudem verfügen virale Gene über effizientere Promotoren als ihre Wirte, was eine schnelle Ausnutzung des zellulären Syntheseapparates zur Erzeugung neuer viraler Partikel im Sinne einer Vermehrung (Propagation) erst ermöglicht. Als Marker kommen auch cDNA-Kopien von Genen sog. RNA-Viren, die ebenso über starke Promotoren (high level promoters) verfügen, in Frage. Neben ↑ars-Sequenzen werden vor allem virale Replikationsstartpunkte (oris) – aus den kleinen Genomen von DNA-Viren gentechnisch leicht gewinnbar, für replikative

Helfervektor (helper vector, helper plasmid)

wie episomale Vektoren verwendet, weil
sie als sehr effiziente oris eine starke Vermehrung solcher Plasmide gewährleisten. Alternativ dienen oris überrepli-
zierender Gene (↑Amplifikation) als Replikationsstartpunkte solcher Vektoren,
da sie ebenso eine Multicopy-Replikation erlauben. Der gezielten Integration
(targeted integration, specific integration) dienen redundante DNA-Sequenzen (redundante = reiterierte Gene, wie
rRNA-, tRNA-Gene oder mobile genetische Elemente, ↑Transposone).

Literatur
Rodriguez RL, Denhardt DT (1988) Vectors: A
  Survey of Molecular Cloning Vectors and Their
  Uses. Butterworth Publ. Boston

**Helfervektor (helper vector, helper
plasmid).** Jedes Plasmid, das aufgrund
seiner eigenen Gene einem in einem oder
mehreren Genen defizienten Plasmid zu
dessen fehlenden Funktionen verhilft:
z. B. Übertragung der T-DNA von
pBIN-Vektoren durch Ti-Helferplasmide
(↑Agrobakterien-vermittelter Gentransfer) oder Mobilisation transferdefekter
Tra⁻-Plasmide durch Tra⁺-Helferplas-
mide.

Helfervirus (helper virus). Infektiöses
Viruspartikel, das einer nichtinfektiösen
Virusmutante zur Infektion verhilft

Helicase. Ein Enzymgemisch (Schnek-
kenenzym) aus der Weinbergschnecke
Helix pomatia zur Sphäroplastierung der
Hefe *Saccharomyces cerevisiae* und Verwandter (yeast spheroplast forming enzyme, yeast protoplast forming enzyme)
↑Transformation

Herbizidresistenzgene. Herbizidresistenzgene (herbicide resistance genes),
speziell ein ALS-Sulf^R-Gen (codiert eine
sulfonylharnstoff-resistente *A*ceto*l*actat-
*s*ynthase), ein EPSPS-Gly^r-Gen (codiert
eine glyphosat-resistente *E*nol*p*yruvyl*s*i-

kimat*p*hosphat*s*ynthase) sowie ein *Phos*-
phinotricin*a*cetyl*t*ransferase-Gen (PAT-
Gen) sind potente, selektionierbare
↑Marker für pflanzliche DNA-Vektor-
systeme. Ein Ausbringen transgen herbi-
zidresistenter Sorten ist aus ökologischen
Gründen zu Recht heftig umstritten.
↑Pflanzenvektoren, ↑Introgression

**Heteroduplex-Kartierung (heterodup-
lex mapping).** ↑Elektronenmikroskopie
von Nukleinsäuren

**Heterogene nukleäre RNA (hnRNA =
prä-mRNA).** Vorläufer-RNA (precursor
RNA), die im ↑Processing zur mRNA
reift ↑Genexpression in Eukaryonten,
↑Transkription

Heterologes Gen. = Fremdgen; jedes in
einen Wirt eingeführte Gen, das nicht
aus dessen ursprünglichem Genbestand
stammt, sondern biologisch anderer Herkunft ist ↑Gen

HGPRT-Gen. *H*ypoxanthin-*G*uanin-*P*hospho*r*ibosyl*t*ransferase-Gene werden in
der Säugergenetik (mammalian genetics,
animal genetics) als selektierbare Marker
verwendet. ↑Säugervektoren, ↑Zell- und
Gewebekultur, ↑HAT-Medium

**High Copy Number Plasmids (multi-
copy plasmids).** Plasmide, die in hoher
Kopienzahl in einer Bakterienzelle vorliegen ↑DNA-Vektoren, ↑Plasmidvektoren

Hitzeinaktivierung (heat inactivation).
Die meisten in der Gentechnik verwendeten Enzyme können, wenn nötig (z. B. bei
sukzessiver Inkubation mit verschiedenen Enzymen), durch Erhitzen des Inku-
bationsgemisches auf 65 °C inaktiviert
werden.

**Hitzeschockpromotoren (heat shock
promotors).** ↑Heatshock promoters

**Hogness-Box = Goldberg-Hogness-
Box = ATA-Box = TATA-Box.** ↑Gen-

struktur in Eukaryonten, ↑Genexpression in Eukaryonten, ↑Transkription

Homologes Gen. In ↑Gentransferexperimenten verwendete homologe Gene, die ursprünglich aus dem gleichen Wirt stammen, auf den sie auch übertragen werden. Im biologischen Sinn also keine Fremdgene oder ↑heterologe Gene. In den meisten Wirt/Vektor-Systemen werden Wildallele als homologe ↑Marker verwendet, die in entsprechend mutierte Wirte (= Wirtssysteme) eingebracht werden.

Homopolymer Tailing. ↑cDNA-Genbank

Honjo-Vektoren. ↑cDNA-Genbank

Horse Radish Peroxidase (HRP). = Meerrettichperoxidase. ↑ECL-Gen-Detektionssystem, ↑Enzym-conjugierte Nukleinsäuren, ↑Enzym-conjugierte Antikörper

Host. ↑Wirte

Hostrange. = Wirtsbereich ↑Wirte

HPLC. Die Hochdruckflüssigchromatographie (*h*igh *p*ressure *l*iquid *c*hromatography; *h*igh *p*erformance *l*iquid *c*hromatography, hplc) gestattet, besonders im proteinchemischen Bereich der Gentechnik, eine hochauflösende Auftrennung komplexer Stoffgemische in Minutenschnelle (10–20 min). HPLC kann in allen Bereichen eingesetzt werden, in denen chromatographische Trennungen erforderlich sind (z. B. Automatisierte Proteinsequenzierung, Aufreinigung von Oligonukleotiden oder Plasmiden in größerer Menge u.v.m.). Neben Elektrophorese-, Affinitätschromatographie- und Dichtegradiententechniken ist HPLC die vierte wichtige Separationstechnik, die, im Gegensatz zu Gradienten, mit kleinsten Substanzmengen

(pMol = 10^{-12} Mol) arbeiten kann. Konventionelle Chromatographien, Gaschromatographie und Massenspektroskopie sind in der Gentechnik wenig vertreten. Gelfiltration (Auftrennung an Molekularsieben nach Molekülgröße) und Dünnschichtchromatographie (*t*hin *l*ayer *c*hromatography, tlc) sind dagegen noch gängig, wenn sie auch stark von HPLC verdrängt werden.

HRP. = ↑Horse radish peroxidase

hsdM$^-$. In der DNA-Modifikation defekte Mutanten von *E. coli* ↑Restriktion und Modifikation

hsdR$^-$. In der DNA-Restriktion defekte Mutanten von *E. coli* ↑Restriktion und Modifikation

Hybridarretierte Translation (hybrid arrested translation, HART). ↑Gene Screening

Hybridfreisetzungstranslation (hybrid release translation). ↑Gene Screening

Hybridom, Hybridomlinie (hybridoma). Zelluläre Hybride, die durch Zellfusion (*Poly*ethylenglykol, PEG1500 vermittelt) eines normalen Lymphozyten mit einer Myelomzelle entstehen. Myelome sind Tumore des Immunsystems, die eine unkontrollierte Lymphocytenproliferation zeigen. Jede Hybridomlinie produziert einen spezifischen Antikörper. Nach Selektion auf eine Antikörperspezifität und zelluläre ↑Klonierung erhält man eine Hybridomlinie, die im Idealfall eine einzige Antikörperspezifität, einen monoklonalen Antikörper (monoclonal antibody) liefert. Neben konventionell über Immunisierung von Kaninchen gewonnenen polyklonalen Antikörpern finden monoklonale Antikörper bei Immunoblots (↑Blotting), Absuchen von ↑Genbanken (Expressionsgenbanken; expression libraries ↑Expressionsvektoren) und

Hybridpromotoren

↑ELISA-Tests (↑Immuntests) in der Gentechnik Anwendung. Die Hybridomtechnik wurde von KÖHLER und MILSTEIN entwickelt.

↑Zell- und Gewebekultur

Literatur
Catty D (ed) (1988) Antibodies: A Practical Approach, vol 1. IRL Press, Oxford
Goding JW (1986) Monoclonal Antibodies: Principles and Practice, 2nd edn. Academic Press
Köhler G, Milstein C (1975) Nature 256:495
Langome JJ, Vinsakis HV (1986) Immunochemical Techniques, I: Hybridoma Technology and Monoclonal Antibodies. Methods in Enzymology, vol 121. Academic Press
Mayer RJ, Walker JH (eds) (1987) Immunological Methods in Cell and Molecular Biology. Academic Press
Peters JH, Baumgarten H (Hrsg) (1990) Monoklonale Antikörper, 2. Aufl. Springer

Hybridpromotoren. Starke ↑Promotoren, die aus Promotorbereichen verschiedener Gene gentechnisch erzeugt werden, z. B. tac-Promotor (aus dem *trp*-Promotor des Tryptophan-Operons und *lac*-Promotor des Lactose-Operons von *E. coli*) ↑Expressionsvektoren

Hydroxylapatit (HAP). Hydroxyliertes Apatit $Ca_5[(OH)|(PO_4)_3]$ wird zur Trennung doppelsträngiger (nativer oder reassoziierter) DNA von einzelsträngiger oder denaturierter DNA in Renaturierungsexperimenten (Renaturierungskinetik ↑cot-Wert) oder zur Klonierung von nach cot-Wert fraktionierten, reassoziierten DNA-Duplices verwendet, die Fraktionen unterschiedlichen Redundanzgrades der DNA entsprechen. Reassoziierte Duplices adsorbieren stärker an HAP als einzelsträngige Fraktionen, was eine adsorptionschromatographische Trennung ermöglicht. Eine Fraktionierung über die einzelstrangspezifische Nuklease S1 (↑DNA/RNA-modifizierende Enzyme) bedingt auch bei stringenter Reaktionsführung den Abbau fehlgepaarter, einzelsträngiger Duplices

148

(mismatched duplices) und damit nur eine Klonierung repetitiver Subfragmente eines Genoms, wie sie bei HAP-Chromatographie vermieden wird.

Literatur
Graham DE et al. (1974) Cell 1:127

Hygromycin B. Ein Aminoglykosidantibiotikum, das spezifisch von der Aminoglykosidphosphotransferase IV (APH IV = NPT IV) phosphoryliert wird. Ein chimäres NPT IV-Gen kann als Resistenzmarker in Pflanzen benutzt werden und erlaubt je nach Art eine effizientere Selektion als Kanamycin oder G418. ↑Pflanzenvektoren

Hypoxanthin-Guanin-Phosphoribosyl-transferase-Gene. = ↑HGPRT-Gene

I

i-Wert (= Gesamtkonzentration an DNA-Enden). Die Effizienz der Ligationsreaktion als wesentlichem Schritt der ↑molekularen Klonierung hängt von der Vektorgröße v (in kb), der Gesamtkonzentration an DNA-Enden i (μg/ml), Insertlänge f (in kb) und der effektiven Konzentration j (μg/ml) von DNA-Enden (= DNA-Enden in der Nachbarschaft des anderen DNA-Endes desselben Moleküls) ab. Es gilt:

1. $j = 1312{,}8 \times \sqrt{f}$
(DUGAICZYK et al. 1975)

2. $i = k \cdot \left(\dfrac{f}{v} + 1\right)$
(WILLIAMS und BLATTNER 1980)

mit k = Konzentration der Vektorenden (μg/ml). Insbesondere legen die Konzentration i und j die Reaktionsordnung (bimolekulare Reaktion = Oligomerisation = Concatemerbildung) oder eine monomolekulare Zirkularisierung fest. Hierfür gelten die Bedingungen:

1. j/i ≤ 1 Concatemerbildung (wie für Lambda- und Cosmidklonierung erforderlich)

2. j/i ≥ 2 Zirkularisierung (wie für Klonierung in Plasmidvektor erforderlich)

Die Ligation von DNA-Molekülen genügt mathematisch der Theorie intramolekularer Polykondensation (JACOBSON und STOCKMAYER 1950). In neueren Arbeiten wurde die Theorie der Ligation mit Monte-Carlo-Simulation untersucht (LEVENE und CROTHERS 1986).

Literatur
Dugaiczyk A et al. (1975) J Mol Biol 96:171
Jacobson H, Stockmayer WH (1950) J Chem Phys 18:1600
Levene SP, Crothers DM (1986) J Mol Biol 198:61
Williams GB, Blattner FR (1980) in: Setlow IK, Hollaender A (eds) Genetic Engineering, vol II. Plenum Press, p 211

Immungold (immunogold). ↑Enzymconjugierte Antikörper

Immunität. 1. In lysogenen Bakterien kann sich ein superinfizierender Phage des gleichen Typs nicht vermehren; die Zelle ist immun, da der Prophage Repressorproteine synthetisiert, die die Operatoren des superinfizierenden Phagen belegen und dadurch die Transkription blockieren. **2.** Als Immunität bezeichnet man auch die Eigenschaft von Replikonen, welche bereits ein Transposon enthalten, keine weitere Kopie des gleichen Transposons durch Transposition aufzunehmen. Auch hier fungiert ein Protein (die Resolvase) als Repressor, der an den Operator des Transposasegens bindet. **3.** Daneben existiert der Begriff in der Gentechnik auch als Immunität gegen ↑Bacteriocine, toxische Substanzen und pathogene Agentien, wie Viren, Bakterien, Pilze, Nematoden u.a.

Immunoblot. Protein-Blot, Protein-Transfer ↑Blotting

Immunperoxidase, Immun-POD (immunoperoxidase). = Ein Peroxidase-conjugierter Antikörper; ↑Enzym-conjugierte Antikörper, ↑Blotting

Immunphosphatase (immunophosphatase). = Ein an alkalische Phosphatase (AP)-conjugierter Antikörper, ↑Enzym-conjugierte Antikörper

Immuntests (immuno assays). Immunologische Tests kommen in der Gentechnik neben Immunoblots (↑Blotting) und immunologischer Absuche (↑Gene Screening) von Expressionsbanken (expressional libraries, ↑cDNA-Genbank) durch in situ-Immuntests (↑Gene Screening), die eine semiquantitative Erfassung (= relative Zuordnung) und gelegentlich quantitative Tests gestatten, zur Anwendung. Über den ↑Radioimmuntest (radioimmunoassay, RIA) mit Einsatz radioaktiver Liganden kann der Antikörpertest quantitativ erfaßt werden. Häufiger wird der ↑ELISA-Test (*enzyme linked immunosorbent assay*) eingesetzt. Bei einem weiter zunehmenden Einsatz der Gentechnik in der Immunologie und Immunbiologie findet eine stärkere Veränderung weiterer Immuntests auch in Richtung reiner Gentechnik statt. Zum Einsatz kommen dabei nach konventioneller Immunisierung gewonnene IgG-Fraktionen (polyklonale Antikörper) oder monoklonale Antikörper (↑Hybridom).

Literatur
Chard T (1986) An Introduction to Radioimmunoassay and Related Techniques: Laboratory Techniques in Biochemistry and Molecular Biology, 3rd edn. Elsevier
Johnstone A, Thorpe R (1987) Immunochemistry in Practice, 2nd edn. Blackwell Scientific Publications
Mayer RJ, Walker JH (eds) (1987) Immunochemical Methods in Cell and Molecular Biology. Academic Press

Indirekte Plasmide (indirect plasmids)

Roitt JM, Brostoff J, Male DK (1987) Kurzes
Lehrbuch der Immunologie. Thieme
Tijssen P (1985) Practice and Theory of Enzyme
Immunoassays: Laboratory Techniques in Biochemistry and Molecular Biology. Elsevier
Weir DM, Herzenberg LA, Blackwell CC, Herzenberg LA (eds) (1986) Handbook of Experi-
mental Immunology, 4th edn. Blackwell Scientific Publications

Indirekte Plasmide (indirect plasmids).
Plasmide, die nach ↑Insertionsinaktivie-
rung aufgrund des Ausfalls einer genetisch determinierten Eigenschaft eine
Auslese rekombinanter Plasmide erlauben (negative Selektion) ↑Plasmidvek-
toren

**Indirekter Gentransfer (indirect gene
transfer).** Sämtliche Methoden der Einschleusung fremder DNA über biologische Vehikel oder Carrier (Agrobakterien, Liposomen oder andere Vesikel)
↑Gentransfer

Induzierbare Gene (inducible genes).
Im Gegensatz zu konstitutiv exprimierten Genen, deren Aktivität lediglich von
der Affinität des Promotors zur RNA-
Polymerase bestimmt wird, erfahren induzierbare Gene erst nach Induktion
durch einen physikalischen und/oder
chemischen Stimulus eine Expression. In
Bakterien, die über induzierbare Gene
schnell auf Veränderungen im Außenmedium reagieren können, vermittelt eine
definierte DNA-Sequenz, der sog. Operator (der einen Aktivator oder einen Repressor bindet), die Induzierbarkeit der
Operone. In geweblich organisierten Eukaryonten ist die Induktion an eine Bindung von Signalmolekülen an Membran-
rezeptoren geknüpft, die diese (oder Me-
tabolite) an regulatorische Proteine wei-
terleiten oder sie aktivieren. Die Regula-
torproteine binden an die 5′ regulatorische Region von Genen, die dann in
einer komplexen Ereigniskette induziert
werden. Darüber hinaus kann auch ein
sekundärer Messenger (cAMP oder
cGMP; cyclisches AMP bzw. GMP), der
nach Bindung einer induzierenden Substanz an die Membran gebildet wird,
Gene und Gencluster aktivieren. In Bakterien steht das ↑CAP-Protein (*c*atabolite
*a*ctivator *p*rotein) zur cAMP-Bindung
bereit. Das aktivierte CAP-Protein bindet an die CAP-Bindungsstelle vor der
Promotorregion einer Vielzahl von Operonen, die dann zusammen aktiviert werden, also ein coreguliertes Regulon oder
Stimulon darstellen. In Eukaryonten
sind einige induzierbare Gensysteme näher untersucht und liefern der Gentechnik wertvolle Promotoren, andere (z. B.
Hormon- oder Wuchsstoff-induzierbare
Gene) sind Gegenstand intensiver Forschung.

↑Genexpression in Prokaryonten, ↑Gen-
expression in Eukaryonten, ↑Transkrip-
tion

Inkompatibilität (incompatibility).
1. Plasmidinkompatibilität. Eng verwandte Plasmide, die einer stringenten
Kontrolle der Kopienzahl unterliegen
(rep-Locus, cop-Locus), verfügen in der
inc-Region über negative Replikations-
kontrollelemente, speziell RNAs, die eine
Replikation eines neu eingebrachten
Plasmides der gleichen Inkompatibilitätsgruppe wirksam verhindern. Die
Plasmidinkompatibilität ist grundsätzlich mit der Phagenimmunität (phage immunity) temperenter Phagen verwandt,
die eine nochmalige Infektion mit dem
gleichen Phagen, eine Superinfektion (superinfection), vereiteln. Beim Phagen
Lambda, von dem sich eine Gruppe wichtiger DNA-Vektoren ableitet, umfaßt die
imm-Region (immunity region, imm-region) drei genetische Loci. Der cI-Locus
codiert den Lambdarepressor, der den
Phagen im Zustand des Prophagen be-

150

läßt; die Loci rexA und rexB codieren die eigentliche Phagenimmunität. Die Verwandtschaft der Plasmidinkompatibilität mit der Phagenimmunität belegt schließlich die Hypothese der Abstammung einiger Plasmide und Episomen von temperenten Phagen.

Anhand der inc-Regionen verschiedener Plasmide und der leicht beobachtbaren Unverträglichkeit müssen in der Bakteriengenetik alle Plasmide Inkompatibilitätsgruppen IncA, Inc B, IncC, . . ., zugeordnet werden. Ein Bakterium kann höchstens ein Plasmid jeder Inkompatibilitätsgruppe beherbergen, es sei denn, eines der Plasmide wird aufwendig bakteriengenetisch und/oder gentechnisch manipuliert. Das Phänomen der Plasmidinkompatibilität wurde 1967 von NOVICK und SZILARD an Penicillinasecodierenden Plasmiden von *Staphylococcus aureus* beobachtet. Neben der Behinderung der ↑Replikation des neueingebrachten Plasmids durch negative Kontrollelemente, die vom bereits vorhandenen Plasmid codiert werden, existieren auch Mechanismen der Kompetition um Bindungsstellen. Nur jeweils einem der beiden Plasmide, nämlich dem als erstes an seine spezifische Bindungsstelle an der inneren Membran angelagerten, wird eine Replikation gestattet. In diesem Falle ist eine im oriV-Bereich erfolgende Membrananhaftung gleichzeitig Auftakt für die Replikation. Der F-Faktor, der synchron mit dem *E. coli*-Genom repliziert, bindet neben diesem an eine besondere Einfaltung (invagination) der inneren Membran, das Mesosom, was die gleichzeitig erfolgende Replikationsrunde startet. Zwei genetisch verschieden markierte F-Faktoren segregieren in reine Linien, die zur einen Hälfte den einen F-Faktor, zur anderen Hälfte den anderen F-Faktor tragen; das gleiche gilt

für alle anderen Plasmide, deren Inkompatibilitätsmechanismus auf einer Konkurrenz um Bindungsstellen an der inneren Membran basiert. **2.** Inkompatibilität als Selbststerilitätsmechanismus in sexuellen Vermehrungssystemen. Sowohl bei Pilzen als auch höheren Pflanzen existieren auf ein oder zwei genetischen Loci mit multipler Allelie basierende Mechanismen, die eine Zygotenbildung zwischen bestimmten Genotypen einer Art verhindern und je nach Art des Inkompatibilitätssystems Selbstbefruchtung (Autogamie) oder Fremdbefruchtung (Allogamie) verhindern. In seltenen Fällen ist der Inkompatibilitätsmechanismus polygen oder lediglich durch morphologische Eigenschaften bedingt. Bei Selbstinkompatibilität kann ein Genotyp $S_a S_b$ (a = 1, 2, 3, . . ., n; b = 1, 2, 3, ..., m) sich mit allen Genotypen $S_x S_y$ unter Zygotenbildung paaren, die nicht $S_a S_b$ sind (Selbstinkompatibilität zur Förderung der Fremdbefruchtung; self-incompatibility). Bei genetisch fixierter Kreuzungsinkompatibilität (cross-incompatibility) kann ein Genotypus $S_a S_b$ nur mit Genotypen $S_a S_b$, $S_a S_y$ und $S_x S_b$ Zygoten bilden. Das Phänomen der Inkompatibilität wurde 1918 von STOUT bei höheren Pflanzen entdeckt. Wo immer in Genetik, Gentechnik und Züchtung Kreuzungen pflanzlicher Organismen notwendig sind, ist das Inkompatibilitätssystem zu berücksichtigen.

Literatur
Novick RP, Szilard L (1967) Fed Proc 26:29
Stout AB (1918) J Genet 8:71

Insert. Insert-DNA, Passagier-DNA, Fremd-DNA (foreign DNA) ↑DNA-Vektoren, ↑Molekulare Klonierung

Insertionsinaktivierung. Inaktivierung eines genetischen Markers nach Einklonieren eines Inserts ↑DNA-Vektoren, ↑Plasmidvektoren

Insertionssequenzen (IS-Elemente)

Insertionssequenzen (IS-Elemente). Eine spezielle Art von mobilen genetischen Elementen; ↑Transposone

Insertionsstelle (insertion site). Die Insertionsstelle (Klonierungsstelle; insertion site, cloning site) ist diejenige Restriktionsschnittstelle oder Koordinate eines DNA-Vektors, an der die Insertion einer Fremd-DNA (Insert-DNA, Passagier-DNA; foreign DNA, insert, passenger) erfolgte, z. B. ein PstI-Insert in pBR322, bzw. ein Insert in pBR322; 3613. Mit Position 3613 beginnt die PstI-Schnittstelle.

Insertionsvektor. ↑DNA-Vektor, in den Fremd-DNA eingefügt wird; im Gegensatz dazu wird in ↑Substitutionsvektoren (replacement vectors) ein funktionsloses DNA-Segment (stuffer) durch den Insert ersetzt.

in situ-Hybridisierung. Lokalisierung einer DNA-Sequenz auf den ↑Chromosomen eines Organismus über Hybridisierung mit einer ↑Gensonde.

in situ-Immunhybridisierung. = in situ-Immunblotting; in situ immunchemische Lokalisation zum Nachweis von Gensonden oder Proteinen in Geweben, Zellen oder subzellulären Partikeln mit Hilfe ↑Enzym-conjugierter Antikörper. Mit diesem Nachweisverfahren kann die Integration fremder DNA in einzelnen Chromosomen oder Chromosomenabschnitten beobachtet werden, ebenso die Verteilung der von Fremdgenen codierten primären Genprodukte.

Integrativer Vektor (integrative vector). Jeder nicht autonom replikationsfähige Vektor, der ein Einschleusen von Fremdgenen ins Genom erlaubt ↑Hefevektoren

Intensifier Screen. = ↑Verstärkerfolie

Interkalierende Agentien. Planare Heterocyclen aus 3–4 Ringen schieben sich so zwischen die Basen doppelsträngiger Nukleinsäuren (speziell DNA), daß Replikation wie Transkription behindert werden. An Orten solcher Interkalation kommt es bei Replikation zu Matrizenverschiebungen (template slippage) mit Deletion oder Insertion von einer oder mehreren Basen und damit Rastermutationen (frame shift mutations). Außer als mutagene Agentien zur Erzeugung von Leserastermutationen dienen interkalierende Agentien wie Ethidiumbromid als DNA-Nachweisreagentien in der Gradientechnik (Etbr-CsCl-Gradienten) und Elektrophorese. Das Antibiotikum Actinomycin C1 (= Actinomycin D) wird als Transkriptionshemmer oft verwendet. Da es sich bevorzugt an G/C-Paare anlagert, dient es in der Gradientechnik der Markierung kryptischer G/C-reicher Satelliten.

↑DNA-Isolierung, ↑Mutation und Mutagenese

Introgression. Der Einbau von Genen aus einer Spezies in den Genpool einer anderen Spezies kann genau dann beobachtet werden, wenn eine Hybridisierung (= Bastardierung) zwischen Rassen oder Arten möglich ist, so z. B. zwischen einigen Kultur- und Wildformen, speziell bei Getreiden. Diese besitzen eine starke Tendenz zur Bastardierung, was bei Freisetzung transgener Pflanzen entsprechend berücksichtigt werden muß. Das Phänomen der Introgression wurde bereits 1938 von ANDERSON und HUBRICHT beschrieben.

Literatur
Anderson E, Hubricht L (1938) Amer J Bot 25:396

Intron (intron). Jede zwischen codierenden ↑Exonen befindliche, nichtcodierende DNA-Sequenz eines ↑Mosaikgens (split gene); auch intervening sequence genannt.

Intron/Exon-Kartierung (intron exon mapping). ↑Berk-Sharp-Kartierung, ↑Elektronenmikroskopie von Nukleinsäuren

Invers repetitive Sequenzen (inverted repeats). Umgekehrte Sequenzwiederholungen (snap backs), Palindrome; ↑Genstruktur in Prokaryonten, ↑Genstruktur in Eukaryonten, ↑Transposone

in vitro-Amplifikation (in vitro amplification). Eine außerhalb von Zellen stattfindende Vervielfältigung genetischen Materials, z. B. durch eine ↑Polymerase-Kettenreaktion (PCR)

in vitro-Fertilisation (IVF). ↑Reproduktionstechnik Wirbeltiere

in vitro-Packaging. ↑in vitro-Verpakkung

in vitro-Rekombination von Nukleinsäuren. ↑Sicherheitsbestimmungen

in vitro-Transkriptionssysteme (in vitro transcription). Zellfreie Transkription (cell free transcription); eine in vitro durchgeführte Synthese von RNA an einer DNA-Matrize, z. B. dem DNA-Insert eines rekombinanten DNA-Vektors. Aus *E. coli* lassen sich zudem zellfreie Transkriptions-/Translationssysteme gewinnen, die auch eine Übersetzung in Proteine gestatten. Eine in vitro-Transkription in Eukaryonten erfolgt in der Gentechnik zumeist an isolierten Kernen, da bisher nur unzureichende Präparationen der komplexeren RNA-Polymerasen vorliegen. Mit in vitro-Transkriptionssystemen oder gekoppelten zellfreien Transkriptions-/Translationssystemen läßt sich vor Übertragung eines

Gens oder Genkonstruktes dessen Funktionstüchtigkeit im gewünschten Wirt überprüfen. Ein in der Gentechnik prominentes System der in vitro-Transkription ist das SP6-in vitro-Transkriptionssystem. Ein in 3′-Richtung hinter einen starken Promotor des *Salmonella typhimurium* Phagen SP6 kloniertes DNA-Fragment liefert im Reagenzglas mit der SP6-Phagen codierten RNA-Polymerase auf einfache Weise große Mengen an RNA. Bei Einsatz radioaktiv markierter Nukleosidtriphosphate kann an einem genomischen Klon erzeugten Transkript nach dessen Übertragung (↑Gentransfer) in ein Wirtssystem das ↑Processing sowie die ↑Translation verfolgt, oder die RNA als Gensonde (probe) im ↑Gene Screening oder ↑Blotting verwendet werden. Statt des SP6-Systems kann analog auch ein starker ↑Promotor des Phagen T7 und die T7-RNA-Polymerase (=Sequenase) in einem T7-in vitro-Transkriptionssystem verwendet werden.

↑Transkription, ↑Genexpression in Eukaryonten

Literatur
Berger SL, Kimmel AR (eds) (1987) Guide to Molecular Cloning Techniques: Methods in Enzymology, vol 152. Academic Press

in vitro-Translation. Zellfreie Translation; eine in vitro-Proteinsynthese ist mit verschiedenen Zellextrakten (zellfreie Systeme; cell free systems), welche die ribosomalen Untereinheiten, Proteinfaktoren, tRNAs und Aminoacyl-Synthetasen (= Codasen) enthalten, möglich. Aminosäuren (eine davon als ‚tracer' radioaktiv markiert), ATP (Adenosintriphosphat) und GTP (Guanosintriphosphat) sowie zu translatierende mRNA werden diesem Extrakt zugesetzt. Gängigste prokaryontische in vitro-Translationssysteme sind der S30-Extrakt von *E. coli* oder ein Extrakt des thermophilen

in vitro-Verpackung (in vitro packaging)

Bakteriums *Bacillus stearothermophilus*. Eukaryontische Systeme sind Lysate von Kaninchenretikulozyten (rabbit reticulocyte system) oder das Weizenkeimsystem (wheat germ system). In vitro-Translationssysteme haben bei der Entschlüsselung des genetischen Codes hervorragende Dienste geleistet. In der Gentechnik werden in vitro-Translationssysteme bei ↑HART (*H*ybrid *a*rretierte*r* *T*ranslation) und Hybridfreisetzungstranslation eingesetzt.

Literatur
Berger SL, Kimmel AR (1987) Guide to Molecular Cloning Techniques: Methods in Enzymology, vol 152. Academic Press
Perbal B (1989) A Practical Guide to Molecular Cloning, 2nd edn. John Wiley & Sons

in vitro-Verpackung (in vitro packaging).

Rekombinante Lambda- oder Cosmid-DNA (↑Lambda-Vektoren, ↑Cosmide) kann in vitro in Lambdaphagenpartikel verpackt werden. Dazu werden aus zwei verschiedenen Lambda-lysogenen Bakterienstämmen zwei unterschiedliche Präparate mit unvollständigen Phagenköpfen (einmal fehlt das Protein *D*, einmal das Protein *E*; *Am*ber-Mutanten Dam, Eam) gewonnen. Nach Vereinigung beider Verpackungsmixe tritt nach in vitro-Komplementation eine Verpackung beliebig concatemerer DNA ein, wenn diese im Abstand von 0,75 bis 1,05mal Lambda-Genomgröße (49 kb) eine cos-Stelle tragen. Mit Hilfe der infektiösen Phagenpartikel lassen sich über Infektion von *E. coli*-Zellen effizient große, rekombinante DNA-Moleküle in *E. coli* einbringen. Entsprechende Verpackungsmischungen lassen mit P-Phagen-DNA reife P-Phagen, mit T4-Lambda-Hybrid-DNA intakte T4-Phagen gewinnen.

↑Cosmide, ↑Lambda-Vektoren, ↑Transformation

Literatur
Berger SL, Kimmel AR (1987) Guide to Molecular Cloning Techniques: Methods in Enzymology, vol 152. Academic Press
Perbal B (1989) A Practical Guide to Molecular Cloning, 2nd edn. John Wiley & Sons
Sambrook I, Fritsch EF, Maniatis T (1989) Molecular Cloning – A Laboratory Manual. Cold Spring Harbor Laboratory

IPTG (*Iso*propyl-β-D-*thio*galactopyranosid).

Ein chemisches Analogon der Laktose, welches als potenter Induktor des lac-Operons fungiert, da es nicht vom lac-Genprodukt (β-Galaktosidase) abgebaut wird.

IS-Elemente. ↑Transposone

Isoschizomere.

Restriktionsendonukleasen biologisch unterschiedlicher Herkunft, die eine DNA an identischer Spaltsequenz (cleavage site) angreifen ↑DNA/RNA-modifizierende Enzyme

J

j-Wert.

Effektive Konzentration der DNA-Enden in der Nachbarschaft des anderen Molekülendes. Die Effizienz der Reaktion und die Konzentration der Endprodukte (zirkuläre Moleküle oder Concatemere) hängt ebenso von der Gesamtkonzentration an DNA-Enden (i) ab. ↑i-Wert

K

Kälberdarmphosphatase (calf intestine phosphatase, CIP).

↑Alkalische Phosphatase, ↑DNA/RNA-modifizierende Enzyme

Kalluskultur.

↑Reproduktionstechnik Pflanzen

Kanamycinresistenz (Kan^r, seltener Km^r).

Der Antibiotikamarker kan^r, der Resistenz gegenüber Aminoglykosidantibiotika wie Kanamycin, Hygromycin,

Neomycin und G418 verleiht, dient als selektierbarer ↑Marker (selectable marker) in Pro- und Eukaryonten, wobei je nach Wirt mit dem einen oder dem anderen Antibiotikum bessere Selektionserfolge erzielt werden. G418 wirkt nicht gegen Bakterien; es dient als selektierbarer Marker einiger eukaryontischer ↑DNA-Vektoren.

Kaninchenretikulocytensystem (rabbit reticulocyte lysate). = Kaninchenretikulocytenlysat; ↑in vitro-Translation

Kanonische Sequenz (consensus sequence). = Konsensussequenz, konservierte Sequenz (consensus motif, conserved sequence); ↑ars-Sequenzen, ↑Centromere, ↑Genexpression in Eukaryonten, ↑Genexpression in Prokaryonten, ↑Rekombination, ↑Transkription, ↑Translation, ↑Transposone, ↑Gnomics

Katabolitaktivatorprotein. = ↑CAP

Katalytische Antikörper (catalytic antibodies). = ↑Abzyme; ↑Protein-Engineering

kb = Kilobase

kbp = Kilobasenpaare

Kettenabbruchverfahren (chain termination method). ↑DNA-Sequenzierung

Kinase. = Polynukleotidkinase; ein Enzym zur Endmarkierung dephosphorylierter DNA oder RNA ↑Markierung von Nukleinsäuren, ↑DNA-Sequenzierung

Kinasierung (kinasing). Endmarkierung von Nukleinsäuren mit Polynukleotidkinase

Kits. Fertig zusammengestellte ‚Bausätze‘ oder Bestecke für einzelne Reaktionen der in vitro-Rekombination von Nukleinsäuren. Derzeit sind etwa 30 Kits auf dem Markt, die alle gewünschten

Manipulationen von Nukleinsäuren gestatten. Jeder Kit enthält die für eine bestimmte Reaktionsabfolge notwendigen Enzyme, Cosubstrate und Pufferlösungen in optimierter Konzentration. Nach dem Protokoll des Herstellers pipettiert der Anwender die entsprechenden Mikrolitervolumina zu seinem eigenen Reaktionsansatz, der die DNA oder RNA enthält. Zusätzlich liefert der Hersteller eine Standardnukleinsäure inclusive des Ergebnisprotokolls seiner Testreaktion mit dem Standard sowie ein Protokoll zur Fehlersuche (trouble shooting protocol). Die in großer Menge hergestellten Kits gestatten dem Hersteller sehr exakte Einwaagen und Kontrollen, wobei alle Komponenten dasselbe Alter aufweisen. Auf diese Weise kann mit kompletten Kits eine Reproduzierbarkeit der Ergebnisse erzielt werden, wie sie bei individueller Zusammenstellung aus Einzelreagentien nicht möglich ist. Speziell auch die ↑Automatisierung verlangt eine ständig fortschreitende Verbesserung der bestehenden Kits.

Kleinschmidt-Spreitung. ↑Elektronenmikroskopie von Nukleinsäuren

Klenow-Fill-In. Auffüllreaktion; Auffüllen überstehender DNA-Enden (↑kohäsive Enden) mit Hilfe der Klenow-Polymerase ↑Modifikation von DNA-Enden

Klenow-Fragment (Klenow-Enzym). Klenow-Polymerase (Klenow polymerase; large fragment). Die proteolytische Spaltung des Kornberg-Enzyms (*E. coli*-Polymerase I) mit der Protease Subtilisin aus *Bacillus subtilis* liefert ein großes Fragment mit Polymerase- und $3' \rightarrow 5'$-Exonukleaseaktivität sowie ein kleines Fragment (small fragment: $5' \rightarrow 3'$-Exonukleaseaktivität). Das Klenow-Enzym wird bei der ↑DNA-Sequenzierung und Auffüllreaktionen (fill in) eingesetzt. Zur

Klon (clone)

Nick-Translation (↑Markierung von DNA) ist es nicht geeignet, da für die Erweiterung des Nicks die 5'→3'-Exonukleaseaktivität erforderlich wäre. Wie viele gentechnisch relevante Enzyme wird das Klenow-Enzym über einen rekombinanten Klon gewonnen.
↑DNA/RNA-modifizierende Enzyme

Klon (clone). Summe erbgleicher Nachkommen eines Individuums ↑Klonierung, ↑Molekulare Klonierung

Klonbank (clone bank). = ↑Genbank

Klonierung. Es muß zwischen zwei Formen der Klonierung unterschieden werden, nämlich: **1.** Zellulärer oder organismischer Klonierung; Klonierung von Zellen oder Organismen (cellular or organismic cloning) bzw. **2.** ↑Molekularer Klonierung, Genklonierung oder DNA-Klonierung (molecular cloning, gene cloning, DNA cloning).
Ein zellulärer oder organismischer Klon ist eine Population von Zellen oder Organismen, die durch asexuelle Vermehrung aus einer einzigen Zelle oder einem singulären Organismus auf natürliche Weise oder nach menschlichem Eingriff (falls erforderlich) hervorgehen. Jede asexuelle Vermehrung von Mikroorganismen wie Bakterien (Eubakterien, Archaebakterien, Cyanobakterien = Blaualgen), Protozoen, viele Algen und niedere Pilze erzeugt Klone. Die natürliche, asexuelle Vermehrung solcher Organismen ist deshalb eine Klonierung, bei der erbgleiche Individuen, also Klone erzeugt werden. Ebenso ziehen Gärtner wie Pflanzenzüchter seit alters her Klone höherer Organismen (Pflanzen) über Stecklingsvermehrung, Ableger, Pfropfen und Teilen von Knollen oder Wurzelstöcken. Höhere Pflanzen sind geradezu geeignete Klonierungsformen, da eine asexuelle Vermehrung auch in der Natur stattfindet und bei manchen Arten größere Bedeutung als die sexuelle Fortpflanzung besitzt. Spezielle Bedeutung kommt der pflanzlichen Gewebekultur (Zellkultur; cell culture, tissue culture) mit Protoplasten (aus pflanzlichen Geweben gewonnene Einzelzellen, denen enzymatisch die Zellwand entfernt wurde) zu. Wegen der generellen Totipotenz der Pflanzenzellen kann aus Protoplasten nahezu jeden Gewebes über ein Kallusstadium eine ganze, in allen Zellen erbgleiche Pflanze regeneriert werden, was einer Klonierung entspricht. Über Zerteilung des Kallus oder erneute Protoplastierung von Geweben dieser Pflanze oder meist noch einfacher über Selbstbestäubung (Selbstung) lassen sich beliebig viele Klone dieser Pflanze erzeugen. Die pflanzliche Gewebekulturtechnik, die Pflanzen als Protoplasten zu Millionen – wie Mikroorganismen – auf knappstem Raum in Gewebekulturschälchen hält, ist heute eine in der Pflanzenzüchtung etablierte Methode. Aus geeignet selektierten, spontanen oder induzierten Mutanten (z. B. Salztoleranz, Schwermetalltoleranz etc.) isolierter Protoplasten lassen sich ganze Pflanzen mit diesen verbesserten Eigenschaften gewinnen. Die Gewebekultur ist damit der klassischen Mutationszüchtung mit ganzen Pflanzen, die bei Mutationsraten von 10^{-4} bis 10^{-5} enormen Raum beansprucht, überlegen. Die Erzeugung von Bastarden (Hybriden) aus sexuell inkompatiblen Arten erfolgt über die somatische Hybridisierung via Protoplastenfusion oder die Cybridisierung (Verschmelzung eines intakten Protoplasten einer Art mit einem Protoplasten einer anderen Art, dessen Genom inaktiviert wurde). Wegen der Instabilität solcher Hybrid- oder Cybridlinien (*ein* Genom mit heterologen Organellen der Fusions-

partner) wurde allerdings nicht die wirtschaftliche Bedeutung dieser Methode erlangt, wie sie in den frühen 70er Jahren euphorisch angenommen wurde. Der mittlerweile etablierte ↑Gentransfer in Protoplasten (direkter Gentransfer mit ‚nackter' rekombinanter DNA oder indirekter Gentransfer, der Vesikel-gebunden oder Agrobakterien-vermittelt erfolgt), also die ‚grüne' Gentechnologie, wie man die kombinierte Anwendung rekombinanter DNA-Technologie und pflanzlicher Gewebekulturtechniken zur Erzeugung transgener Pflanzen nennt, verspricht dagegen eine erhebliche Bereicherung der Palette klassisch züchterischer Methoden und der pflanzlichen Gewebekulturmethoden. Ähnlich verhält es sich mit der Anwendung rekombinanter DNA-Techniken und dem Transfer von DNA und RNA (↑Gentransfer) in tierische Zellen in Gewebekultur, d. h. der Verwendung von tierischen, speziell von Säugerzellen als Wirte rekombinanter DNA. Jede auf eine Einzelzelle zurückzuführende Zellmasse einer Gewebekultur repräsentiert dabei einen zellulären Klon, unabhängig davon, ob dabei rekombinante DNA übertragen wurde oder nicht. Nach gelungener Übertragung eines Gens und entsprechender Selektion einer Zelle, erhält man einen transgenen Klon mit genetisch neuen Eigenschaften, der bei weiterer Anzucht eine transgene Zellinie etabliert. Neben dem reinen Erkenntnisgewinn über die heterologe Expression fremder Gene erlangen transgene Säugerzellinien als Produzenten spezieller Proteine mit artspezifischem Modifikationsmuster (wie es eben nur in diesen Säugerzellen und nicht in anderen Wirten wie *E. coli* oder Hefe erzeugt wird) im Bereich der Tier- wie Humanmedizin mehr und mehr an Bedeutung. Nicht zuletzt sind transgene

Zellkulturen auch eine Grundlage möglicher ↑Gentherapien. Wegen der Differenzierung in Keimbahn (germ line), d. h. totipotente Urkeimzellen, und Körperzellen (Soma) mit Verlust der Totipotenz ist eine Regeneration ganzer tierischer Organismen aus tierischen Einzelzellen bei geweblich organisierten Tieren (ab Metazoen) nicht möglich. Dennoch sind bei einer Vielzahl niederer Tiere organismische Klonierungen unproblematisch, wie die hohe Regenerationsfähigkeit zweigeteilter Würmer, die zwei erbgleiche Kopien, also Klone erzeugt, belegt. Bei höheren Organismen (Insekten, Krebsen, Spinnen, Weichtieren und Wirbeltieren) ist dagegen eine einfache Klonierung nicht möglich. Aufsehen erregten daher die 1961 durchgeführten Gurdon-Experimente. GURDON (1962) hat ganze südafrikanische Krallenfrösche (*Xenopus laevis*) kloniert, indem er Kerne von Darmepithelzellen von Kaulquappen in Eizellen transplantierte, denen zuvor der Zellkern entfernt wurde. Die Entfernung des Zellkerns und die Implantation des somatischen Zellkerns (Kerntransplantation) erfolgte mikromanipulativ mit einer Kapillare. Für diese spektakuläre Klonierung eines Wirbeltieres eignen sich große Froscheier ganz besonders. Eine solche Klonierung ist allerdings nur dann möglich, wenn Kerne aus Embryonal- oder Larvenstadien (wie Kaulquappen) zur Transplantation verwendet werden (DIBERARDINO 1980). Bei Verwendung von Kernen aus adulten, voll entwickelten Fröschen erfolgt keine Entwicklung zu einem vollständigen Frosch. Schließlich ist es dann STEWART und MINTZ (1981) sowie ILLMENSEE und HOPPE (1981) gelungen, über Kerntransplantationen in die erheblich kleineren Mauseizellen, Mäuse und damit erstmalig Säugetiere zu klonieren. Dazu haben STEWART

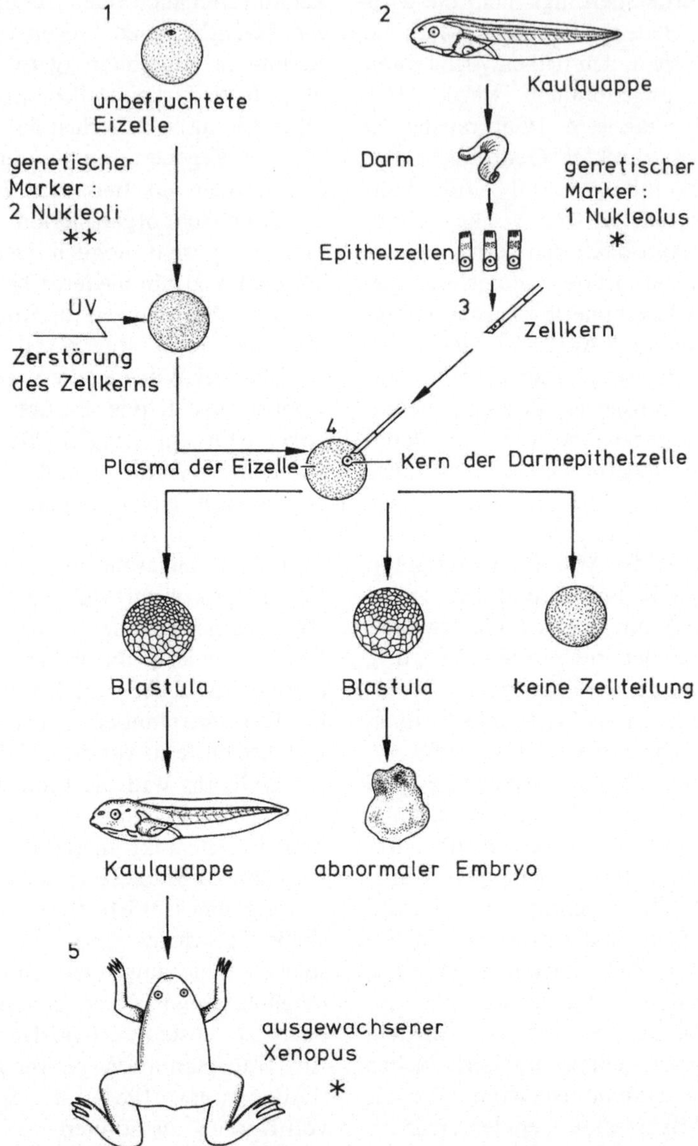

Abb. 32. Klonierung Xenopus. Kerntransplantation: Genetisch markierte Kerne aus Darmzellen einer Kaulquappe werden ins Plasma einer Eizelle implantiert, dessen (ebenfalls genetisch markierter) Kern vorher zerstört wurde. Aus der Kombination Eizellplasma und Kern aus einer Darmzelle entwickelt sich ein vollständiger, ausgewachsener Frosch. (Nach GURDON, 1963, 1968, 1976). Aus: Molekular- und Zellbiologie, Springer, 1979 [25]

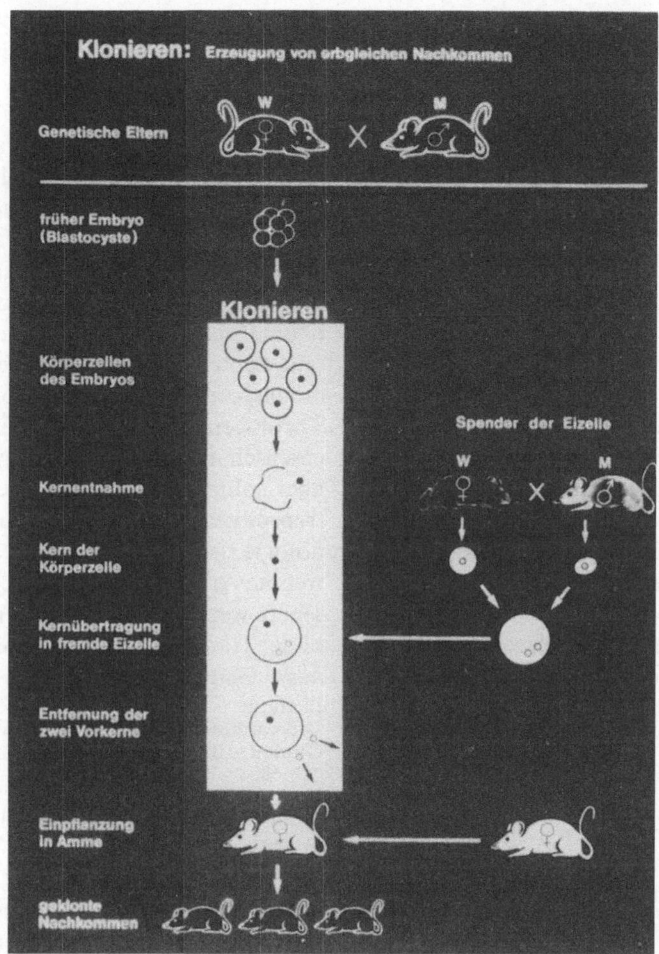

Abb. 33. Klonierung Maus. Hypothetisches Schema zum Klonieren (Erzeugen erbgleicher Nachkommen) bei Mäusen. Aus: Gentechnik, Gustav Fischer Verlag, 1987 [26]

und MINTZ Kerne von Teratomzellen, also hochgradig dedifferenzierten Tumorzellen einer Gewebekultur verwendet, während ILLMENSEE und HOPPE Kerne von Embryoblasten, also noch wenig differenzierten, frühesten Entwicklungsstadien verwendeten, die zumindest im Cytoplasma einer frisch befruchteten Eizelle (Zygote) ihre Totipotenz wiedergewinnen. Interessanterweise zeigten die klonierten Mäuse von STEWART und

MINTZ über Generationen keine erhöhte Tendenz zur Ausbildung von Teratomen. Mit diesen Experimenten ist zumindest die prinzipielle, technische Machbarkeit der Klonierung von Säugern bewiesen. Eine praktische Nutzanwendung in der Tierzucht, z. B. zur Klonierung von einmal erzielten Hochleistungskühen oder anderen Nutztieren, ist damit noch längst nicht gegeben, da sich Kerne aus adulten, voll entwickelten Säugern auch

Klonierungskapazität (cloning capacity)

nach Dedifferenzierung der Zellen in Gewebekulturen nicht für eine Klonierung eignen, weil sie keine vollständige Entwicklung eines ganzen Organismus erlauben. Mit der Differenzierung ist zumindest bei einigen Organismen ein selektiver DNA-Verlust zu beobachten, der den Kern einer differenzierten Zelle irreversibel der Möglichkeit einer Rückgewinnung der erforderlichen Totipotenz beraubt. Das Wiedereinführen solcher DNA an definierten Stellen der Chromosomen dürfte auch auf der Stufe einer höher entwickelten Gentechnik äußerst schwer, und wenn, dann nur mit immensem Aufwand machbar sein. Es dürfte zudem noch eine geraume Zeit dauern, bis die entsprechenden Veränderungen, die zum irreversiblen Verlust der Totipotenz führen, erkannt sind. Auch die nachfolgenden ‚Korrekturen' – falls sie nach dem neuesten Erkenntnisstand überhaupt machbar sind – nehmen vermutlich lange Zeit in Anspruch. Eine Klonierung von Säugern aus Kernen adulter Gewebe ist wegen des immensen Aufwandes wahrscheinlich nur von akademischem Interesse. Eine Durchführung dürfte daher nur erfolgen, um damit die potentielle Möglichkeit der asexuellen Vermehrung von Säugern zu beweisen. Für eine echte Nutzanwendung sind solche, dann zwar interessanten Klonierungen bei weitem zu zeit- und kostenaufwendig. Zudem ist die Erzeugung erbgleicher Individuen (Klone) nach Embryosplitting (Embryopartionierung; Zerteilen früher Proembryonen des 2-, 4- oder 8-Zellstadiums) im Prinzip eine asexuelle Vermehrung einer Zygote, die monozygote (eineiige) Mehrlinge, also Klone liefert. Im Gegensatz zur Klonierung durch Implantation somatischer Kerne in fremde Eizellen, die erheblich umständlicher als das Embryosplitting vonstatten geht, unterliegen monozygote Mehrlinge während ihrer Entwicklung durchweg einem weitreichend identischen Einfluß des Cytoplasmas der Eizelle auf den Zellkern (Nucleus) und auch einem gleichartigen intrauterinen Milieu.

Es ist dennoch wichtig und auch von Biologen und Medizinern aller Fachrichtungen gewünscht, daß die prinzipielle Möglichkeit potentieller Anwendung von Klonierungstechniken am Menschen bereits heute – und damit lange vor einem möglichen ersten Einsatz – von Ethikern, Theologen, Juristen, ja der Gesamtgesellschaft diskutiert wird. Andererseits aber sollten Reproduktionstechnologien (reproductive engineering) und Gentechnologie (genetic engineering) als zwei getrennte Arbeitsgebiete und Techniken gesehen werden. Reine Säugerklonierung ohne Transfer rekombinanter Gene ist *keine* Gentechnik.

Literatur
DiBerardino MA (1980) Differentiation 17:17
Gurdon JB (1962) J Embryol Exp Morphol 10:622
Illmensee K (1978) Umschau 78:523
Illmensee K, Hoppe PC (1981) Cell 23:9
Stewart TA, Mintz B (1981) Proc Natl Acad Sci 78:6314

Klonierungskapazität (cloning capacity).

Die minimale und/oder maximale Insertlänge, die einem Vektor ohne Limitierung seiner Funktion als DNA-Vehikel einkloniert werden kann ↑DNA-Vektoren

DNA-Vektoren	Kapazität	Limitierung
Plasmidvektoren	10–15 kb	sonst Zirkularisierung und damit erschwerte Transformation
Lambdavektoren	≤ 25 kb	sonst keine Verpackung in Phagenpartikel
Cosmide	35–45 kb	sonst keine Verpackung in Phagen
T-DNA	≤ 50 kb	sonst keine Übertragung in Pflanzen

DNA-Vektoren	Kapazität	Limitierung
P1-Klonierungssystem	≤ 100 kb	sonst keine Verpackung
T4-Phagensystem	≤ 166 kb	sonst keine Verpackung
YACs	200–800 kb	bei < 200 kb Instabilität in Mitose und Meiose; bei > 800 kb geringe Transformation

Klonierungsstelle (cloning site). = ↑Insertionsstelle

Kohäsive Enden (cohesive ends). Überstehende einzelsträngige DNA-Enden (sticky ends) ↑DNA/RNA-modifizierende Enzyme

Koloniebank (colony bank). = ↑Genbank

Koloniehybridisierung (Grunstein-Hogness hybridisation). ↑Gene Screening, ↑Blotting

Kompatible Enden. In der Sequenz partiell gleiche Enden verschiedenen DNA-Moleküle (in der Regel Vektor- und Fremd-DNA), die ohne Modifikation ihrer Enden von DNA-Ligasen verknüpft werden können ↑DNA/RNA-modifizierende Enzyme

Kompetente Zelle, Kompetenz. Die Fähigkeit einer Zelle oder eines Organismus, bei genetischer Transformation DNA aufzunehmen ↑Transformation

Komplementationstest. = ↑cis/trans Test

Konjugation. = Syngamie; ↑Parasexuelle Mechanismen

Konkatemere (concatemers). = Concatemere; ↑Lambda-Vektoren, ↑Cosmide, ↑Replikation

Konstitutive Expression. ↑induzierbare Gene, ↑Genexpression in Prokaryonten

Kornberg-Enzym (DNA polymerase I). = *E. coli*-DNA-Polymerase I; ↑Replikation, ↑DNA/RNA-modifizierende Enzyme

Kotransduktion. = ↑Cotransduktion; ↑Parasexuelle Mechanismen

Kotransformation. = ↑Cotransformation; ↑Parasexuelle Mechanismen

L

Labelling. Chemische oder radioaktive ↑Markierung von Nukleinsäuren

lacZ-Gen. ↑Marker; β-Galaktosidase-codierendes Cistron des lac-Operons von *E. coli* ↑M13-Vektoren

Lambda-Exonuklease. ↑DNA/RNA-modifizierende Enzyme

Lambda gt11. Prominentester Lambda-Expressionsvektor für DNA-Klonierungen ↑cDNA-Genbank

Lambda-Vektoren. Derivate des *E. coli*-Bakteriophagen Lambda wurden schon früh als Klonierungsvektoren entwickelt (MURRAY und MURRAY 1974; RAMBACH und TIOLAIS 1974; THOMAS et al. 1974). Sie werden auch heute noch häufig für die Anlage umfangreicher genomischer ↑Genbanken eukaryontischer DNA verwendet. Lambda-Vektoren sind ↑DNA-Vektoren mit erheblich höherer ↑Klonierungskapazität (cloning capacity) als ↑Plasmidvektoren oder ↑M13-Vektoren. Obgleich die Klonierungskapazität von Cosmidvektoren noch um den Faktor 2 bis 3 höher liegt, haben diese Vektoren die Lambda-Klonierungsvehikel nicht völlig verdrängt. Rekombinante Cosmide, wenn nicht dauerhaft als Phagenbank oder unverpackte rekombinante DNA aufbewahrt, sind in einer Koloniebank beständig in vivo-Rekombinationsereignissen ausgesetzt, die die Insert-

Lambda-Vektoren

DNA artifiziell verändern können. Bei lytischen Phagen, die nur kurzen in vivo-Kontakt besitzen, ist das Risiko solcher Rekombinationen und damit Artefaktbildungen minimiert. Lambda-Vektoren sind bevorzugt ↑Substitutionsvektoren (replacement vectors). Ein als stuffer oder Stufferfragment bezeichnetes internes DNA-Stück ist links und rechts von Armen flankiert, die wichtige Funktionen der lytischen Vermehrung des temperenten Lambda Phagen codie-

ren (Kopf- und Schwanzproteine, Montage, Replikation und Lyse). Die beiden Enden des Stuffers, der bei der Klonierung durch die Passagier-DNA (Insert-DNA, DNA-Insert) substituiert oder replaziert (replacement vector) wird, sind von multiplen Restriktionsschnittstellen begrenzt. Nach Verdau mit einem Restriktionsenzym werden die drei entstehenden Restriktionsfragmente (linker Arm, stuffer, rechter Arm) entweder im Sucrosegradienten oder durch Agarose-

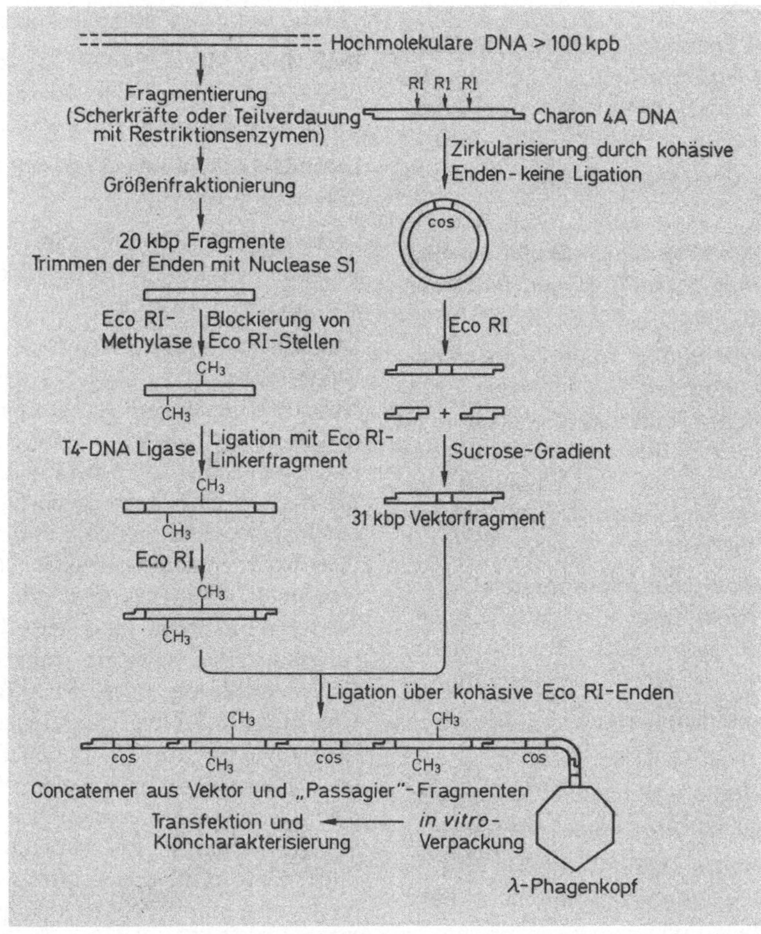

Abb. 34. Herstellung einer Genbibliothek (Genbank). Nach MANIATIS T, HARDISON RC, LACY E, LAVER J, O-CONNELL C, QUON D, SIM GK, EFSTRATIADIS A (1978) Cell 15:687–701. *Charon 4A DNA* = Lambda DNA. Aus: Molekulare Genetik, Georg Thieme Verlag, 1985 [27]

gelelektrophorese aufgetrennt. Linker Arm A_L, Passagier-DNA P und rechter Arm A_R werden dann im gleichen Verhältnis gemischt und enzymatisch mit Hilfe von T4-DNA-Ligase ligiert. Dabei entstehen Concatemere genannte, lange Tandemfolgen aus DNA-Armen und Passagier-DNA:

$5'$ A_L PA_R A_L A_R PA_L A_L PA_R ... $3'$ etc., die in vitro in Phagenpartikel verpackt werden. Hierbei werden nur von zwei cos-Stellen (*co*hesive end *s*ite) flankierte DNA-Teile von etwa der Länge des Lambda-Phagengenoms (≈ 50 kb, von cos-Stellen flankiert) verpackt. Je eine cos-Stelle liegt am äußeren Ende des linken und des rechten Arms. Phagen, die eine DNA der Folge $A_L PA_R$ enthalten, sind sog. rekombinante Phagen. Kombinationen wie $A_L A_L A_L A_R$ etc. werden dabei nicht verpackt, da die kritische DNA-Länge (≈ 49 kb) zwischen zwei cos-Stellen unter- oder überschritten wird. Artefakte dieser Art limitieren lediglich die Ausbeute an rekombinanten Phagen. Wegen der Größenselektion bei der Verpackung müssen Passagier-DNAs möglichst wohldefinierter Größe, die eine kritische DNA-Länge weder unter- noch überschreiten, zur Klonierung verwendet werden. Nur dann ist bei den jeweils gegebenen Armlängen eines Lambda-Vektors eine Verpackung der rekombinanten DNA gewährleistet. Es gibt derzeit etwa 20 verschiedene Lambda-Vektoren (z. B. der Charonfamilie oder Lambda gtwes × Lambda B), die sich je nach der Problemstellung unterschiedlich gut für verschiedene molekulare Klonierungen eignen.

Literatur

Murray NE, Murray K (1974) Nature 251:476
Rambach A, Tiolais P (1974) Proc Natl Acad Sci 71:3927
Thomas M et al. (1974) Proc Natl Acad Sci 71:4579

Leader. Jede in $5'$-Richtung vor dem Startcodon AUG oder GUG liegende RNA-Sequenz einer mRNA ↑Genstruktur in Eukaryonten, ↑Translation

Leaf-Disc-Transformation. Genetische Transformationen von Blattscheiben durch ↑Agrobakterien vermittelten Gentransfer, ↑Transformation

Leserahmen (reading frame). = Leseraster; ↑Mutation

Lichtinduzierbare Promotoren. Höhere Pflanzen reagieren als photosynthetisch tätige Organismen in vielfacher Weise auf Lichteinflüsse, was der Gentechnik an Pflanzen eine Reihe von Promotoren lichtinduzierbarer Gene beschert. Als wichtigste werden augenblicklich der Promotor des Gens der kleinen Untereinheit der *R*ibu*l*ose-1,5-*bis*phosphat-*C*arboxylase (RUBISCO; rbcs *r*ibulose-1,5-*b*isphosphate-*c*arboxylase *s*mall unit) und der Promoter eines Chlorphyll a/b-bindenden Proteins verwendet; ersterer gestattet die Expression einer nachgeschalteten, polypeptidcodierenden Sequenz bis zu 50% des Gesamtproteins einer pflanzlichen Zelle. Daneben sind Promotoren der Chalkonsynthase (CHS-Gen, Blaulichtregulation) und Promotoren von Genen, die über Rotlicht (660/730 nm; Hellrot/Dunkelrot-System = Phytochromsystem) reguliert werden, von gentechnologischem Interesse.

Ligasen. Enzyme, die Nukleinsäuremoleküle (DNA oder RNA) kovalent verknüpfen ↑DNA/RNA-modifizierende Enzyme

Ligation. Verknüpfung von zwei oder mehreren Nukleinsäuremolekülen durch Ligasen, speziell von Fremd-DNA und Vektor-DNA durch DNA-Ligase ↑Molekulare Klonierung

LINES. Long interspersed sequences, wie die KpnI-Familie der Primatengenome (mit Schnittstellen für das Restriktionsenzym KpnI). Im Gegensatz zu den SINES (Short interspersed sequences, wie die Alu-Familie) sind die intermittierten Sequenzen statt einiger hunderte einige tausend Basenpaare lang. Die bekannte KpnI-Familie kommt in etwa 50000 Kopien pro Humangenom vor und umfaßt damit bereits 8% der Gesamt-DNA oder 20% der repetitiven DNA. Die übrige intermittierte, repetitive DNA (interspersed repetitive DNA) entfällt bei jeweils erheblich geringerem Anteil auf tausende weitere verwandte Familien (related families) repetitiver Sequenzen. Ein niedrigerer Prozentsatz repetitiver Sequenzen entfällt, neben LINES und SINES, auf nacheinander aufgereihte (clustered) repetitive Sequenzen, die als Cluster an einem oder mehreren chromosomalen Orten auftreten; diese Sequenzen bestehen oft aus Einheiten einfacher Hexa- oder Oktanukleotidabfolgen mit Variationen eines Grundmotivs (simple sequence DNA) und umgeben als Satelliten-DNA (satellite DNA, sat-DNA) ↑Centromere und DNA-Sequenzen des konstitutiven Heterochromatins (↑Chromosomen).

Linker. = DNA-Linker; ↑Modifikation von DNA-Enden

Linker-Scanning. Neben einer definierten kanonischen Sequenz (consensus sequence), wie der −35-Sequenz (entry site; tGACa) und der Pribnow-Schaller-Box (TATAAT; mit *G* bzw. *T* als −35 bzw. −10) wichtiger prokaryontischer Promotoren, gibt es weitere Erkennungsstellen aus zwei konservierten Motiven oder Topologiemerkmalen in wohldefiniertem Abstand (Spacer). Dieser garantiert die optimale Positionierung der kanonischen Sequenzen oder Struktureigenheiten in die aktiven Zentren (active sites) der spezifisch an die DNA bindenden Proteine (DNA binding proteins; regulatorische Proteine, Polymerasen etc.). Der Spacer bzw. Linker, der beide Sequenzmotive oder topologische Motive verbindet, zeigt keine Sequenzeigenheiten in Form konservierter Sequenzen oder topologischer Auffälligkeiten; seine Länge in Basenpaaren kann daher durch geeignete Oligo-(dA)-, Oligo-(dC)-, Oligo-(dG)- und Oligo-(dT)-Linker der Längen 1, 2, 3, . . . , n Basenpaare nach der optimalen Distanzierung der Motive (spacing) abgesucht werden. Sollten die homopolymeren Linker unterschiedlich starke Bindungen des Proteins gestatten ($-\Delta G$ der freien Enthalpie der Bindung = Affinität des Proteins mit der Bindungsstelle; binding site), so müssen zusätzlich definierte Basen als Haftpunkte vorhanden sein. Das Abtasten der Distanz zwischen zwei Motiven einer Bindungsstelle und die weitere Suche nach Haftpunkten mittels synthetischer Linker definierter Länge (und ggf. Sequenz) bezeichnet man als Linker-Scanning. Für die weitverbreiteten σ^{70}-Promotoren in *E. coli* findet man Abstände von 14−19 Basenpaaren zwischen dem −35 G und −10 T als unbedingt erforderlich, wenn die Sequenz als Promotor fungieren soll. Kleinere oder größere Abstände liefern keine Genprodukte mehr. Eine optimale Promotorstärke ergibt sich für Spacer von 16 und 17 Basenpaaren Länge; 14, 15, 18 und 19 Basenpaarabstände legen schwache Promotoren fest.

Liposomen-vermittelter Gentransfer (liposome mediated gene transfer). ↑Gentransfer

Lokale Mutagenese (local(ised) mutagenesis). = Gezielte Mutagenese; ↑Gerichtete Mutagenese

Long Terminal Repeats (LTRs). Terminale Sequenzwiederholungen retroviraler Genome ↑Replikation

Loopkartierung (loop mapping). = Schleifenkartierung ↑Berk-Sharp-Kartierung, ↑Elektronenmikroskopie von Nukleinsäuren, ↑D-Schleife, ↑R-Schleife

Luciferase-Gen. Luciferase-codierende Gene aus Leuchtkäferarten der Gattung *Photinus* oder aus marinen Leuchtbakterien werden als chimäre Reportergene, z.B. für ↑Pflanzenvektoren verwendet. Die Luciferase oxidiert (unter ATP- und Sauerstoffverbrauch) das zugegebene Luciferin, welches unter Emission von Lichtquanten reagiert. Das emittierte Licht, dessen Wellenlänge durch das Enzymprotein festgelegt ist, dient dem Nachweis eines erfolgten Gentransfers.

Luminol. Ein Substrat, das bei Umsatz über Meerrettichperoxidase (*horse radish peroxidase*, HRP) Lichtblitze erzeugt, was in einem ↑ECL-Gen-Detektionssystem zum DNA-Nachweis dient ↑Enzym-conjugierte Antikörper

Lysogenie. Erblicher Zustand einer prokaryontischen Zelle, in der ein Phagengenom eines temperenten Phagen als Prophage in das Wirtsgenom integriert ist (z.B. Lambda-lysogene *E. coli*-Stämme). Nach Induktion kommt es im lytischen Zyklus zur Phagenvermehrung bei gleichzeitiger Lyse der Wirtszelle.

Lysozym. Phagen-codiertes Enzym, das die Zellwände vieler Baktieren hydrolysiert. Im Labor erhält man durch Lysozymbehandlung einen einfachen Zellaufschluß zur Isolierung von Nukleinsäuren oder Proteinen oder bakterielle Sphäroplasten oder Protoplasten für eine ↑Transformation oder Fusion. Das in der Gentechnik eingesetzte Lysozym entstammt meist dem Hühnereiklar, woraus es leicht und in großer Menge gewonnen werden kann.

M

M13-Klonierungs-/Sequenzierungssystem (M13 cloning/sequencing system). Bifunktionelles, auf dem M13-Phagen basierendes Vektorsystem, das Klonierung und Sequenzierung von Fremd-DNA erlaubt ↑DNA-Sequenzierung, ↑M13-Vektoren, ↑Säugervektoren

M13-Vektoren. Aus dem männchenspezifischen (*male specific*), filamentösen Einzelstrang-DNA Phagen M13 (aus der M13-Klasse, mit den Vertretern M13, fd und fl der *E. coli*-Phagen) konnten MESSING et al. 1977 das erste M13-Klonierungs-/Sequenzierungssystem entwickeln und fortlaufend verbessern. M13-Phagen infizieren eine F^+ *E. coli*-Zelle, die den F-Faktor (*fertility factor* oder *sex factor*) als Episom enthält, über die von diesem ‚männlich‘ genannten Phänotyp produzierten Sexualpili (*sex pili*). Diese Pili sind Röhren, über die bei Kontakt mit F^--Zellen (weibliche Zellen ohne F-Faktor) ein Transfer des F-Faktors von der F^+-Zelle (*male*) in die F^--Zelle (*female*) erfolgt. In sog. Hfr-Stämmen (F^+-Zellen mit über looping in ins Genom integriertem F-Faktor) kann bei einer solchen Konjugation als parasexuellem Prozeß neben dem F-Faktor auch genomisches Genmaterial in erheblichem Umfang übertragen werden. Der F-Faktor codiert überwiegend wichtige Proteine für die Sexualfunktion. Beim Herauslösen (*looping out*) eines ins Genom integrierten F-Faktors können genomische Sequenzen, z. B. das lac-Operon (codiert die Enzyme β-Galactosidase, ˙Lactosepermease und eine Transacetylase des Lactoseabbaus) auf den F-Faktor gelangen, der dann als substituierter F-Faktor oder F prime (F′-Faktor) bezeichnet wird. Im Falle der Substitution mit dem lac-Operon heißt der F′-Faktor präzise F′lac. Ein solcher F′ΔlacZ-Faktor mit einem wegen einer Deletion defekten lacZ-Gen, das eine funktionsuntüchtige β-Galactosidase (also ein defektes Enzym, welches Laktose nicht mehr in Glucose und Galaktose spaltet), codiert, spielt bei der Entwicklung des *E. coli*/ M13-Klonierungssystems eine wichtige Rolle.

Die über einen Sexualpili vom M13-Phagen in eine F⁺-Zelle übertragene einzelsträngige DNA wird in der Zelle in eine doppelsträngige, replikative Form (RF-Form des Phagen M13) überführt. Diese RF-Form dirigiert die Synthese aller Phagenproteine sowie die Montage infektiöser M13-Phagenpartikel aus Virusprotein und einzelsträngiger DNA, kurz die Phagenvermehrung. Nach Lyse der Zelle werden die neuen Phagenpartikel freigesetzt, was unter der für Phagen typischen Plaquebildung (Löcher) auf einem Bakterienrasen von F⁺-Zellen sichtbar wird. Die RF-Form kann als *c*ovalently *c*losed *c*ircular (ccc Form) DNA wie ein Plasmid gereinigt und als DNA-Vektor wie ein Plasmidvektor verwendet werden. In einem intergenischen Bereich, der keine Funktion besitzt, befindet sich in allen M13-Vektoren, die mit M13mp1, M13mp2 ... ... M13mp19 bezeichnet werden, ein in vitro gentechnisch eingebauter Teil des lac-Operons mit Promo-

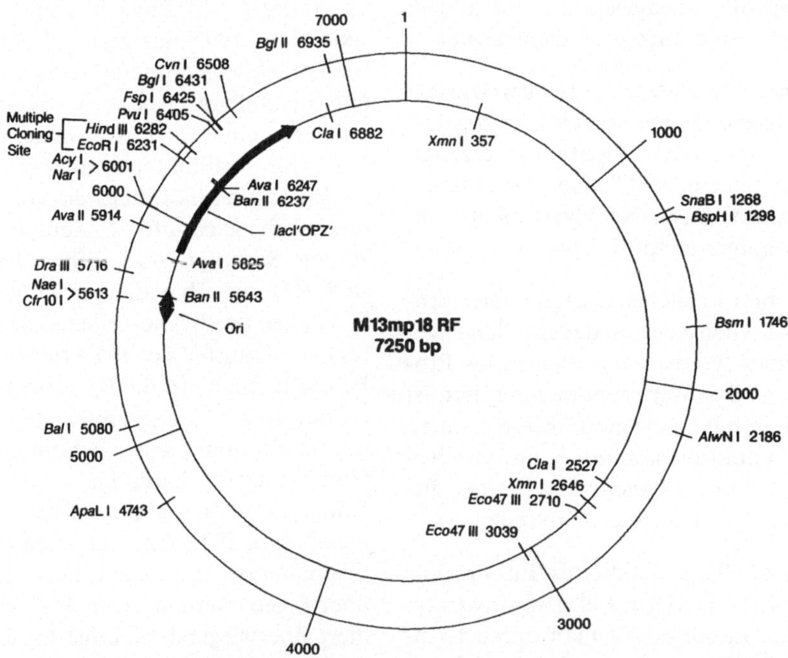

Abb. 35 a. Genkarte M13mp18RF. Reproduziert mit freundlicher Genehmigung der Firma GIBCO BRL, Karlsruhe

166

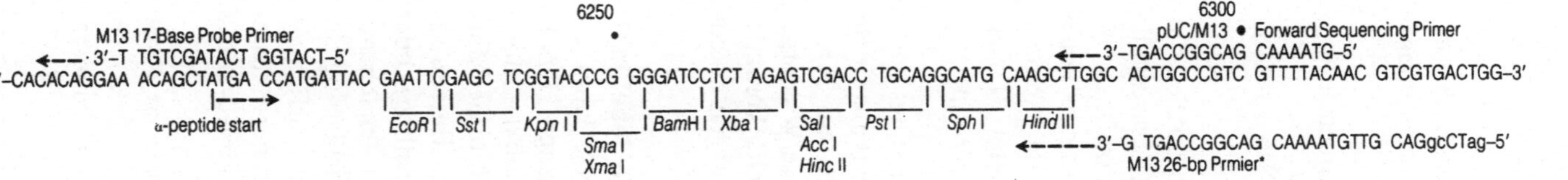

Abb. 35 b. Multiple Klonierungsstelle des Vektors M13mp18. Reproduziert mit freundlicher Genehmigung der Firma GIBCO BRL, Karlsruhe

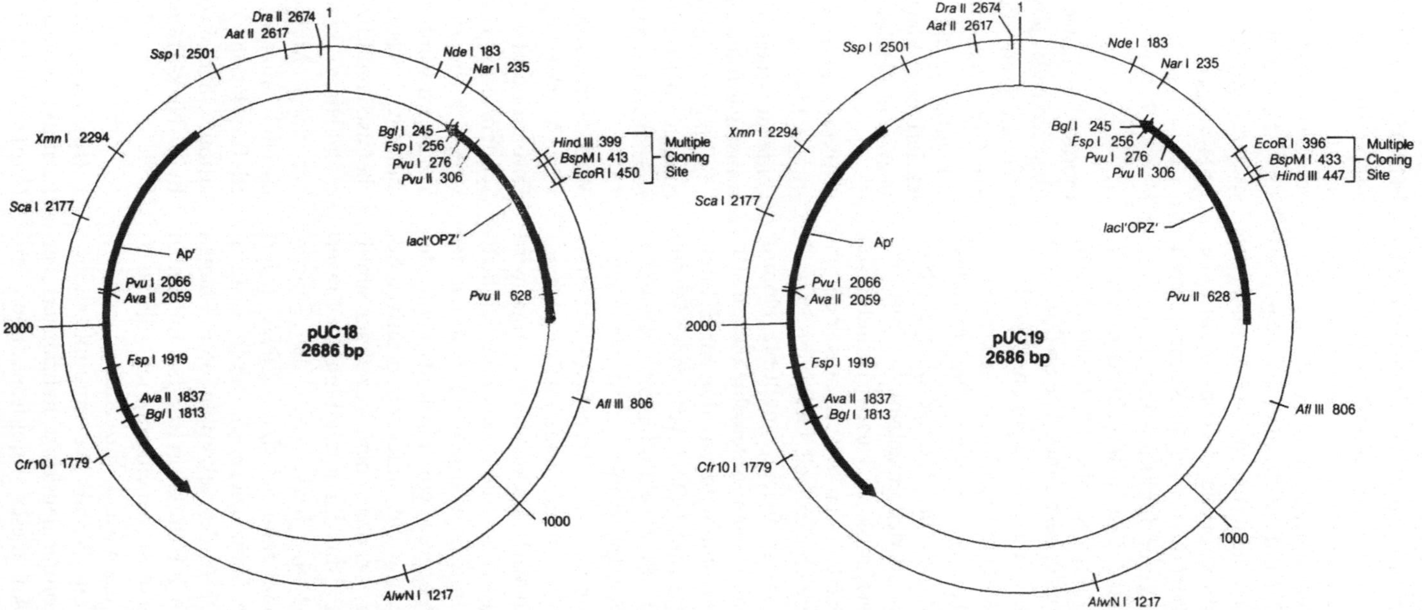

Abb. 36. Die pUC-Vektoren verfügen wie M13mp-Vektoren über homologe multiple Klonierungsstellen und einen α-Peptid codierenden Teil des lacz-Gens. Als pBR322-Derivate besitzen sie Plasmidcharakter, können sonst aber ähnlich wie die viralen M13mp-Vektoren als Klonierungs- und Sequenzierungsvektoren verwendet werden. Reproduziert mit freundlicher Genehmigung der Firma GIBCO BRL, Karlsruhe

tor, Operator und N-terminalem Abschnitt des lacZ-Gens, der eine defekte β-Galactosidase codiert. Die Einschleusung einer solchen M13mp-RF-DNA in einen *E. coli*-lacZ-Stamm, der wegen des teilweise deletierten lacZ-Gens ebenfalls keine funktionelle β-Galactosidase besitzt, führt über sog. ↑α-Komplementation zu einer funktionstüchtigen β-Galactosidase. Die entsprechenden *E. coli*-F′-lacZ-Wirte werden als *E. coli* JM101, JM102 usw. bezeichnet. Die Spaltung des farblosen Laktoseanalogons Xgal (5-Bromo-4-chlor-3-indolyl-β-D-Galaktosid) über die intake β-Galaktosidase führt dann zur Bildung blaugefärbter Plaques. In den einzelnen M13mp-Formen (M13mp1, 2, 3 usw.) befindet sich im äußersten, den N-Terminus codierenden Bereich des lacZ-Gens eine je nach Vektor verschiedene „multiple cloning site" mit vielen unterschiedlichen Restriktionsschnittstellen, die zur Klonierung von Insert-DNA verwendet werden können. Eine rekombinante RF-Form mit DNA-Insert in der multiple cloning site kann nach der ↑Transfektion in einen *E. coli* JM-Stamm keine ↑α-Komplementation bewirken. Das Substrat Xgal wird nicht gespalten, die Plaques bleiben farblos. Damit liegt in den RF-Formen der M13-Vektoren ein Plasmidsystem der Klonierung mit einfacher, positiver Selektion vor, das zudem wegen der simultanen Produktion rekombinanter Einzelstrang-DNA leicht nach der Sanger-Methode sequenzierbare DNA liefert (↑DNA-Sequenzierung). Die einzelsträngige DNA des rekombinanten Phagen muß nach Extraktion lediglich mit einem „universal sequencing primer", der zu einem kurzen Stück einzelsträngiger M13-DNA am 3′-Ende der „multiple cloning site" komplementär ist, hybridisiert werden. An dieser Funktionseinheit aus

M13-Matrize und „universal primer" kann dann sofort die Sequenzierung des Inserts nach dem Sanger-Protokoll erfolgen. M13-Vektoren werden deshalb auch als M13-Klonierungs-/Sequenzierungssystem bezeichnet.

↑DNA-Vektoren, ↑DNA-Sequenzierung

Literatur
Messing J et al. (1977) Proc Natl Acad Sci 74:3642

Marker. = Markiergen; jedes Allel, das über sexuelle Kreuzung, ↑Parasexuelle Mechanismen oder ↑Gentransfer in einen Organismus eingebracht, dort einen eindeutigen und leicht erkennbaren/selektierbaren Phänotyp erzeugt ↑DNA-Vektoren, ↑Hefevektoren, ↑Blotting

Markerrescue. Reisolierung eines genetischen Markers und Nutzgens aus einem gentechnischen Wirt, in den ein ↑Gentransfer erfolgte. Durch diese Wiedergewinnung lassen sich mögliche Veränderungen im Marker und Nutzgen erkennen. ↑Cosmidrescue

Markierung von DNA (DNA labelling). Eine Markierung von DNA kann als Endmarkierung (end-labelling, ↑DNA-Sequenzierung) oder innerhalb des Moleküls, d.h. intern erfolgen. Interne Markierungen werden durch den Einbau radioaktiver (radioactive labelling) oder chemisch modifizierter Vorstufen (chemical labelling) erzielt. Zur Markierung stehen zwei Methoden zur Verfügung: **1.** Nick-Translation. **2.** Primer-Extended-Translation, Random-primed-Translation, Oligolabelling.
Bei Nick-Translation werden von DNaseI Einzelstrangbrüche (nicks) gesetzt, die dann von der DNA-Polymerase I (Kornberg-Enzym) mit ihrer 5′→3′-Exonukleaseaktivität zu einer Lücke (gap) erweitert werden können. Die Poly-

meraseaktivität des Kornberg-Enzyms füllt danach die Lücke durch Einbau vorgegebener Nukleotide auf (↑Reparatur), was eine Markierung der DNA bedingt.
Bei der Primer-extended-Translation wird nach Bindung des Primers an einen einzelsträngigen Matrizenstrang der Primer mit Klenow-Polymerase unter Einbau markierter Nukleotide verlängert. Das Priming erfolgt zumeist mittels kurzer Oligonukleotide (Zufallssequenzen; random primers; Oligolabelling). Die so erhaltenen DNA-Sonden können dann zum Absuchen (screening) von ↑Genbanken oder ↑Blotting-Verfahren aller Art eingesetzt werden.
Markierte RNA-Sonden können über SP6- oder T7-↑ in vitro-Transkriptionssysteme oder ↑Qβ-Replikase gewonnen werden.

Literatur
Berger SL, Kimmel AR (eds) (1987) Guide to Molecular Cloning Techniques: Methods in Enzymology, vol 152. Academic Press
Maniatis T, Fritsch EF, Sambrook I (1982) Molecular Cloning – A Laboratory Manual. Cold Spring Harbor Laboratories
Perbal B (1989) A Practical Guide to Molecular Cloning, 2nd edn. John Wiley & Sons

Maturation. Sämtliche Prozesse während und nach der Transkription von rRNA-Genen, die aus dem rRNA-Vorläufermolekül (precursor) reife rRNA liefern. In ihrem Mechanismus verschiedene Reifungsprozesse der mRNA werden dagegen ↑Processing genannt; alle Prozesse, die zur Reifung von tRNA führen, werden als ↑Trimming bezeichnet.

Maxam-Gilbert-Sequenzierung. Chemische Methode der ↑DNA-Sequenzierung

Maxizellsystem. ↑Minizellsystem; ↑Gene Screening

Meerrettichperoxidase (*horse radish peroxidase*, HRP). ↑Enzym-conjugierte Antikörper, ↑ECL-Gen-Detektionssystem

Methotrexat. Inhibitor der Dihydrofolat-Reduktase (DHFR). Methotrexatresistenzgene werden in der Säugergenetik als selektive ↑Marker verwendet. Resistenzen können auch durch eine selektive Überreplikation von DHFR-Genen (Gendosiseffekt) bedingt sein.
↑Säugervektoren

Methylquecksilberhydroxid (*methylmercury hydroxide*). Ein Nukleinsäuredenaturierendes Agens; ↑denaturierende Gele

Microsequencing. Sequenzierung von Proteinen in kleinstem Maßstab (Picomol-Bereich), ↑Proteinsequenzierung, ↑Automatisierte Proteinsequenzierung

Mikroinjektion. ↑Gentransfer, ↑Gentransfer in Eizellen

Mikrosomen. Mikrosomen der Bauchspeicheldrüse des Hundes (canine pancreas microsomes) erlauben nach Zugabe in zellfreie Translationssysteme das Verfolgen des co- und posttranslatorischen (co- and posttranslational) Proteinprocessings, z. B. das Abspalten von Signalpeptiden, Membranintegrationen und Glykosylierungen. Auf diese Weise kann vor Erzeugung eines transgenen Organismus das korrekte, für die Funktion erforderliche Processing des Proteins und damit die Funktionstüchtigkeit des Fremdgens vorgeprüft werden.

minA minB Mutanten. Die minA minB Doppelmutanten von *E. coli* bilden Minizellen, in die lediglich Plasmide, aber nicht das Genom segregieren. In diesen Minizellen können die Genprodukte rekombinanter Klone studiert werden. ↑Gene Screening

Minichromosomen. 1. = ↑Artifizielle Chromosomen (artificial chromosomes). **2.** = mit Histonen komplexierte SV40-DNA als Modellobjekt für Chromatin-Assembly-Studien.
Wegen der Mehrdeutigkeit des Begriffs sollten ↑artifizielle Chromosomen nicht mehr als Minichromosomen bezeichnet werden.

Minipräparation (minipreperations, minipreps). Gewinnung von DNA-Vektoren oder rekombinanter DNA von Bakterien einer einzelnen Kolonie oder Phagen eines Plaques, also in einem Klein- oder Minimaßstab ↑Birnboim-Doly-Methode, ↑Eckhardt-Methode

Minisatelliten. Kurze DNA-Sequenzen von ‚simple sequence DNA‘-Charakter, die in vielen Kopien über das Genom verteilt sind. Im Gegensatz dazu bestehen echte Satelliten-Cluster aus Sequenzvarianten von ‚simple sequence DNAs‘ mit Häufungen im konstitutiven Heterochromatin und dem Bereich der ↑Centromere. Da die Anzahl der Minisatelliten in einem DNA-Abschnitt von Individuum zu Individuum schwanken kann, eignen sich Minisatelliten hervorragend als ↑Marker für ein genetisches ↑Fingerprinting und somit für die forensische Genetik.

Minizellsystem. minA- und minB-Mutanten von *E. coli*-Stämmen teilen sich in ungleich große Zellen, die normale Wildtypzelle und eine kleinere, sog. Minizelle. Diese erhalten bei der Teilung kein bakterielles Genom, sondern lediglich Plasmidkopien. Daher kann die Expression plasmidcodierter Gene (z. B. rekombinanter Klone) in Minizellen gut studiert werden. Ähnliches ist mit normalen *E. coli*-Zellen, deren Genom durch Strahlung inaktiviert wurde (Maxizellen), möglich ↑Gene Screening

Minus 10-Box. = Pribnow-Schaller-Box; konservierte Region (Sequenz: TATAAT) in prokaryontischen Promotoren ↑Genexpression in Prokaryonten

Minus 35-Box (entry site). Konservierte Region (Sequenz: TTGaca) 35 bp in 5′-Richtung vom Transskriptionsstart in prokaryontischen Promotoren ↑Genexpression in Prokaryonten

mob-Gene. Die tra- oder mob-Gene codieren Funktionen, die eine Übertragung mobilisierbarer Plasmide von einem Bakterium in ein anderes gestatten.

Mobile genetische Elemente (mobile elements). ↑Transposone

Mobilisierbare Plasmide. = Plastramide; jedes Plasmid, das über einen sexuellen ori (oriT, origin der Transferreplikation; bom-site) verfügt und daher über Transfergene (Tra-Gene in cis- oder trans-Stellung) innerhalb verschiedener Bakterienarten übertragen werden kann ↑DNA-Vektoren, Plasmidvektoren, ↑Agrobakterien-vermittelter Gentransfer

Mobility-Shift-Experiment. = ↑Gelretardationsexperiment

Modifier. = Modulator; jede in 5′-Richtung vor einer eukaryontischen Promotorregion befindliche DNA-Sequenz, welche die Transkriptionsrate eines in 5′- oder 3′-Richtung benachbarten Genes entweder erhöht (↑Enhancer) oder vermindert (↑Silencer) ↑Genexpression in Eukaryonten, ↑Transkription

Modifikation von DNA-Enden. Molekulare Klonierungen erfordern häufig eine Anpassung inkompatibler Enden zwischen Passagier-DNA (Insert-DNA, DNA-Insert, Insert; passenger DNA, insert DNA, DNA insert) und Vektor, die dann eine ↑Ligase-vermittelte kovalente Verknüpfung (Ligation) beider Moleküle zu einem rekombinanten Vektor (recombinant vector, recombinant DNA) ermöglicht. Eine solche Anpassung von DNA-Enden (Adaptation, Kompatibilität; compatibility) kann auf 5 verschiedene Arten der Modifikation erzielt werden: **1.** Enzymatische Modifikation. **a.** Auffüllreaktion (Fill in, Polymerase-Fill in; polymerase fill in, Klenow fill in). 5′-überstehende DNA-Enden (5′ protruding ends) können in Anwesenheit der 4 Nukleosidtriphosphate als Vorstufen durch DNA-Polymerase zu glattendiger DNA (blunt end DNA, flushed end DNA) ergänzt (aufgefüllt, komplementiert) werden:

$$\text{— CTTAA 5′} \quad \xrightarrow[\text{dNTPs, Mg}^{2+}]{\text{DNA-Polymerase}} \quad \text{— CTTAA 5′}$$
$$\text{— G} \qquad 3′ \qquad\qquad \text{—GAATT 3′}$$

Als DNA-Polymerase dient *E. coli*-DNA-Polymerase I (= Kornberg-Enzym) oder, erheblich besser, ihr Derivat, das Klenow-Fragment oder die Klenow-Polymerase (Klenow fragment, Klenow polymerase), welches nicht mehr über eine störende 5′→3′-Exonukleaseaktivität des Kornberg-Enzyms verfügt. **b.** Exonukleolytischer Abbau zu glattendiger DNA. 5′- wie 3′-überstehende DNA-Enden (5′- oder 3′-protruding DNA ends) können mit einzelstrangspezifischen Nukleasen (single strand specific nucleases, ss-specific nucleases) zu glattendiger DNA (blunt end DNA, flushed end DNA) abgebaut werden (hydrolysis of DNA ends):

$$\text{—— CTTAA 5′} \quad \xrightarrow[\text{Nuklease, Zn}^{2+}]{\text{Es-spezifische}} \quad \text{—— C 5′}$$
$$\text{—— G} \qquad 3′ \qquad\qquad \text{—— G 3′}$$

*E*inzelstrang*s*pezifische Nukleasen (Es-spezifische Nukleasen) können aus *Aspergillus oryzae, Vigna radiata* (Mungobohne; mungbean) und *Neurospora grassa* verwendet werden; bevorzugt verwendet wird die leichter präparierbare S_1-Nuklease aus *Aspergillus oryzae*.

Da nach enzymatischer Modifikation glattendige Inserte nicht über einfachen Restriktionsverdau aus einem rekombinanten Vektor reisolierbar sind, wird häufig eine Linker- oder Adaptor-Technologie für die Anpassung von DNA-Enden angewandt. **2.** Linker-Technik (DNA-Linker-Technik, Linker-Technologie). Linker sind einzelsträngige, synthetisch erzeugte Oligodesoxynukleotide, die anhand ihrer Selbstkomplementarität in Selbstreassoziation (self annealing) glattendige DNA-Duplices ausbilden. Gewöhnliche Linker verfügen über lediglich eine singuläre Restriktionsstelle, nach der sie dann auch benannt werden, also z. B. EcoRI-Linker, BamHI-Linker etc. Sogenannte Polylinker (Mehrzweck-Klonierungsstellen; polylinkers, *m*ultiple *c*loning *s*ite, mcs, multiple purpose cloning site) hingegen besitzen Restriktionsschnittstellen mehrerer Restriktionsenzyme und sind daher vielseitiger einsetzbar. Der doppelsträngige, glattendige DNA-Linker, z. B. der EcoRI-Linker:

$$\downarrow$$
$$\text{5′ CCGAATTCGG 3′}$$
$$\text{3′ GGCTTAAGCC 5′}$$
$$\text{EcoRI} \uparrow$$

wird unter den Bedingungen optimaler Ligation glattendiger DNA (blunt end ligation) an glattendige DNA in ligasegesteuerter Reaktion angefügt. Nach Spaltung mit dem korrespondierenden Restriktionsenzym (im Beispiel: EcoRI) ergibt sich dann eine DNA mit entsprechenden Termini (hier: EcoRI-Enden), die bequem in die EcoRI-Stelle eines Vektors einfügbar ist. Zusätzliche Restriktionsspaltungen innerhalb des Vektors oder des Passagiers werden durch eine der Restriktionsspaltung vorausgehende Methylierung interner Schnittstellen durch eine korrespondierende DNA-

Methylase (im Beispiel: EcoRI-Methylase) unterbunden. Die Linker-Technik ist deshalb auf solche Spaltenden begrenzt, bei denen für das zu verwendende Restriktionsenzym eine hochgereinigte (cloning grade) korrespondierende DNA-Methylase vorliegt und eine Methylierung der Spaltsequenz die Aktivität des Restriktionsenzyms hemmt, was für die meisten der in der Gentechnik verwendeten Restriktionsenzyme des Typs II nicht gegeben ist. Eine generelle Möglichkeit der Modifikation von DNA-Enden für molekulare Klonierungen eröffnet dagegen die Adaptor-Technik. **3.** Adaptor-Technik (Adaptor-Technologie, siehe Bahl et al. 1978). In der Adaptor-Technik unterscheidet man zwei Formen von Adaptoren (adaptors), nämlich: **a.** Präformierte Adaptoren (Fertigadaptoren; preformed adaptors, ready made adaptors). Ready-made-Adaptoren sind synthetische, einzelsträngige Oligodesoxynukleotide, deren Sequenz zum einen eine vollständige Basenpaarung mit den kohäsiven Enden (klebrige Enden; cohesive ends, sticky ends) der umzuwandelnden Schnittstelle erlaubt und weiterhin die vollständige Erkennungs- und Spaltsequenz eines Restriktionsenzyms trägt, um somit eine Umwandlung in die Schnittstelle dieses Restriktionsenzyms zu ermöglichen. Ein „EcoRI-zu-SmaI"-präformierter Adaptor (EcoRI to SmaI adaptor) zeigt somit folgende Sequenz:

5′ AATTCCCGGG 3′

mit AATT als kohäsivem EcoRI-Ende und CCCGGG als kompletter SmaI-Erkennungs- und Spaltstelle. Die spontan erfolgende Reassoziation dieses Adaptors (Annealing) an kohäsive EcoRI-Enden gestattet nach ligasegesteuerter, kovalenter Anfügung des Adaptors die Erzeugung eines zirkulären DNA-Moleküls

mit einer zusätzlichen SmaI-Schnittstelle. Zumeist wird die in der Adaptor-Technik eingesetzte Passagier-DNA (passenger DNA) nach einer Auffüllreaktion ligasevermittelt in einen glattendigen Vektor eingefügt. Das im rekombinanten Vektor von SmaI-Schnittstellen flankierte Insert erlaubt dann eine gewünscht problemlose Reisolierung per einfachem SmaI-Verdau. **b.** Konversionsadaptoren (conversion adaptors). Konversionsadaptoren sind partielle DNA-Duplices mit einer Restriktionsschnittstelle im Duplexbereich, flankiert von zwei sequenzverschiedenen Einzelstrangsequenzen (Simplexsequenzen), die zu den kohäsiven Enden der Restriktionsenzyme R_1 und R_2 komplementär sind. Nach Ligasereaktion mit kovalenter Verknüpfung des Konversionsadaptors an die kohäsiven R_1-Enden des Passagiers erfolgt dessen Einfügung in die kohäsiven R_2-Enden eines Vektors. Das per Konversionsadaptor einklonierte Insert kann danach via Restriktionsverdau mit dem Restriktionsenzym, für das eine Schnittstelle im Duplexbereich des Adaptors vorgegeben war, reisoliert werden, was für Umklonierungen von entscheidender Bedeutung ist. Ein „EcoRI zu BamHI"-Konversionsadaptor mit XhoI-Schnittstelle hat demgemäß folgende Struktur:

$$\downarrow$$

5′ AATTCTCGAG   3′
3′   <u>GAGCTC</u>CTAG 5′
      XhoI $\uparrow$

(mit AATT als kohäsivem EcoRI-Ende und CTAG als kohäsivem BamHI-Ende) und bildet sich in Reassoziation (annealing) spontan aus den synthetisch hergestellten Oligonukleotiden AATTCTCGAG und GAGCTCCTAG. Die Adaptor-Technologie, speziell die Verwendung von Konversionsadaptoren, liefert somit eine elegante und generelle Lösung sämtlicher in der ↑Gentechnik zwischen Vektor- und Passagier-DNA auftretender Inkompatibilitätsprobleme. Häufig ergibt sich aber auch eine Umwandlung von Restriktionsschnittstellen über eine intermediäre Klonierung des Passagiers in ein „Restriktionsschnittstellenumwandlungsplasmid". **4.** Intermediäre Klonierung des Passagiers in ein „Restriktionsschnittstellenumwandlungsplasmid" (restriction site mobilizing plasmid). Eine vorübergehende Klonierung eines Passagiers in ein Plasmid mit einem Tandem identischer Polylinker (Mehrzweckklonierungsstelle; multiple cloning site, multiple purpose cloning site, polylinker) oder einer Anordnung aus Polylinker-Zwischenstück (spacer)-Polylinker ist vor allem für komplizierte Veränderungen eines Passagiers mit ursprünglich nichtidentischen Enden R_1 und R_2 in ebenso verschiedene Enden R_3 und R_4 besonders elegant. Im Gegensatz zur Adaptortechnologie gestalten sich Umwandlungen identischer R_1-Enden zu verschiedenen Enden R_2 und R_3 hier besonders einfach. Das Polylinkertandem oder das Polylinker-Spacer-Polylinker-Element solcher ‚Schnittstellenumwandlungsplasmide' wird als (Restriktions-)Schnittstellenumwandelndes Element (RSM = restriction site mobilizing element) bezeichnet. **5.** Homopolymer-Tailing, Tailing oder die Konnektor-Methode. Im Tailing werden homopolymere Enden, also Oligo (dA)-, Oligo (dT)-, Oligo (dG)- oder Oligo (dC)-Schwänze mit Hilfe des Enzyms TdT (Terminale Transferase, Terminale Desoxynukleotidyltransferase, Bollum-Enzym; BOLLUM 1974) aus Kalbsthymus an den Passagier angefügt. Diese homopolymeren Enden gestatten dann eine Hybridisierung an komplementäre (A oder T, G oder C), homopolymere Enden des

Vektors, der in separater Reaktion mit Terminaler Transferase ein Tailing erfahren hat (d. h. ‚getailt' wurde). Das Tailing ist besonders beim Einfügen von cDNA-Inserten, also bei der Erstellung von ↑cDNA-Genbanken, ein bevorzugtes Verfahren.

↑DNA/RNA-modifizierende Enzyme

Literatur
Bahl CP et al. (1978) Biochem Biophys Res Comm 81:695
Bollum FI (1974) In: Boyer PD (ed) Enzymes vol 10, 3rd edn. Academic Press

Molecular Biologicals. Reagentien für die Molekularbiologie

Molekulare Klonierung. Unter molekularer Klonierung oder rekombinanter DNA-Technik (molecular cloning, recombinant DNA technique or technology) versteht man jede Methode der in vitro-Neuverknüpfung von DNA (in vitro-Rekombination von DNA) und deren Einführung und identische Vermehrung (molekulare Klonierung) in ein belebtes, als Wirt oder Rezipient bezeichnetes System. Dazu sind drei Komponenten erforderlich: **1.** Ein ↑DNA-Vektor (DNA-Vehikel, Genvektor, Klonierungsvektor). **2.** Passagier-DNA (DNA-Insert, Insert-DNA, Fremd-DNA). **3.** Ein Wirtsorganismus (↑Wirte, hosts) oder Rezipient.
Eine molekulare Klonierung gliedert sich damit in zwei Teilschritte: **1.** Die in vitro-Verknüpfung (in vitro-Ligation) der Vektor-DNA mit der Passagier-DNA. **2.** Einführung (↑Gentransfer) des Hybridvektors in ein Wirtsystem, das die Erzeugung beliebig vieler identischer Kopien (molekularer Klone) der Passagier-DNA erlaubt.
Die Vektor-DNA muß die Fähigkeit der autonomen (selbsttätigen) Replikation im Wirtsystem besitzen. Wegen dieser Fähigkeit kann auch nach kovalenter in

vitro-Kopplung von Vektor-DNA und Passagier-DNA die gewünschte Passagier-DNA in beliebiger Menge mit stets identischer Basenabfolge als molekularer Klon vermehrt werden. Der Hybridvektor ist ein kleines DNA-Molekül, das als autonome genetische Entität leicht aus dem Wirt isolierbar ist. Die Passagier-DNA kann meist nach einfacher Restriktionsspaltung in reiner Form gewonnen und für weitere Experimente (z. B. als Gensonde; ↑DNA-Sequenzierung) eingesetzt werden. Für Genübertragungen, speziell in höhere Eukaryonten wie Pflanzen und Säuger, die eine Integration und genetische Expression der Passagier-DNA verlangen, erfolgt eine in vitro-Verknüpfung der Passagier-DNA mit einem integrativen Vektor, der eine hohe Tendenz zur Integration ins Wirtsgenom zeigt. Der integrative Vektor muß keine Fähigkeit zur autonomen Replikation besitzen. Mit der molekularen Klonierung einer Passagier-DNA ist deren genetische Expression, d. h. Transkription und Translation, nicht notwendig verbunden. Falls mit der molekularen Klonierung eine Genexpression gekoppelt sein soll, ist in vielen Fällen eine in vitro-Rekombination in sog. ↑Expressionsvektoren erforderlich. Die molekulare Klonierung von DNA beschränkt sich derzeit ausschließlich auf die Verwendung doppelsträngiger DNA-Moleküle (Vektor wie Passagier). Viren, die oft potente Vektorsysteme darstellen, besitzen häufig RNA oder einzelsträngige DNA als genetisches Material. Bisher fehlt es allerdings an einem geeigneten Enzymrepertoire, das eine molekulare Klonierung von RNA oder einzelsträngiger DNA erlauben würde. Ob sich deshalb in absehbarer Zeit RNA- oder Einzelstrang-DNA-Klonierungssysteme entwickeln lassen, bleibt abzuwarten.

174

↑cDNA-Genbank, ↑Genbank, ↑Genisolierung, ↑Klonierung

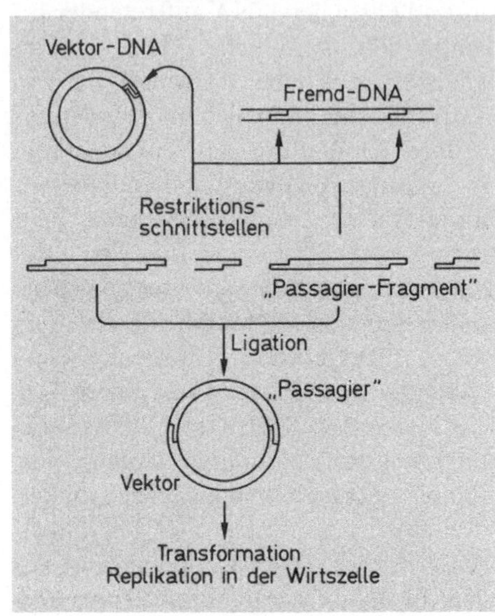

Abb. 37. Prinzip von DNA-Klonierungen. Aus: Molekulare Genetik, Georg Thieme Verlag, 1985 [28]

Molekulargewichtsstandard. ↑Elektrophorese

Mosaikgen (split gene). Jedes Gen mit alternierender Abfolge von Exonen und Intronen; ↑Genstruktur in Eukaryonten, ↑Genetik, ↑Gen, ↑Transkription

Multicopy-Plasmidvektoren. Alle Plasmidvektoren, die einer ↑relaxierten Kontrolle (relaxed control) der Kopienzahl unterliegen und daher spontan (10–100) und verstärkt nach ↑Amplifikation (mehrere 10000) in hoher Kopienzahl vorliegen ↑Plasmidvektoren, ↑DNA-Vektoren

Multiple Cloning Site (MCS). = Polylinker, Vielzweckklonierungsstelle; ↑M13-Vektoren, ↑Expressionsvektoren

Multipurpose Vectors (multifunctional vectors). Multifunktionelle Vektoren, Mehrzweck-Vektoren; pBR322 abgeleitete ↑DNA-Vektoren der neueren Generation, die eine ↑molekulare Klonierung, DNA-Sequenzierung, ↑gerichtete Mutagenese und/oder ↑in vitro-Transkription gestatten.

Mutation und Mutagenese. Jede nicht durch Neukombination (3. Mendel-Gesetz), also genetische Segregation der genetischen ↑Rekombination entstandene, vererbbare Änderung des genetischen Materials (DNA, bei Viren auch RNA) wird als Mutation bezeichnet. Sie wird von Generation zu Generation vererbt und ist als solche nachweisbar. Im Gegensatz dazu sind in Generationenfolge nicht stabil beobachtbare Änderungen eines Phänotyps als Modifikationen umweltbedingt und nicht erblich.

Mutationen umfassen unmittelbar Änderungen der Primärstruktur der Nukleinsäuren oder komplexerer Strukturen (Kopplungsgruppen; linkage groups, also Chromosomen) oder die Gesamtheit aller Kopplungsgruppen, also das Genom. Demgemäß gliedern sich Mutationen in die Gruppen:

- Punktmutationen oder Genmutationen (point mutations)
- Chromosomenmutationen
- Genommutationen.

Genmutationen sind Basensubstitutionen; der Austausch Purin gegen Purin oder Pyrimidin gegen Pyrimidin wird als Transition bezeichnet, der Austausch Purin gegen Pyrimidin oder *vice versa* als Transversion. Sie entstehen bevorzugt bei Amino/Imino-tautomerer Verschiebung (amino/imino tautomeric shift; Purine, $A^{im}{\to}C$, $G^{im}{\to}T$) oder Keto/Enol-Shift (Pyrimidine, $T^{enol}{\to}G$) während der Replikation. Beim tautomeren Shift erfolgt an der Imino- oder Ketoform einer Base ein entsprechender Einbau des falschen Nukleotids, was eine stabile genetische Veränderung (Mutation) erzeugt.

Beim Verlust von einer oder mehreren Basen handelt es sich um eine Deletionsmutation:

— ACC|GTT|CGTA — Wildtyp
— TGG|CAA|GCAT –

↓

— ACCCGTA — Deletionsmutante
— TGGGCAT –

Durch Einfügen einer Nukleotidsequenz entsteht eine Insertionsmutante

— ACC|GTT|CGTA — Wildtyp
— TGG|CAA|GCAT –

↓   ← cgta

— ACCGTTcgtaCGTA — Inser-
— TGGCAAgcatGCAT – tions-
                  mutante

Bei Duplikationsmutanten kommt es zur identischen Verdopplung von einer oder mehreren Basen innerhalb einer Nukleotidabfolge:

— ACC|GTT|CGTA — Wildtyp
— TGG|CAA|GCAT –

↓

— ACCGTTgttCGTA — Duplika-
— TGGCAAcaaGCAT – tions-
                 mutante

Partielle Sequenzumkehrungen führen zu Inversionsmutanten:

— ACC|GTT|CGTA — Wildtyp
— TGG|CAA|GCAT –

↓

— ACCTTGCGTA — Inversions-
— TGGAACGCAT – mutante

Zielorte (targets) mobiler genetischer Elemente werden dupliziert.

Insertionen von $3n+1$ und $3n+2$ ($n \geq 0$) Basenpaaren Länge erzeugen Veränderungen des Leserasters (reading frame; Rastermutationen; frame shift mutations).

Deletionen, Insertionen und Inversionen entstehen bei inkorrekter Exzision mobiler genetischer Elemente oder durch Verrutschen der Matrize (template slippage) während der Replikation, so besonders stark in G-reichen Regionen. Bestimmte Mutagene (Frameshiftmutagene, planare heterocyclische Systeme) erhöhen die Frequenz solcher auf template-slippage basierenden Mutationsereignisse. Template-slippage kann Ursache von Fehlsequenzierungen in der DNA-Sequenzierung sein, in vitro sind solche Fehlreplikationen durch die DNA-Polymerasen häufiger als in vivo. Die Lesetreue (reading fidelity) der DNA-Polymerasen ist genetisch in der Struktur der Untereinheiten (subunits) der Replikationsenzyme (DNA-abhängige-DNA Polymerasen) fixiert; es gibt kartierbare Mutator- und Antimutatormutationen der DNA-Polymeraseuntereinheiten, die eine gegenüber dem Wildtyp höhere (Mutator) oder niedrigere (Antimutator) Mutationsfrequenz pro Gen bedingen. Der Wildtyp besitzt eine für den Evolutionsprozeß zumeist in ihrer intrinsischen Fehlerrate (intrinsic mutagenesis) optimierte Mutationsfrequenz. Änderungen der DNA, die vor der Replikation von Reparaturmechanismen erkannt und korrekt nach Wildtypvorlage korrigiert werden, zeigen kein Mutationsergebnis. Spontane Mutationsraten, die somit auch einer genetischen Kontrolle unterworfen sind, liegen bei etwa 10^{-8} (10^{-9}–10^{-7}) in Prokaryonten und etwa 10^{-5} (10^{-5}–10^{-4}) bei Eukaryonten. Chromosomenmutationen basieren als Strukturänderungen einzelner Chromosomen auf Bruch-Fusionsereignissen (breakage and reunion), wie sie auf mobile genetische Elemente (z.B. Ds-Element des Maises) oder Onkogene zurückzuführen sind, oder der direkten (Treffer) oder indirekten Wirkung (Radikale) von energiereichen Strahlen. Durch

die Einwirkung von ionisierenden Strahlen (γ-Strahlen) entsteht in der Zelle das hochreaktive Hydroxylradikal OH·, das mit den Basen der DNA (z.B. durch Addition an die Doppelbindung von T) reagieren und Sekundärradikale unterschiedlicher Reaktivität bilden kann. Dadurch entsteht eine mutagene Wirkung. Es können jedoch auch Einzelstrang- oder Doppelstrangbrüche in der DNA auftreten; letztere können von der Zelle nicht mehr repariert werden (↑DNA-Reparatur).

Die in einer Genabfolge ‚ABCDEFG HIJKLM‘ eines Chromosoms zu beobachtenden Chromosomenmutationen sind: **1.** Defizienzen (Endstückverluste, terminale Deletionen; deficiencies).

— ABCDEFGHIJ $\boxed{\text{KLM}}$ — Wildtyp
  ↓
— ABCDEFGHIJ ——— Defizienzmutante

2. Deletionen (interkalare Deletionen; deletions, intercalary deletions).

— ABCD $\boxed{\text{EFG}}$ HIJKLM — Wildtyp
  ↓
— ABCDHIJKLM ——— Deletionsmutante

3. Translokationen (translocations).

— ABCDEFGHIJKLM — Wildtyp
  ↓←abc
— ABCDEFGabcHIJKLM — Translokationsmutante

Translokationen ereignen sich interkalar oder terminal zwischen homologen, zumeist aber nicht homologen Chromosomen. **4.** Inversionen.

— ABCD $\boxed{\text{EFG}}$ HIJKLM — Wildtyp
  ↓
— ABCD GFE HIJKLM — Inversionsmutante

176

Speziell Translokationen und Inversionen werden in einigen Arten als Translokationspolymorphismen (z. B. *Oenothera sp.*), Renner-Komplexe oder Inversionspolymorphismen (z. B. *Drosophila melanogaster*) balanciert, da meiotisches crossing-over und Segregation dann letale Deletions-Duplikationsereignisse hervorrufen (Crossing-over-Suppression; crossing over suppression); auf diese Weise gelangen nur Gameten zur Befruchtung, die kein Crossing-over-Ereignis während der Meiose erfahren haben. Als Genommutationen werden Abweichungen in der Anzahl einzelner Chromosomen (Aneuploidie) oder des gesamten Chromosomensatzes (Polyploidie) bezeichnet. Einige in der Humangenetik bekannte chromosomale Aberrationen sind Aneuploidiemutationen, z. B. die Trisomie 21 (Chromosom 21; $2n + 1$) als Ursache des Down-Syndroms. In Diplonten wie z. B. Vertebraten ist Disomie der Regelfall. Numerische Abweichungen (Aneuploidien) sind Monosomien (1 Chromosom statt einem homologen Chromosomenpaar, z. B. Mensch: X0, Turner-Syndrom), Trisomien (z. B. Mensch: klassischer Klinefelter XXY; Down-Syndrom), Tetrasomien, Pentasomien etc. mit 3, 4, 5 Chromosomen statt dem Regelfall eines Chromosomenpaares. Die Humangenetik bezeichnet Aneuploidiemutationen je nach Überzahl von Geschlechtschromosomen (Heterosomen) als gonosomale Aberration, bzw. autosomale Aberration, wenn Nicht-Geschlechtschromosomen (Autosomen) in Unter- oder Überzahl vorliegen.
Polyploidiemutationen, also Abweichungen vom Ploidiegrad (2n bei den meisten Eukaryonten, z. B. Vertebraten) des Wildtyps sind besonders bei Pflanzen (Moose, Farne, Angiospermen) häufig. Je nach Anzahl n der Chromosomensätze unterscheidet man zwischen Orthoploidie (2n, 4n, 6n, 8n . . .) und Anorthoploidie (1n, 3n, 5n, 7n . . .); des weiteren zwischen Autopolyploiden und Allopolyploiden. Autopolyploide mit identischen Chromosomensätzen sind in der Natur seltener, obgleich der Ploidiegrad der Flora mit dem Breitengrad korreliert (50° nördl. Breite 50% polyploide Pflanzen, 70° n.B. 70% polyploide Pflanzen usw.). Allopolyploide sind häufiger; sie gehen auf Verdopplungen oder Vervielfachungen diploider Genome (A, B, C . . .) verschiedener Art- oder Gattungszugehörigkeit zurück. Der diploide Bastard (AB, diploider Hybride) ist meistens steril, eine Verdoppelung (Additionsbastarde, AA BB) erfolgt bei diploiden gemischterbigen Gameten (A, B). Speziell letzteres wird in der Pflanzenzüchtung bei der sexuellen Kreuzung zwischen Arten oder Gattungen und nachfolgenden Ploidisierung durch Colchizinbehandlung (Colchizimierung; Colchizin, das Alkaloid der Herbstzeitlosen *Colchicum autumnale* ist ein Spindelgift) zur Erzeugung von neuen Pflanzenrassen verwendet. Bei Unmöglichkeit sexueller Kreuzung werden über Protoplastenfusion (↑Reproduktionstechnik Pflanzen) Allopolyploide erzeugt. Eine schnelle Erzeugung reinerbiger Rassen oder reiner Linien erfolgt über Antherenkultur; durch Colchizinbehandlung erhält man aus den haploiden Pflanzen dann Diploide, die als Diplohaplonten bezeichnet werden (↑Reproduktionstechnik Pflanzen).
Die spontane Mutationsrate kann durch chemische Agentien oder durch UV Strahlung und Röntgenstrahlung (X-rays), die aufgrund ihrer Wirkung als Mutagene bezeichnet werden, erhöht werden, d. h. Mutationen werden induziert in einem Prozeß, der als Mutagenese bezeichnet wird. Üblicherweise wird Mutagenese in

der Grundlagenforschung, speziell der biochemischen Genetik und Biochemie angewandt und weitgehend auf Mikroorganismen begrenzt, um unter mutativem Ausfall eines Enzyms die entsprechende Enzymaktivität im Wildtyp aufzufinden (Mutationstechnik der Biochemie). Prominente chemische und physikalische Mutagene im Einsatz bei Mutagenesen sind salpetrige Säure, Hydroxylamin, MMS (Methylmethansulfonat), EMS (Ethylmethansulfonat), Nitrosoguanidin und Proflavinderivate – letztere zur Erzeugung von Rastermutationen – sowie UV-Strahlen und Röntgenstrahlen. Da die Erhöhung der Mutationsrate häufig mit Mehrfachmutationen und damit Vitalitätsminderungen verbunden ist, verzichtet die angewandte Genetik weitgehend auf solche Techniken; sie nutzt Selektionsverfahren und die natürliche Variabilität des Zellmaterials (Soma(to)klonale Variabilität), z. B. in der pflanzlichen Gewebekultur (↑Reproduktionstechnik Pflanzen), und zieht aus selektiven Klonen dann die gewünschten ganzen Pflanzen.

Literatur
Gottschalk W (1989) Allgemeine Genetik, 3. Aufl. Thieme
Lewin B (1987) Genes III, 3rd edn. John Wiley & Sons
Lewin B (1990) Genes IV, 4th edn. Oxford University Press
Obe G (ed) (1990) Advances in Mutagenesis Research 1. Springer
Strickberger MW (1988) Genetik. Carl Hanser

Mutatorphage Mu. *E. coli*-Phage, der multiple Transpositionen im *E. coli*-Genom zeigt und bei Insertion in Gene häufig Mutationen erzeugt ↑Transposone

N

NBT (*nitroblue tetrazolium*). NBT verstärkt bei BCIP-Umsatz durch alkalische Phosphatase die Bandenfärbung ↑Enzym-conjugierte Antikörper

Negatives Feedback. Negative Kontrolle; Rückkopplungsmechanismus der ↑Genexpression in Prokaryonten

Nick-Translation. Durch DNaseI in DNA gesetzte Einzelstrangbrüche (nicks) werden von der 5′→3′-Exonukleaseaktivität des Kornberg-Enzyms zu Lücken (gaps) erweitert, die dann von der Polymeraseaktivität des gleichen Enzyms in Gegenwart markierter Nukleotide aufgefüllt werden. ↑Markierung von DNA

Nitrocellulose. Matrix zur Fixierung von Nukleinsäuren und Proteinen bei Verfahren des ↑Blotting

Northern-Blot. = RNA-Blot, RNA-Transfer, Northern-Transfer; ↑Blotting

NPT I, NPT II (Neomycinphosphotransferase-Gene). ↑Aminoglykosidphosphotransferase-Gene

Nuklease Bal 31. Exonuklease aus *Alteromonas espejiana*; ermöglicht eine zeitlich programmierbare Verkürzung von DNA-Enden (z. B. 1 – 10 bp/min) ↑DNA/RNA-modifizierende Enzyme

Nukleasen. Nukleinsäure abbauende Enzyme, die nach Substratspezifität (DNasen oder RNasen), nach ihrem Angriffsmodus an der Nukleinsäure (Endo- bzw. Exo-) und nach ihrer Einzelstrang- bzw. Doppelstrangspezifität unterschieden werden. Besonders wichtig sind die an Orten definierter Sequenz spaltenden Restriktionsendonukleasen ↑RNA-Sequenzierung, ↑DNA/RNA-modifizierende Enzyme

Nylonmembran. Matrix zum Transfer von Nukleinsäuren im ↑Blotting

O

oc-DNA (*open circular DNA*). Nach Setzen eines Einzelstrangbruches (nick) in ↑ccc-DNA entspannte Form der DNA

OCS-Gen. Das Oktopinsynthase-Gen der T-DNA von Oktopinplasmiden kann als ↑Marker für Pflanzen verwendet werden; ebenso kann der ocs-Genpromoter (pocs) oder die 3'-flankierende Sequenz zur Konstruktion chimärer Gene benutzt werden.

OFAGE. *orthogonal field agarose gel electrophoresis*, bei der das Feld von jeweils zwei aufeinander senkrecht stehenden Elektroden gepulst wird, ist eine der Möglichkeiten der ↑Pulsfeldelektrophorese.

O'Farrell-Gel. Zweidimensionale (= 2 D) Gelelektrophorese. In der ersten Dimension wird nach dem isoelektrischen Punkt (i. P.) durch Elektrofocussierung getrennt, in der zweiten nach Molekülgröße an einem Molekularsieb (molecular sieve) über *Poly*acrylamid*gel*elektrophorese (↑PAGE).

Offenes Leseraster (open reading frame, ORF). Ein potentiell ein Polypeptid codierender DNA-Abschnitt zwischen einem Startcodon und einem Stopcodon von ca. 300–450 bp Mindestlänge (entspricht 100–150 Aminosäuren).

Okayama-Berg-Methode. Von Okayama und Berg beschriebene Methode zur Synthese und Klonierung von cDNA in einem Schritt ↑cDNA-Genbank

Okazaki-Fragment (Okazaki fragment, Okazaki pieces). Von Okazaki entdeckte Primer der in vivo-Replikation von DNA ↑Replikation

Oktopin. Seltene Aminosäure (Opin), die von Ti-Plasmiden des Oktopintyps codiert wird ↑Agrobakterien-vermittelter Gentransfer

Oligo-(dT)-Cellulose. Eine Matrix (Cellulose mit kovalent gebundenen oligo-(dT)-Resten) zur affinitätschromatographischen Reinigung polyadenylierter mRNA ↑RNA-Isolierung

Oligonukleotidsynthese. ↑Chemische DNA-Synthese

Oligonukleotidvermittelte Mutagenese (oligonucleotide directed mutagenesis). Alle Verfahren der in vitro-Mutagenese, bei denen eine Punktmutation in ein zu mutierendes DNA-Molekül nach ↑Annealing mit einem Oligonukleotid eingeführt wird ↑Gerichtete Mutagenese

Oligo-(U)-Glasfaser (oligo-(U)-glasfibre). Eine mit Oligo-(U)-Resten gekoppelte Glasfaser zur Aufreinigung polyadenylierter RNA aus einer Gesamt-RNA-Präparation ↑RNA-Isolierung

Oligo-(U)-Sepharose. An ein derivatisiertes Dextran (Sepharose) gebundene Oligo-(U)-Reste erlauben die Gewinnung von polyadenylierter RNA aus einem Gesamt-RNA-Isolat. Im Gegensatz zur konventionellen Säulenchromatographie, bei der Chromatographiesäulen mit Oligo-(dT)-Cellulose oder Oligo-(U)-Sepharose beschickt wurden, sind diese Matrices für moderne Reinigungsverfahren in ultradünner Schicht an eine chemisch inerte Trägerfolie gebunden. Für die Gewinnung polyadenylierter RNA werden ausreichend dimensionierte (1 cm^2 bindet maximal 500 µg polyadenylierte RNA) Streifen dieser Affinitätspapiere (affinity papers) in einer RNA-Lösung gebadet, die Streifen anschließend zur Entfernung unspezifisch gebundener RNA in Kulturschälchen gespült und anschließend die poly-(A)-RNA in einer Niedrigsalzlösung eluiert. Anstatt Oligo-(U) oder Oligo-(dT) können Oligonukleotide beliebiger Sequenz ebenso an aktive Silicagelträger gebunden werden, was

Onkogene (oncogenes)

dann eine Anreicherung spezifischer RNA oder einzelsträngiger DNA (z. B. für ein ↑Gene Editing) ermöglicht. Die Affinitätspapiere, im Prinzip zweidimensional ausgewalzte Fertigsäulen zur Affinitätschromatographie, erleichtern diese Prozedur und liefern konstant und schnell hervorragende Ausbeuten bei nur wenigen Arbeits- oder Überwachungsschritten.

↑RNA-Isolierung

Onkogene (oncogenes). Zelluläre (c-onc) oder virale (v-onc; z. B. in Retroviren) Gene, die Genprodukte codieren, welche ein unkontrolliertes Wachstum von Zellen (Neoplasmen) bedingen. Die Onkogene lassen sich von normalen Genen, die Zellteilung und Wachstum regulieren, ableiten. Aus diesen gehen sie durch ↑Mutation, genetische ↑Rekombination, ↑Transposition oder andere genetische Mechanismen hervor.

Literatur
Bradshaw RA, Prentis S (eds) (1989) Oncogenes and Growth Factors, 4th impression. Elsevier
Burk KB, Lin ET, Larrick IW (1988) Oncogenes – An Introduction to the Concept of Cancer Genes. Springer

Open circular DNA. ↑oc-DNA

Operator (operator). Jede einem prokaryontischen Promotor nachgeschaltete DNA-Sequenz, an die ein Repressor- oder Aktivatorprotein bindet und somit, je nach Regulation, die Transkription eines Operons ermöglicht oder verhindert ↑Genexpression in Prokaryonten, ↑Transkription

Operon. Alle unter der Kontrolle eines Operators befindlichen Cistrone (Strukturgene, Subgene) bilden eine als Operon bezeichnete regulative Einheit ↑Genexpression in Eukaryonten

Opine. Seltene Aminosäuren (odd amino acids) und Zucker, deren Synthese in ↑*Agrobacterium tumefaciens*-infizierten Pflanzen von Ti-Plasmid-codierten Genen gesteuert wird.

ORF (*open reading frame*). = offenes Leseraster; Nukleotidabfolge mit Start- und Stoppcodon, die in ihrer Länge die Codierung eines Polypeptids erlaubt.

Ori. Origin of replication (Replikationsursprung, Replikationsstartstelle); das Vorhandensein eines oriT (origin der Transferreplikation, sexueller ori) auf einem Vektor erlaubt dessen Übertragung zwischen verschiedenen Bakterienstämmen durch Conjugation. Ein oriV (vegetativer ori) gestattet eine Replikation der DNA lediglich in vegetativen Prozessen ↑Replikation

P

P1-Klonierungssystem. Vom *E. coli*-Phagen P1 abgeleitetes Klonierungssystem; eine Verpackung in P1-Phagen erfolgt über pac-Verpackungssignale, ähnlich der cos-site der Lambda-Phagen. Im Gegensatz zu Lambda-Vektoren oder Cosmiden besitzt das P1-Klonierungssystem eine höhere (bis zu 100 kb) ↑Klonierungskapazität

Literatur
Sternberg N (1990) Proc Natl Acad Sci 87: 103

P$_L$, P$_R$. Die Promotoren der leftward (L) oder rightward (R) Transkription sind, wie viele Phagenpromotoren, starke Promotoren mit einer hohen Affinität zur RNA-Polymerase. Sie werden deshalb wie Promotoren von Genen des T3- oder T7-Phagen zur Konstruktion von ↑Expressionsvektoren verwendet.

PACE. Eine ↑Pulsfeldelektrophorese mit einer *p*rogrammable *a*utonomously *c*ontrolled *e*lectrode gestattet eine computergesteuerte, bestauflösende ↑Pulsfeldelektrophorese.

PAGE. *P*oly*a*crylamid*g*el*e*ktrophorese ↑Elektrophorese

Palindrom (inverted repeat). Invers repetitive Sequenz, bilateral symmetrische DNA Sequenz, z. B.:

| ACCTGCA | ACGTGGT |
| TGGACGT | TGCACCA |

im Gegensatz zu einer direkten Sequenzwiederholung (direct repeat):

| ACCTGCA | TGCAACC |
| TGGACGT | ACGTTGG |

Palindrome markieren Erkennungsstellen von Enzymen, z. B. Restriktionsendonukleasen (↑DNA/RNA-modifizierende Enzyme). Weitere DNA/Protein-Interaktionsstellen (interaction sites) sind durch ↑Haarnadelschleifen, ↑cruciforme Strukturen (cruciforms), ↑direkte Sequenzwiederholungen (direct repeats) oder Homopolymerbereiche (homopolymeric tracts, homopolymeric traits) markiert.

↑Genexpression in Eukaryonten, ↑Genexpression in Prokaryonten, ↑Genstruktur in Eukaryonten, ↑Transposone

Paramutation. An einigen Loci kann im heterozygoten Zustand ein Allel (das paramutagene Allel) die Expression des von ihm beeinflußten (= paramutablen) Allels so verändern, daß dies, ähnlich einer Mutation, erblich ist. Als Ursache der metastabilen Genexpression ist eine Heterochromatisierung in der Nähe des betroffenen Genortes zu beobachten. Aus der Kreuzung Aa × Aa resultieren dann z. B. keine AA:Aa:aa Phänotypen im Verhältnis 1:2:1 sondern AA:aa Phänotypen im Verhältnis 1:1, da der Genotyp Aa keinen Phänotyp erzeugt. Schließlich können bei einer sonst gegebenen vollständigen Dominanz von A (d. h. einer erwarteten 3:1-Spaltung) auch drei Phänotypen im Verhältnis 1:2:1 als Ergebnis einer Paramutation entstehen; im Extremfall kann sogar ein AA:(2Aa + aa)-Verhältnis von 1:3 beobachtet werden (A nach Paramutation rezessiv gegenüber a; A < a).

Die Paramutation darf nicht mit einem Dominanzwechsel (alternating dominance, change of dominance, reversal of dominance) verwechselt werden, der während der Ontogenese beobachtet werden kann. Häufig wird ein Allel paramutagen, wenn ein mobiles genetisches Element in dieses transponiert. Speziell transgene Organismen, die, von der Akkumulation von Mutationen in der Generationenfolge abgesehen, am neu etablierten, transgenen Genort homozygot sein sollten, zeigen eine erhöhte Paramutabilität, wenn Transpositionsorte (transposition sites, transposition targets) einer oder mehrerer mobiler genetischer Elemente in den eingebrachten Allelen vorhanden sind. Da die Duplikationen, die bei Transpositionen der verschiedensten Elemente erzeugt werden (↑Transposone), bekannt sind, sollten zu übertragende Allele vorher danach abgesucht und alle Stellen durch ↑gerichtete Mutagenese verändert werden, ohne die codierende Funktion zu beeinträchtigen. Das Phänomen der Paramutation wurde 1958 von BRINK entdeckt und ausführlich beschrieben.

Literatur
Brink RA (1958) Cold Spr Harb Symp Quant Biol 23:379
Brink RA (1960) Quart Rev Biol 35:120

Parasexuelle Mechanismen. Echte Sexualität, als regelmäßige Abfolge von Meiose und Karyogamie (HARTMANN 1943, 1953), findet sich − von Deuteromyceten (Fungi imperfecti, ca. 25000 Arten) mit ausschließlich parasexuellem

Parasexuelle Mechanismen

Verhalten abgesehen – in allen Eukaryonten. Prokaryonten verfügen generell über keine echte Sexualität, weil das typische Fehlen eines Zellkerns (Nucleus) weder Meiose noch Karyogamie gestattet. Ein Austausch genetischen Materials ohne eine Meiose/Karyogamie-Abfolge, also Parasexualität (PONTECORVO 1954) spielt aber in Prokaryonten eine ganz erhebliche Rolle und wird von Bakterien- und Phagengenetikern sowie Gentechnikern mannigfaltig und gezielt ausgenutzt. Die prokaryontische Parasexualität erfolgt unter folgenden Mechanismen: **1.** (Genetische) Transformation (genetic transformation) **2.** Transfektion (transfection) **3.** Transduktion (transduction) **4.** (Bakterielle) Syngamie, Konjugation (bacterial syngamy, conjugation).

Die genetische Transformation (↑Transformation), also der Transfer nackter DNA in einen Prokaryonten und dessen genetische Manifestation (= Expression) ist in der Natur ein sehr seltener Prozeß, jedoch tägliche Routine im Genlabor. Dasselbe gilt für die Transfektion, also die Aufnahme nackter viraler DNA (bzw. RNA), wenn man von der meist als Infektion bezeichneten Aufnahme von Viroiden (subvirale Pathogenc mit kovalent geschlossener doppelsträngiger RNA von einigen hundert Basenpaaren Länge; die RNA ist ohne schützende Proteinhülle nackt, daher subvirale Partikel) absieht. Das Arbeiten mit dem M13-Klonierungs-/Sequenzierungssystem (↑M13-Vektoren; ↑DNA-Sequenzierung) im gentechnischen Labor erfordert routinemäßig Transfektionsschritte. Transduktionen, also ein Verschleppen wirtseigener Gene über deren kovalente Kopplung an Phagengenome, sind unter Prokaryonten wichtige Systeme natürlichen Austausches, die mit Frequenzen bis zu 1% oder 10^{-5} Gen/Generation vorkommen können. Dabei unterscheidet man eine generalisierte Transduktion (generalised transduction), bei der jedes Wirtsgen mit gleicher Wahrscheinlichkeit in virale Partikel gelangt, z. B. bei lytischen Phagen (T-Phagen) mit Zerstückelung des Wirtsgenoms. Temperente Phagen mit spezifischen Einbauorten über ortsspezifische Rekombination (site specific recombination) übertragen in spezieller Transduktion Gene, die den genomischen Einbauort (integration site, target) flankieren. Die erforderliche inkorrekte Excision, also ein illegitimes Crossing-over (illegal crossing over, illegal looping out) ist seltener als die generalisierte Transduktion, aber dennoch ein ganz wesentlicher Faktor in der Prokaryontenevolution. Rekombinante Lambdaphagen (= ↑Lambda-Vektoren) sind vom Gentechniker in vitro erzeugte, obligat transduzierende Phagen. In prokaryontischer Syngamie (bacterial syngamy) werden Plasmide über spezielle Zellanhänge, sog. Pili (Pilus, Pili) oder Fimbrien, innerhalb Prokaryonten eines Wirtsbereichs (host range) transferiert. Derart transferierbare Plasmide (mobilisierbare Plasmide; transferable plasmids, mobilisable plasmids) codieren Piliproteine und andere für die Konjugation (conjugation) erforderliche Funktionen (tra-Gene; *tra*nsfer). So bildet ein als Fertilisationsfaktor, F-Faktor oder Sexfaktor (fertility factor, F-factor, sex factor) bezeichnetes Episom (Plasmid mit der Fähigkeit autonomer Replikation und der Möglichkeit der Integration ins Wirtsgenom) in F^+-*E. coli*-Zellen (männliche *E. coli*; male *E. coli*) F-Pili aus, die einen Transfer des F-Faktors in F^--Zellen (weibliche *E. coli*; female *E. coli*) bewerkstelligen. Aus einer Kreuzung (bacterial crossing) $F^- \times F^+$ resultiert eine

100%ige F$^+$-Nachkommenschaft (F$^+$ progeny). Eine immer wieder erfolgende ‚Heilung' (curing) vom F-Faktor erzeugt neue F$^-$-Zellen.

Die ortsspezifische Rekombination (site specific recombination; ↑Rekombination), also ein Looping-in des F-Faktors in das Wirtsgenom über ein singuläres Crossing-over (single crossing over) in das *E. coli*-Genom, kann an 18 verschiedenen Stellen (sites, targets) erfolgen. Danach ist eine partielle bis vollständige Mobilisation des *E. coli*-Genoms aus einem solchen Hfr-Stamm (ein F$^+$-Stamm mit ins Genom integriertem F-Faktor; Hfr = *h*igh *f*requency of *r*ecombination) in eine F$^-$-Zelle möglich. Die in der Kreuzung F$^-$ × Hfr erzeugte, partiell diploide F$^-$-Zelle wird als Merozygote (meros gr Teil), also partielle Zygote bezeichnet. Ein illegitimes Crossing-over (inkorrektes Looping-out) in einem Hfr-Stamm kann einen substituierten F-Faktor (substituted F-factor, F′ factor, sprich: F prime factor) erzeugen, der ein genomisches Gen des Einbauortes cotransferiert. Dieser Transfer über einen substituierten Sexfaktor wird in Analogie zur spezialisierten Transduktion (*Sex*faktor + Trans*duktion*) als Sexduktion (sexduction) bezeichnet. Ganz analog dem F-Faktor können R-Faktoren (Resistenzfaktoren; von Plasmiden bzw. Episomen codierte Antibiotika-, Arzneimittel- (drugs) oder Schwermetall- (heavy metal) Resistenzen per Konjugation übertragen werden, z. B. das Plasmid RP4 (codiert Resistenz gegen Tetracycline, tet^r; beta-Lactam-Antibiotika, also Penicillinresistenz, bla; Aminoglykosidantibiotik wie Kanamycinresistenz, kan^r) auf alle gramnegativen Bakterien. Die Konjugation erfolgt hierbei über die von R-Faktoren codierten R-Pili. Die Gentechnik macht, solange ihre Kon-

strukte im Universalwirt *E. coli* transferiert werden müssen, intensiven Gebrauch von parasexuellen Mechanismen speziell der prokaryontischen Syngamie (conjugation) mit RP4-abgeleiteten Konjugationssystemen (↑Agrobakterien vermittelter Gentransfer), weil deren Wirtsbereich alle gramnegativen Bakterien umfaßt. Grampositive Bakterien, Archaebakterien und Cyanobakterien verfügen wahrscheinlich wegen des andersartigen Zellwandaufbaus über keine Mechanismen der Syngamie (conjugation); zumindest sind bisher keine solchen Mechanismen gefunden worden. Die Transduktion ist als natürlicher und bedeutsamer Faktor der Prokaryontenevolution universell. Experimentell sind alle Prokaryonten einem direkten Gentransfer (↑Gentransfer) mit nackter DNA; also genetischer ↑Transformation über die Technik der Elektroporation zugänglich. Die Prokaryontengenetik benutzt Transformation (*Bacillus subtilis*), Transduktion (z. B. *E. coli*) und Syngamie (*E. coli*) zur Erstellung von Genkarten (genetic maps, recombinational genetic maps) in weitreichender Analogie zu den Rekombinationskarten bei Eukaryonten, die über Rekombinationshäufigkeiten (crossing over frequencies) nach sexueller Kreuzung (sexual crossing; Gegensatz: parasexual, bacterial crossing; bacterial syngamy) ermittelt werden. Neben den klassischen Rekombinationskarten gibt es physikalische Genkarten (physical genetic maps), in denen alle Genabstände metrisch (physikalisch in nm, Basenpaare; 1 bp = 3,4 nm) erfaßt werden (im wesentlichen Restriktionskarten, ↑Restriktionskartierung). Die zwar für viele Zwecke vorteilhafteren physikalischen Karten können aufgrund von Arbeits-, Zeit- und Kostenaufwand nur für kleinere Erbträger (Viren, Plasmide) oder relativ kleine Genomabschnitte erstellt werden; Rekombinationskarten hingegen selbst für um viele Zehnerpotenzen größere Genome.

Gerade die Übertragbarkeit von Resistenzen auf ein breites Spektrum gramnegativer Bakterien macht ein Verbot des Einbringens unkonventioneller Resistenzen verständlich (↑Sicherheitsrichtlinien), die einer Freisetzung solcher Bakterien nur eine geringe Kontrolle über unerwünschte Weiterverbreitung dieser Resistenzen einräumt.

Die Parasexualität der imperfekten Pilze (Fungi imperfecti, Deuteromyces) erzeugt durch spontane Diploidisierung (Frequenz 10^{-6}) heteroallele Kerne, also diploide Kerne mit einer Vielzahl heterozygoter Loci, wie sie durch Verschmelzung haploider, vegetativer Hyphen zustandekommen. Haploide Hyphen entstehen in spontaner Haploidisierung (Frequenz 10^{-3}) ameiotisch durch sequentiellen Verlust von Chromosomen im Verlauf mehrerer Zellteilungen (mitotische Haploidisierung). Mitotisches (= somatisches) Crossing-over (mitotic crossing over, somatic crossing over) zwischen den Chromatiden homologer Chromosomen (Nichtschwesterchromatiden; non sister chromatids) sorgt als Rekombinationsprozeß neben ↑Mutation zusätzlich für genetische Variabilität. In der Molekulargenetik und Gentechnik findet vor allem *Aspergillus nidulans* als imperfekter Pilz der Form-Familie Moniliaceae wachsende Bearbeitung und Anwendung.

Transduktionen chromosomaler Gene, z. B. über Retroviren, gestatten höheren Organismen eine horizontale Verbreitung von Genen, welche durch die Artbarrieren bei sexueller Fortpflanzung durch Kreuzung nicht möglich ist, stellen also eine Art ‚natürlicher Gentechnik‘ dar. Auch die Übertragung von T-DNA durch Agrobakterien ist eine in der Natur einmalige parasexuelle Erscheinung, bei der ein natürlicher Gentransfer von Bakterien auf Pflanzen erfolgt; eine auf naturgegebenen Phänomenen basierende ‚Gentechnik‘, die der Mensch lediglich für seine Zwecke nutzt (↑Agrobakterienvermittelter Gentransfer). Die meisten sehr effizienten Gentransfertechniken der Gentechnik gehen auf eine geschickte Nutzung parasexueller Mechanismen zurück.

Literatur

Esser K, Kuenen (1965) Genetik der Pilze. Springer Verlag

Fincham JRS et al. (1979) Fungal Genetics, 3rd edn. Blackwell, Oxford

Glass RE (1982) Gene Function – E. coli and its heritable elements. Croom Helm, London

Hartmann M (1943) Die Sexualität. Gustav Fischer, Jena

Hartmann M (1953) Allgemeine Biologie, 4. Aufl. Gustav Fischer, Stuttgart

Hayes W (1964) The Genetics of Bacteria and their Viruses. John Wiley & Sons

Lewin B (1987) Genes III, 3rd edn. John Wiley & Sons

Lewin B (1990) Genes IV, 4th edn. Oxford University Press

Pontecorvo G (1954) Caryologia 6 suppl 1:192

Strickberger NW (1988) Genetik. Carl Hanser

Partialverdau (partial digest). Unvollständiger Abbau mit einer Restriktionsendonuklease, wie er z. B. zur ↑Restriktionskartierung (restriction mapping) einer DNA herangezogen wird.

Particle-Gun-Methode (= particle acceleration). Bei dieser Methode werden zu regenerierende Pflanzenteile mit DNA-beladenen Goldpartikeln beschossen und auf diese Weise eine genetische Transformation erzielt ↑Gentransfer

Passagier-DNA (passenger DNA). DNA-Passagier, Insert-DNA (insert DNA), Fremd-DNA (foreign DNA), DNA-Insert ↑Molekulare Klonierung

PAT-Gen. Das *P*hosphinotricin*a*cetyl-*t*ransferasegen verleiht als Marker in ↑Pflanzenvektoren eine Resistenz gegen das Herbizid Phosphinotricin ↑Herbizidresistenzgene, ↑Introgression

pBIN. Bekannte *bin*äre Pflanzenvektoren für den ↑Agrobakterien-vermittelten Gentransfer

pBR322. Universalvektor, von dem sich mehr als 300 Derivate ableiten ↑Plasmidvektoren

pCaMV. Der Promotor des 35S-Transkripts des ↑Cauliflower Mosaic Virus (CaMV) wird häufig zur Konstruktion chimärer Pflanzengene verwendet. Im Vergleich zum Nopalinsynthasegen-Promotor (pnos) erlaubt der pCaMV eine bis um das 30fach höhere, aber noch geringere Expression als der Promotor des Gens für die kleine Untereinheit der Ribulose-1,5-bisphosphat-carboxylase (rbcs), der eine Expression bis zu 50% des Gesamtzellproteins einer Zelle ermöglicht.

PCR-Add-on-Primers (PCR-Additionsprimer, PCR-Anheftungsprimer). Im Gegensatz zu DNA-Polymerasen anderer biologischer Herkunft akzeptiert die Taq-DNA-Polymerase auch Primer mit zusätzlich überstehenden 5′-Enden und synthetisiert nach einer Vorlage (Matrize; template) unter Primerverlängerung (primer extension) einen neuen DNA-Strang. Auf diese Weise ist es leicht möglich, an beide Enden eines DNA-Fragmentes, das in Polymerase-Kettenreaktion (PCR) vervielfältigt werden soll, im gleichen Ansatz beliebige DNA-Sequenzen (z. B. Restriktionsschnittstellen oder Mehrzweck-Klonierungsstellen mit mehreren singulären Restriktionsschnittstellen; *m*ultiple *c*loning *s*ites, *m*ultipurpose *c*loning *s*ites, mcs, polylinkers) anzufügen. Falls an ein Fragment:

5′-accgtaacgtattgc .... ccgtaatttcggacg-3′
3′-tggcattgcataacg ... ggcattaaagcctgc-5′

eine BamH1-Schnittstelle: und eine EcoRI-Schnittstelle:

5′-G↓GATC.C-3′   5′-G↓AATT.C
3′-C.CTAG↑G-5′   3′-C.TTAA↑G-5′

angefügt werden sollen, so sind dafür die beiden Add-on-Primer:
5′-NNNG↓GATC.Caccgtaacgtattgc-3′
und 3′-ggcattaaagcctgcC.TTAA̧GNNN-5′
erforderlich. Im ersten Zyklus der in vitro-Amplifikation entsteht ein DNA-Molekül mit einer EcoRI-Schnittstelle und ein Molekül mit einer BamHI-Schnittstelle; im zweiten Zyklus bilden sich zwei Moleküle mit den gewünschten BamHI- und EcoRI-Enden, je ein Molekül trägt nur eines der beiden Enden. Nach n Zyklen besitzen $2^n - 2$ der insgesamt 2^n Moleküle, die von einer Sequenz bei Verwendung der Add-On-Primer vervielfältigt und simultan modifziert wurden, die beiden gewünschten BamHI- und EcoRI-Enden. Nach Schneiden mit den beiden Restriktionsenzymen kann das Fragment unmittelbar kloniert werden. Damit die Restriktionsenzyme an ihrer jeweiligen terminalen Position schneiden können, ist ein um wenige Basen NNN längerer Überhang des Add-on Primers notwendig. Mit der ↑Polymerase-Kettenreaktion können gleichzeitig bis zu 45 Basenpaare an beiden Enden einer in vitro replizierenden DNA angefügt werden, was ein allen Ansprüchen genügendes DNA-Engineering (sequence engineering) für weitere Experimente mit dem vervielfältigten Fragment in einem Reaktionsschritt ermöglicht. Falls das Fragment interne BamHI- und/oder EcoRI-Schnittstellen enthält, muß nach einer konventionellen PCR eine ↑Modifikation von DNA-Enden des PCR-angereicherten Fragmentes mit einer her-

kömmlichen Adaptor- oder Linker-Technik erfolgen.

Literatur
Scharf SJ et al. (1986) Science 233:1076
Scheffield VC et al. (1989) Proc Natl Acad Sci
 USA 86:232

PCR-DNA-Engineering (PCR-Technologie). Neben einer millionen- bis milliardenfachen in vitro-Vervielfachung (amplification) eines beliebigen DNA-Fragmentes gestattet eine ↑Polymerase-Kettenreaktion simultan eine Reihe von Manipulationen dieses Fragmentes, wie sie in ähnlichem Umfang, aber mit erheblich größerem Enzyme-Repertoire in der rekombinanten DNA-Technik (= Genetic Engineering) bewältigt werden. Im Unterschied dazu bezeichnet man ein Engineering während PCR als DNA-Engineering (PCR-DNA-Engineering). Die mit der Vervielfachung gleichzeitig möglichen Sequenzänderungen sind: **1.** ↑Modifikation von DNA-Enden (z. B. Anfügen von Restriktionsschnittstellen, add-ons) mit Hilfe von Add-on-Primern (↑PCR-Add-on-Primer). **2.** Eine generalisierte ↑gerichtete Mutagenese, die eine definierte Erzeugung aller Typen von Genmutationen (↑Mutation und Mutagenese), also Insertionen, Deletionen, Rastermutationen und beliebige Basensubstitutionen erlaubt ↑PCR-Mutagenese. **3.** In vitro-Rekombination von zwei DNA-Fragmenten, wie sie sonst nur mittels rekombinanter DNA-Technik erzielbar ist ↑PCR-Rekombination.

In einem Experiment können diese Manipulationen einzeln oder gemeinsam erfolgen. Das PCR-DNA-Engineering wird auch als PCR-Technologie bezeichnet. Mit der automatisierten Primersynthese und der automatisierten PCR ist diese Technologie wegen der gleichzeitigen Vervielfachung einer DNA-Sequenz ökonomischer, weil materialsparend und hervorragend reproduzierbar; setzt aber in stärkerem Maße als rekombinante DNA-Technik die Kenntnis der Sequenz der zu manipulierenden DNA voraus. Aus diesem Grund kann die PCR-Technologie die konventionelle rekombinante DNA-Technologie auch nie vollständig ersetzen.
↑DNA/RNA-modifizierende Enzyme

PCR-Mutagenese. Der Einsatz von 5'-Add-on-Primern ermöglicht nicht nur eine Addition beliebiger DNA-Sequenzen an DNA-Fragmente, die mit PCR gleichzeitig eine Anreicherung erfahren, sondern auch eine Oligonukleotid-vermittelte gezielte Mutagenese. Mit Hilfe von zwei antiparallelen Add-On-Primern, die sowohl im 3'- wie 5'-terminalen Teil zur Ziel-DNA (target DNA) komplementäre Teilsequenzen aufweisen, erfolgt eine Insertion vorgegebener Sequenz an definierter Stelle der Ziel-DNA. Inseriert wird dabei die zur Ziel-DNA nicht komplementäre Sequenz des Add-on-Primers (⌿):

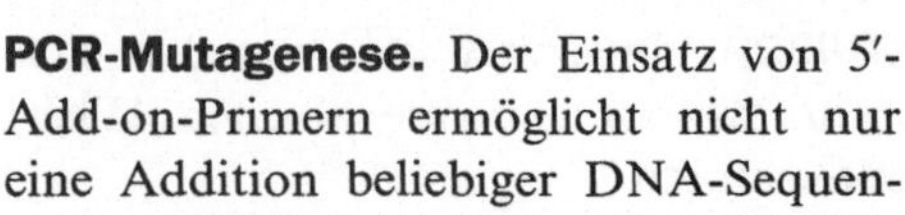

3' --→---- 5'
5' ------←------------------------------------ 3'

→ Syntheserichtung
Insertion des Schleifenteils ▬

Deletionen in einem DNA-Fragment können über zwei gegenläufige Add-on-Primer, deren Hybridisierungsorte auf den beiden Strängen um die Deletion versetzt sind, erzielt werden, wenn die Add-on-Teile der Primer zusätzlich wechselseitig komplementär (mutually complementary) zum hybridisierenden Teil des anderen Primers sind:

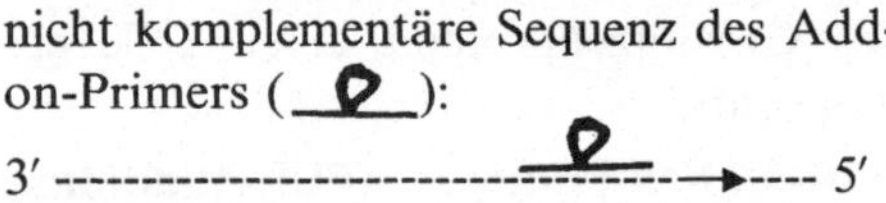

3' -------------------⊢━━━⊣------→---------- 5'
5' -------←--------⊢━━━⊣---------------------- 3'

→ Syntheserichtung; 1,1' und 2,2' komplementäre Enden der Add-on-Primer,
⊢━⊣ Deletion nach PCR-Mutagenese

Neben Insertionen und Deletionen beliebigen Ausmaßes können während der in vitro-Amplifikation durch PCR auch Basensubstitutionen vorgenommen werden. Hierzu sind lediglich zwei antiparallele Primer ohne Additionen (add-ons), aber mit entsprechenden Fehlpaarung(en) an der zu mutierenden Stelle (mutation target, target site, mutational target site), erforderlich:

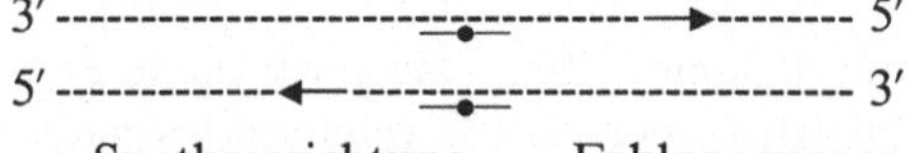

→ Syntheserichtung   • Fehlpaarungen

Neben Basensubstitutionen sind auch kleinere Insertionen oder Deletionen zur Erzeugung gezielter Leserastermutationen möglich.

Im Gegensatz zu den DNA-Polymerasen aus Eukaryonten und Bakterien (speziell *E. coli*-DNA-Polymerase I bzw. das Klenow-Fragment), akzeptiert die ↑Taq-Polymerase sowohl Primer mit größeren Fehlpaarungen (mismatched primers) als auch Primer mit 5′-Extensionen (5′ extensions, 5′ protruding ends) und damit Primer mit 5′-Anhängen (add-on primers) in der gentechnischen Nutzung. Diese Toleranz gegenüber Fehlpaarungen (mismatches) und 5′-überstehende Enden ist notwendig, da exakt komplementäre Primer bei der üblich Replikationstemperatur der Taq-Polymerase (70−75 °C) Paarungsinstabilitäten (annealing instabilities, pairing instabilities) zeigen.

Die ↑Polymerase-Kettenreaktion (PCR) und die damit verbundenen Möglichkeiten der ↑gerichteten Mutagenese, die alle Formen einer gewollten Sequenzänderung an definierter Stelle (generelle Mutagenese; generalised mutagenesis, general mutagenesis) erlauben, ist damit Teil einer umfassenden Technik (↑PCR-DNA-Engineering), die als eigenständige Subtechnologie weite Bereiche der konventionellen Gentechnik ersetzen oder verdrängen kann.

Literatur
Higuchi R et al. (1988) Nucl Acids Res 16: 7351
Ho SN et al. (1989) Gene 77: 51

PCR-Technologie = ↑PCR-DNA-Engineering

PCR-vermittelte Rekombination (recombinant PCR). Neben einer terminalen Anheftung (add-on) von Sequenzen (↑PCR-Add-on-Primers) und einer generellen, gerichteten Mutagenese (↑PCR-Mutagenese) kann mit PCR auch eine in vitro-Neuverknüpfung (in vitro-Rekombination) von zwei beliebigen DNA-Fragmenten erfolgen. Dazu sind zwei antiparallele Add-on-Primer notwendig, deren Add-on-Teile im Bereich der Verknüpfung eine komplementäre Sequenz mit dem zu verknüpfenden Fragment aufweisen.

Die in vitro-Rekombination durch PCR verdrängt die konventionellen Techniken der rekombinanten DNA-Technologie (d. h. die Ligation von Restriktionsfragmenten) nicht völlig, da, im Gegensatz zu dieser, bei einer PCR-vermittelten Rekombination die Sequenz der Fragmente (mindestens um die Verknüpfungsstellen) bekannt sein muß.

Literatur
Mullis K et al. (1986) Cold Spring Harbor Symp
  51: 263

PDC1-Genpromotor = ↑Pyruvat-Decarboxylase-Genpromotor

PEG (*Polyethylenglykol*). Polyethylenglykol mit unterschiedlichem Molekulargewicht wird zur Anreicherung viraler Partikel und bei Zell- und Protoplastenfusion verwendet ↑Zell- und Gewebekultur, ↑Hybridom, ↑Reproduktionstechnik Pflanzen

Pektinase. Pektine spaltendes Enzym; gemeinsam mit Cellulase wird es zur Erzeugung pflanzlicher Protoplasten bei der somatischen Hybridisierung (= Protoplastenfusion) oder der genetischen Transformation von Protoplasten verwendet ↑Reproduktionstechnik Pflanzen, ↑Transformation

pEMBL. Eine Serie von ↑Lambda-Vektoren und ↑Cosmidvektoren, die am ‚European Molecular Biology Laboratory‘ in Heidelberg entwickelt wurden. Die für die Etablierung von ↑Genbanken (↑DNA-Genbank, ↑cDNA-Genbank) entwickelten, fortschrittlichen pEMBL-Vektoren verdrängen zunehmend Vektorsysteme der Anfangsgeneration (↑Charon-Vektoren, ↑Lambda-Vektoren, pHC79) und Zwischengenerationen. Gleichzeitig sind sie auch eine Konkurrenz zu etablierten Sequenzierungsvektoren (↑M13-Vektoren) und finden massiven Einsatz in der ↑gerichteten Mutagenese.

Pendelvektor (shuttle vector). = Schaukelvektor, bifunktioneller oder binärer Vektor (bifunctional or binary vector) ↑DNA-Vektoren

Peptidsynthese. Neben der automatisierten Synthese von Oligonukleotiden (↑Chemische DNA-Synthese) spielen automatisierte Peptidsynthesen in der Gentechnik eine zunehmende Rolle. Zur Peptidsynthese stehen zwei verschiedene Methoden, nämlich die Boc- und die Fmoc-Synthesechemie (Boc synthesis chemistry, Fmoc synthesis chemistry) zur Verfügung. Boc-Aminosäuren tragen die säurelabile Schutzgruppe (protection group) tertiäres Boc = t-*B*utyl*oxyc*arbonyl, Fmoc-Aminosäuren die Schutzgruppe Fmoc = 9-*F*luoroenyl*met*hoxy*c*arbonyl. Die erste derivatisierte Aminosäure ist über einen Linker an eine Festphase (Festphasensynthese; solid phase synthesis) gebunden. In der Boc-Chemie wird in jedem Kopplungszyklus (coupling cycle)

die Boc-Schutzgruppe durch Trifluoressigsäure (TFA) entfernt; die Ablösung des schrittweise aufgebauten, fertigen Peptids erfolgt dann über Trifluoromethansulfonsäure. In der Fmoc-Chemie erfolgt die Entfernung der Schutzgruppe (deprotection) unter schwach alkalischen Bedingungen (Piperidin 20%, Fmoc-Schutzgruppe ist säurestabil; Boc-Schutzgruppe ist säurelabil, alkaliresistent). Die Abspaltung des fertigen Peptids erfolgt mit 95%iger TFA. Das gewünschte Peptid wird über HPLC (*h*igh *p*erformance *l*iquid *c*hromatography) mit hohen Ausbeuten (99%) pro Kopplungszyklus angereichert; bei Synthesen von Peptiden aus 30–40 Aminosäuren werden damit Ausbeuten des gewünschten Produktes von 75–80% erzielt. Der Fortschritt in der automatisierten Peptidsynthese verdrängt gentechnische Methoden zunehmend; schon heute ist es leicht möglich, biologisch aktive Polypeptide per Peptidsynthese zu erzeugen; eine Kopplung von zwei bis vier Peptiden liefert bereits das gewünschte Polypeptid für diagnostische oder klinische Zwecke in großer Menge. Komplexe Stoffumsätze, die mehrere Enzyme erforderlich machen, werden großtechnisch über vollsynthetische Enzyme steuerbar. Dies dürfte eine erheblich aufwendigere Herstellung molekularer Klone mit einer Mehrzahl transferierter Gene – die dann im komplexen Gennetzwerk des transgenen Organismus geregelt werden müssen – ersetzen. Bei Reinigung der gewünschten Produkte fallen bei in vitro-Synthese über vollsynthetische Enzyme keine Nebenprodukte an, was aufwendige Aufreinigung und langwierige, kostenintensive toxikologische Tests erspart. Die optimale Enzymkonzentration ist jeweils einfach zu ermitteln. Die Gentechnik, die durch die enorm fortschreitende Proteinchemie in einigen Bereichen ersetzbar ist, nimmt derzeit Anleihe bei synthetischen Peptiden zur Gewinnung von Antikörpern für die Absuche von Genbanken (↑Gene Screening).

Literatur
Bodansky M, Bodansky A (1984) The Practice of Peptide Synthesis. Springer
Bodansky M, Bodansky A (1984) Principles of Peptide Synthesis. Springer
Lim CK (ed) (1986) HPLC of Small Molecules: A Practical Approach. IRL Press, Oxford

Peroxidase-conjugierte Antikörper (peroxidase conjugated antibodies). ↑Enzym-conjugierte Antikörper

Personal Computer. PCs finden in der Gentechnik und Molekulargenetik mit einer Fülle von Anwenderprogrammen zur Analyse von DNA, RNA und Proteinsequenzen mannigfaltigen und massiven Einsatz. Diese Programme gestatten im wesentlichen die Ermittlung von Restriktionsschnittstellen, kanonischen Sequenzen und sonstigen Sequenzeigentümlichkeiten (sequence specifities: inverted repeats, direct repeats, homopolymer stretches, hairpins), Sekundärstrukturermittlungen (↑DNA-Topologie, ↑RNA-Topologie) und Vorhersagen über die Tertiärstruktur (RNA, Proteine). Zum Homologievergleich mit bereits bekannten Nukleinsäuresequenzen und Proteinsequenzen erlauben die Anwenderprogramme einen Zugriff auf multinationale Datenbanken, in denen alle bisher publizierten Sequenzdaten gespeichert sind. Die in stetiger Erweiterung befindlichen Möglichkeiten der Auswertung von Sequenzdaten bestimmen maßgeblich den Standard weiterer wissenschaftlicher Publikationen. Geregelte Updatings der Anwenderprogramme sind deshalb in allen einschlägigen Laboratorien Routine. Die Entwicklung verbesserter neuer Anwenderprogramme ist inzwischen ein eigenständiges Forschungs- und Entwicklungsfeld.

Literatur
Ireland CR, Long SP (eds) (1984) Microcomputers in Biology: A Practical Approach. IRL Press, Oxford
(Führende Fachzeitschriften informieren in Abständen, zumeist in separaten Supplements, über neueste Anwenderprogramme und mögliche updatings.)

Pflanzenvektoren (plant vectors). DNA-Vektoren zur genetischen Manipulation von Pflanzen, speziell in Agricultur und Horticultur (Fabales, Leguminosen; Solanaceae, Nachtschattengewächse; Brassicaceae, vor allem Kohlarten; Poales, Nutzgräser, Getreide) ermöglichen einen ↑Gentransfer in Pflanzen. Derzeit existieren zwei grundsätzlich verschiedene Formen von Vektorsystemen: **1.** virusbasierte Vektoren (viral vectors, virus based vectors) ↑Caulimovektoren, ↑Geminivektoren, ↑Replikation **2.** *E. coli/Agrobacterium tumefaciens*-Pflanzen-Pendelvektoren (↑bifunktionelle Vektoren, ↑DNA-Vektoren)
Virusbasierte Vektoren befinden sich derzeit noch weitgehend im Stadium der Forschung und Entwicklung. Die Technologie der Pendelvektoren, die letztlich eine Übertragung der Nutzgene (genes of interest) über ↑Agrobakterien-vermittelten Gentransfer bewerkstelligen, ist hingegen etabliert. Verbesserungen und Weiterentwicklungen orientieren sich an der Molekulargenetik und Gentechnik der Hefe *Saccharomyces cerevisiae* (↑Hefevektoren, ↑Wirte) und dem bisherigen Einsatz von Pflanzenvektoren. In Analogie zu *E. coli*-Hefe-Shuttlevektoren (*E. coli* yeast shuttle vectors ↑Hefevektoren) verfügen Pflanzenvektoren über einen in *E. coli* selektierbaren Marker (selectable marker) und ein chimäres, in Pflanzen exprimierbares Marker- oder Reportergen (plant chim(a)eric marker, reporter)

sowie eine Expressionskassette (expressional cassette, expression cartridge ↑Expressionsvektoren), die über einen Polylinker (*multiple cloning site*, mcs) das Einklonieren (cloning, sandwiching) einer codierenden RNA oder proteincodierenden Sequenz (coding sequence) gestatten. Das so erzielte, in Pflanzen exprimierbare Nutzgen (gene of interest) wird per Conjugation (conjugation, syngamy; ↑Parasexuelle Mechanismen) aus einem rekombinanten *E. coli*-Wirt, der für die Klonierungsarbeit und die hierfür erforderliche Überprüfung der Korrektheit der Klonierungsschritte (Vermeidung von Artefakten) erforderlich war, in den gentechnischen Zwischenwirt (intermediate host) *Agrobacterium tumefaciens* übertragen. Von hier aus kann eine Übertragung über den ↑Agrobakterienvermittelten Gentransfer in eine gewünschte höhere Pflanze stattfinden. Je nach Auslegung des DNA-Vektorsystems erfolgt eine homologe Rekombination in die T-DNA des Agrobakterien-Rezipienten über plasmidinterne Sequenzhomologien zwischen der T-DNA des „entschärften" (deactivated) Ti-Plasmids und dem Vektor ↑pBR322 (Cointegratvektor) oder, bei Vorgabe von Bordersequenzen (border sequences) der T-DNA (T DNA borders) und einem oriT (für *A. tumefaciens*: mob-site ↑Replikation), durch trans-Mobilisation über ein T-DNA-defizientes Ti-Helferplasmid (Ti helper plasmid; binäres System; binary system, trans mobilising system). Die conjugative Übertragung (conjugative transfer) in den ↑*Agrobacterium tumefaciens*-Zwischenwirt erfolgt direkt (biparental; Zweielterkreuzung *E. coli* × *A. tumefaciens*) oder in bakterieller Mehrelterkreuzung (multiparental bzw. triparental *E. coli* × *E. coli* × *A. tumefaciens* crossings). In multiparentaler

Kreuzung überträgt ein *E. coli*-Helfer (helper) ein mobilisierbares Plasmid (RP4-Derivat) in den rekombinanten *E. coli*-Stamm, was diesem eine trans-Mobilisation des rekombinanten Pflanzenvektors in *A. tumefaciens* erlaubt. Bei direkter Kreuzung (bakterieller Kreuzung, biparentaler Kreuzung; biparental crossing) erfolgt die Klonierungsarbeit (↑Molekulare Klonierung) oder eine vorherige Übertragung des Endkonstruktes (↑Transformation) in einen *E. coli*-Wirt mit ins Genom integriertem RP4-Derivat, was eine unmittelbare trans-Mobilisation in *A. tumefaciens*-Wirte gestattet. Chimäre, in Pflanzen selektionierbare Marker sind Aminoglykosidantibiotika-Resistenzgene (Kanamycin, Hygromycin und vor allem G418) oder chimäre Reporteralle (chim(a)eric reporters), wie ein chimäres Luciferase-Allel aus *Photinus* oder ein chimäres Glucuronidase-Gen (GUS-Gen); der Nachweis erfolgt dann über Biolumineszenz bzw. die Spaltung von X-Glu (in Analogie zu X-Gal im M13-Klonierungs-/Sequenzierungssystem). Die Spaltung von X-Glu durch die Glucuronidase bewirkt eine Grünfärbung als Nachweis. Als Promotor der chimären selektierbaren Marker oder Reporter dienen konstitutive Promotoren (pnos-Nopalinsynthasepromotor), virale Promotoren (CaMV), Speicherproteingenpromotoren oder induzierbare Promotorsysteme, vor allem Promotoren lichtinduzierter Gene, also der Rubisco-Promotor, Promotoren von Genen des Phytochromsystems und des Photosyntheseapparates. Hitzeschockinduzierte Gene (heat shock induced genes) liefern Hitzeschockpromotoren (heat shock promotors). Daneben finden Schwermetall-induzierbare Promotoren, Promotoren von Genen, die Salz- und Trockenresistenzgene (in Halophyten und Xerophyten) codieren, Wundpromotoren, die auf Traumatogene reagieren und schließlich Herbizid-induzierbare Promotoren Einsatz bei der Konstruktion neuer Vektorsysteme. Daneben werden Phytohormon-induzierbare Promotoren (Auxine, Gibberellinsäure; Amylasegenpromotoren) und Promotoren, die auf chemische Stimuli von Phytopathogenen (Elicitoren) reagieren, verwendet.

↑Agrobakterien-vermittelter Gentransfer, ↑Cauliflower Mosaic Virus, ↑Caulimovektoren, ↑Expressionsvektoren, ↑Geminivektoren, ↑Gentransfer

Literatur
Glover DM (ed) (1985–1987) DNA Cloning: A Practical Approach, vol I–III. IRL Press, Oxford
Mahnberg R, Messing J, Sussex I (1985) Molecular Biology of Plants. Cold Spring Harbor

pfu. Der Titer an infektiösen Plaque-bildenden Phagen (pfu = plaque forming units). In der Gentechnik ist nur der Titer der vermehrbaren Phagen (pfu/ml) von Bedeutung. Zur Bestimmung werden (analog zur Ermittlung der ↑cfu) Verdünnungen einer Phagensuspension (z. B. einer Phagenbank) auf Indikatorbakterien plattiert und anschließend die Plaques pro Platte gezählt.

PGK-Genpromotor = ↑Phosphoglycerinkinase-Genpromotor

pGV3850. Ein Cointegratvektor für den ↑Agrobakterien-vermittelten Gentransfer

Phasing-Primer (phasing primers). Bei der enzymatischen Sequenzierung von RNA mit reverser Transkriptase (= Revertase) verwendete Sequenzierungsprimer ↑RNA-Sequenzierung

Phasmide. In vivo erzeugte Hybride aus Derivaten von Lambda-Phagen und einem Plasmid mit mehreren Lambda-*att*achment-sites (att-sites). Das vom Phagen Lambda codierte Rekombina-

tionssystem kontrolliert Bildung und Zerfall der Phasmide. Bei Desintegration werden der Phage Lambda und das Plasmid freigesetzt. Phasmide replizieren entweder wie Plasmide oder wie der Phage Lambda. In der Bakteriengenetik dienen Phasmide zur in vivo-Manipulation.

Phenotypic Screening. Erkennen rekombinanter Klone oder transgener Organismen anhand eines neuen, leicht erkennbaren Phänotyps, der durch das eingebrachte Fremd- oder Nutzgen erzeugt wurde.

Phosphit-Verfahren. ↑Chemische DNA-Synthese

Phosphodiester-Verfahren. ↑Chemische DNA-Synthese

Phosphoglycerinkinase-Genpromotor (PGK-Genpromotor). Ein starker Hefepromotor, der zur Konstruktion chimärer Hefegene verwendet wird ↑Hefevektoren

Literatur
Dobson MJ et al. (1982) Nucl Acids Res 10:2625

Phosphoramidit-Verfahren. Die heute gängigste Methode der ↑chemischen DNA-Synthese, wie sie in allen DNA-Syntheseautomaten (DNA synthesizers, gene assemblers, gene machines) benutzt wird.

Phosphotriester-Verfahren. ↑Chemische DNA-Synthese

PITC. *P*henyl*iso*thiocyanat; ↑Automatisierte Proteinsequenzierung, ↑Proteinsequenzierung

Plasmidrescue. Rückgewinnung eines rekombinanten Plasmids aus einem rekombinanten Klon oder transgenen Organismus. Falls das Plasmid nicht funktionstüchtig reisoliert werden kann, wird eine Rückgewinnung des Markers versucht (↑Markerrescue).

Plasmidshuttling. Einbringen eines Plasmids in einen fremden Organismus zum Zweck des Plasmid- oder ↑Markerrescue.

Plasmidvektoren. Plasmide sind kleine (wenige tausend bis einige hunderttausend Basenpaare), extragenomische (↑Genom), autonom replizierfähige DNA-Strukturen, die in bakteriellen Zellen als kovalent geschlossene, zirkuläre (*covalently* *closed* *circular* = ccc-Form der DNA, supertwist oder supercoil DNA) DNA-Moleküle vorliegen. Neuerdings werden Plasmide auch vermehrt in Chloroplasten und Mitochondrien höherer Organismen gefunden.

Plasmide, die in der rekombinanten DNA-Technik (Gentechnik; recombinant DNA technology) als Plasmidvektoren eingesetzt werden, müssen einige Bedingungen erfüllen: **1.** Sie müssen im Wirt (Prokaryont, Hefe, Chloroplasten oder Mitochondrien) autonom replizierbar sein, d. h. einen Replikationsursprung (vegetativen ori, ori V) besitzen, also eine replizierfähige Einheit (Replikon) darstellen. **2.** Sie sollten unter relaxierter Kontrolle (relaxed control) der Kopienzahl stehen, d. h. spontan oder induzierbar nach ↑Amplifikation in hoher Kopienzahl (z. B. spontan 30–100 Kopien pro Zelle; nach Amplifikation einige

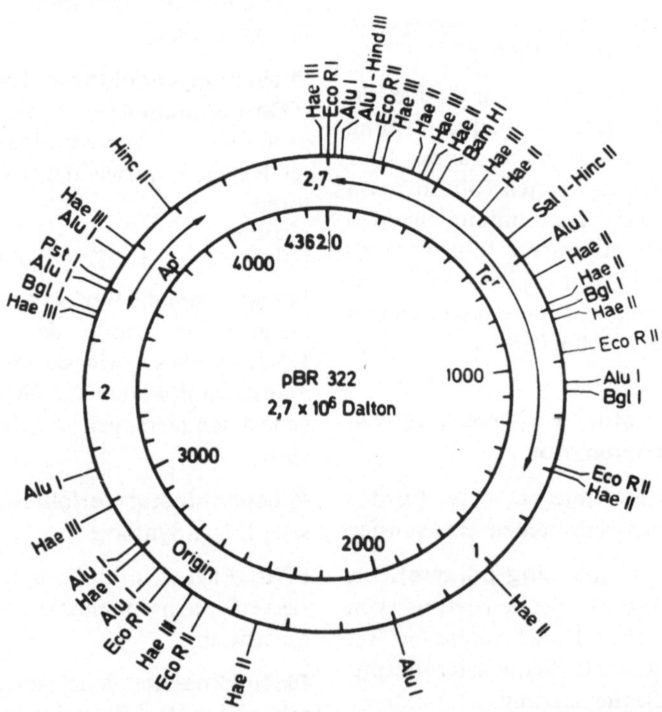

Abb. 38. Restriktionskarte des Vektorplasmids pBR 322: Dieses Plasmid hat eine Größe von 4,4 kb und codiert für Resistenz gegen die Antibiotika Ampicillin (*Ap*) und Tetrazyklin (*Tc*). Beide Resistenzgene tragen singuläre Restriktionsenzym-Schnittstellen. So führt z. B. der Einbau eines Pst 1-Fragments in die Pst 1-Schnittstelle von pBR 322 zu einem Ausfall der Ap-Resistenz, d. h. Transformanten mit dem rekombinanten Plasmid sind Tc-resistent und Ap-sensitiv. Der ori (*„origin* of replication" = Ursprung der Replikation) bezeichnet den Startpunkt der Replikation. Aus: Gentechnik, Gustav Fischer Verlag, 1987 [29]

10 000 Kopien) in der Prokaryontenzelle des Wirtes vorliegen. Dies sichert bei der Plasmidisolierung hohe Ausbeuten. **3.** Sie müssen mindestens zwei leicht selektionierbare Markiergene (marker), z. B. Antibiotikaresistenzgene, tragen, die den Transformanten einen leicht erkennbaren, neuen Phänotyp verleihen. **4.** In beiden Markern sollten möglichst viele Restriktionsschnittstellen liegen, die den Plasmid-Vektor nur einmal schneiden (single restriction targets) und damit den

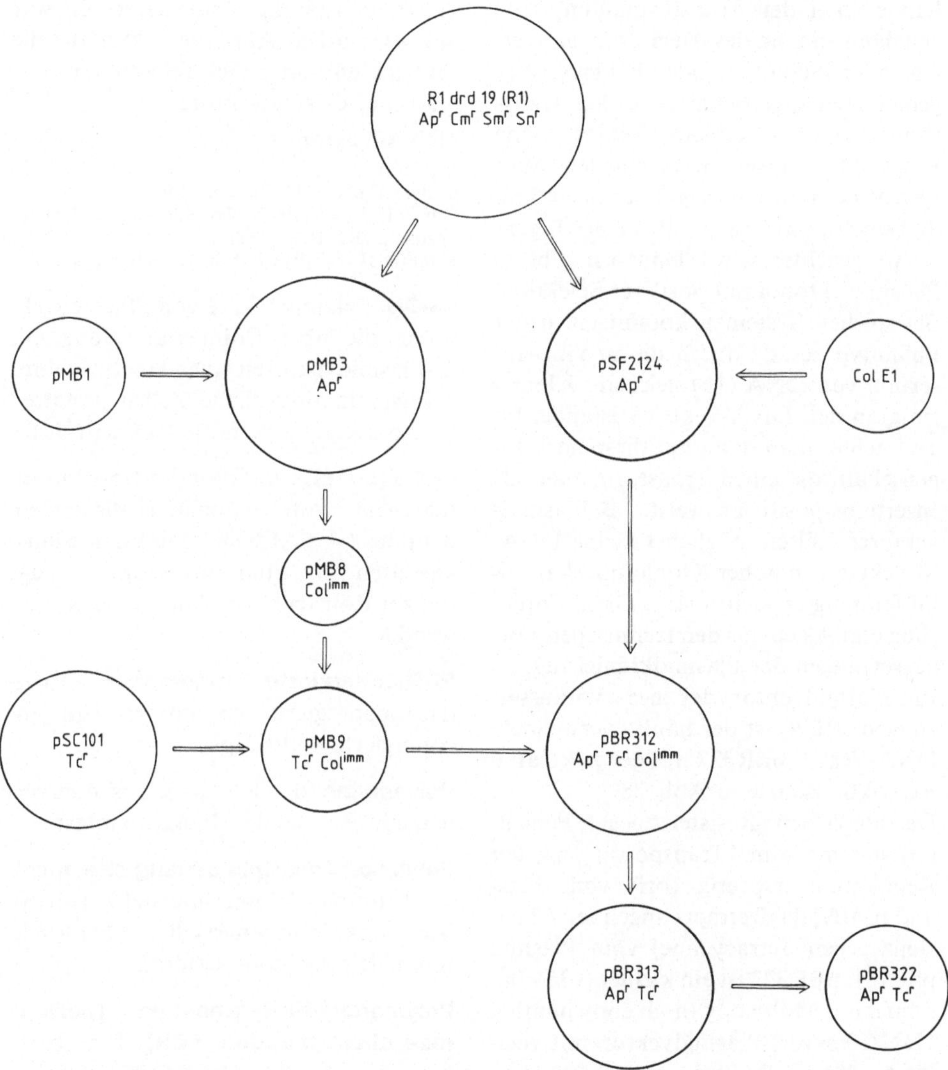

Abb. 39. Genealogie des Plasmids pB 322. Das Schema zeigt die Herkunft der drei Elemente, aus denen das Plasmid letztlich aufgebaut ist; aus dem Replikon von pMB1, dem Ampicillin-Transposon Tn3 aus R1drd19 und dem Tetracyclinresistenz-Bereich aus pSC101 (nach SUTCLIFFE, 1979). Aus: Gene und Klone, Verlag Chemie, 1984 [30]

Einbau der Passagier-DNA erlauben. Das Einfügen einer Insert-DNA (↑Molekulare Klonierung) führt zu insertbedingter Inaktivierung des Markergens (insertional inactivation). Die Transformanten mit Hybrid-Vektor (Plasmid mit eingefügem Insert, also die molekularen Klone unter den Transformanten) werden dann anhand des Ausfalls (negativer, fehlender Phänotyp) oder Fehlens einer genetischen Eigenschaft von den Transformanten mit reinem Vektor ohne Fremd-DNA-Insert unterschieden. Man spricht deshalb von negativer Selektion, da beim Test auf das Fehlen einer Eigenschaft geachtet wird. Daneben gibt es Plasmidvektoren mit positiver Selektion. Bei solchen Systemen kommt ein neuer Phänotyp gerade durch die in vitro-Insertion von DNA (↑Molekulare Klonierung) in den DNA-Vektor zustande. Im Test achtet man dann auf diese neue Eigenschaft, die einen Transformanten als Insertions-positiv ausweist. **5.** Plasmidvektoren sollten möglichst kleine DNA-Moleküle von hoher Klonierungskapazität (cloning capacity) sein. Diese Forderung ergibt sich aus den technischen Voraussetzungen der Plasmidklonierung.
Ein Plasmidvektor, der diese Voraussetzungen erfüllt, ist der häufig verwendete DNA-Vektor pBR322 mit der zirkulären Restriktionskarte in Abb. 38.
Das amp^r-Gen (Resistenz gegen Penicillin) stammt vom ↑Transposon Tn3, der Replikationsursprung (ori) vom Plasmid pMB9, das Tetracyclingen tet^r (Resistenz gegen Tetracycline) vom Plasmid pSC101. pBR322 ist ein kleiner (4364 Basenpaare), Multicopy (high copy number ↑DNA-Vektor)-Plasmidvektor mit relaxierter Kontrolle und zwei leicht selektierbaren Markern (amp^r; tet^r), die über viele singuläre Restriktionsschnittstellen (single restriction targets) verfügen.

pBR322 ist ein sehr prominenter *E. coli*-Plasmidvektor, der in der Gentechnik überaus häufig verwendet wird. Der Plasmidvektor pBR322 wurde 1977 in komplizierter Genealogie über in vivo- und in vitro-Neukombination von BOLIVAR et al. entwickelt und 1979 von SUTCLIFFE vollständig sequenziert. Er war und ist seitdem Ausgangsvektor für die Entwicklung einer Vielzahl weiterer Plasmid- und Cosmidvektoren.
↑DNA-Vektor
Literatur
Bolivar F et al. (1977) Gene 2:95
Hardy KG (ed) (1987) Plasmids – a practical approach. IRL Press, Oxford
Sutcliffe JC (1979) Cold Sp Harb Symp 43:77

pMON. Bekannte Serie von Pflanzenvektoren, die über Cointegratbildung mit Ti-Plasmidvektoren einen Übertrag ihrer T-DNA in pflanzliche Zellen gestatten ↑Agrobakterien-vermittelter Gentransfer

pNOS (pnos). Promotor des Nopalinsynthasegens von Nopalin-Ti-Plasmiden; der pnos (= pNOS) wird in Expressionskassetten von ↑Pflanzenvektoren und damit zur Konstruktion chimärer Gene verwendet.

POD-conjugierte Antikörper. = Peroxidase conjugierte Antikörper ↑Enzymconjugierte Antikörper

Polyacrylamid. Gelmatrix aus quervernetztem Acrylamid ↑Elektrophorese

Polylinker (*multiple cloning site*, mcs). = Multiple Klonierungsstelle (MCS), Vielzweckklonierungsstelle; ↑M13-Vektoren, ↑Expressionsvektoren

Polymerase-Kettenreaktion (polymerase chain reaction, PCR). Eine beliebige genomische DNA-Sequenz kann über die Polymerase-Kettenreaktion extrem angereichert und nachfolgend kloniert werden. Erforderlich sind dazu zwei

Oligonukleotide als Primer, das eine Oligonukleotid komplementär zum 3′-Ende der anzureichernden Sequenz, das andere zum 5′-Ende des komplementären Stranges. Die mit einer ↑Restriktionsendo- nuklease geschnittene DNA wird zur Strangtrennung hitzedenaturiert und anschließend mit dem zugegebenen Primer hybridisiert. Bei Zugabe der thermostabilen Taq-Polymerase aus *Thermus aqua-*

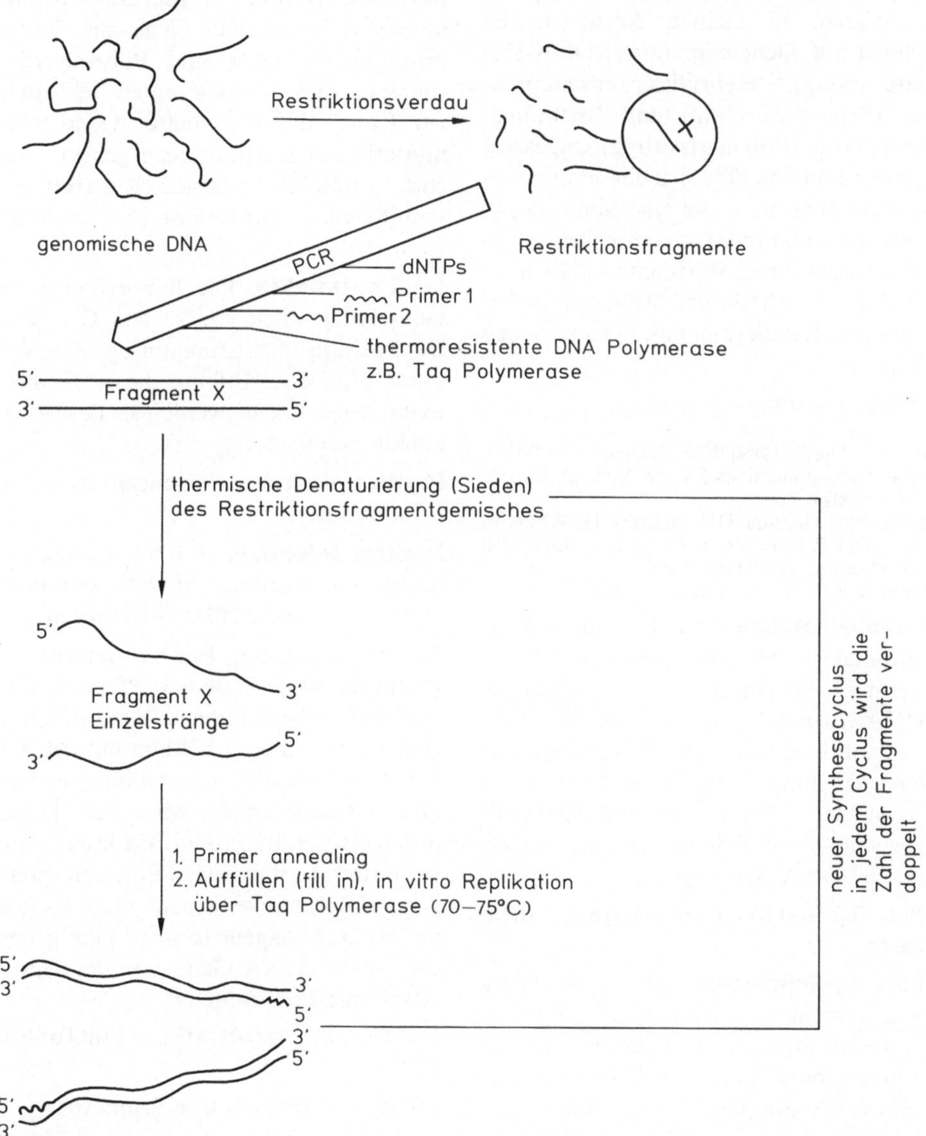

Abb. 40. Synthesecyclus PCR. Nach Z Synthesezyklen beträgt die Anzahl A der Fragmente theoretisch: $A = 2^Z \cdot A_0$. In Übernachtreaktion werden 20−100 Zyklen gefahren; aus einer Einzelkopie also Milliarden Moleküle erzeugt

ticus findet eine in vitro-Replikation des Restriktionsfragmentes statt, das Homologie zu den Primern aufweist. Nach erneutem Erhitzen und Primerannealing läßt sich der Vorgang wiederholen: die Taq-Polymerase kann diesselbe Sequenz replizieren. In kleinen Ansätzen, die schnell auf Siedetemperatur (DNA-Denaturierung), Hybridisierungstemperatur (Primerannealing) und Reaktionstemperatur (Polymerisierung) eingestellt werden können, läßt sich eine Polymerase-Kettenreaktion, die eine Single-copy-Sequenz milliardenfach anreichert, einfach durchführen. Wo immer möglich, ist PCR die Methode der Wahl zur Isolierung und Klonierung einer genomischen Sequenz.

↑Genisolierung

Literatur
Erlich HA (ed) (1989) PCR. Technology – Principles and Applications for DNA Amplification. M Stockton Press
Innis AM, Gelfand DH, Sninsky II, White TJ (1990) PCR Protocols. A Guide to Methods and Application. Academic Press
Saiki R et al. (1985) Science 230:1350

Polynukleotidkinasen. Enzyme zur 5'-terminalen Phosphorylierung (Kinasierung; kinasing) dephosphorylierter DNA. In der Gentechnik werden Polynukleotidkinasen zur Endmarkierung (end labelling) von DNA oder RNA verwendet. ↑DNA/RNA-modifizierende Enzyme, ↑DNA-Sequenzierung, ↑Chemische DNA-Synthese

Poly-(U)-Glasfaser = ↑Oligo-(U)-Glasfaser

Poly-(U)-Sepharose. An Agarosederivate covalent gebundene oligo(U)-Reste zur affinitätschromatographischen Aufreinigung polyadenylierter mRNA ↑Chromatographie von Nukleinsäuren

Portabler Promotor (portable promotor). DNA-Sequenz mit Promotorfunktion; Expressionskassette (expression cartridge), die von multiplen singulären Restriktionsschnittstellen flankiert wird und deshalb leicht von einem Vektor zum anderen ‚transportierbar' (portable) ist ↑Expressionsvektoren

Portabler Terminator (portable terminator). 3'-Ende eines Gens mit Transkriptionsterminator und Polyadenylierungssignalen (Eukaryonten-Vektoren) zur Konstruktion chimärer Gene (chim(a)eric genes, sandwiched genes), welches durch flankierende Restriktionsschnittstellen portabel ist ↑Expressionsvektoren

Positionseffekte. Die Expression eines Gens hängt auch von seinem Ort, also der Position im Chromatin ab. Alle dadurch gegebenen Effekte, die die Genaktivität beeinflussen, werden als Positionseffekte bezeichnet.

Positive Kontrolle. ↑Genexpression in Prokaryonten

Positive Selektion. = direkte Selektion (positive selection, direct selection) ↑DNA-Vektoren, ↑Plasmidvektoren

Präimmunisierung, Prä(im)munität (preimmunity). Tiere und Pflanzen sind nach einer überstandenen Virusinfektion gegen eine weitere Infektion mit demselben Virus immun, also präimmunisiert. Die Prä(im)munität wird bei Tieren durch Antiviralfaktoren wie Interferone vermittelt. In transgenen Pflanzen erzeugen Hüllproteingene bzw. cDNA-Gene des Hüllproteingens (coat protein genes, CP) oder cDNA-Gene von Satelliten-RNA eine Präimmunität.

↑AMV-CP, ↑SatCMV, ↑SatTobRV, ↑TMV-CP

prbcs = ↑Rubisco-Gen-Promotor

Press-Blot. Mit Hilfe eines Press-Blots können virale Nukleinsäuren und Proteine sowie deren Verteilung in Pflanzenblättern studiert werden. Die infizierten Blätter werden bei −70 °C eingefroren und dann 1 min lang mit 70 kg/cm² auf eine Hybridisierungsmembran gepreßt. Die Filter werden anschließend wie Southern-, Northern- oder Western-Blots behandelt.

↑Blotting

Literatur
Mansky LM et al. (1990) Plant Mol Biol Reporter 8(1):13

Pribnow-Box = Pribnow-Schaller-Box = −10-Motiv bakterieller Promotoren. ↑Genstruktur in Prokaryonten, ↑Genexpression in Prokaryonten

Primer. Jede Oligonukleotidsequenz, die nach Hybridisierung mit einer einzelsträngigen Nukleinsäure einen kurzen doppelsträngigen Bereich mit freier 3′-OH-Gruppe liefert und damit ein weiteres Auffüllen über DNA-Polymerasen oder Reverse Transkriptase erlaubt ↑Replikation

Primer-Extended-Translation. ↑Markierung von DNA

Probe (DNA probe). = Gensonde; ↑Blotting, ↑Markierung von DNA

Processing. Sämtliche Prozesse während und nach der Transkription proteincodierender Gene von Eukaryonten, die von einer Präcursor-mRNA (prämRNA, ↑hnRNA) zu reifer, translatierbarer mRNA führen.

Promiskuitive DNA, promiskuitive Gene (promiscuic genes). Mobile genetische Elemente, die außer im Kerngenom auch in Organellengenomen (Mitochondrien und/oder Plastiden) vorkommen ↑Transposone

Promiskuitive Plasmide (promiscuic plasmids). Mobilisierbare Plasmide mit breitem Wirtsspektrum, die in vielen verschiedenen Bakterienarten anzutreffen sind (z. B. das Plasmid RP4) ↑Parasexuelle Mechanismen

Promotor (promoter). RNA-Polymerase-Bindungsstelle, Ort der Initiation der ↑Transkription; als solcher auch essentieller Bestandteil von ↑Expressionsvektoren

Promotor-Test-Plasmid (promoter analysis plasmid). Plasmide mit der codierenden Region eines selektierbaren Markers und einem in 5′-Richtung davor liegenden Polylinker. Das Einklonieren einer DNA-Sequenz in den Polylinker ergibt eine genetische Aktivität des Markers, wenn diese Sequenz eine Promotorfunktion codiert (↑CAT-Test) ↑DNA-Vektoren

Promotor-Up-Mutante. Mutation im Promotorbereich, welche die Stärke eines Promotors (promoter strength) und damit Transkriptionsrate und Expression eines Gens erhöht. Up-Promotoren finden Eingang in die Gentechnik, die in der Regel starke Promotoren für eine Überexpression (overexpression) ihrer Nutzgene benötigt.

Prophage. Ins Genom integrierter, temperenter Phage; ↑Lysogenie

Protein A. ↑Blotting, ↑Radioimmuntest

Proteinase K. Ein extrem hitzestabiles und gegen Detergentien unempfindliches proteolytisches Enzym zur schonenden Isolierung hochmolekularer DNA bei der Erstellung genomischer Genbanken.

Protein-Blot. = Immunoblot, Protein-Transfer ↑Blotting

Protein-Engineering. Unter Protein-Engineering versteht man eine durch ↑gerichtete Mutagenese eines Gens bewirkte, bewußt und gezielt konzipierte Abänderung der Aminosäureabfolge (Primärstruktur) eines Proteins, speziell eines Biokatalysators (Enzym), welches ein Protein (meist Enzym) mit definiert neuer Eigenschaft erzeugt. In fernerer Zukunft ist auch eine *de novo*-Konzeption, ein Reißbrettentwurf, also ein Proteindesign hochspezifischer Peptidkatalysatoren für chemische Umsätze per chemischer Gensynthese denkbar (↑Chemische DNA-Synthese). Diese verlaufen dann wie biochemische in vitro- oder in vivo-Reaktionen kostensparend und umweltfreundlich bei Raumtemperatur und Normaldruck und setzen definierte Reaktanden hochspezifisch – also ohne nennenswerte Nebenprodukte und Nebenreaktionen – und enorm beschleunigt in umsatzspezifische Produkte um. Synthetische, vom Computer entworfene Peptidkatalysatoren sind wie die im Evolutionsprozeß entwickelten Biokatalysatoren (= Enzyme) mit Sicherheit die effektivsten aller denkbaren Katalysatoren mit höchster Stereospezifität. Die im Design vom Computer entworfene Peptidstruktur wird in optimaler Codonpräferenz (↑Gensynthese) eines gentechnisch geeigneten Wirtes (z. B. *E. coli* oder Hefe) als DNA-Sequenz synthetisiert (↑Gensynthese). Diese künstlich geschaffene proteincodierende Sequenz wird dann in einen Expressionsvektor ligiert und in einem gentechnisch geeigneten Wirt molekular kloniert. Der molekulare Klon dieses Gens liefert den vom Genkonstrukteur erdachten Peptidkatalysator, der in Flüssigphase (liquid phase) oder matrixgebundener Festphase (matrix bound solid phase) eine chemische Reaktion gezielt katalysiert. Das Protein-Engineering (Proteintechnik oder -technologie) bedarf in seiner vollendeten Form des spezifischen Proteindesigns einer bis heute noch nicht vollständig erarbeiteten Fülle von Auswahlkriterien für die Besetzung einer bestimmten Position einer

198

Aminosäureabfolge mit einer definierten Aminosäure. Nur so können aus 20^{150} gegebenen Möglichkeiten einer 150 Aminosäuren langen Polypeptidsequenz (viele Enzyme besitzen diese Länge), die für die Entwicklung von Polypeptidkatalysatoren erforderlichen räumlichen Strukturen des stereospezifischen Katalysators mit seiner räumlich spezifischen Einpassung der Substrate in das katalytische Zentrum per Computer ermittelt werden. Sequenzhomologien von Enzymen mit gleicher Katalysatorfunktion und schließlich die spezifischen Sequenzunterschiede katalytischer Zentren und anderer funktioneller Domänen in den verschiedenen Enzymklassen erlauben dem Computer, funktionell wichtige Positionen der unterschiedlichen Domänen und deren Aminosäurebesetzung (schnell) zu erkennen. Da alle heutigen Biokatalysatoren von vermutlich einem Urenzym ableitbar sind, dürften schon bald alle grundsätzlichen Konstruktionsregeln für Enzyme und Enzymkategorien als vollständige Systeme vorliegen. Weitere wichtige Auswahlregeln (Konstruktionsregeln für Polypeptidkatalysatoren) können über ↑gerichtete Mutagenese, die nach Expression des mutierten Gens Proteine mit gewünschtem Aminosäureaustausch (z. B. Position 117: GTC = Valin →AGT = Serin) anliefert, erarbeitet werden. Für diese Zwecke stehen dem Gentechniker bereits synthetische DNA-Linker für gezielte Triplettmutationen, die einen Aminosäureaustausch bewirken, zur Verfügung. Mit Hilfe dieser Regeln kann dann ein Set von Genen, die Proteine mit einer gewünschten katalytischen Funktion codieren, synthetisiert und deren molekulare Klone nach dem effektivsten Katalysator abgesucht werden (screening). Die Schnelligkeit, mit der solche Katalysatoren entwickelt werden können, hängt ganz wesentlich von der Automation der erforderlichen Schritte ab. Die Gene konstruierende, kreative oder konstruktive Gentechnologie der Protein-Engineering-Ära ist vom Design des Katalysators am Computer über die Gensynthesen, die molekulare Klonierung, die Klonanzucht und das Klonscreening voll automatisierbar, was ein Screening umfangreicher Klonbanken mit Millionen von Klonen innerhalb weniger Wochen erlaubt. Vermutlich erlauben die Konstruktionsregeln für Polypeptidkatalysatoren erheblich geringere Umfänge von Klonbanken, die in der vollautomatisierten Genfabrik von morgen leicht bewältigbar sind. Neben synthetischen Polypeptidkatalysatoren werden überwiegend auch veränderte Proteine für den Pharmasektor – wie immunologisch hochwirksame Impfstoffe gegen Viren oder verändertes Humaninsulin (Humulin), das eine orale Einnahme gestattet – von der kreativen oder konstruktiven Gentechnik produziert. Schließlich läßt sich auch eine Entwicklung von Biosensoren, Biochips und damit Biocomputern über ein Protein-Engineering denken. Die Verwendung von Polypeptiden anstatt der heute üblichen Silizium-Kristallstrukturen zur Informationsspeicherung in aktiven elektronischen Elementen würde die Miniaturisierung der Microelektronik erheblich fördern, und vom erreichten Megabitchip in die Gigabitchipdimension mit etwa 100fach schnellerer Informationsverarbeitung vorantragen.

Neben dem Biokatalysator-Design nach Enzymmuster – also einer Enzymbionik der Katalysatorentwicklung – kann das Protein-Engineering auch den Weg der Erzeugung katalytischer Antikörper (catalytic antibodies) beschreiten, die auch Abzyme (*antibody* mit En*zym*-Wir-

kung) genannt werden. So ist es zwei amerikanischen Forschergruppen gelungen, Abzyme mit Esterasefunktion zu konstruieren. Dabei wurden die Antikörper so verändert, daß sie, wie für Katalysatoren gefordert, unverändert aus der Reaktion hervorgingen. Mit diesen Abzymen konnte eine Beschleunigung von Esterhydrolysen um den Faktor $10^3 - 10^4$ erzielt werden (Enzyme beschleunigen biochemische Reaktionen um das $10^8 - 10^{20}$fache). Mit etwa 10^7 verschiedenen Antikörpern existiert für alle derzeit mehr als 6 Millionen bekannten chemischer Verbindungen ein Antikörper, der sich nur in einem sehr definierten Bereich der hypervariablen/variablen Region innerhalb einer vorgegebenen Grundstruktur von einem Antikörper gegen ein anderes Antigen unterscheidet. Nach Gewinnung eines monoklonalen Antikörpers (↑Hybridom) kann dieser Unterschied in der Aminosäuresequenz schnell erkannt werden. Die in einem ↑Expressionsvektor vorliegenden fusionierten Gene der leichten und schweren Kette des Antikörpers können dann durch ↑gerichtete Mutagenese in der v-Region (v = variabel) entsprechend verändert werden. Anschließend wird im Protein-Engineering die katalytische Funktion an der Bindungsstelle eingeführt und ein Satz Abzym-codierender Expressionsvektoren in die Hybridomalinie oder einen anderen gentechnisch geeigneten Wirt zur Abzymüberproduktion eingeführt. Wegen der von Enzymen erheblich abweichenden Raumstruktur (Tertiärstruktur von Antikörpern) ist sicherlich nur ein eingeschränktes Spektrum enzymatischer Antikörperfunktionen (Abzyme) mit vergleichsweise geringer, aber oft hinreichender Katalysatorwirkung denkbar. Auf den enzymbionischen Ansatz im Protein-Engineering kann des-

Proteinsequenzierung

halb trotz einer vielversprechenden Abzymtechnologie nicht verzichtet werden. Erste Erfolge des enzymbionischen Ansatzes, eine 24 Aminosäuren lange, im Proteindesign entwickelte Peptiddomäne, die das Insektizid DDT bindet, sind bereits zu verbuchen. Gezielte Verbesserungen therapeutisch interessanter Enzyme sind auch bereits gelungen.

Das Protein-Engineering, die Proteintechnik oder Proteintechnologie, die als kreative oder konstruktive Gentechnologie die höchste Entwicklungsstufe der ↑Gentechnologie repräsentiert, ist mit Sicherheit eine gewaltige innovative Technologie, die neben der Mikroelektronik eine zentrale Stellung in der zukünftigen Informationsgesellschaft innehaben wird.

Derzeit ist von den 4000 Proteinen mit bereits aufgeklärter Primärstruktur die Topologie (Sekundär-, Tertiär-, Quartärstruktur) von etwa 300 Enzymen bekannt. Ein vollständiges Verstehen der Architektur von Proteinen, wie es für ein Protein-Engineering erforderlich ist, wird bei Kenntnis der 3-D-Struktur von etwa 1500 Proteinen zu erwarten sein. Jährlich werden etwa 20 Proteine in ihren höheren Strukturordnungen erfaßt.

Literatur

Creighton TE (ed) (1989) Protein Function – a practical approach. IRL Press, Oxford
Höfer J (1987) Spektrum der Wissenschaft 4:15
Winnacker EL (1987) Bild der Wissenschaft 2:39

Proteinsequenzierung. Die moderne ↑Gentechnologie erlaubt im Prinzip die Produktion jedes beliebigen Proteins in uneingeschränkter Menge und eröffnet so dem Menschen den Weg vom Protein zum Gen, entgegen dem Informationsgefälle des ↑Zentralen Dogmas der Molekularbiologie (DNA→RNA→Protein). Dazu ist häufig eine partielle Sequenzierung einiger Oligopeptide des gewünsch-

ten, via ↑Gentechnik zu gewinnenden Proteins erforderlich. Anhand dieser Oligopeptidsequenzen lassen sich dann über den bekannten genetischen Code geeignete ↑Gensonden (↑Chemische DNA-Synthese) konstruieren, die die Absuche (↑Gene Screening) einer ↑cDNA-Genbank nach dem gewünschten, dieses Protein codierenden, molekularen Klon gestatten. Eine Oligopeptidsequenz:

$$
\begin{array}{cccccc}
\text{Met} & \text{Ala} & \text{His} & \text{Gln} & \text{Lys} & \text{Pro} \\
\text{AUG} & \text{GCA} & \text{CAC} & \text{CAA} & \text{AAG} & \text{CCA} \\
 & \text{C} & \text{T} & \text{G} & \text{A} & \text{C} \\
 & \text{G} & & & & \text{G} \\
 & \text{T} & & & & \text{T} \\
4 & \times\ 2 & \times\ 2 & \times\ 2 & \times & 4 \\
 & & & & & = 128
\end{array}
$$

liefert wegen der Degeneration des genetischen Codes 128 mögliche Sequenzen der 18 Nukleotide langen ↑Gensonde, die als sog. gemischte Gensonde (mixed probe; alle 128 möglichen Sequenzen) in einem DNA-Syntheseautomaten leicht chemisch synthetisiert werden kann (↑Chemische DNA-Synthese). Anstatt mit einer solchen Sonde eine cDNA-Genbank nach einer gewünschten DNA-Sequenz abzusuchen, kann das Oligonukleotidgemisch auch für eine affinitätschromatische Anreicherung der spezifischen mRNA aus einer Gesamt-mRNA-Population verwendet werden. Immer häufiger gelingt es mit solchen Trägergebundenen, sequenzspezifischen Oligonukleotiden selbst niederabundante mRNA-Spezies für eine Umkopierung in cDNA und Klonierung anzureichern. Gerade dieser Aspekt der Gentechnik hat der älteren, schon hochentwickelten Proteinchemie und Proteinsequenzierung als entscheidender Zulieferdisziplin, wichtige neue Impulse gegeben. Wegen der wesentlich höheren strukturellen Mannigfaltigkeit der Proteine

(20 biogene Aminosäuren gegenüber 4 Nukleinsäurebasen) lassen sich in einer zweidimensionalen Auftrennung (1. Dimension: Molekularsieb; 2. Dimension: Elektrofocussierung) einige tausend Proteine analytisch erfassen. Das aus der zweidimensionalen Elektrophorese gewonnene Wissen über Molekulargewicht und isoelektrischen Punkt eines gesuchten Proteins gestattet dann eine einfache Isolierung dieses Proteins über Hochdruckgelpermeationschromatographie. In einer zweidimensionalen Elektrophorese wird nachträglich geprüft, ob das isolierte Protein einen für die Sequenzierung erforderlichen hohen Reinheitsgrad aufweist, anderenfalls wird weiter aufgereinigt. Die Fragmentierung des Proteins durch chemische oder enzymatische Spaltung, wie sie in der Proteinchemie schon lange bekannt sind, liefert zur Sequenzierung geeignete Oligopeptide. Diese werden über HPLC (*high performance liquid chromatography*) getrennt und einer Aminosäureanalyse unterzogen. Geeignete Oligopeptide, die z. B. keine Aminosäuren enthalten, die durch 6 (Leucin, Valin) oder 4 (Alanin, Prolin, u. a.) Codone spezifiziert werden, werden dann der Sequenzierung unterworfen. Die Synthese von gemischten Gensonden (mixed probes) anhand der Sequenz solcher Oligopeptide führt zu einer Oligonukleotidpopulation mit geringer Sequenzheterogenität, die daher eine leichte Absuche einer cDNA-Genbank oder Anreicherung der spezifischen mRNA erlaubt. Die Sequenzierung der Oligopeptide erfolgt nach der sog. DABITC-Methode (4 N,N′ *D*imethyl*a*minoazo*b*enzol-4-*iso*-*t*hio*c*yanat) nach CHANG in stufenweisem Abbau einzelner, derivatisierter Aminosäuren als einer Variante des klassischen Edman-Abbaus in der Proteinsequenzierung. Die dabei sukzessive anfallenden

derivatisierten Aminosäuren können im pMol (10^{-12} Mol)-Bereich auf einer Polyamidfolie identifiziert werden. Diese Analyse ist sehr schnell, erfordert im Gegensatz zur Proteinsequenzierung im klassischen Edman-Sequenator (der im Bereich von nMol = 10^{-9} Mol arbeitet) geringere Proteinmengen und kann in jedem molekularbiologischen Labor durchgeführt werden. Insbesondere wegen der Verwendung geringster Proteinmengen ist diese Methode für die Bedürfnisse der Gentechnik gut geeignet. In proteinchemischen Laboratorien setzt man neuerdings Gasphasensequenatoren nach HUNKAPILLAR und HOOD ein. Diese Geräte erlauben die Sequenzierung eines Proteins im pMol-Bereich (10^{-12} Mol). Gerade Proteine, die sonst nur in geringer Menge gewonnen werden können, erweisen sich als notwendig gentechnisch zu erzeugende Produkte. Die enormen Fortschritte in der Sequenzierung gerade geringster Proteinmengen fördern deshalb vermehrt die Erfolge der Gentechnologie.

Die rasch fortschreitende Automation einer schnellen Oligonukleotidsynthese begünstigt die chemische Vollsynthese proteincodierender Sequenzen anhand der Sequenz vollständiger Polypeptide. Die chemische Vollsynthese von proteincodierenden Sequenzen erlaubt deren beste in vitro-Plazierung vor optimierten Expressionssignalen (Promotoren, regulatorische Sequenzen und Enhancern) wirtsspezifischer ↑Expressionsvektoren. Dies sichert eine dem jeweiligen Wirtssystem angepaßte Genexpression und damit hohe Proteinausbeuten. Zudem kann bei solchen Synthesen die entsprechende wirtsspezifische Codonwahl (codon usage) für die verschiedenen Aminosäuren der Polypeptidsequenz berücksichtigt werden. Gerade die richtige Codonwahl

Protoplasten

ist oft eine wichtige Voraussetzung optimaler Expression eines Gens im Wirtssystem, die in ihrer Bedeutung nicht unter-
schätzt werden sollte. Herkömmlich isolierte cDNA-Sequenzen, die entweder
einer cDNA-Genbank entstammen oder
über Affinitätschromatographie der
mRNA an gemischten Gensonden durch
Umkopieren einer mRNA erhalten wurden, entsprechen nicht immer der wirtsspezifischen Codonwahl.

Literatur

Bishop MJ, Rawlings CJ (eds) (1987) Nucleic
  Acid and Protein Sequence Analysis – a practi-
  cal approach. IRL Press, Oxford
Wittmann-Liebold B (1981) In: Liu et al. (eds)
  Chemical Synthesis and Sequencing of Peptides
  and Proteins. Elsevier, p 75

Protoplasten. Pflanzen-, Pilz- oder Bak-
terienzellen ohne Zellwand ↑Reproduk-
tionstechnik Pflanzen

Protoplastenfusion. Somatische Hybridisierung pflanzlicher Zellen ↑Reproduk-
tionstechnik Pflanzen

Prototrophie. Definierte Stoffwechsel-
eigenschaft eines Wildtyps, die der Auxo-
trophiemutante fehlt ↑Auxotrophie

Protruding Ends. = ↑Kohäsive Enden,
überstehende DNA-Enden (sticky ends);
↑DNA/RNA-modifizierende Enzyme

pSC101. Einer der ersten DNA-Vektoren; das Tetracyclinresistenzgen im
Universalplasmid pBR322 stammt aus
pSC101

Pseudogene. In Eukaryonten vorkommende, funktionslose Gene; vermutlich
in die DNA integrierte, promotorlose
reverse Transkripte von mRNAs
↑Genetik

Pseudomonaden. Gramnegative, stäbchenförmige Bakterien mit polarer Be-
geißelung; sind selten für Mensch und
Tier, häufig für Pflanzen pathogen. Pseudomonaden können eine Reihe organi-

scher Substanzen abbauen, unter anderem auch biologisch schwer abbaubare
Kohlenwasserstoffe. Deshalb sind Pseudomonaden interessante Gendonoren
für gentechnische Wirtssysteme. ↑Wirte

PTH-Aminosäuren. Derivatisierte Aminosäuren, die bei der Proteinsequenzierung nach EDMAN anfallen ↑Automati-
sierte Proteinsequenzierung

pUC-Plasmide. Prominente Plasmidvektoren, die sich vom Universalvektor
pBR322 ableiten. Ein α-Peptid codierendes Gen (↑α-Komplementation) gestattet, wie die M13mp-Vektoren, eine positive Selektion auf rekombinante Klone.
Bei Insertinaktivierung verlieren die
transformierten Zellen die Fähigkeit, das
chromogene Substrat ↑X-Gal abzu-
bauen.

Puffer. Die enzymatischen Reaktionen
an DNA finden in Pufferlösungen statt,
da Enzyme empfindlich auf pH-Ände-
rungen reagieren. Eine Kurzzeitlagerung
der DNA (bis zu 3 Monate bei 4 °C) erfolgt im Universalpuffer TE (Tris-EDTA,
pH 7,8; 10 mM Tris = 2-Amino-2-(hydro-
xymethyl)-1,3-propanediol; 1mM EDTA
als ↑Chelator). Die DNA ist in diesem Puffer stabil, der Chelator bindet
eventell vorhandene Mg^{2+}-Ionen und
verhindert so eine Aktivität von Nukleasen. Im allgemeinen genügt für die
Inkubation mit einem Enzym die Einstellung zu einem Inkubationspuffer aus
mehrfach (meist $10 \times$) konzentrierten
Stammpuffern, die meistens Mg^{2+}-Io-
nen, Na^+-Ionen oder, seltener, K^+-Io-
nen enthalten (Inkubationspuffer für
Restriktionsspaltungen, Ligationen, Po-
lymeraseaktivitäten). Cosubstrate (ATP
für Ligasen, dNTPs für Polymerasen)
werden meist aus getrennten Stammlö-
sungen zugesetzt, da sie erheblich instabi-
ler sind. Die Stammpuffer und Cosub-

stratstammlösungen werden in standardisierter Konzentration mit den ↑Kits geliefert und sind gemeinsam mit den reaktionsgerecht eingestellten Enzymen bei −20°C zumeist über Jahre lagerbar. Langzeitlagerungen von DNAs und RNAs erfolgen in ethanolischer Fällung oder als Lyophilisate (↑DNA-Isolierung, ↑RNA-Isolierung).

Pulsfeldelektrophorese (pulsed field electrophoresis, pulsed field gradient electrophoresis, PF gradient gelectrophoresis). Die PF transportiert die geladenen DNA-Fragmente nicht in einem homogenen elektrischen Feld (wie Standardelektrophoreseverfahren), sondern zwingt sie durch rhythmische Umpolungen des Feldes zu ständiger Orientierung und Reorientierung während ihrer Wanderung. In Agarosegelen erfolgt so eine erheblich bessere Auftrennung großer Fragmente, (z. B. der DNA-Moleküle ganzer Chromosomen), die dann, auf diese Weise nach Chromosomen sortiert, subklonierbar sind.

Die erste Pulsfeldelektrophorese mit einer Überlappung der beiden elektrischen Felder in einem 90°-Winkel wurde 1984 von SCHWARTZ und CANTOR zur Auftrennung der DNAs in Hefechromosomen angewandt. Heute existieren mehrere Varianten der Pulsfeldelektrophorese, die sich jeweils in der Anordnung der Elektroden unterscheiden, nämlich: **1.** CHEF (*c*lamped *h*omogenous *e*lectric *f*ield, CHU et al. 1986); die Elektroden stehen jeweils in 120°-Winkeln zueinander. **2.** FIGE (*f*ield *i*nversion *g*el *e*lectrophoresis, CARLE et al. 1986); die beiden elektrischen Felder operieren unter einem 180°-Winkel (invertierte Felder). **3.** OFAGE (*o*rthogonal *f*ield *a*garose *g*el *e*lectrophoresis, CARLE und OLSON, 1984). Die elektrischen Felder stehen

senkrecht aufeinander, wie bei der ursprünglichen PF; bei optimierter Pulsung werden Inhomogenitäten aber vermieden. **4.** PACE (*P*rogrammable *a*utonomously *c*ontrolled *e*lectrode, LAI et al. 1989); hier erfolgt die Pulsung per Computer mit variablen Winkelbeziehungen, was optimale Auftrennungen mit diesem allerdings teuren System garantiert. **5.** RFE (*r*otating *f*ield *e*lectrophoresis, ZIEGLER et al. 1987); hier wird das elektrische Feld mit konstanter Geschwindigkeit um einen maximalen Winkel rotiert. **6.** RGE (*r*otating *g*el *e*lectrophoresis, SOUTHERN et al. 1987); statt des elektrischen Feldes (RFE) rotiert hier das Gel mit konstanter Geschwindigkeit in einem homogenen elektrischen Feld. **7.** TAFE (*t*ransvers *a*lternating *f*ield *e*lectrophoresis, GARDINER et al. 1986); im Gegensatz zu den übrigen PFs wird hier ein Vertikalgel gefahren, bei dem die Elektrodenpaare nicht in der Gelebene, sondern vor und hinter dem Gel liegen.

Literatur
Carle GF and Olson MV (1984) Nucl Acids Res 12:5647
Carle GF et al. (1986) Science 232:65
Chu G et al. (1986) Science 234:1582
Gardiner K et al. (1986) Cell Mol Genet 12:185
Lai E et al. (1989) Biotechniques 7:34
Schwartz DC and Cantor CR (1984) Cell 37:67
Southern EM et al. (1987) Nucl Acids Res 15:5925
Ziegler A et al. (1987) J Clin Chem Clin Biochem 25:578

PVA (Polyvinylalkohol). Zum direkten Gentransfer in Protoplasten wird neben relativ hohen Ca^{2+}-Ionenkonzentrationen gerne ein DNA-bindendes Polykation, wie Protaminsulfat, Poly-L-Ornithin, Polylysin, Polyethylenglykol (PEG4000; Molekulargewicht 4000 d) oder Polyvinylalkohol verwendet. Die Polykationen binden das Polyanion DNA und fixieren dieses gleichzeitig an die negativ geladene Protoplastenmembran, was den Transformationserfolg erhöht. Im Gegensatz zu den bereits in geringeren Konzentrationen toxisch wirkenden Polykationen (Poly-L-Ornithin pH 9, 1 mM) kann PEG und, noch effizienter, PVA bei physiologischem pH DNA binden und mit Protoplasten reagieren. Wie PEG kann PVA auch zur Forcierung der Protoplastenfusion (somatische Hybridisierung) verwendet werden. ↑Gentransfer, ↑Reproduktionstechnik Pflanzen, ↑Zell- und Gewebekultur

Pyruvat-Decarboxylase-Genpromotor (PDC1). Der PDC1-Genpromotor der Hefe *Saccharomyces cerevisiae* wird neben dem Alkoholdehydrogenasegenpromotor (ADH1-Genpromotor) oder dem Phospoglycerinkinasegenpromotor (PGK-Genpromotor) in ↑Hefevektoren verwendet. Der PDC1-Genpromotor ist unter anaeroben Bedingungen aktiver als bei aerober Anzucht der Hefe.

Literatur
Kellermann E (1986) Nucl Acids Res 22:8963

Q

Qß-Replikase. RNA-abhängige RNA-Polymerase; wird in der ↑rekombinanten RNA-Technik zur Produktion von RNA mit gewünschter Sequenz verwendet ↑Replikation

R

rDNA. 1. rekombinante DNA, in vitro neuverknüpfte = in vitro rekombinierte DNA **2.** ribosomale DNA, welche die großen rRNAs (16S und 23S in Prokaryonten, 18S und 25S in Pflanzen, 18S und 28S in Wirbeltieren) codiert.

R-Schleife (R loop). Wird DNA bei hoher Formamidkonzentration (70%) bei 40 °C mit einem Überschuß an RNA inkubiert, so verdrängt die RNA den zu ihr nicht komplementären DNA-Strang und bildet mit der komplementären DNA ein DNA/RNA-Hybrid, welches thermodynamisch stabiler ist als DNA/DNA-Hybride. Im Elektronenmikroskop erkennt man deshalb doppelsträngige DNA/RNA-Hybride und einzelsträngige Verdrängungsschleifen (*replacement loops, R loops*). Damit lassen sich transkribierbare und nicht transkribierbare (z. B. Intron/Exon-) Abschnitte durch ↑R-Schleifenkartierung erfassen. Eine Intron/Exon-Kartierung kann auch durch S1-Kartierung (= ↑Berk-Sharp-Kartierung) oder durch ↑D-Schleifenkartierung erfolgen.

R-Schleifenkartierung (R loop mapping). ↑R-Schleife, ↑Elektronenmikroskopie von Nukleinsäuren

Radioimmuntest (*radioimmunoassay*, RIA). Im Radioimmuntest wird ein Antigen an einer Matrix immobilisiert und diesem dann ein Testantikörper zugesetzt. An den Antigen/Antikörper-Komplex bindet dann ein Ligand (z. B. radioaktiv markiertes Staphylococcen-Protein-A oder ein gegen den ersten Antikörper gerichteter, radioaktiv markierter zweiter Antikörper). Die damit an das Antigen gebundene Radioaktivität kann dann über ↑Autoradiographie oder durch direkte Zählung der Zerfälle quantitativ erfaßt werden. ↑Immuntests

Rearrangements. Umstrukturierungen von DNA-Fragmenten, wie sie besonders nach ↑Gentransfer der ersten Generationen häufiger zu beobachten ist.

rec. Gene des Rekombinationssystems von *E. coli* ↑Rekombination

recA. Das recA-Gen von *E. coli* codiert ein Hauptprotein der genetischen Rekombination. *E. coli*-Stämme, die zur molekularen Klonierung verwendet werden (derzeit etwa 30 verschiedene Stämme; HB101 ist der am häufigsten verwendete, die übrigen werden bei spezielleren Verfahren eingesetzt), sind meistens recA-Mutanten, da eine Integration klonierter Sequenzen in das Genom unerwünscht ist. Da das recA-Gen gleichzeitig in das Reparatursystem eingreift, ist eine vollständige Defizienz in den recA-Mutanten nicht gegeben; die Mutationen sind 'leaky' und zeigen stets eine minimale ↑Rekombination.

Regulatorische Sequenz (regulatory sequence). Auch regulatory region oder 5′ flanking sequence; jede in 5′-Richtung eines eukaryontischen Promotors gelegene Region, die über DNA/Protein-Wechselwirkungen (regulatorische Proteine, Transkriptionsfaktoren) die Aktivität eines Genes reguliert ↑Genstruktur in Eukaryonten, ↑Transkription

Regulon. Mehrere gemeinsam regulierte prokaryontische Operone (z. B. über das ↑CAP reguliert) bilden die funktionelle Einheit des Regulon ↑Genstruktur in Prokaryonten, ↑Transkription

Rekombinante-DNA-Technik (recombinant DNA technology). ↑Gentechnologie

Rekombinante Klone. Bakterien, meist *E. coli*-Transformanten, die rekombinante DNA tragen; rekombinante Klone, die cDNA-Kopien von Eukaryontengenen exprimieren sollen, enthalten diese in ↑Expressionsvektoren.

↑Genexpression in Prokaryonten, ↑Genstruktur in Prokaryonten

Rekombinante-RNA-Technik (recombinant RNA technology). Über RNA-Ligasen (↑T4-RNA-Ligase) in vitro verknüpfte RNA-Moleküle können über ↑Qß-Replikase in vitro repliziert werden. Damit ist eine Gentechnik mit RNA-

Viren als Vektoren prinzipiell möglich ↑Replikation

Rekombination. Neben der in vitro-Rekombination von Nukleinsäuren als wesentlichem Schritt der ↑molekularen Klonierung spielen in vivo-Rekombinationsprozesse in der Gentechnik eine wichtige Rolle. Es sind vor allem 3 Prozesse zu nennen: **1.** Die generalisierte Rekombination (generalized recombination). **2.** Die ortspezifische Rekombination (site specific recombination). **3.** Die replikative Rekombination (replicative recombination).

Die Prozesse der Rekombination sind in Prokaryonten, speziell *E. coli*, mit einigen hypothetischen Modellannahmen hinreichend verstanden und erklärt, in Eukaryonten dagegen fehlen konkrete Vorstellungen dazu völlig. Das bakterielle Modell und seine Enzymologie werden einfach übertragen, Widersprüche zeigen sich bisher nicht. Besonders die vermehrte Anwendung integrativer Vektoren (↑DNA-Vektoren, ↑Hefevektoren) gibt hier enorme Impulse für die Grundlagenforschung. Die generalisierte Rekombination (generalized recombination) erfolgt über homologe DNA-Abschnitte, z. B. eines klonierten Genes in den entsprechenden Genort im Wirtsgenom (integrative Vektoren, ↑Hefevektoren) unter Bildung einer Heteroduplex-DNA oder Hybrid-DNA.

Der Gesamtprozeß erfordert wirtseigene (host specific) Topoisomerasen, Endonukleasen, Exonukleasen und eine Rekombinationsreparatur (recombinational repair) mit DNA-Ligase und Reparatur-DNA-Polymerasen.

In *E. coli*, wo dieser Prozeß genetisch weitgehend erfaßt ist, wurden die Gene des rec-Systems (*rec*ombination, insbesondere recA, recB), des uvr-Systems (*u*ltra*v*iolett damage *r*epair, ↑DNA Reparatur)

Rekombination

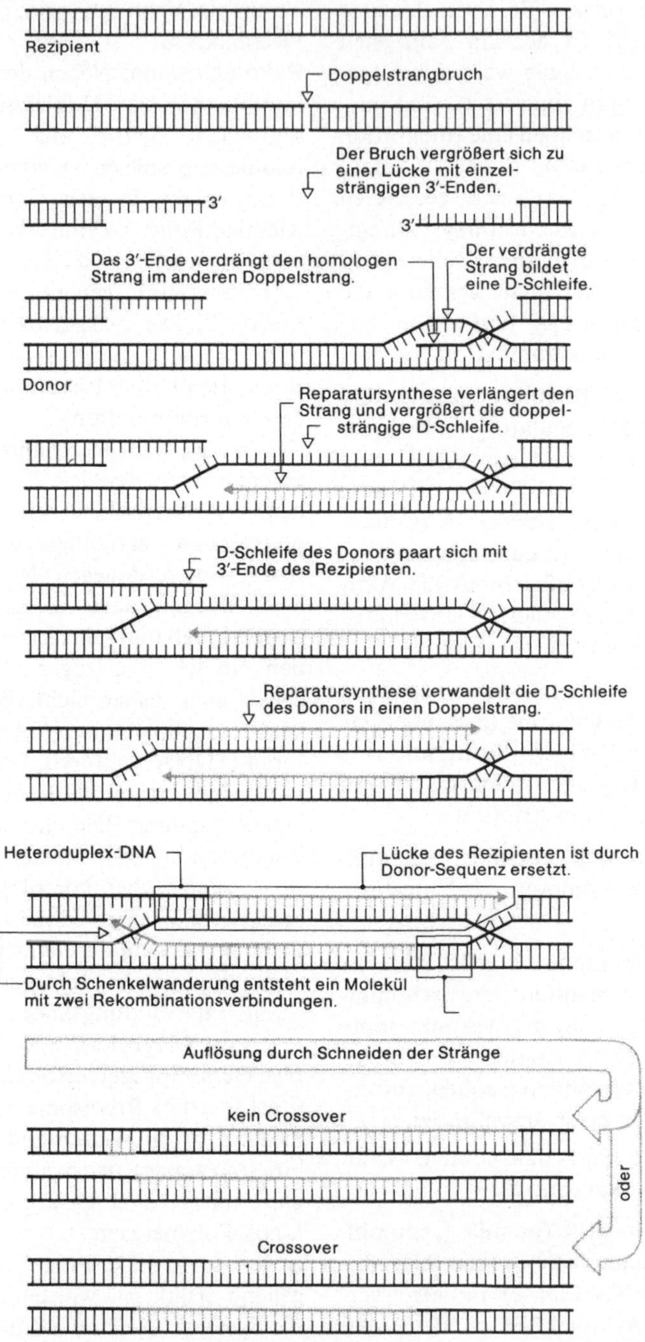

Abb. 41. Rekombination. Aus: Gene, Verlag Chemie, 1988 [31]

und die DNA-Polymerase I (Kornberg-Enzym polA als Replikations- und Reparaturenzym) gut untersucht. In Eukaryonten sind dagegen die in generalisierten Rekombinationssystemen beteiligten Gene nicht näher bekannt; die generalisierte Rekombination ist im wesentlichen auf Crossing-over-Ereignisse während der synaptischen Paarung (synaptinemaler Komplex) meiotischer Chromosomen begrenzt. Die ortsspezifische Rekombination (site specific recombination) erlaubt im Gegensatz zur homologen Rekombination oder generalisierten Rekombination (generalized recombination) eine Insertion von DNA (Episomen, virale DNA mit Episomencharakter, z. B. Lambda-DNA, retrovirale DNA) über ein singuläres Rekombinationsereignis (single recombination event, single crossing over, looping in) oder ein singuläres Crossing-over an bestimmten Zielorten (targets) eines weiteren Erbträgers, z. B. dem Wirtsgenom. Homologe (generalisierte) Rekombination hingegen erlaubt zumeist nur ein Einrekombinieren des homologen DNA-Abschnittes über ein doppeltes (zweifaches) Crossing-over (double crossing over). Die ortsspezifische Rekombination (site specific recombination) erfordert kurze homologe Oligonukleotidabschnitte in der Donor- und der Rezipienten-DNA. Diese Rekombinationsstellen (recombination sites) sind Bindungsorte zelleigener, bzw. zelleigener und viral codierter, die ortspezifische Rekombination vermittelnder Enzymsysteme. Die Gentechnik bedient sich für eine mehr oder weniger spezifische Integration von DNA-Vektoren mit Nutzgenen (genes of interest) dieser spezifischen Rekombinationsstellen (recombinational sites) in den wirtsspezifischen Vektorstrukturen, die dann die DNA in die homologen genomischen Zielsequenzen (genomic targets) steuern, z. B. die langen terminalen Sequenzwiederholungen (*long terminal repeats*, LTRs) von Retroviren (↑Replikation, ↑Säugervektoren). Die replikative Rekombination (Replikations-Rekombination; replicative recombination) ist an die Transposition mobiler genetischer Elemente (↑Transposone) geknüpft. Die DNA aller Organismen verfügt über Stellen mit erhöhter generalisierter Rekombination, die als Sollstellen der Rekombination (recombinational hot spots) bezeichnet werden. Diese zeigen häufig einen als Chi-Sequenz (von *Chi*asma, also Überkreuzung, die als cytologisches Bild dem Crossing-over folgt; Chiasmatypiehypothese) bezeichneten Consensus: GCTGGTGG.

Es sei betont, daß eine durch Gentransfer in ein eukaryontisches System gelangte DNA vor ihrer Integration in das Genom mit Nukleosomen und anderen chromosomalen Proteinen zu einem Minichromosom (nicht verwandt mit dem Vektorsystem ↑Minichromosomen) komplexiert wird. Als solches kompetitiert es als ↑Chromatin über homologe Rekombination um Einbauorte mit identischer oder homologer Chromatinstruktur, was eine nicht gemäß DNA-Homologie erfolgende abortive Integration zur Folge haben kann. Eine erheblich intensivere Erforschung der in vivo-Rekombinationsereignisse und der damit verbundenen ↑DNA-Reparaturen ist für E. coli und speziell eukaryontische Systeme eine dringliche Notwendigkeit der stetig fortschreitenden Gentechnik.

↑DNA-Reparatur

Literatur
Lewin B (1987) Genes III, 3rd edn. John Wiley & Sons
Lewin B (1990) Genes IV, 4th edn. Oxford University Press
Strickberger MW (1988) Genetik. Carl Hanser

Relaxierte Kontrolle (relaxed control)

Relaxierte Kontrolle (relaxed control).
Alle Plasmide, die in mehr als einer Kopie
je prokaryontischem Genom vorkommen, unterliegen einem relaxierten Kontrollmechanismus, der eine ↑ Amplifikation ermöglicht.

Replacement-Vector. = ↑Substitu-
tionsvektor; ↑DNA-Vektoren

Replikaplattierung (replica plating).
Lederberg-Stempeltechnik; von einer
Originalagarplatte (masterplate) kann
über einen samtbespannten Stempel eine
weitere Agarplatte angeimpft werden, so
daß ein zur Originalplatte identischer
Abdruck von Bakterienkolonien entsteht. Dieser gestattet z. B. das Erkennen
rekombinanter Klone bei Plasmidklonie-
rungen ↑Molekulare Klonierung, ↑Plas-
midvektoren

Replikation. Der Prozeß der identischen
Reduplikation des Erbmaterials – doppelsträngige DNA in Organismen, ein-
zel- oder doppelsträngige DNA oder
RNA in Viren – wird als Replikation bezeichnet. Die Replikation ist mit der erfolgenden Verdopplung des genetischen
Materials eine notwendige Vorbedingung
jeder Zellteilung; als solche geht sie der
Teilung prokaryontischer Zellen, den mitotischen Teilungen eukaryontischer Zellen des Somas und den meiotischen Teilungen der Keimbahnzellen voraus. Prokaryontische Genome und extrachromosomale prokaryontische Erbträger (Plasmide und Episomen) bilden eine Einheit
der Replikation (Replikationseinheit; replicational unit), ein Replikon. Von einer
Replikationsstartstelle aus (Replikationsursprung; *origin of replication, ori*)
erfolgt die Verdopplung der DNA-
Duplex in beide Richtungen (bidirek-
tionale Replikation). Die Replikation
gliedert sich in drei Schritte: **1.** Initiation oder Replikationsstart **2.** Elonga-

tion oder Kettenverlängerung **3.** Termination (Kettenabbruch, Synthese-
Ende).
In *E. coli* sind neben 3 DNA-Polymerasen (DNA-Polymerase I oder Kornberg-
Enzym, DNA-Polymerase II und Polymerase III), die von den Genen polA,
polB und polC codiert werden, noch
mindestens 16 weitere Polypeptidfunk-
tionen (von über das gesamte Genom
verstreuten Loci codiert: dna-Loci,
dnaA, dnaB usw.) am Replikationspro-
zeß beteiligt.
Die Entwindung (uncoiling) der zu replizierenden DNA am ori durch Topoisomerase I (DNA-Gyrase) erlaubt ein Arbeiten der eigentlichen Replikationsenzyme, nämlich der DNA-Polymerasen.
Da diese Enzyme (im Gegensatz zu
RNA-Polymerasen) eine DNA-Synthese
nur über eine Starter-DNA mit freiem
3'-OH-Ende (primer) erlauben, muß der
in 3'→5'-Richtung zu synthetisierende
Strang diskontinuierlich über kurze, an
RNA-Primern verlängerten DNA-Fragmenten verlaufen, die als Okazaki-Fragmente (Okazaki fragments, Okazaki
pieces) bezeichnet werden (diskontinuierlich synthetisierter Strang; lagging
strand). Die Synthese am ‚lagging strand‘
erfolgt gegenüber dem 5'→3' kontinuierlich synthetisierten Strang (leading
strand) verzögert. Am ‚lagging strand‘
müssen schließlich die RNA-Primer der
Okazaki-Fragmente über RNaseH entfernt, die Lücken (gaps) durch Polymerase I (Kornberg-Enzym) aufgefüllt
und die DNA-Fragmente durch DNA-
Ligase verbunden werden. Die kontinuierliche Synthese des ‚leading strand‘ erfolgt
über DNA-Polymerase III mit einer Geschwindigkeit von etwa 200 000 Nukleotiden pro Minute, was eine Replikation
des gesamten Genoms von *E. coli* in 20
Minuten gestattet. Im Gegensatz zur In-

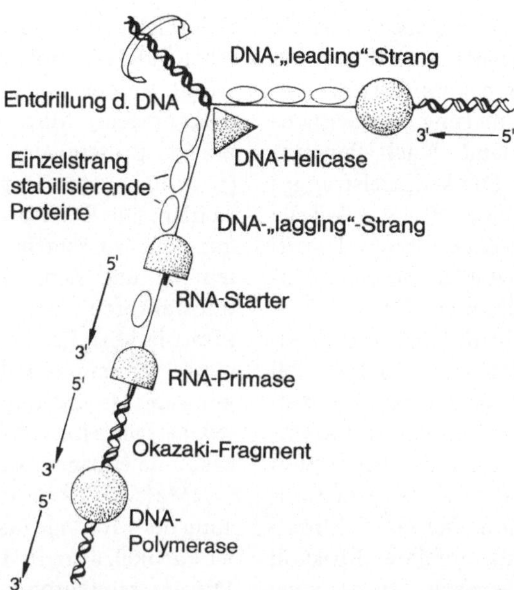

Abb. 42. Replikation. Abläufe an der Replikationsgabel bei der Verdoppelung der DNA: Die Reaktionen am *„leading strand"* und am *„lagging strand"* laufen nach unterschiedlichen Mechanismen ab. Aus: Gentechnik, Gustav Fischer Verlag, 1987 [32]

itiation mit genetisch vorgegebener Startstelle (ori), einer ca. 400 bp umfassenden, extrem A/T-reichen Sequenz mit ineinander ‚verschachtelten' direkten Sequenzwiederholungen (direct repeats) und invers repetitiven Sequenzen (inverted repeats) oder ↑Palindromen, ist der Endpunkt der Replikation (Termination) genetisch nicht exakt über eine Terminatorsequenz festgelegt. Der A/T-Reichtum der ori-Sequenz gestattet eine energiesparende Entwindung (uncoiling) der DNA durch Topoisomerasen, die hier auch als DNA-Gyrase und Helicase bezeichnet werden. Neben der Replikation über die Cairns- oder Theta-Form, wie sie für prokaryontische Genome und Singlecopy-Plasmide mit Genom-synchronisierter Replikation typisch ist, zeigen virale DNA-Genome von DNA-Phagen (T-Phagen, Lambdaoide Phagen) ausschließlich eine Rolling-circle-Replikation (Replikation über den rollenden

Ring; GILBERT und DRESSLER, 1968). Nach Einführen eines Einzelstrangbruches (nicking) wird das 5'-Ende an der prokaryontischen Membran fixiert und durch Abrollen des intakten Ringes schließlich ein lineares DNA-Molekül, eine Vielfachmatrix (Concatemer, ↑Konkatemer) erzeugt. Das konkatemere Molekül aus 100 und mehr kovalent verbundenen viralen DNA-Genomen wird dann sukzessiv mit je der Länge eines viralen Genoms in Viruspartikel verpackt. Die Rolling-circle-Replikation sichert somit eine sehr effiziente und rasche Virusvermehrung, speziell solcher Phagen, die als Phagenvektoren in der Gentechnik Eingang gefunden haben, wie die prominenten ↑Lambda-Vektoren, sowie der Phage P1 und der T4-Phage, die sich derzeit allerdings noch auf dem Prüfstand gentechnischer Eignung befinden.

Eine spezielle Form der Replikation zeigen die männchenspezifischen DNA-

Replikation

Einzelstrangphagen (male specific single stranded DNA phages), von denen die ↑M13-Vektoren als bekannte DNA-Vehikel für DNA-Klonierung und Sequenzierung abgeleitet sind. Nach Penetration des circulären DNA-Einzelstranges über einen F-Pilus einer F^+-*E. coli*-Zelle (männliche *E. coli*-Zelle; male *E. coli*) wird an dieser DNA-Matrize eine doppelsträngige, replikative Form (RF-Form; replicative form; RF-form) gebildet. Sobald diese RF-Form in 100–200 Kopien pro Zelle vorliegt, erfolgt die weitere DNA-Synthese (Replikation) asymmetrisch unter verstärkter Produktion des viralen Einzelstranges über eine Rolling-circle-Replikation. Der DNA-Einzelstrang wird dann als circuläres Molekül in Phagenpartikel verpackt, die als neue Phagengeneration die F^+-Zelle teils nach Lyse, zumeist aber durch Exclusion (Ausschleusung) verlassen. Die RF-Form wird auch an die F^+-Tochterzelle vererbt, repliziert erneut bis zur erforderlichen Kopienzahl und gestattet dann in asymmetrischer Replikation auch der Tochterzelle eine Produktion von M13-Phagen. Ein analoges Replikationsverhalten zeigt der sehr nah verwandte Phage fd, von dem sich einige in der Gentechnik allerdings weniger bekannte DNA-Vektoren ableiten, ebenso der verwandte Phage ϕX174, der in der Anfangsphase der ↑DNA-Sequenzierung nach SANGER oft verwendet wurde. Die Replikation der einzelsträngigen RNA-Genome der männchenspezifischen RNA-Phagen (male specific RNA phages) erfolgt über eine RNA-abhängige RNA-Polymerase, die auch als Replicase bezeichnet wird. Über den Sexpilus (F^+-Pilus) einer männlichen *E. coli*-Zelle wandert eine +Form-RNA-Matrize in die Zelle. Sie wird als (+)Form bezeichnet, da sie sowohl die Funktion des Erbmaterials (Genom) als auch einer polycistronischen mRNA (polycistronic messenger) erfüllt, an der zunächst das Hüllprotein (coat protein), Maturationsprotein (maturation protein) und die β-Untereinheit (β subunit) der Replicase synthetisiert werden. Die Replicase formiert sich dann aus dem wirtseigenen ribosomalen Protein S_1 und den wirtseigenen Elongationsfaktoren der Proteinbiosynthese (Translation) T_u und T_s als heterotetrameres Protein ($\beta S_1 T_u T_s$). Nach Erzeugung eines $(-)$Stranges an der eingeführten $(+)$Matrize erfolgt über die Replicase eine enorm gesteigerte Synthese der $(+)$Matrize als notwendige Voraussetzung der Montage (assembly) neuer viraler Partikel, also der Phagenpropagation. Diesem replikativen Modus folgen die nahe verwandten RNA-Phagen f2, MS2 und Qβ, die vor der Ära rekombinanter DNA-Technik mit der Möglichkeit der Reingewinnung prokaryontischer Operone eine exzellente Möglichkeit zum Studium polycistronischer mRNA und prokaryontischer Genregulation boten. Der Bau der Replicase aus Proteinfaktoren der zellulären Proteinsynthesemaschinerie zeigt eine enge strukturell-funktionelle Korrelation zwischen dem molekularbiologischen Fundamentalprozeß der Replikation, ↑Transkription und ↑Translation (DNA→RNA→Protein: Zentrales Dogma der Molekularbiologie) wie er auch in der Operonstruktur des prokaryontischen Genoms zum Ausdruck kommt. So sind die Replikationsfunktionen codierenden Gene mit den Transkriptions- und Translationsfunktionen codierenden Genen in regulatorischen Einheiten (Operonen) verschaltet, was eine übergeordnete Regulation der über die gesamte Genkarte verstreuten 90 Gencluster als Regulone oder Stimulone gestattet. Diese übergeordnete gene-

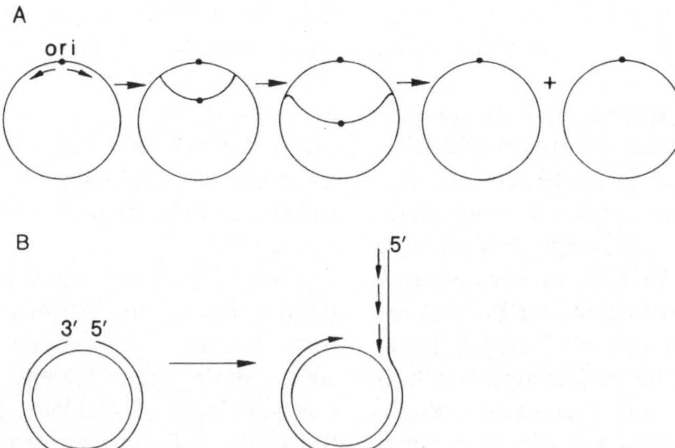

Abb. 43 A, B. Replikations-Mechanismen der λ-DNA. **A** Theta-Replikation: Die Replikation startet am ori („*ori*gin of replication" = Ursprung der Replikation) und erfolgt in beide Richtungen (bidirektional). Nach Beendigung der Replikationsrunde kommt es zu einer Trennung der beiden Tochtermoleküle. **B** „*rolling-circle*"-Replikation: In einem der beiden Doppelstränge kommt es zu einem Einzelstrangbruch, an dem freien 3'-Ende startet dann die Replikation. Dadurch kommt es zu einer Verdrängung des Stranges mit dem 5'-Ende, der dann auch wieder zum Doppelstrang ergänzt wird. Durch die „*rolling-circle*"-Replikation kommt es zur Synthese langer kontamerer Formen, die bis zu zehn λ-DNA-Moleküle enthalten können. Aus: Gentechnik, Gustav Fischer Verlag, 1987 [33]

tische Kontrolle von Genen, die in die Elementarprozesse der ↑Replikation, ↑Transkription und ↑Translation involviert sind, zeigt sich besonders in der Hitzeschockkontrolle (heat shock control, heat shock response) und der stringenten Kontrolle (stringent control) bei gravierendem Nährstoffmangel. Neben der Cairns- oder Thetareplikation (CAIRNS, 1963) prokaryontischer Genome und stringent kontrollierter Plasmide und Episomen, der Rolling-circle-Replikation (GILBERT und DRESSLER, 1968) und den Formen viraler Replikation von Phagengenomen verlangt der ↑parasexuelle Mechanismus der Konjugation (Syngamie; bacterial conjugation, bacterial syngamy) eine als Transferreplikation bezeichnete Verdopplung des genetischen Materials. So transportiert die F$^+$- oder Hfr-Zelle (Donor) eine einzelsträngige Kopie der bei diesem Prozeß übertragenen DNA in den Empfänger (Rezipient), was eine während des Transfers erfolgende Transferreplikation (transfer replication) sowohl im Donor wie im Rezipienten zur Folge hat. Als Startstelle der Transferreplikation dient der als oriT (Origin der Transferreplikation, sexueller Origin; origin of transfer replication) oder bom-site (bom = *b*asis *o*f *m*obilisation) bezeichnete sexuelle Replikationsursprung. Der oriT ist eine vom oriV (vegetativer Replikationsstartpunkt; vegetativer Replikationsursprung; vegetative origin of replication) in Sequenz und genomischer Lokalisation unterschiedliche Nukleotidabfolge. Eine weitere Form der Replikation tritt während der Transposition eines transponierbaren Elementes (IS-Element oder Transposon, ↑Transposone) auf und wird deshalb als Transpositionsreplikation (transposition replication) bezeichnet.

Nicht als Replikation werden in vivo-DNA-Synthesen verstanden, die während der ↑DNA-Reparatur und der genetischen Rekombination erfolgen.

Replikation

Die Replikation in Eukaryonten genügt im enzymatischen Ablauf von Initiation, Elongation und Termination am leading und am lagging strand grundsätzlich dem Mechanismus der Cairns-Replikation mit wohldefinierten ori-Sequenzen. Die daran beteiligten Enzyme der Eukaryonten sind bisher allerdings weit weniger charakterisiert. Im Gegensatz zum singulären, circulären Genom der Prokaryonten bestehen die unterschiedlichen linearen Erbträger der Eukaryonten (Chromosomen) aus einer Vielzahl von Replikationseinheiten oder Replikonen (replicational units, replicons). Das eukaryontische Chromosom repräsentiert somit ein Polyreplikon oder Multireplikon mit Replikonlängen von 20–80 kb. Trotz der erheblich kleineren eukaryontischen Replikone beansprucht die Replikation Stunden bis Tage und verläuft innerhalb des Zellzyklus während der DNA-Synthesephase, die als S-Phase (S für Synthese) oder Replikationsphase bezeichnet wird. Die Linearität eukaryontischer Chromosomen bedingt wegen der Bidirektionalität der Replikation eine für circuläre prokaryontische Erbträger nicht gegebene Schwierigkeit, nämlich die Replikation der terminalen (endständigen) Replikone. Diese wird durch die Sequenzeigentümlichkeit und Redundanz der terminalen DNA (↑Telomere) von eukaryontischen Chromosomen und viralen, linearen DNA-Doppelstranggenomen elegant gelöst. Die obligate Organisation der eukaryontischen DNA als Chromatinfibrille (an der an chromosomalen Proteinen wesentliche Informationen über die im späteren Differenzierungsprozeß zu erfolgende differentielle Genexpression niedergelegt wird) erfordert neben der DNA-Replikation auch eine identische Weitergabe dieser auf DNA- wie Protein-Ebene festgelegten Informa-

tion. Diese bringt dann in der Ontogenese aus dem einheitlichen Genotyp der Zygote die Mannigfaltigkeit der zellulären Phänotypen der Gewebe hervor. Weder der hier verwendete Code noch die während der Replikation zu erfolgende Informationsweitergabe werden bisher verstanden.

Die Replikation der DNA in Organellen (Choroplasten und Mitochondrien) erfolgt häufig unidirektional über eine sog. Verdrängungsschleife (Displacement-Schleife, ↑D-Schleife; D loop) als Startstelle (Displacementschleifenreplikation, D-Schleifenreplikation, unidirektionale Replikation; displacement loop replication, D loop replication). Dies führt nicht selten zu einer Ineinanderkettung dieser ringförmigen DNA-Moleküle, also Concatenaten, wie sie auch für circuläre eukaryontische Plasmide in Organellen zu beobachten ist. Häufig finden sich in Organellen neben dem als Plasmon bezeichneten obligaten Erbträger auch lineare DNA-Plasmide oder lineare und circuläre DNA-Plasmide, über deren Replikation zur Zeit keine verallgemeinernde Aussage getroffen werden kann.

Neben der essentiellen Replikation kerngebundener genomischer DNA in der S-Phase werden Replikationsereignisse mit zufälliger oder selektiver Überreplikation (overreplication) distinkter Chromosomenabschnitte, die, im Zuge der Differenzierung einen oder mehrere Loci erfassen, beschrieben. Eine solche differentielle Replikation oder Genamplifikation erlaubt eine selektive Erhöhung der Gendosis (Gendosiseffekt, positiver Gendosiseffekt) und damit selektive Überproduktion von primären Genprodukten in dem einen oder anderen Gewebetypus. Andererseits erlaubt eine Dosiskompensation bei selektiver Überreplikation auch eine erblich programmierte, drastische Erniedrigung der Gendosis (Dosiskompensation, Kompensation, negativer Gendosiseffekt), die keiner labilen Expressionskontrolle auf Transkriptions- oder Translationsebene unterliegt. Nicht selten bedingt dies eine für den jeweiligen Gewebetypus irreversible Festlegung dieses DNA-Abschnittes im genetisch inerten fakultativen Heterochromatin. Neben diesen im Verlauf der Ontogenese vorprogrammiert erfolgenden Genamplifikationen sollten in der Ontogenese stochastisch erfolgende lokale Überreplikationen (stochastic local overreplications) als phylogenetisch potentiell bedeutsamer Vorgang verstanden werden, der naturgemäß dem Versuchs-Irrtum-Verfahren (terror-trial algorithm) folgen muß.

Wie bei Prokaryonten verlangt auch der Prozeß der Transponierung mobiler Elemente eine außerhalb der Replikationsphase (S-Phase) liegende Transpositionsreplikation (transposition replication). Da ein nicht unerheblicher Anteil der mittelrepetitiven DNA von Eukaryonten aus Elementen transponierbaren Charakters besteht, die möglicherweise nicht rein zufällig transponieren (springende Gene; jumping genes), also einen genomischen Ortswechsel vollziehen, sondern nach Plan genomisch nomadisieren (nomadic genes), ist der Anteil außerplanmäßiger, nicht während der S-Phase erfolgender DNA-Synthese (unscheduled replication) in Eukaryonten erheblich größer als in Prokaryonten.

Speziell in Amphibien (Amphibiae) und Stachelhäutern (Echinodermata), vor allem Seeigeln (*Echinus sp.*) erfolgt während der Oogenese eine drastische Überreplikation (overreplication) von rRNA-Genen, Histongenen und möglicherweise Genen, die ribosomale Proteine codieren. Diese verläuft über einen Rolling-circle-

Mechanismus und führt zu einem positiven Gendosiseffekt, der eine ‚Überschwemmung' der Eizelle mit Proteinen des Translationsapparates, vor allem Ribosomen ermöglicht (maternal message). Dies gestattet dann der befruchteten Eizelle (Zygote) ohne zeitraubende Anschaltung von Genen eine rasche Zellvermehrung (Proliferation), wie sie für Systeme mit „maternal message" gegeben ist.

Die Replikation der Eukaryontenviren erfolgt je nach Architektur des viralen Erbmaterials, die eine Replikations- und damit Vermehrungsstrategie festlegt, wie bei chromosomaler DNA und allen Doppelstrangviren mit linearen oder circulären Genomen (Adenoviridae, Papovaviridae, ↑SV40-Vektoren, Herpetoviridae, Poxviridae, ↑Caulimoviren circulär mit Einzelstrangbrüchen = nicks = Diskontinuitäten). Viren mit einzelsträngigen DNA-Genomen (↑Geminiviren) replizieren ihre DNA wie männchenspezifische DNA-Einzelstrangphagen (male specific single stranded DNA phages; M13, fd, ϕX174). Wegen ihres optimalen Vermehrungsmodus liefern die in ihrer Wildtypform tumorerzeugenden (onkogenen) Papovaviridae mit ↑SV40-Vektoren potente DNA-Vektoren für Säugerwirte (mammalian hosts). Die mit SV40 verwandten Papillomaviren (Papovaviridae), deren Wildtypform Papillome (Warzen) erzeugt, liefern (Rinderpapillomavirus; Bovine papilloma virus) bisher keine mit den ↑SV40-Vektoren vergleichbaren Vektorsysteme. Gleiches gilt für die ebenso tumorerzeugenden Adenoviridae und die gentechnisch genutzten ↑Adeno-SV40-Hybridvektoren.

Aufgrund ihres geringen Wirtsspektrums (host range), das nur die Brassicaceae (Cruciferae) und Solanaceae umfaßt sowie der geringen Klonierungskapazität, die lediglich eine ↑molekulare Klonierung kleiner DNA-Fragmente (≈ 2 kb) gestattet, haben ↑Caulimovektoren in der ‚grünen' Gentechnologie (Gentechnik an höheren Pflanzen) keine nennenswerte Bedeutung erlangt. Zudem verhindern die für die Vermehrung notwendigen, definiert lokalisierten Strangbrüche (Diskontinuitäten, nicks), die im Zuge gentechnischer in vitro-Manipulation in den erforderlichen DNA-Ligasereaktionen repariert werden und damit verloren gehen, eine gentechnische Anwendung von ↑Caulimovektoren. Außerdem erweist sich die Übertragung nackter DNA, also der direkte Gentransfer (↑Gentransfer) im Gegensatz zu prokaryontischen Wirten, der Hefe und Säugerzellen, bei höheren Pflanzen als äußerst ineffizient und unpraktikabel, eine in vitro-Verpakkung zu infektiösen Viruspartikeln aber als schwierig oder unmöglich. Eine Propagation der pBR322-Anteile (ori + amp-Marker ≈ 2 kb) reduziert die Klonierungskapazität, auch ist ein derartiges Konstrukt in *E. coli* sehr instabil.

Die ↑Geminiviren, die wie prominente Klonierungsvektoren des *E. coli*-Systems (↑M13-Vektoren) einen vergleichbaren Replikationsmodus über doppelsträngige RF-Formen (replicative forms) zeigen und zudem ein breites Wirtsspektrum aufweisen, das einkeimblättrige (Monocotyledonae) wie zweikeimblättrige Pflanzen (Dicotyledonae) umfaßt, versprechen hingegen zukunftsträchtige Klonierungsvektoren für höhere Pflanzen (Angiospermae).

Eukaryonten-RNA-Viren replizieren je nach Strategie und Eingabe von einzelsträngiger (+)RNA-Matrize wie die männchenspezifischen RNA-Phagen (male specific RNA phages). Die meisten phytopathogenen RNA-Viren und die zumeist entomopathogenen (insekten-

pathogenen) Togaviridae sowie die Picornaviridae (z. B. Poliovirus) bedienen sich dieser Strategie. Da höhere Eukaryonten (Angiospermae, Hexapoda, Mammalia) monocistronische Messenger aufweisen, codiert der virale (+)Strang, der als Genom wie Messenger fungiert, ein Polyprotein, das, vom Wirt dann spezifisch gespalten, die für die weitere Vermehrung erforderlichen Polypeptide liefert. So entstehen eine oder mehrere Replicaseuntereinheiten, die eine (−)Matrize erstellen, an der dann über weitere viruscodierte Polypeptide, die durch Spaltung (cleavage) des Polyproteins zur Verfügung stehen, ein verkürzter (+)Strang als Intermediat erzeugt wird, der das Polyprotein II codiert. Nach erneuter Spaltung (cleavage) dieses neuen Polyproteins II in eine Serie virusspezifischer Polypeptide stehen dann alle Proteinfunktionen bereit, die eine Replikation des (−)Stranges und Verpackung des (+)Stranges in neue infektiöse Viruspartikel erlauben. Häufig arbeiten solche RNA-Viren auch mit 2 oder mehr (+)Strängen und verfügen nach Spaltung der erzeugten Polyproteine sofort über alle Proteinfunktionen zur Virusvermehrung; gelegentlich sind die (+)RNA Stränge auch auf $2-3$ Viruspartikel verteilt (Mehrkomponentenviren; multipartite viruses). Im Falle solcher Mehrkomponentenviren muß eine Infektion des Wirtes mit allen distinkten viralen Partikeln erfolgen, da ein Infektionserfolg mit Reproduktion hier einem Helfervirus (helper virus) System unterliegt. Parvoviridae, Rhabdoviridae und Myxoviridae mit einzelsträngigen (−)RNA-Stranggenomen führen über eine im vorherigen Wirt erzeugte und ins Virion verpackte Replicase eine Synthese des (+)Stranges durch. Über Polyproteine werden dann alle zur Virusvermehrung erforderlichen Funktionen zur Verfügung gestellt; ins Virion verpackt wird wiederum der (−)Strang.

Retroviridae umgehen Probleme der RNA-Replikation, indem sie über RNA-abhängige DNA-Polymerase, reverse Transkriptase (Revertase) ein doppelsträngiges DNA-Molekül synthetisieren; die Reaktion verlangt eine tRNA als Starter (Primer) und retrovirenspezifische Endsequenzen, LTRs (*long terminal repeats*), die mit Anhäufungen direkter Sequenzwiederholungen (direct repeats) und invers repetitiven Sequenzen (inverted repeats) versehen sind und schließlich dem DNA-Doppelstrang Retroposoncharakter (↑Transposone) verleihen. Über stellenspezifische Rekombination (site specific recombination) erfolgt dann die Integration (integration) der zirkularisierten DNA in sequenzspezifische Zielorte (targets) des Wirtsgenoms über ein singuläres Crossing-over (single crossing over, looping in). Das Virus wird damit zu einem Provirus und kann horizontal, also in der Keimbahn (germ line) übertragen werden, andererseits können virale Partikel mit RNA-Genom formiert werden, die dann eine vertikale Ausbreitung durch Infektion neuer Wirte finden können. Die Revertase wird im vorhergehenden Wirt synthetisiert und über das Virion in die neue Zelle eingeschleppt. Im Gegensatz zu Bakteriophagen, die ihre Nukleinsäure in die Zelle injizieren (über Zellwand Interaktion oder Ausnutzung von Pili) gelangen Eukaryontenviren in Phagozytose-(Cytopempsis-)artigen Prozessen ins Zellinnere und können daher in Capsid und Envelope eingefügte Enzymaktivitäten in die Zelle cotransferieren; im cytoplasmatischen oder nukleären Kompartiment erfolgt dann ein Abstreifen des Envelope und des Capsids (uncoating),

wodurch die Nukleinsäure für replikative und transkriptive Vorgänge, wie sie für die Vermehrung (viral propagation) unabdingbar sind, freigesetzt wird. Retroviren codieren ihre eigene Revertase. Retrovirenfreie Organismen verfügen aber über eigene Revertasen, die Umkopierungen von RNAs erlauben, die dann als reverse Transkripte Retrotransposition (Retroponierungen) gestatten, also die Entstehung von Retroposonen und von genetisch inaktiven Pseudogenen bewirken. Der cDNA-Kopie eines Gens fehlen neben intronischen Sequenzen die Strukturelemente eines Transkriptons, also Promotor (promoter) und Transkriptionsterminator (transcriptional terminator), sie sind verkürzt (truncated genes) und ohne Transkriptionsaktivität (genetisch inert), es sei denn, sie transponieren zufällig vor eine Promotorsequenz, die dann eine Transkription gestattet. Letzteres dürfte dem Mechanismus einen evolutiven Vorteil einräumen, der die Erzeugung solcher Pseudogene balanciert (↑Genetik). Retroviren sind transduzierende virale Agentien, die von ihren Wirten abgeleitete, tumorerzeugende Gene (onc-Gene) in ihren Genomen beherbergen. Die zellulären Onkogene (c-onc) sind in ihrer Wildtypkopie essentielle, den Wildtyp steuernde Gene (Protoonkogene; protooncogenes), die nach ↑Mutation, Rekombination, Transposition in andere Genomabschnitte oder durch weitere Rearrangements (rearrangements) zu Onkogenen werden, die ein unkontrolliertes Zellwachstum auslösen. Durch Transsplicing (↑Transkription, ↑Transposone) oder Retroponierung in Proviren können diese stets intronfreien Abkömmlinge zellulärer Onkogene (c-onc) dann als virale Onkogene (v-onc) in Infektionsprozessen innerhalb des Wirtsspektrums der

Retroviridae übertragen werden. LTR-Sequenzen werden in ↑Säugervektoren als Zielsequenzen für eine ortsspezifische Rekombination (↑Rekombination) in Säugergenome verwendet. Die Verwendung ‚entschärfter' (deactivated) Retrovirengenome ist wegen möglichen ↑Transduktionen (↑parasexuelle Mechanismen) und des Retroposoncharakters, was je nach genetischem Hintergrund des Wirtes (genetic background) unerwünschte multiple Transpositionen zur Folge haben kann (↑Transposon-basierte Vektoren) wenig kontrollierbar. Pflanzliche oder animale RNA-Viren sind wegen des komplizierten Modus der Replikation und dem fehlenden Repertoire an RNA-modifizierenden Enzymen zur Klonierung ungeeignet, weshalb sich virusbasierte DNA-Vektoren (↑virale Vektoren; virus vectors, viral vectors) lediglich in den genannten Gruppen finden. Die Replikation der DNA erfolgt semikonservativ, jeder der beiden doppelsträngigen Tochterstränge (Filialduplices) enthält einen alten und einen neusynthetisierten (*de novo* synthetisierten) Strang. Dies resultiert in einer für alle Tochtergenerationen (Filialgenerationen) identische Rate der Fehlerübertragung, speziell der intrinsischen Mutation (intrinsic mutation, intrinsic mutagenesis), aufgrund der Lesetreue (reading fidelity) der DNA-Polymerasen. Die DNA-Polymerasen verfügen über eine $3' \rightarrow 5'$-Exonukleasefunktion, die Lesefehler während der Replikation erkennt, also eine Proofreading-Funktion ausübt. Mit einer durchschnittlichen Mutationsrate (mutation rate) von $u = 10^{-5}$ Gen/Generation in Eukaryonten, wie sie nicht zuletzt durch Lesefehler der DNA-Polymerase bedingt ist, ergäbe sich bei konservativer Replikation eine Fehlerrate von $p = u^2 = 10^{-10}$ für den konservativen

Duplex und eine intrinsische Fehlerrate von $p = \sqrt{u} = 3,2 \times 10^{-3}$ für den *de novo* synthetisierten Duplex, was langfristig ein Aussterben beider Töchter bedingen müßte. Die semikonservative Weitergabe wurde für Prokaryonten im klassischen Meselson-Stahl-Experiment (1958) und für Eukaryonten im Taylor-Experiment (1957) erbracht. Die semikonservative Replikation gestattet gleichzeitig eine einfache Rekonstitution von chemischen Modifikationsmustern (Methylierungen), die die genetische Aktivität und vielfach Erkennungssignale (recognition sites) für DNA-Protein-Interaktionen festlegen, was insbesondere für Entwicklungsvorgänge mit differentieller Genaktivität, aber auch differentieller Replikation wichtig ist. Im Verlauf der Stammesgeschichte (Phylogenese) ereignen sich speziell an Orten, die mit DNA der hochrepetitiven Klasse (highly repetitive DNA, high repetitive DNA, high redundancy DNA) wie Satelliten-DNA (satellite DNA, mit alternierender Abfolge kurzer Oligonukleotid-Sequenzmotiven; simple sequence DNA) besetzt sind, Überreplikationen größeren Ausmaßes (Saltatorische Replikation; saltatory replication). Dieses bedingt die hohen Schwankungen repetitiver DNA-Komponenten selbst innerhalb von Arten, soweit diese nicht auf Transpositionen und Retroponierungen mobiler Elemente (↑Transposone) zurückgehen.

Die Gentechnik verwendet neben Replikationsstartstellen (oris, ↑Expressionsvektoren, ↑Shuttlevektoren, ↑ars-Sequenzen) vor allem die DNA-Polymerase I von *E. coli* (Kornberg-Enzym) und das davon abgeleitete Klenow-Enzym, die Klenow-Polymerase.

Literatur
Cairns J (1963) Cold Sp Harb Symp 38:43
Gilbert W, Dressler D (1968) Cold Sp Harb Symp 33:473

Hennig W (ed) (1987) Structure and Function of Eucaryotic Chromosomes. Springer, Berlin, Heidelberg, New York, London, Paris, Tokyo
Kornberg A (1980) DNA Replication. WH Freeman, San Francisco
Meselson M, Stahl FW (1958) Proc Natl Acad Sci 44:671
Taylor JH (1957) Proc Natl Acad Sci 48:122

Replikationsursprung (origin of replication, ori). = Replikationsstartstelle, ↑ori; ↑Replikation

Replikon (replicon, unit of replication). Prokaryontische Genome repräsentieren ein Replikon, also eine replikative Einheit mit einer Replikationsstartstelle oriV. Die erheblich komplexeren eukaryontischen Genome bestehen als Polyreplikone (Multireplikone) aus hunderttausenden Replikonen ↑Replikation

Replisom. Multienzymkomplex aus Enzymen, die an der Replikation beteiligt sind; speziell an der Startstelle der Replikation, dem oriV, formiert sich zum Replikationsstart ein Initiationskomplex ↑Replikation

Reportergen (reporter). Im Gegensatz zu selektierbaren Markergenen, die eine Auslese rekombinanter Klone oder transgener Organismen gestatten, kann ein erfolgreicher Gentransfer auch über Reportergene anhand eines leicht erkennbaren Phänotyps erfolgen (z. B. Biolumineszenz mit Luciferasegen). ↑Blotting, ↑Gentransfer

Repräsentanz (einer Genbank). Eine genomische Genbank heißt zu P% repräsentativ, wenn in ihr P% (z. B. P = 99%) aller klonierbaren DNA-Sequenzen gemäß ihrer jeweiligen Kopienzahl (Redundanz-DNA, bzw. Abundanz-RNA bei cDNA-Genbank) in rekombinanten Klonen vorhanden sind. Die für eine Repräsentanz von P% erforderliche Anzahl N an rekombinanten Klonen berechnet sich nach Clarke und Carbon zu:

$$N = \frac{\ln(1-p)}{\ln(1-f)} \qquad p = \frac{P\%}{100} \qquad f = \frac{F}{G}$$

F = Fragmentlänge der Inserte in kb
G = Genomgröße in kb

Für eine cDNA-Genbank errechnet sich f zu:

$$f = \frac{F'}{a \cdot G}$$

F' = durchschnittliche cDNA-Länge in kb
a = relativer Anteil des Genoms, das in mRNA transkribiert wird.

Literatur
Clarke L, Carbon I (1976) Cell 9:91

Reproduktionstechnik Pflanzen. Die Pflanzenzüchtung bedient sich neben Methoden der klassischen Züchtungsgenetik vermehrt pflanzlicher Zell- und Gewebekulturtechniken. **1.** Protoplastenkultur **2.** Protoplastenfusion zur Erzeugung unkonventioneller Bastarde **3.** Cybridisierung **4.** Antherenkultur (Androgenese) **5.** Embryonenkultur (Gynogenese) **6.** Kultur somatischer Embryonen.

Eine Reihe von Pflanzen, speziell Nachtschattengewächse (Solanaceae), gestatten eine leichte Regeneration ganzer Pflanzen aus Einzelzellen, bei denen durch Pektinase- und Cellulasebehandlung die Zellwand abgebaut wurde. Die daher rundlichen Zellen heißen Protoplasten. Die Anzucht erfolgt steril in komplexen Nährmedien. Die sich bildenden, undifferenzierten Zellhaufen (Kalli) der Kalluskultur können bei geeigneter Wuchsstoffgabe (Phytohormone, Auxine und Cytokinine in geeigneter Kombination) eine Bewurzelung (rooting) und Besprossung (shooting) und damit eine Regeneration zu ganzen Pflanzen erfahren. Da aus dem ursprünglich zu Protoplasten mazerierten Gewebe eine Anzahl (bei ca. 10^6 pro Ansatz im Gewebekul-

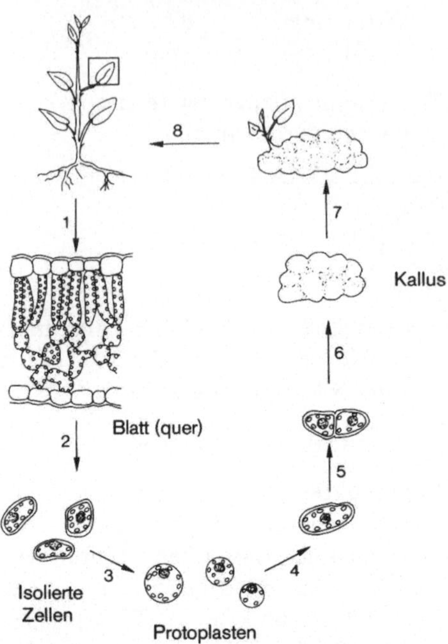

Abb. 44. Regeneration einer Pflanze aus isolierten Blattzellen. Aus: Gentechnik, Gustav Fischer Verlag, 1987 [34]

turschälchen) genetisch unterschiedlicher Mutanten anzutreffen ist (somaklonale Variabilität, somatoklonale Variabilität), kann der angewandte Genetiker daraus gewünschte Mutanten, z. B. pathogenresistente Rassen, selektionieren und auf der vergleichsweise winzigen Fläche von Gewebekulturschälchen (gegenüber einem Feld mit 10^6 Pflanzen) zu ganzen Pflanzen regenerieren. Des weiteren können über Protoplastenkulturen unkonventionelle, in sexueller Kreuzung nicht erzielbare Bastarde (= unkonventionelle Bastarde) aus biologisch weit entfernten Species nach Fusion von Protoplasten verschiedener Arten erzielt werden. Es existiert eine größere Zahl an Fusionsprotokollen: ein bekanntes, die Fusion förderndes Agens ist Polyethylenglykol (PEG). Bei Inaktivierung des Kerns eines Fusionspartners (durch UV- oder Röntgenstrahlung) lassen sich Cybride regenerieren, also Pflanzen mit einheitlichem Genom, aber unterschiedlichen extrachromosomalen Erbträgern (Plasmonen). Mit Hilfe von Gentechnik, speziell dem ↑Agrobakterien-vermittelten Gentransfer, sind schließlich gezielt heterologe und chimäre Gene in Protoplasten übertragbar, aus denen genetisch manipulierte, transgene Pflanzen resultieren. Die pflanzliche Gentechnik ist damit auf das engste mit den Zell- und Gewebekulturtechniken (Protoplasten- und Kalluskultur) bei Pflanzen verbunden. Mit Hilfe der Gentechnik werden somit nicht mehr ganze Genome und/oder Plasmone vermengt, was neben der erwünschten auch unerwünschte Eigenschaften der gezogenen Hybride zur Folge haben kann, die dann mühsam züchterisch eliminiert werden müssen. Bei Getreidearten, Gehölzen und Gemüsearten gelingt eine Regeneration ganzer Pflanzen nur sehr selten, was deren Einsatz in der pflanzlichen Gentechnik limitiert. Der Züchter hat

Abb. 45 a–g. Protoplasten-Kultur. **a** Frisch isolierte Protoplasten aus einer Suspensionskultur der Karotte. Die Protoplasten wurden in einer Kurzzeitisolierung freigesetzt und durch mehrfache Filtration und Zentrifugation gereinigt. **b** Frisch isolierte Protoplasten aus einer Sproßkultur von *Digitalis lanata* (Langzeitisolierung). **c** Cellulosenachweis mit Calcofluor white. Protoplasten aus einer Zellkultur der Karotte wurden 8 Tage in Suspension kultiviert. Zellwände zeigen deutliche Fluoreszenz; Querwände lassen erkennen, daß Zellteilungen stattgefunden haben. **d** Protoplastenfusion. Anthocyanhaltige und farblose Protoplasten der Karotte agglutinieren in Gegenwart von Polyethylenglycol. Man erkennt zwei frühe Fusionsstadien. **e** Vakuolen nach Lyse der Protoplasten mit 0,3 M NaCl. **f** Vakuolen sammeln sich im ersten Reinigungsschritt zwischen Urografin 1 (U1) und Urografin 2 (U2) an. Der *Pfeil* weist auf die durch Anthocyan gefärbten Vakuolen hin. Es bildet sich ein kleines Sediment aus Zellresten, das mit einer Pasteurpipette abgesaugt werden muß. **g** Gereinigte Vakuolen nach Flottation auf Urografin 3. Aus: Pflanzliche Gewebekultur, Gustav Fischer Verlag, 1985 [35]

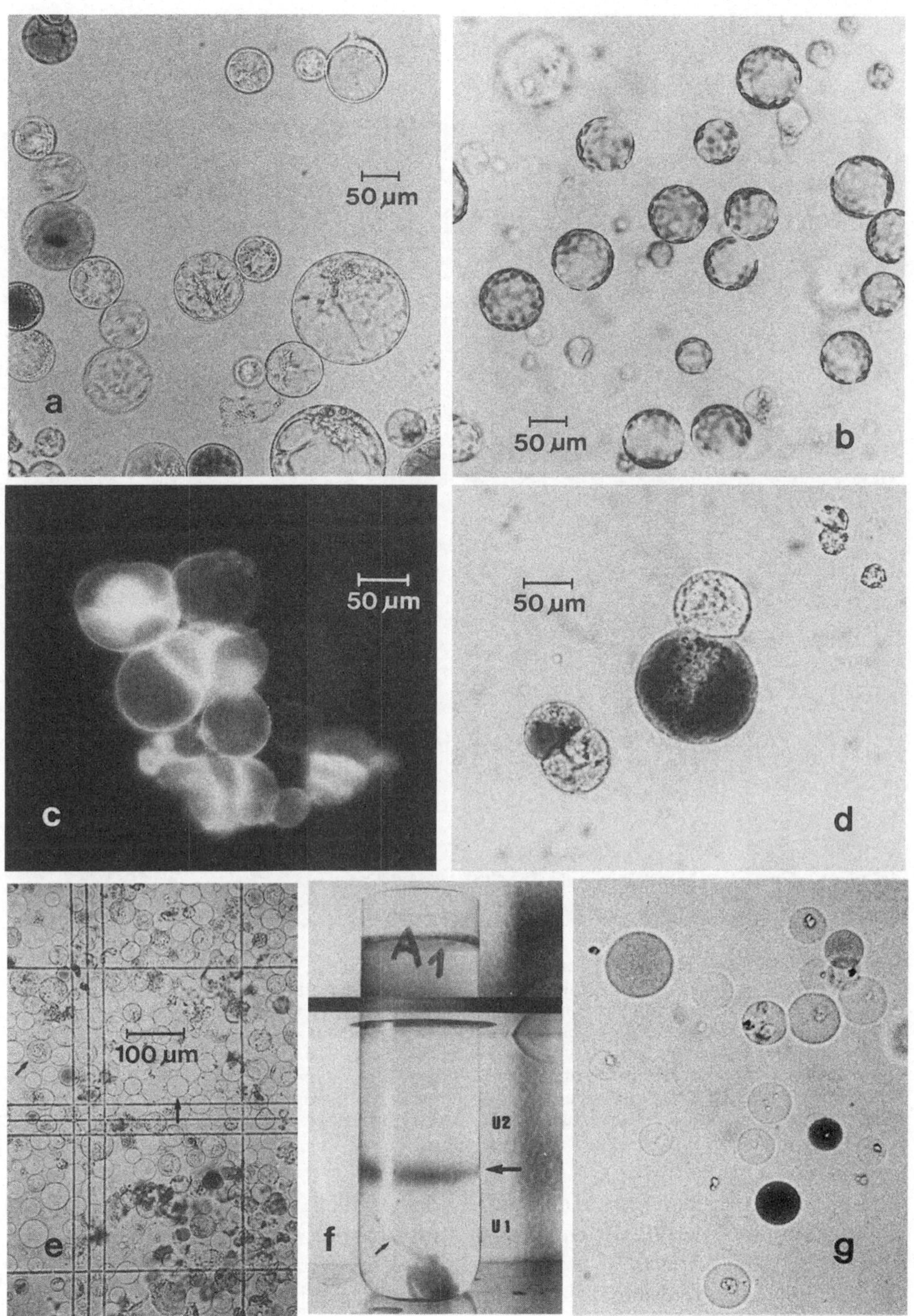
50 µm
50 µm
50 µm
50 µm
100 µm
A₁
U2
U1
a
b
c
d
e
f
g

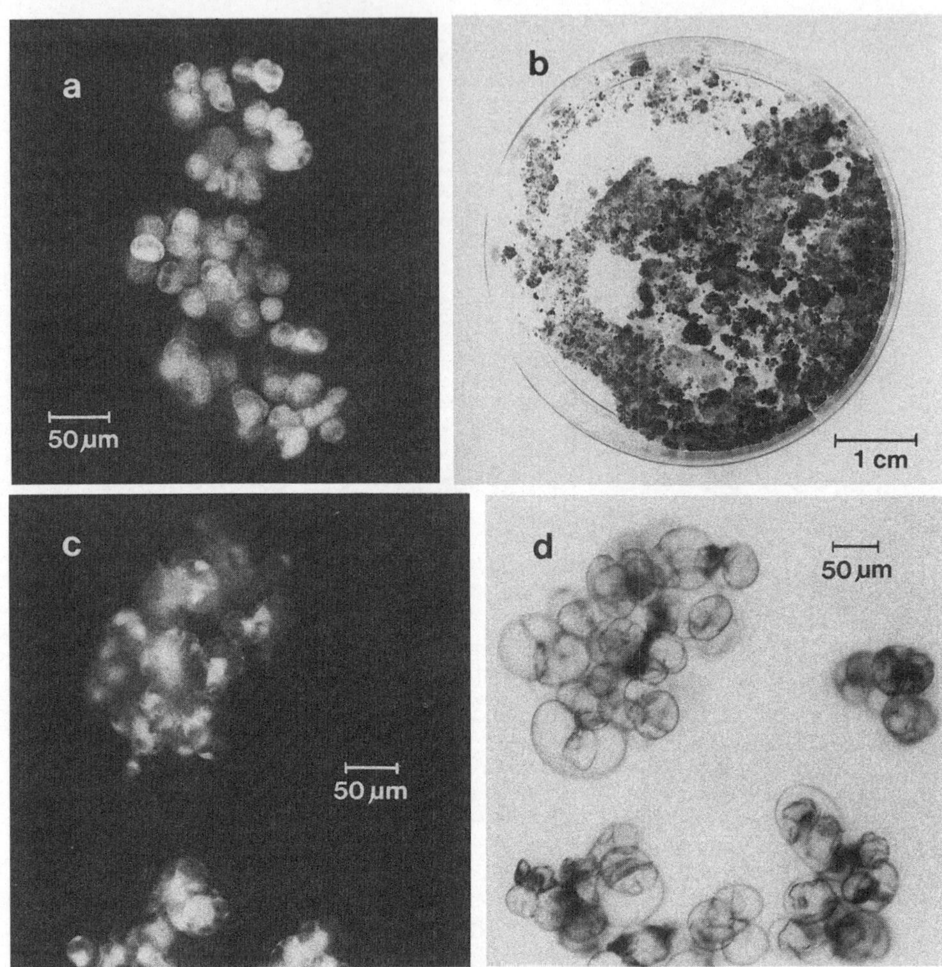

Abb. 46 a–d. Vitalität einer kryokonservierten Protoplasten-Kultur. **a** Vitalitätstest einer Suspensionskultur der Karotte nach Kryokonservierung. Mit Fluoresceindiacetat zeigen lebende Zellen intensive Fluoreszenz. Diese Kultur enthält unmittelbar nach dem Auftauen einen hohen Anteil lebender Zellen. **b** Zellkultur der Karotte nach Kryokonservierung. Der Inhalt einer Ampulle (1 ml) wurde auf halbfestem Agar Agar für 1 Monat kultiviert (∅ der Petrischale 5 cm). **c, d** Vitalitätstest. Doppelfärbung mit Fluoresceindiacetat und Phenosafranin. Im linken Bild erkennt man die lebenden Zellen an ihrer Fluoreszenz. Im *rechten Bild* erscheinen tote Zellen durch Farbstoffaufnahme dunkel. Die mikroskopischen Ausschnitte sind identisch. Aus: Pflanzliche Gewebekultur, Gustav Fischer Verlag, 1985 [36]

häufig Bedarf an reinen Linien, also vollständig homozygoten Pflanzen, die er über klassische Verfahren der Züchtungsgenetik nur mühsam erhält. Die Antherenkultur (Androgenese), mit Regeneration ganzer Pflanzen aus haploiden Pollen oder aus der haploiden pflanzlichen Eizelle (Gynogenese), liefert haploide Pflanzen, die dann nach Behandlung mit Colchizin oder Derivaten (Colchizin ist das Gift der Herbstzeitlosen *Colchicum autumnale* und bewirkt als

Mitosegift die Ploidisierung, ↑Mutation und Mutagenese) zu vollständig homozygoten Pflanzen, sog. Dihaplonten mutiert werden. Wie für Protoplasten- und Kalluskultur sind auch für diese Techniken nur für wenige Arten erprobte Protokolle vorhanden. Spontan in Kalluskulturen sich bildende somatische, also diploide Embryonen (= Embryoide) versprechen bei Arten, die in Protoplasten- und Kalluskultur wenig Regeneration zeigen, erfolgreiche Regenerationssysteme. Gentechnik mit ↑Agrobakterien-vermitteltem Gentransfer wird zunehmend auch in Kombination mit diesen Techniken eingesetzt. Konventionelle vegetative (Stecklingsvermehrung, Ableger) oder sexuelle Vermehrungsmethoden werden – von einigen ‚non tissue approaches' (Pollentransformation, Samentransformation) abgesehen – bisher selten mit Gentechnik kombiniert.

Nachdem NOBECOURT (1937) und GAUTHERET (1937) die Kalluskultur der Karotte gelungen war, konnten MUIR et al. (1954) Zellsuspensionskulturen etablieren und TAKEBE et al. (1971) schließlich die Regeneration intakter Pflanzen aus Protoplasten erzielen. 1967 gelang BOURGIN und NITSCH zum ersten Mal die Anzucht haploider Pflanzen aus Antherenkulturen. BACKS-HÜSEMANN und REINERT konnten 1970 erstmals die Bildung somatischer Embryonen (Embryoide) beobachten.

Literatur
Allard RW (1960) Principles of Plant Breeding. John Wiley & Sons
Backs-Hüsemann D, Reinert J (1970) Protoplasma 70:49
Bock G, Marsch J (1988) Application of Plant Cell + Tissue Culture (CIBA Foundation Symposium 137). John Wiley & Sons
Bourgin JP, Nitsch JP (1967) Ann Physiol Veg 9:377
Dixon RA (1985) Plant Cell Culture – A Practical Approach. IRL Press, Oxford
Gautheret RJ (1937) CR Acad Sci Ser D 205:572
Jacoby WB, Pastan IH (1988) Cell Culture: Methods in Enzymology, vol 58. Academic Press
Leibenguth F (1982) Züchtungsgenetik. Thieme
Muir WH (1954) Science 119:877
Nobécourt P (1937) CR Acad Sci Ser D 205:521
Seitz HU, Seitz U, Alfermann W (1985) Pflanzliche Gewebekultur – Ein Praktikum. Fischer
Takebe J, Labib G, Melchers G (1971) Naturwissenschaften 58:318
Torres K (1988) Tissue Culture Techniques for Horticultural Crops. Reinhold van Nostrand, New York

Reproduktionstechnik Wirbeltiere. Die Reproduktionstechnik (Reproduktionstechnologie; reproductive engineering, birth engineering) bemüht sich, neue Methoden der Fortpflanzung (Reproduktion) von Lebewesen, speziell Wirbeltieren, in die Biologie (z.B. Embryologie) und deren Nachbardisziplinen sowie die Tierzucht einzubringen. Heute gängige Reproduktionstechniken, die dem Tierzüchter hinsichtlich Kosten- und Zeitaufwand eine vereinfachte sexuelle Vermehrung seiner Haustiere (besonders Säugetiere) erlauben, sind: **1.** Artifizielle Insemination (künstliche Besamung). **2.** In vitro-Fertilisation (IVF) = extrauterine Fertilisation = extrakorporale Fertilisation = in vitro-Befruchtung. Retortenbefruchtung mit nachfolgender Implantation einer nach Befruchtung ins 4- oder 8-Zellstadium entwickelten Zygote in den Uterus eines zur Einnistung (Nidation) konditionierten scheinschwangeren (pseudopregnant) Weibchens als Leihmutter (Embryonentransfer). **3.** Embryonentransfer. **4.** Geschlechtswahl der Nachkommen.

Die artifizielle Insemination gestattet gegenüber der ineffizienten Form des Deckens eine hocheffektive Nutzung eines Zuchtbullenejakulats für mindestens 200 künstliche Besamungen bei äußerst bequemem und kostengünstigem Versand der Spermapräparate. Nach in vitro-Fertilisation können Embryonen raumsparend in tiefgefrorenem Zustand verschickt und in Ammenkühe transplantiert werden (Embryonentransfer), die die Anzucht von Hochleistungskühen gestatten. Ein Transport der Tiere entfällt also zugunsten des Embryoversands. Schließlich erlaubt die Separation der Spermienpopulation in X- und Y-Chromosomen tragende Subpopulationen bei Verwendung der X-Chromosom-enthaltenden Spermien in der künstlichen Besamung oder der in vitro-Fertilisation die ausschließliche Produktion weiblicher XX Karyotypen, also z. B. von Milchkühen. Ohne moralische, ethische, juristische und soziale Wertung durch die Gesellschaft, die derzeit die Anwendung der Reproduktionstechnik beim Menschen debattiert, ergeben sich, rein wissenschaftlich und wertneutral, für den Menschen folgende Möglichkeiten der homologen oder heterologen artifiziellen Insemination mit Embryotransfer.

Eine Ehefrau kann sich einer homologen, artifiziellen Insemination mit Sperma des Ehemannes unterziehen, wenn der Ehemann unter Impotenz (Impotentia coeundi) leidet. Falls der Ehemann zeugungsunfähig ist, also keine befruchtungsfähigen Spermien bilden kann (Impotentia generativa), ist eine heterologe, artifizielle Insemination mit dem Samen eines anderen Mannes möglich. Im Falle homologer, artifizieller Insemination ist das Kind mit beiden Elternteilen, bei heterologer Insemination lediglich mit dem weiblichen Elter als biologischer Mutter genetisch verwandt. Unfruchtbaren Frauen, die an einer Tubenligatur leiden, können per Laparoskopie dem Ovar befruchtungsfähige Eizellen entnommen werden. Nach homologer in vitro-Befruchtung mit dem Samen des Ehemannes oder heterologer in vitro-Befruchtung mit dem Samen eines anderen Man-

nes, kann diesem Ehepaar nach Implantation des Embryos in die Eizellenspenderin oder eine Leihmutter (falls die Eispenderin ihr Kind nicht austragen kann) ein eigenes, mit beiden Elternteilen oder zumindest ein mit der Eizellenspenderin genetisch verwandtes Kind ermöglicht werden. Eine befruchtete humane Eizelle und deren frühe Teilungsstadien sind tiefgefroren in flüssigem Stickstoff ($-196\,°C$) jahrelang biologisch aktiv, weshalb auch der Zeitpunkt einer Schwangerschaft nach in vitro-Fertilisation frei wählbar ist. Die ‚Retortenbabies' sorgen noch nach mehr als einem Jahrzehnt nach der ersten Retortenzeugung (1978) für Schlagzeilen (BIGGERS 1981). Dabei ist statistisch – bei vorhandenem Wunsch nach Kindern – mit steigender Tendenz heute jede sechste Ehe kinderlos, wofür in 40% der Fälle der Mann, in 40% die Frau und in 20% kombinierte, komplexe Ursachen der Unfruchtbarkeit gegeben sind.

Die in vitro-Fertilisation und in vitro-Anzucht von Embryonen, die bisher nur in 8- bis 16-Zellstadien der Blastula erfolgen kann, eröffnet andererseits dem Menschen im Tierversuch exzellente Möglichkeiten des direkten Beobachtens und kausalanalytischer Untersuchungen der Vorgänge der frühen Embryogenese. Das Verständnis der Embryonalentwicklung von Säugern auf der molekularen Ebene weist noch ganz erhebliche Lücken auf, die eine in vitro-Kultur von Embryonen erfordern. Der Erwerb vertieften Wissens der molekularen Embryologie bedarf daher weiterer Reproduktionstechnologien, die empfindliche Eingriffe in das Entwicklungsgeschehen erlauben, nämlich: **1.** in vitro-Kultur von Embryonen und Foeten bis zur Geburt, also den ‚Glasuterus' (Vitriparie statt Viviparie; vitriparity) **2.** Studium der Entwicklung

Abb. 47. „Schiege". Aus: Reproduction in mammals 5, Cambridge University Press, 1986 [37]

multiparentaler Embryonen **a.** homolog multiparentaler Embryonen **b.** heterolog multiparentaler Embryonen oder Chimären.

Nach in vitro-Vermischung von Zellmaterial früher Embryonen des 4- oder 8-Zellstadiums von Zygoten verschiedener Eltern der gleichen Art (homolog) können nach Implantation in einen Uterus beispielsweise homolog multiparentale Intersexe (Zwitter mit unterschiedlichen Anteilen männlicher (XY) und weiblicher (XX) Zellen) gewonnen werden. Ganz analog kann aus frühen Embryonen biologisch unterschiedlicher Arten (z. B. Schafembryonen und Ziegenembryonen) eine heterolog bi- oder multiparentale (= chimäre) Nachkommenschaft, eine Schafziege (FEHILLY et al. 1984) gewonnen werden. FEHILLYS Schafziege („Schiege") zeigt ein zwischen Ziege und Schaf liegendes Aussehen einer Ziege mit Schafswolle und das Verhalten einer Ziege ohne den typischen Ziegengeruch, die die Gesellschaft von Schafen liebt. FEHILLYS Schafziege paart erfolgreich mit weiblichen Schafen unter Zeugung fruchtbarer Schaf-Nachkommen. Ähnliches gilt für chimäre Schafkühe.

3. Erzeugung monozygoter (eineiiger) Mehrlinge (twinning).

Durch Zerteilung von in vitro oder in vivo gebildeten Zygoten im 2- oder 4-Zellstadium und nachfolgender Implantation oder Reimplantation in einen Uterus lassen sich maximal erbgleiche (erbidentische) Individuen (↑Klon) gewinnen. Diese besitzen gegenüber klonierten Säugern (↑Klonierung) den Vorteil identischer, cytoplasmatischer Einflüsse der befruchteten Eizelle (Zygote) auf den Zellkern (Nucleus) und – bei Implantation in ein und denselben Uterus – sehr ähnlicher intrauteriner Bedingungen.

4. ↑Klonierung (zelluläre oder organismische Klonierung; cellular cloning, organismic cloning).

Zelluläre Klonierung ist die Erzeugung von erbgleichen Nachkommen (Klonen) eines Originalindividuums durch Mikroinjektion eines somatischen Kerns in eine befruchtete Eizelle (Zygote) mit vorher entferntem oder inaktiviertem eigenen Kern, die danach intrauterin (vivipar)

223

entwickelt wird. Die Klonierung als quasi asexuelle oder pseudosexuelle Vermehrung ist – da sie nur mit Kernen frühester Embryonenstadien (Proembryonen) durchführbar ist, die noch keine differentielle Genomumstrukturierung mit DNA-Elimination zeigen – für Nutztiere (Säuger und Vögel) irrelevant. Erbgleiche Individuen (Klone) sind, wenn embryonale Zellen als Donoren verwendet werden, erheblich einfacher durch Erzeugung eineiiger Mehrlinge (twinning) erreichbar, die gegenüber klonierten Organismen außerdem noch den gleichen, die Expression von Genen regulierenden cytoplasmatischen Stimuli ausgesetzt sind. **5.** Parthenogenese (Jungfernzeugung; parthenogenesis)

Mit verschiedenen Chemikalien oder physikalischen Stimuli, die eine Eizelle (haploid) zur Verdoppelung ihres Chromosomenbestandes ohne nachfolgende Zellteilung (sog. Endomitose) bewegen, läßt sich ein Säuger- oder Vogelei in Abwesenheit eines befruchtenden Spermiums, also in Jungfernzeugung (Parthenogenese) zu einem ganzen Organismus entwickeln. Solche Stimulie sind Ca^{2+}-freie Kulturmedien, Alkohol, Hitzeschock und Elektroschock. Durch Parthenogenese werden in allen genetischen Loci reinerbige (homozygote) Nachkommen des homogametischen Geschlechts (XX-Konstitution der Geschlechtschromosomen), im Fall von Säugern also Weibchen, im Fall von Vögeln Männchen erzeugt. In sexueller Paarung ist eine solche Reinerbigkeit als Folge mannigfaltiger Inzuchtgenerationen nur bis zur völligen Inzuchtdegeneration, bei der stets mindestens ein Letalallel homozygot wird, betreibbar. Wegen dieser Letaläquivalente des Säugergenoms ist eine Parthenogenese von Säugern auch starker Inzuchtlinien (z. B. einiger Mäuse-

stämme) bisher nicht gelungen. Lediglich bei Truthähnen und Hühnern wird Parthenogenese, die allerdings nur in seltenen Fällen zu adulten Männchen führt, beobachtet (BEATTY 1967).

Vitriparie, also Retortenanzucht von Keimen zu vollständigen Organismen, ist heute bestenfalls in Einzelfällen bis zu einem Stadium möglich, in dem der Herzschlag nachweisbar ist, also 3–4 Wochen (Maus: ⅓ der Schwangerschaft; Mensch: 10%). Spätestens dann kann der Embryo nicht mehr ohne eine Plazenta als Mutter-Kind-Barriere den äußerst komplexen Stoffaustausch bewerkstelligen (MCLAREN 1986), der nicht nur niedermolekulare Nährstoffe, sondern später auch Makromoleküle (Proteine) wie Antikörper pränatal in den Foetus einbringt. Der menschliche Säugling beginnt eine eigene Immunantwort ½ bis 1 Jahr nach seiner Geburt. Umgekehrt konfrontiert der Embryo und spätere Foetus die Mutter mit komplexen Molekülen, z. B. Antigenen wie das Rhesus-Antigen (Rh^+-Foetus), was in Rh^- (Rhesus negativen)-Schwangeren zur Immunantwort und Abgang (Rhesus-Inkompatibilität) führen kann. Die erforderliche artifizielle Plazenta oder die in vitro funktionstüchtig gehaltene Plazenta ist denkbar, erfordert aber zur Erforschung einen gigantischen Einsatz an Forschung und Forschungsmitteln, welcher derzeit national wie international nicht zur Verfügung steht. Vitriparie gestattet das vollständige Verfolgen der Normalentwicklung eines Keimes (Normogenese) sowie das frühe Beobachten spontaner oder induzierter Mißbildungen (Teratogenese), das Erkennen der Ursache und eine molekulare Analyse des normalen wie auch des teratogenen Entwicklungsgeschehens. Schließlich zeigt der Mensch, wie auch seine Nutz-

224

säuger in 40–50% der angelegten Keime eine teratogene Entwicklung während der Embryogenese und 10–20% Teratogenesen während der Foetogenese, die insgesamt eine 50–60%ige prä- und perinatale Keimesmortalität unbekannter oder mangelhaft erkannter Kausalität bedingen. Die Erzeugung viviparer (lebendgebärender) Säugermännchen (speziell des ‚schwangeren Mannes‘) ist wegen der amphisexuellen Potenz beider Geschlechter denkbar und unter erheblicher Verwendung von Forschungseinsatz und -mitteln im Prinzip realisierbar, aber reproduktionsbiologisch wie reproduktionstechnisch völlig uninteressant, da ein ohnehin wenig verstandenes Entwicklungsgeschehen in einem gegenüber der ‚Retorte‘ mindestens so unnatürlichen Surrogat in noch größerem Dunkel als den uterinen Ereignisketten der Ontogenese ablaufen würde.

Die Erzeugung intraspezifischer (innerartlicher) oder interspezifischer Chimären (homolog oder heterolog multiparentale Nachkommen; intraspecies chimeras, intraspecific chimeras, interspecies chimeras, interspecific chimeras) liefert, speziell im Falle interspezifischer Chimärisierung, wichtige Erkenntnisse über das entwicklungsbiologische Potential artfremder pluripotenter Embryonalzellen in einer entwicklungsbiologischen Einheit aus Embryonen. Damit wird die Palette klassischer entwicklungsbiologischer Untersuchungen, wie sie (von 1894–1936) von DRIESCH, HOLTFRETER, MANGOLD, ROUX und SPEMANN entwickelt wurden, mit Viviparie oder Vitriparie der Embryonen erheblich erweitert. Auch das Einbringen homologer, genetisch markierter Zellen, also die Erzeugung intraspezifischer Mischembryonen (Chimären), wie die Bildung von Intersexen oder allophäner Organismen, z. B.

allophäner Mäuse, gehören dazu. Solche Organismen bilden in der Ontogenese (Individualentwicklung) als somatisch genetische Mosaike mit embryonalen Zellen unterschiedlichen Genotyps verschiedenartige Phänotypen (→allophänisch), welche eine Analyse der im Verlauf der Individualentwicklung (ontogenese) erfolgenden Determination, Differenzierung und Migration von Zellen unter raumzeitlicher Musterbildung (Individualentwicklung) gestatten. Im Extremfall fehlender Markiergene kann dabei auch eine Vermischung (embryomixing, proembryomixing) geeignet erzeugter transgener (↑Gentransfer in Eizellen) Embryonen erfolgen. Etwa erzeugte Intersexe (Mosaikembryonen mit männlichen XY- und weiblichen XX-Zellen) sind auch bei einem extremen ‚Embryoverschnitt‘ kaum echte Zwitter (Hermaphrodite) mit vollständiger oder partieller Ausbildung der Genitalien beider Geschlechter. Wegen der Mosaikstruktur des Somas (= Summe aller Körperzellen) sind sie auch keine Scheinzwitter (Pseudohermaphrodite) mit dem unitären Soma (Aussehen Karyotyp) des einen und den Genitalien des anderen Geschlechts, wie sie als seltene Aberration bei Vögeln (Aves) und Säugern (Mammalia), so auch beim Menschen, auftreten können. Eine Analyse des Determinations-, Differenzierungs- und Musterbildungsverhaltens (Morphogenese), wie es für höhere Organismen wünschenswert und mittels fortgeschrittener Reproduktionstechnik und ↑Gentechnik auch möglich ist, ist bisher lediglich für den primitiven Fadenwurm *Caenorhabditis elegans* (Nematodes) anhand zahlreicher, natürlicherweise vorliegender Mutanten (homoeotische Mutanten; hom(o)eotic mutants: mit räumlich abweichender Musterbildung und heterochrone Mutanten; heterochronic mutants: mit zeitlich abweichender Musterbildung) gelungen. Im Fall von *C. elegans* liegt bereits ein kompletter Atlas des Entwicklungsgeschehens vor, der das entwicklungsbiologische Schicksal aller knapp tausend somatischer Zellen von *C. elegans* erfaßt (SULSTON et al. 1983). Anhand entsprechender homoeotischer und heterochroner Mutanten ist auch das Entwicklungsgeschehen der genetisch hervorragend untersuchten Fruchtfliege *Drosophila melanogaster* mit ihrer experimentell leicht verfolgbaren Individualentwicklung gut analysiert (FINCHAM 1983). Allerdings gestattet die völlig andersartige Entwicklung der Insekten kaum Rückschlüsse auf Säugerentwicklungen.

Einen Überblick über die Molekularbiologie der Entwicklung und Morphogenese gut untersuchter Organismen gibt SUSSMAN (1978).

Die induzierte Erzeugung monozygoter Mehrlinge (twinning), wie sie schon SPEMANN (Schnürversuche, 1901/02) für entwicklungsbiologische Untersuchungen durchführte, liefern erbgleiche Individuen (Klone), an denen speziell der Einfluß von genetischem Erbe und Umwelt, die Heritabilität (Erblichkeit) der generell stärker umweltbeeinflußten polygen bedingten Merkmale ((Phäne, Phänotyp) untersucht werden können (quantitative ↑Genetik polygen bedingter Merkmale). So kann im Vergleich erbgleicher, isogener Organismen in verschiedener Umwelt mit erbvarianten Tieren in gleicher Umgebung der Grad der Heritabilität und Umweltbedingtheit abgeschätzt werden. Danach kann beurteilt werden, ob züchterische Verfahren oder eine geänderte Umwelt (Peristase) wie z. B. veränderte Stallhaltung die Verbesserung eines polygen bedingten Erscheinungsbildes

(z. B. Milchertrag) bewirken. Schließlich sind Konkordanz- (= Übereinstimmung) und Diskordanzuntersuchungen (Diskordanz = Nicht-Übereinstimmung) in der Zwillingsforschung, die polygen bedingte Merkmale und den Einfluß der Umgebung (Peristase) anhand eineiiger (monozygoter) und zweieiiger (dizygoter) Zwillinge (twins) untersuchen, ein integraler Bestandteil der Humangenetik. Das Wissen über Erblichkeit und Umweltbedingtheit von Merkmalen wie allgemeine oder spezielle Begabungen (Intelligenz), oder Individuen und/oder Gesellschaft belastender Eigenschaften (z. B. Alkoholismus, Drogensucht, triebliche Veranlagungen) muß schließlich familiäre Erziehung und gesellschaftliche Maßnahmen (Schule, Therapien, Resozialisierung im Strafvollzug etc.) nachhaltig beeinflussen. Schließlich ist gerade dieses Feld Gegenstand erheblicher Kontroversen, da oft widerspruchsfreie Meßskalen der betreffenden Phänotypen (z. B. Intelligenz) fehlen und häufig keine ausreichenden Stichproben eineiiger und zweieiiger Zwillinge vorliegen (STENGEL 1980). Ebenso wie die Klonierung, die nur mit somatischen Kernen frühembryonaler Zellen oder Teratomzellen (↑Klonierung) in einem fremden Cytoplasma einer anderen Eizelle und einer vom Spender unterschiedlichen intrauterinen Umgebung erbgleiche Individuen anliefert, ist auch die Erzeugung eineiiger (monozygoter) und damit erbgleicher Zwillinge durch Embryosplitting (Embryonpartionierung, Zerteilen von Proembryonen) als technisch erheblich einfachere Form einer Klonierung mit Keimesentwicklung unter gleichartigem Einfluß des Cytoplasmas auf die Kerne und weitgehend homogenem intrauterinem Milieu, als jegliche Menschenwürde verletzend, fragwürdig.

Parthenogenesen dürften wohl kaum züchterische Bedeutung erlangen, da, wenn überhaupt, nur aufwendig erzeugte parthenogenetische Tiere eines Geschlechtes zu erlangen sind, die dann in Kreuzungen mit Partnern einer reinen Inzuchtlinie des anderen Geschlechts, das nicht parthenogenetisch erzeugbar ist, erst verbesserte Hybride (Heterosiseffekte, luxurierte Bastarde; hybrid vigor) erwarten lassen. Die sexuelle Kreuzung zweier Inzuchtlinien, wie heute üblich, dürfte daher kaum durch einen die Kreuzung mit einem parthenogenetisch erzeugten Partner ersetzt werden.

Die modernen Reproduktionstechniken (advanced reproductive engineering), die ganz erheblich der Embryologie (Embryoforschung) dienen (Reagenzglasbefruchtung, Keimesanzucht in der Retorte = Vitriparie, homologe und heterologe Chimäre), sind bis auf die Vereinigung heterologen Genmaterials (z. B. von Schaf und Ziege) im Soma von Wirtstieren keine ↑Gentechnologie im eigentlichen Sinne. Erst eine reproduktionstechnische Erzeugung von transgenen Tieren mit Transfer von ↑homologen, heterologen oder ↑chimären Genen und das Erzeugen von Haustieren aus transgenen Embryonen (Eizellen als Wirte rekombinanter DNA) ist Gentechnik. Obgleich die modernen Reproduktionstechniken und deren Kombinationen mit der Gentechnik erst in den nächsten Jahren voll zum Tragen kommen werden, existieren bereits heute in einigen Industrienationen Gesetzentwürfe, die die Embryonenforschung am Menschen reglementieren sollen. Währenddessen bemüht sich die klassische Reproduktionstechnik weiter mit Hilfe physiologischer (Reproduktionsphysiologie) und genetisch züchterischer Methoden, die Fertilität von Nutzsäugern und Geflügel zu verbessern, wovon vor allem die Tierproduktion gewinnt (siehe AUSTIN und SHORT 1986).

Die auf den Menschen bezogene Fertilitätsforschung steht in einem scheinbaren Widerspruch zur Bereitstellung einer erheblichen Palette von Antikonzeptiva (Contrakonzeptiva). Hier besteht jedoch der Wunsch nach individueller Familienplanung ebenso wie der Versuch einer Eindämmung der Bevölkerungsexplosion, so daß der jeweiligen Seite Rechnung getragen werden muß.

Bei allen Debatten über Reproduktionstechnik sollte auch bedacht werden: Die Natur ist am Überleben von Arten und weniger der Individuen interessiert, daher hat der Evolutionsprozeß ein enormes ‚Genie‘ in die Entwicklung reproduktiver Organe, reproduktiver Techniken und das Paarungsverhalten investiert (siehe z. B. FORSYTH 1987), die selbst kühnste Vorstellungen von Fortpflanzungsbiologen bei weitem überbieten.

Anmerkung: In der Bundesrepublik Deutschland werden seit dem 1. 1. 1991 Manipulationen am menschlichen Embryo durch das sog. ‚Embryonenschutzgesetz‘ gesondert geregelt.

Literatur
Arber W et al. (eds) (1984) Genetic Manipulation: Impact on Man and Society. Cambridge University Press
Austin CR, Short RV (1986) Reproduction in Mammals 5: Manipulating Reproduction, 2nd edn. Cambridge University Press
Beatty RA (1967) In: Metz CB, Monroy A (eds) Fertilization. Academic Press, New York
Biggers JD (1981) New England Journal of Medicine 304:335
Brudenell EM et al. (1976) Artificial Insemination. Proceedings of the Fourth Study Group of the Royal College of Obstetricians and Gynaecologists. RCOG, London
Driesch H (1894) Analytische Theorie der organischen Entwicklung. Engelmann, Leipzig
Fehilly CG, Wiladsen SM, Tucker EM (1984) Nature 307:634
Fincham JRS (1983) Genetics. John Wrigth & Sons Ltd, Littletown, Massachusetts
Forsyth A (1987) Die Sexualität in der Natur. Über den Egoismus der Gene und ihre unfeinen Strategien. Kindler, München

Rescuetechniken

Holtfreter I (1931) Verh dtsch zool Ges Zool Anz suppl 5
Mangold O (1920) Arch Entw Mech 47
McLaren A (1986) In: Austin CR, Short RV (eds) Reproduction in Mammals 5: Manipulating Reproduction, 2nd edn. Cambridge University Press
Roux W (1905) Die Entwicklungsmechanik, ein neuer Zweig der biologischen Wissenschaft. Engelmann, Leipzig
Spemann H (1936) Experimentelle Beiträge zu einer Theorie der Entwicklung. Springer
Stengel R (1980) Humangenetik, Grundriß der menschlichen Erblichkeitslehre. Wissenschaftliche Verlagsgesellschaft
Sulston IE et al. (1983) Develop Biol 100:64
Sussman M (1978) Molekularbiologie und Entwicklung. Paul Parey

Rescuetechniken. Rekombinante Gene, deren Genprodukte den gentechnischen Wirt im Wachstum drastisch hemmen oder abtöten, müssen in einer Genbank schnell erfaßt und die rekombinante DNA „gerettet" werden. Dazu sind je nach Genprodukt verschiedene Rescuetechniken denkbar. Als Rescue können z. B. schnell lysierende Phagen (Phagenbank) verwendet werden, die innerhalb ihres kurzen Infektionszyklus keine nennenswerte Expression des gesuchten Genes aufweisen. Eine weitere Möglichkeit liegt in der Etablierung einer Genbank in ↑Runaway-Plasmiden. Die Methode der Wahl muß ggf. empirisch ermittelt werden. In der Praxis sind häufig mehrere Rescueversuche zum Erfolg nötig.

Resistenzgene. Selektierbare Marker, die Antibiotika- oder Arzneimittelresistenz verleihen (= Resistenzmarker).

Resolvase. Meist vom mobilen genetischen Element selbst codiertes Enzym, welches die bei Transposition gebildeten Cointegrate in zwei Replikone mit je einem mobilen genetischen Element auflöst ↑Transposone

Restriktion und Modifikation. Spezifische DNA-Methylasen in Prokaryonten erzeugen ein spezifisches Methylierungsmuster (strain specific methylation pattern) der DNA, welche Prokaryonten befähigen, zwischen arteigener oder stammeigener DNA und fremder DNA, die über ↑parasexuelle Mechanismen in Prokaryonten eindringen kann, zu unterscheiden. Diese Diskriminierung zwischen eigener und fremder DNA basiert auf Restriktionsendonukleasen, die das Fehlen stammspezifischer Methylierung an den zur Methylierung vorgegebenen Stellen erkennen und sie deshalb als artfremd endonukleolytisch spalten. Der weitere Abbau zu Oligonukleotiden und Mononukleotiden durch unspezifische Endonukleasen und Exonukleasen zerstört damit eine DNA ohne stammspezifisches Methylierungsmuster vollständig. Dieser spezielle prokaryontische Schutzmechanismus (DNA safeguard mechanism) wird als Restriktions-Modifikationssystem (restriction-modification system) bezeichnet. Die chemischen Modifikationen der Basen sind dabei ausschließlich Methylierungen von Adenin- oder Cytosinresten in bestimmtem Kontext der Methylasezielsequenzen (methylation targets). Stammeigene DNA (strain specific DNA) ist in beiden Strängen symmetrisch an allen Methylierungsstellen (targets) methyliert, die ↑Replikation liefert hemimethylierte DNA, die von stammeigenen Restriktionsenzymen ebenso wie die vollmethylierte DNA nicht erkannt wird. Die stammspezifischen Methylasen methylieren die hemimethylierte DNA. Fremde DNA wird abgebaut, weil sie kein stammspezifisches Methylierungsmuster zeigt, also unmethyliert ist.

Man unterscheidet 3 verschiedene Klassen von Restriktions-Modifikations-Enzymen, die als Typ-I-, Typ-II- und Typ-III-Enzyme (type I, type II und type III enzymes) bezeichnet werden. Die Eigenschaften der verschiedenen Enzymtypen sind in der folgenden Tabelle erfaßt:

Typ-II-Restriktionsnukleasen, die das Basiswerkzeug der Gentechnik sind, ebenso die separaten Methylaseaktivitäten der

	Typ I	Typ II	Typ III
Enzymaktivität/ Enzymaufbau	Restriktionsenzym und Methylase (3 Untereinheiten)	Endonuklease und Methylase (separate Enzyme)	Restriktionsenzym und Methylase (bifunktional)
Erkennungsstelle	zweigeteilt und asymmetrisch, z. B. TGA (8 bp) TGCT	4–6 bp palindromisch	5–7 bp asymmetrisch
Spaltstelle	unspezifisch; 1000 bp von Erkennungsstelle entfernt	identisch mit Erkennungsstelle	24–26 bp in 3'-Richtung entfernt
Restriktion und Methylierung	alternativ	getrennte Reaktionen	simultan
ATP-Verbrauch	ja	nein	ja

In *E. coli* als gentechnisch bedeutendem Wirt sind die Untereinheiten (subunits) der Typ-I-Enzyme von den Operonen hsdR, hsdM und hsdS codiert. Alle 3 Cistrone können aber auch von einem Promotor abgelesen werden. Die drei Untereinheiten R (135K), M (62K) und S (55K) zeigen ein Assembly zum aktiven Restriktions-Modifikations-Enzym R_2M_2S; die Untereinheit R ist für Restriktion, die Untereinheit M für Methylierung und die Untereinheit S für Erkennung der Zielsequenz (target) zuständig. hsdR-Mutanten sind phänotypisch r^-m^+, also restriktionsdefizient; hsdM-Mutanten sind r^+m^-, also methylierungsdefizient; hsdS-Mutanten sind r^-m^-. Gentechnisch genutzte *E. coli* K12-Derivate sind hsdR- oder hsdR/ hsdM-Mutanten, was eine hohe Transformierbarkeit und im allgemeinen hohe Stabilität der Genkonstrukte über viele Generationen sichert. Wegen der komplexen Struktur (3 Untereinheiten) und der nicht definierten Spaltstelle (cleavage site) finden die Restriktions-Modifikationsenzyme des Typs I keine gentechnische Anwendung. Ganz anders die

Typ-II-Restriktionsenzyme, die in der Linker- und Adaptortechnik vielfache Anwendung bei der in vitro-Methylierung interner Schnittstellen finden (↑Linker und ↑Adaptoren).
Restriktionsenzyme des Typs III finden in der Gentechnik nur eine limitierte Anwendung, genau dann, wenn kein Typ-II-Enzym für die entsprechende spezifische in vitro-Spaltung zur Verfügung steht. Die Typ-III-Restriktionsenzyme sind Dimere des Typs MS-R, wobei die R-Untereinheit für Restriktion und die MS-Untereinheit für Erkennung und Methylierung verantwortlich ist. Die 24–26 bp von der Methylierungsstelle entfernte Spaltung erklärt sich aus dem Abstand der beiden aktiven Zentren (aktive Zentren der Methylierung in der MS-Untereinheit und aktive Zentren der Spaltung in der R-Untereinheit) im heterodimeren MS-R-Enzym.

↑DNA/RNA-modifizierende Enzyme, ↑DNA-Reparatur

Literatur
Lewin B (1987) Genes, 3rd edn. John Wiley & Sons
Strickberger MW (1988) Genetik. Carl Hanser

Restriktionsendonukleasen

Restriktionsendonukleasen. = Restriktionsenzyme; ↑DNA/RNA-modifizierende Enzyme, ↑Restriktion und Modifikation

Restriktions-Fragmentlängen-Polymorphismus (restriction fragment length polymorphism, RFLP). Punktmutationen (↑Mutation und Mutagenese) in DNA-Sequenzen erzeugen ein verändertes Restriktionsmuster (restriction pattern), wenn sich solche erblich stabilen Veränderungen in Schnittstellen von Restriktionsendonukleasen ereignet haben. ↑Genomische Blots (genomic Southern blots ↑Blotting) zeigen im Falle einer solchen Mutation eine Abweichung vom Wildtyprestriktionsmuster, in dem weniger oder mehr Banden nach Hybridisierung mit einer DNA-Sonde (probe) erscheinen. RFLPs dienen als physikalische Marker; es lassen sich, ähnlich wie bei konventionellen Genkarten, RFLP-Karten (RFLP maps) anlegen. Im Gegensatz zu Enzympolymorphismen, die herkömmlich für Paternitätsgutachten und andere Untersuchungen der forensischen Genetik benutzt werden, gestatten RFLPs auch ein Erfassen von DNA-Abschnitten, die nicht proteincodierend sind, also keine Allele im klassischen Sinn darstellen. Auch ein Erkennen von Mutationen (silent mutations) ist möglich, die aufgrund der Degeneration des genetischen Codes (64 Codone→20 Aminosäuren) keine Änderung in der Aminosäuresequenz eines Polypeptids aufweisen. Neben den Enzympolymorphismusstudien sind RFLP-Kartierungen eine weitverbreitete Arbeitsmethode in der Molekulargenetik. RFLP-Kartierungen werden besonders in der angewandten Genetik (Züchtungsgenetik) und der Humangenetik als Marker benutzt. In der Humangenetik dienen sie auch diagnostischen Zwecken.

Speziell die Erfassung von Sequenzabweichungen (RFLPs) repetitiver, nicht codierender, genetisch inaktiver Regionen – die deshalb in der Phylogenie keinem Selektionsdruck unterliegen – erlauben neue Ansätze zur Systematik auf der Ebene von Unterarten, Rassen und Sorten, wie sie speziell für die Züchtung und die Evolutionsgenetik von Interesse sind. Chromosome walking (↑Chromosomenwanderung) zwischen zwei RFLP-Markern ermöglicht das Erfassen einer DNA-Region in einer partiellen Genbank, was ein aufwendiges ↑Gene Screening ganzer ↑Genbanken (genomische Genbank, ↑cDNA-Genbank) ersetzt.

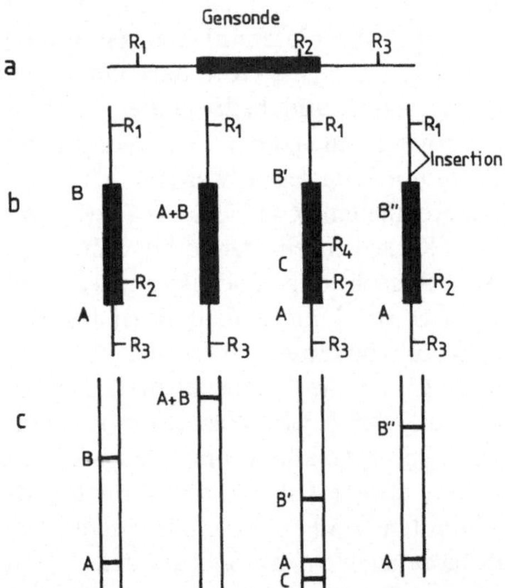

Abb. 48a–c. Analyse des Restriktionsfragmentlängen-Polymorphismus (*RFLP*). **a** Lokalisation der Gensonde, die nach radioaktiver Markierung zur Identifizierung von RFLP's in diesem DNA-Abschnitt benutzt wird. **b** Verschiedene Situationen im Bereich der Gensonde; R1–R4 sind Restriktionsenzymschnittstellen; A, B, A+B, B', B'' und C sind mögliche DNA-Fragmente, die nach Schneiden mit dem Restriktionsenzym auftreten können. **c** Autoradiographie der auf einem Gel aufgetretenen DNA-Fragmente nach Southern-Transfer und Hybridisierung mit der spezifischen Genprobe (schematisch). Aus: Molekularbiologie der Pflanzen, Gustav Fischer Verlag, 1990 [38]

230

Restriktionskartierung (restriction mapping). Eine Restriktionskarte eines DNA-Fragments kann in verschiedener Weise erstellt werden: **1.** Restriktionsspaltungen mit Doppelverdau **2.** Restriktionsspaltungen mit Partialverdau **3.** Limitierter Verdau mit der Nuklease Bal31 und Restriktionsspaltung **4.** Nach Sequenzierung des Fragments kann der Computer die Schnittstellen von Restriktionsenzymen ermitteln.

Nach der unter 1. aufgeführten Methode läßt sich der relative Abstand der Schnittstellen durch die Restriktionsenzyme R1, R2, R3 über Gelektrophorese (↑Elektrophorese) aus den Fragmentlängen der verschiedenen Einfachspaltungen R1, R2, R3 und Doppelspaltungen R1 + R2, R1 + R3, R2 + R3 ermitteln. Analog kann eine Karte über die Spaltungen R1, R2, R3 und die R1, R2, R3 Partialspaltungen ermittelt werden. Schließlich läßt sich anhand der Restriktionsschnittstellen nach Abbau mit der Nuklease Bal31 (z. B. 1 Bp/min) eine Restriktionskarte erstellen, in der die Schnittstellen und ihre Abstände festgelegt sind. Eine auf das Nukleotid genaue Restriktionskarte kann nur anhand der Nukleotidsequenz per Computer (↑Personal Computer) erarbeitet werden. Die immer anspruchsvolleren Arbeiten der Gentechnik erfordern ohnehin meist eine Kenntnis der Sequenz, die heute schnell ermittelt werden kann (↑DNA-Sequenzierung). Die meisten Restriktionskarten – vor allem die Kartierungen mit allen mehr als 100 käuflich erwerbbaren Restriktionsenzymen – wurden über die Sequenz ermittelt, da in diesem Fall Restriktionsverdaus und deren Analyse erheblich aufwendiger als die Sequenzierung eines DNA-Fragments sind.

Literatur
Berger SL, Kimmel AR (eds) (1987) Guide to Molecular Cloning Techniques: Methods in Enzymology, vol 152. Academic Press
Perbal B (1989) A Practical Guide to Molecular Cloning, 2nd edn. John Wiley & Sons

Retroposone. ↑Transposone

Reverse Genetik (reverse genetics, surrogate genetics). Anwendung rekombinanter DNA-Technik (↑Molekulare Klonierung, ↑Gentechnologie) bei der Untersuchung von Genfunktionen. Im Wildtyp werden durch ↑Gentransfer spezifische in vitro-Mutationen eingeführt (↑Gerichtete Mutagenese) und dort studiert. Die reverse Genetik ist das Gegenstück zur konventionellen Genetik, speziell der biochemischen ↑Genetik, wo über Mutagenese (↑Mutation und Mutagenese) eine Vielzahl von verschiedenen Mutanten erzeugt und die gewünschte Mutante über Selektionsverfahren erkannt wird.

Reverse Transkription (reverse transcription). Mit Hilfe von Reversen Transkriptasen (Revertasen, RNA-abhängige DNA-Polymerasen) erfolgt ein Umkopieren von RNA in DNA ↑cDNA, ↑cDNA-Genbank

Reverser Sequenzierungsprimer (reverse sequencing primer). Im fast universell verwendeten M13-Klonierungs- und Sequenzierungssystem nach der enzymatischen Methode von SANGER verwendet man zwei Primer. Der Sequenzierungsprimer (sequencing primer) ist zum Plusstrang (5′→3′-Strang) hinter der Mehrzweckklonierungsstelle (mcs, multiple cloning site, multipurpose cloning site, polylinker) komplementär. Das klonierte Fragment wird im viralen Einzelstrang (Plusstrang), also vom 3′-Ende her sequenziert. Mit dem Reversen Sequenzierungsprimer, der zum Minusstrang komplementär ist, sequenziert das gleiche Fragment vom 5'-Ende her:

5' ----------███████----- 3' Plusstrang
     RS →   ← S
5' ----------███████----- 3' Plusstrang

██ DNA des klonierten, zu sequenzierenden Fragments →Syntheserichtung S = Sequenzierungsprimer RS = Reverser Sequenzierungsprimer

Anstatt einer Überprüfung der Sequenz durch Sequenzermittlung von beiden Richtungen mit dem Sequenzierungs-/Reverser Sequenzierungsprimer-System kann auch eine Sequenzierung der komplementären Stränge über zwei korrespondierende M13mp(X) und M13mp(X + 1)-Klone (z. B. M13mp18 und M13mp19) erfolgen, wobei das gleiche Fragment einmal in der einen, im anderen Vektor in der umgekehrten (inversen) Richtung eingebaut ist. In beiden Klonen wird dann nur mit Hilfe des Sequenzierungsprimers der Plusstrang sequenziert. Im Gegensatz zur ersten Methode sind hierbei Sequenzänderungen, die während einer Klonierung als Artefakte entstanden sind, zu erkennen, weil diese nicht in gleicher Weise in zwei verschiedenen Klonen zu erwarten sind.

↑DNA-Sequenzierung, ↑Automatisierte DNA-Sequenzierung

RFE. Eine Form der ↑Pulsfeldelektrophorese mit Rotation des elektrischen Feldes (RFE = rotating field electrophoresis)

RF-Form. = Replikative Form ↑Replikation, ↑M13-Vektoren

RGE. Eine Pulsfeldelektrophorese mit Rotation des Gels im elektrischen Feld (RGE = rotating gel electrophoresis)

Rhodamin (rhodamine). Antikörper zum Nachweis chemisch markierter DNA oder RNA bzw. zum Proteinnachweis (↑Blotting) können entweder mit Enzymen oder Fluoreszenzfarbstoffen markiert sein (z. B. Fluoreszein, FITC oder Rhodamin) ↑Enzym-conjugierte Antikörper, ↑Fluoreszenz-conjugierte Antikörper

Ribosomenbindungsstelle (ribosome attachment site, ribosome binding site, ribosomal attachment site, ribosomal binding site). Im Gegensatz zu mRNAs in Eukaryonten, die in der Translation von den Ribosomen nach dem Startcodon AUG abgesucht werden (AUG scanning), müssen prokaryontische mRNAs in der 5'-Leadersequenz des Messengers die Shine-Dalgarno-Box (S/D-Box: 5'-AAGGAGGU-3'-Konsensus oder eine nach den Stormo-Regeln davon abweichende Sequenz) wenige Basenpaare vor dem Startcodon AUG aufweisen, über welche die mRNA an das 3'-Ende der 16S-rRNA: 3'-aUUCCUCCACuag-5' bindet. cDNA-Kopien von Eukaryontengenen, welche in *E. coli* exprimiert werden sollen, muß unbedingt eine S/D-Box (starke S/D-Box: 5'-AAGGAGGT-3' mit maximaler Hybridisierung an das 16S-rRNA-Motiv: 3'-UUCCUCCA-5') vorgeschaltetet werden (↑Expressionsvektoren).

↑Genexpression in Prokaryonten, ↑Genstruktur in Prokaryonten

Literatur
Shine J and Dalgarno L (1975) Nature 254:34
Stormo GD et al. (1982) Nucl Acids Res 10: 2971

Ribozym. Autokatalytische RNA; eine *Ribo*nukleinsäure mit En*zym*funktion, die nach Entfernung intronischer RNA-Sequenzen ein Selbstspleißen gestattet.

Das Selbstspleißen wurde zuerst von CECH et al. an ribosomaler DNA des Ciliaten *Tetrahymena pyrimiformis* entdeckt.

Literatur
Belfort M, Shub DA (eds) (1990) RNA: Catalysis, Splicing, Evolution. Elsevier
Cech TR et al. (1981) Cell 27:487

RNA-Editing. Bei Viren und in Mitochondrien von Pilzen (*Physarum polycephalum*), Trypanosomen und höheren Pflanzen sowie kerncodierten Genen von Säugern kann nach Transkription in den codierenden Sequenzen an einer oder mehreren Stellen eine Sequenzabänderung erfolgen, was als RNA-Editing (RNA editing, copy editing) bezeichnet wird. Das RNA-Editing umfaßt Insertionen (poly-(U)-Additionen an definierten Stellen, nachträgliche Excision von Uridinen mit nachfolgender Ligation der RNA-Fragmente, Insertionen von A, C und G), Deletionen und Basensubstitutionen (Aminierungen/Desaminierungen; U→C, C→U). Im Endergebnis kann ein Gen ein völlig anderes Polypeptid codieren, da Rasterverschiebungen nach Insertionen und Deletionen (↑Mutation und Mutagenese) ebenso möglich sind, wie Aminosäureverluste oder Einfügungen (Deletionen und Insertionen in Phase: 3, 6, 9, 12 ... usw. Nukleotide = 1, 2, 3, 4 ... Aminosäureeinschübe oder Verluste). Aminierungen und Desaminierungen können eine Reihe von Codonen pro Sequenz und damit ebenso erhebliche Sequenzänderungen des tatsächlich gebildeten Polypeptids ergeben. Bisher sind die genauen Gesetzmäßigkeiten der Sequenzabänderungen im Copy-Editing nicht bekannt. Es kann deshalb nicht vorhergesagt werden, wie eine klonierte DNA-Sequenz abgeändert werden muß, wenn an dem von ihr codierten Messenger in dem einen oder anderen Wirt ein RNA-Editing vorgenommen wird. Zum Teil erfolgen an ein und derselben Messengerspecies sogar verschiedene RNA-Editings (alternatives RNA-Editing, alternate RNA editing), was eine Vorhersage der Polypeptidsequenz anhand einer bekannten DNA zusätzlich erschwert und keine Translation nach einem einfachen Code vermuten läßt. Es wird angenommen, daß das RNA-Editing an einen Multienzymkomplex, das Editosom, gebunden ist. RNA-Editing erklärt die rasche Evolution von RNA-Viren, die periodisch neue Stämme erzeugen können (Influenza-Viren, Rhinoviren) zumal deren rasche Neuentwicklung über die klassischen Faktoren der Mutation und Rekombination nicht ausreichend erklärbar ist. Ein Trans-Splicing ist sicherlich ein weiterer Faktor, der die rasche Evolution neuer RNA-Virus-Stämme fördert. Der längere Zeit für Mitochondrien postulierte eigene (vom universellen Code abweichende) genetische Code erklärt sich ebenfalls über ein RNA-Editing. Das Arginincodon CGG codiert kein Tryptophan, sondern wird zum Tryptophancodon UGG editiert. In Eukaryonten wurde das RNA-Editing zuerst bei Trypanosomen beschrieben (SIMPSON & SHAW, 1989).

Literatur
Schuster W und Brennicke A (1990) Biologie in unserer Zeit 20:201
Simpson L & Shaw (1989) Cell 57:355

RNA-Isolierung. Neben der ↑DNA-Isolierung zur Erstellung genomischer ↑Genbanken oder zur Anreicherung von DNA-Sequenzen für eine ↑molekulare Klonierung oder für den Nachweis eines eingebrachten Genes in transgenen Organismen (↑Blotting), kommt auch der Isolierung von RNA in der modernen Molekulargenetik und Gentechnik eine erheb-

liche Bedeutung zu. So ist RNA Ausgangsmaterial für die Herstellung von cDNA (copy DNA, complementary DNA) und deren Klonierung in geeignete ↑DNA-Vektoren (z. B. bei der Herstellung von cDNA-Genbanken; gene editing mit angereicherter mRNA). Zum anderen läßt sich die genetische Aktivität eines in einen transgenen Organismus eingeführten Genes über Hybridisierung mit einer entsprechenden ↑Gensonde nach Northern-Transfer der gelelektrophoretisch separierten RNA-Population (oder mRNA-Population) auf geeignete Membranen als spezifische Bande im Autoradiogramm nachweisen (↑Blotting). Spezielle mRNA-Populationen oder hochreine mRNA werden im ↑Gene Screening oft in in vivo- oder in vitro-Translationssystemen (z. B. hybridarretierte Translation, Hybrid-Freisetzungstranslation) getestet (↑Gene Screening). Da die ↑Gentechnik hauptsächlich an mRNA-Sequenzen interessiert ist, und die mRNA nur 1–5% der gesamten zellulären RNA ausmacht (80–85% ist ribosomale RNA (rRNA), 10–15% ist transfer RNA (tRNA) und in ↑Eukaryonten zusätzlich small nuclear RNA (snRNA und U-snRNAs)), stehen drei Verfahren zur Anreicherung von mRNA zur Verfügung: **1.** Anreicherung der polyadenylierten mRNA aus Gesamt-RNA-Extrakten über Affinitätschromatographie an Oligo(dT)-Cellulose.
Da in einigen Eukaryonten, speziell Pflanzen, oft erhebliche Anteile nicht-polyadenylierter mRNAs vorliegen, gestattet eine Oligo(dT)-Cellulosechromatographie oft keine vollständige bzw. ausreichende Anreicherung von mRNA wie sie für Säugerzellen nach dieser Methode möglich ist. Nichtpolyadenylierte, prokaryontische mRNA kann nach dieser Methode überhaupt nicht aufgereinigt

werden. **2.** Gewinnung der mRNA aus Polysomen. Als Polysom wird der Komplex aus mRNA und mehreren, diese mRNA translatierenden Ribosomen bezeichnet (↑Translation). Nach Aufschluß des Zellmaterials können Polysomen in ↑Saccharosegradienten bandiert und damit angereichert werden. Die weitere Reinigung der darin enthaltenen RNA (ausschließlich translatorisch aktive polyadenylierte und nicht-polyadenylierte mRNA) erfolgt dann nach einer gängigen Phenolextraktionsmethode. **3.** Separation der Nukleinsäurepopulation in DNA- und RNA-Populationen über präparative Trifluoracetatgradienten. Da selbst hochgesättigte Cäsiumchlorid (CsCl)-Lösungen in CsCl-Gradienten, wie sie in der Reinigung von DNA weitverbreitet sind, eine Sedimentation aller RNA-Spezies (rRNA, mRNA, tRNA, snRNA) bedingen, verdrängen Trifluoracetatgradienten mit der Möglichkeit der Auftrennung von Nukleinsäureextrakten in DNA, rRNA, mRNA, tRNA und snRNA zunehmend die konventionellen CsCl-Gradienten der Nukleinsäure-, speziell der DNA-Präparation. Die Separation von Nukleinsäuren im Trifluoracetatgradient verläuft nach folgendem Gradientenprofil:

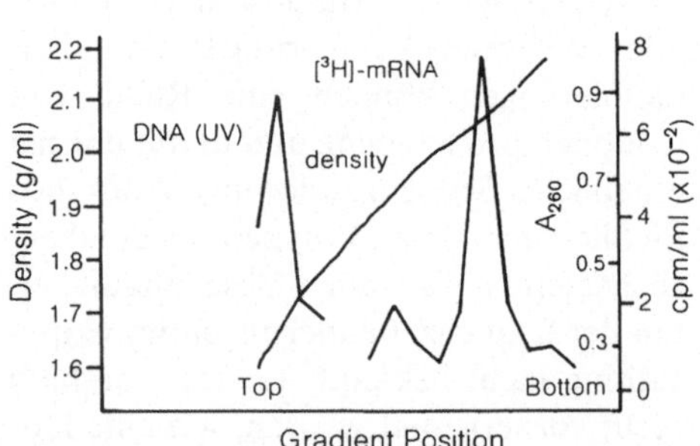

Abb. 49. Auftrennung einer mRNA im CsTFA-Gradienten. (Reproduziert mit freundlicher Genehmigung der Firma Pharmacia, Freiburg)

234

Die Extraktion von RNA aus Zellmaterial, RNA-Viren oder Polysomen erfolgt im Prinzip nach labor- und objektspezifischen Abänderungen der von MARMUR und DOTY (1962) entwickelten Phenolmethode zur Reinigung von Nukleinsäuren, wie sie auch zur DNA-Extraktion (↑DNA-Isolierung) angewandt wird. Da RNA-abbauende Enzyme (↑RNasen) zu den stabilsten Enzymen gehören, die selbst extremen physikalischen (z. B. Kochen) oder chemischen Behandlungen (z. B. mit Phenol als stark proteindenaturierendes Agens) standhalten, erfordert eine RNA-Extraktion den zusätzlichen Einsatz chaotroper Substanzen, die ohne Schädigung der RNA die coisolierten RNasen inhibieren oder zerstören. Bei DNA-Isolierung nach der Phenol-Extraktion von MARMUR und DOTY genügt der Einsatz von Detergentien und Phenol zur vollständigen Inaktivierung coisolierter DNasen. Als chaotrope Substanzen werden heute Guanidinchlorid (4–6 M) oder Guanidinisothiocyanat (4 M) in Anwesenheit reduzierender Agentien (Mercaptoethanol) allen Homogenisationsmedien (Medien zum mechanischen und/oder chemischen Zellaufschluß) und Extraktionspuffern der RNA-Isolierung zugesetzt. Da Guanidinchlorid wie Guanidinisothiocyanat RNasen nicht inaktivieren, sondern lediglich inhibieren, erfolgt nach mehrfacher Ausschüttelung mit heißem Phenol (65 °C) – wobei RNasen weitgehend inaktiviert werden – die proteolytische Spaltung noch in Spuren verbliebener ↑RNasen mit Proteinase K (aus Pilzen isoliert, arbeitet bei Temperaturen um 65 °C, hohe Detergenzkonzentration von 1% SDS sind optimal). Nach weiteren Ausschüttelungen mit Phenol oder Phenol-Chloroform und mehrmaliger Fällung mit einem Volumen Ethanol, wodurch unerwünschte DNA (Ausfäl-

lung erst mit zweifachem Volumen Ethanol) im Überstand bleibt, kann die RNA nach Abzentrifugieren und Aufnahme des Sediments (=gereinigte RNA) in geeignetem Puffer zur Fraktionierung in polyadenylierte mRNA auf eine Oligo(dt)-Cellulosesäule aufgetragen werden oder in geeigneten ↑Agarosegelen für einen RNA-Blot (=Northern-Blot) in ihre Komponenten (rRNA, mRNAs, tRNA, snRNA) aufgetrennt werden. Anderenfalls wird sie bis zu ihrer Verwendung bei −70 °C in einfach ethanolischer Fällung aufbewahrt. Anstatt einer Proteinase K-Behandlung kann ein mehrfach mit heißem Phenol ausgeschüttelter RNA-Rohextrakt auch sofort auf einen Trifluoracetatgradienten aufgegeben und in seine DNA-RNA-Komponenten fraktioniert werden, da Trifluoracetat RNasen nicht nur inhibiert, sondern irreversibel denaturiert. Zudem gestattet ein Trifluoracetatgradient ohne aufwendige Säulenbeobachtung eine sehr gute Abtrennung unerwünschter DNA und hervorragende Ausbeuten RNase-freier mRNA (polyadenylierte und nichtpolyadenylierte mRNA). Die aus dem Gradient abgezogene, hochreine, RNasefreie mRNA kann nach ethanolischer Fällung ebenfalls – in einem geeigneten Puffer aufgenommen – zur Herstellung von ↑cDNA, zur in vitro-Translation oder zum Northern-Blotting (↑Blotting) verwendet werden.

Falls eine RNA-Isolierung aus Polysomen erfolgen soll, darf die RNase-sensitive Polysomenisolierung keinesfalls unter Einsatz chaotroper Agentien erfolgen, da diese *strictissime* jede Nukleinsäure-Protein-Interaktion inhibieren, worauf letztlich die RNase-Inhibition dieser Substanzen basiert. Statt dessen werden der Polysomenpräparation als komplexen RNA-Protein-Aggregaten nichtchaotrope RNase-Inhibitoren zugesetzt. Als solche eignen sich Vanadyl-Ribonukleosid-Komplexe und RNasin (ein Protein der Rattenleber oder humanen Plazenta, welches RNasen sehr effektiv hemmt). Die weitere phenolische Extraktion der RNA (rRNA der Ribosomen; mRNA) erfolgt dann unter Einsatz chaotroper RNase-Inhibitoren. Die Auftrennung von rRNA und mRNA kann danach durch Gelelektrophorese (z. B. Discgelelektrophorese) erzielt werden.

Zur RNA-Isolierung sollten RNase-freie Gerätschaften und Puffer verwendet werden. Potentiell vorhandene RNasen können in den meisten Arbeitsschritten mit gereinigter RNA (z. B. ↑Elektrophorese) durch potente, chaotrope RNase-Inhibitoren gehemmt werden. Bei enzymatischen Umsätzen an RNA-Vorlagen (RNA-Matrizen; RNA templates), die eine RNA-Protein-Wechselwirkung erfordern, müssen statt chaotroper Inhibitoren die nichtchaotropen RNase-Inhibitoren (Vanadyl-Ribonukleosid-Komplexe, RNasin) eingesetzt werden, da diese weder Enzyme noch die in vitro-Translation hemmen.

↑DNA-Isolierung, ↑cDNA, ↑cDNA-Genbank

Literatur
Marmur J, Doty P (1962) J Mol Biol 5:109

RNA-Ligasen. RNA-Ligasen verknüpfen einzelsträngige und doppelsträngige RNA-Moleküle und können damit in einer rekombinanten RNA-Technologie mit RNA-Viren als Vektoren zur in vitro-Rekombination benutzt werden. Spezifische RNasen (↑RNA-Sequenzierung) und möglicherweise Enzyme des ↑RNA-Editing können spezifische Fragmente liefern; die Qβ-Replikase kann die Funktion der DNA-Polymerasen der konventionellen, DNA-orientierten Gentechnik übernehmen.

236

RNA-Molekulargewichtsstandards (RNA-Kalibrierungsstandards; RNA calibration standards. RNA molecular weight standards). Eine Mischung von RNA-Fragmenten definierter Länge, die durch in vitro-Transkription in SP6- oder T7-Transkriptionssystemen erzeugt werden, können als Molekulargewichtsstandards in der RNA-Gelelektrophorese in ↑denaturierenden Gelen verwendet werden.

RNA-Sequenzierung. Unter RNA-Sequenzierung versteht man jede Methode zur Ermittlung der Primärstruktur oder kovalenten Basenfolge (Sequenz) einer RNA. Ähnlich wie bei der DNA Sequenzierung gibt es heute zwei gängige Verfahren der RNA-Sequenzierung, nämlich eine der Maxam-Gilbert-Methode der DNA-Sequenzierung verwandte Technik der basenspezifischen chemischen Spaltung und die Anwendung enzymatischer Verfahren. Eine RNA-Sequenzierung ist dann einer indirekten Sequenzierung der RNA über einen cDNA-Klon vorzuziehen, wenn die zu sequenzierende RNA leicht in großer Menge isolierbar ist. Dies ist für einige hochabundante mRNAs der Fall. Ribosomale RNA-Sequenzen und tRNA werden üblicherweise über RNA-Sequenzierung bestimmt, da rRNAs (80–85% der Gesamt-RNA) und tRNAs (10–15%) einen erheblichen Anteil an der Gesamt-RNA ausmachen und deshalb leicht isolierbar sind. Das Auffinden der korrespondierenden DNA-Sequenzen von rRNAs und tRNAs in einer umfangreichen genomischen ↑Genbank und die nachfolgende indirekte Sequenzermittlung über die DNA wäre äußerst mühsam und zeitraubend.

Methodisch ähnelt die RNA-Sequenzierung mit basenspezifisch chemischer

Spaltung stark dem chemischen Verfahren der DNA-Sequenzierung nach MAXAM und GILBERT. Durch basenspezifische chemische Spaltung endmarkierter (end labelled) RNA wird dabei ein Satz von RNA-Fragmenten erzeugt, die nach Auftrennen in einem Sequenzierungsgel im Autoradiogramm als typische Sequenzleiter erscheinen. Das von PEATTLE (1979) für RNA entwickelte chemische Hydrolyseprotokoll wird bei sonstiger Anlehnung an die Maxam-Gilbert-Technik der gegenüber DNA labileren Phosphodiesterbindung in RNAs gerecht und spaltet diese Bindung über eine Anilin-katalysierte Eliminationsreaktion. Hinsichtlich des Chemismus der Modifikations-/Spaltreaktionen sei auf die einschlägige Literatur verwiesen. Vor der chemischen Spaltung wird das RNA-Molekül am 5'- oder 3'-Ende radioaktiv markiert. Die 5'-Endmarkierung (end labelling) erfolgt dabei wie bei der DNA mit T4-Polynukleotidkinase. Zur Markierung des 3'-Endes verwendet man eine RNA-Ligase und ein radioaktiv markiertes 3', 5'-Nukleosiddiphosphat. Die Auftrennung der Oligonukleotidfragmente erfolgt in einem 12%igen Acrylamidgel mit 7 M Harnstoff bei 1600 Volt für 2–3 Stunden. Die basenspezifischen Spaltungen sind dabei: $G,\ A>G,\ C,\ U$. Eine RNA-Sequenz: 5'-GCUUACG-3' ergibt somit bei Sequenzierung mit basenspezifischer Spaltung folgendes Autoradiogramm des Sequenzierungsgels:

```
 G    A    G    C    U
___  ____                      ── G   5'
          ___                  ── C
               ___             ── U
               ___             ── U
                    ___        ── A
                               ── C
___  ____                      ── G   3'
```

In neuerer Zeit werden zur Fragmentierung der RNA auch Enzyme benutzt. Dazu benötigt man wegen der 4 verschiedenen Basen 4 basenspezifische Enzyme. Ribonuklease T_1 spaltet hinter Guanylresten, Ribonuklease U_2 an Adenylresten. Zur Unterscheidung der Pyrimidine existieren bisher noch keine absolut spezifischen Enzyme. RNase aus *Physarum polycephalum* (RNase Phy1) spaltet $U>G$ and $A>C$; die RNase CL3 aus Hühnerleber besitzt die Spaltaktivität $C \gg A>U$. RNase PhyM aus *Physarum* wiederum spaltet nach U und A. Zusätzlich zu den enzymatischen Spaltprodukten wird eine streng limitiert in 0,3 M NaOH bei 100 °C gespaltene (1mal pro Molekül) radioaktive RNA als Sequenzleiter auf dem Gel aufgetragen. Eine Sequenz:

5'-GCUUACG-3' liefert im Autoradiogramm des Sequenzierungsgels folgendes Bandenmuster:

```
 L    T1   CL3   Phy1   U2    L
___  ___        - - -        ── G
___         ___  - - -       ── C
___         __   ___         ── U
___         __   ___         ── U
___         __   ___    ──   ── A
___              - - -  ──   ── C
___  ___        - - -        ── G
```

Die Sequenzierung einer tRNA wirft weitere Probleme auf, da tRNAs ca 10–20 modifizierte Nukleotide enthalten. Um diese zu ermitteln, werden die Oligonukleotide aus dem Gel eluiert, in ihre einzelnen Nukleotide hydrolysiert und diese auf einem zweidimensionalen Dünnschichtchromatogramm identifiziert.

Literatur
Davies JE, Gassen HG (1983) Angew Chem 95:26
Peattle DA (1979) Proc Natl Acad Sci 76:1760

RNA-Topologie. Biologische RNA ist, von wenigen Ausnahmen (Viroide, doppelsträngige RNA-Plasmide in Mitochondrien, dsRNA-Viren oder *d*oppel-*s*trängig replikative Intermediate von RNA-Viren) abgesehen, ein Einzelstrangmolekül, das über interne Rückfaltungen (internal fold backs) eine typische Sekundärstruktur (secondary structure) aus Einzelstrangbereichen (single strand regions) und Haarnadelschleifen (hairpin loops, stem loop structures) einnimmt. Die Sekundärstruktur erfährt dann wiederum eine dreidimensionale Faltung (three dimensional folding) zur Tertiärstruktur, also der RNA-Topologie, die maßgeblich die biologische Funktion der RNA bestimmt. Bisher ist die RNA-Topologie, d. h. biologisch relevante drei-

dimensionale Struktur, nur für die tRNAs, also die Aminosäureadaptoren der Proteinbiosynthese (↑Translation) bekannt. Die Kleeblattstruktur (clover leaf structure) nimmt eine für die Exponierung essentieller Interaktionsbereiche in der tRNA-Bindungsstelle (tRNA site) der Codasen wichtige L-Form an. Von den ribosomalen RNAs (rRNAs) existieren Sekundärstrukturmodelle, ebenso von der genomischen RNA der männchenspezifischen RNA-Phagen (male specific RNA phages). Die aufgrund von Basenpaarungen sich ergebenden möglichen Sekundärstrukturen einer RNA werden in der Molekulargenetik über eine Dot-Matrix ermittelt. Für längere

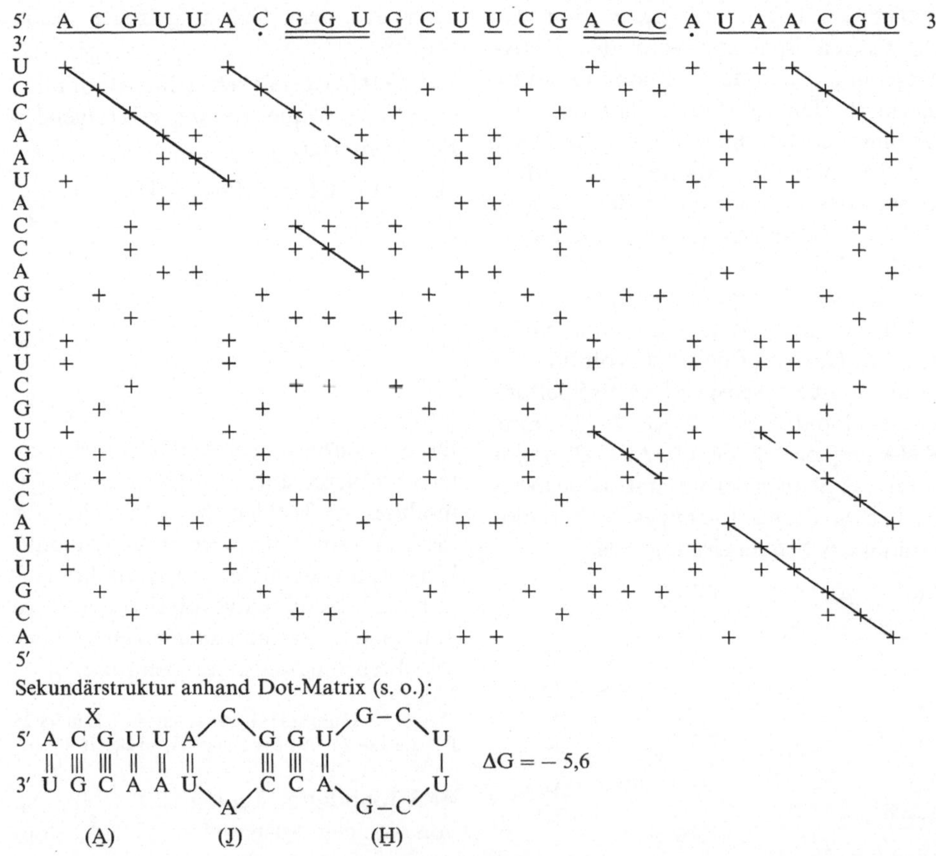

Sekundärstruktur anhand Dot-Matrix (s. o.):

$$\Delta G = -5{,}6$$

238

RNA-Moleküle ergeben sich aufgrund der Dot-Matrix mehrere Sekundärstrukturmöglichkeiten, weshalb das Computerprogramm zusätzlich die thermodynamisch stabilste Struktur ermittelt, also jene Struktur, bei der die freie Enthalpie ΔG der Faltung am größten ist. Die freie Enthalpie der Rückfaltung errechnet sich additiv aus den freien Enthalpien der Dimerkombinationen (siehe Matrix), Haarnadelstrukturen (hairpin loops, stem loop structures, H), internen Schleifen (internal loops, J) und Ausbuchtungen (bulge loops, A).

Tabelle. ΔG-Werte der Dimerkombinationen:

	A	U	C	G
A	AA −1,2	AU −1,6	AC −2,2	AG −2,2
U	UA −1,6	UU −1,2	UC −2,2	UG −2,2
C	CA −2,2	CU −2,2	CC −4,8	CG −4,8
G	GA −2,2	GU −2,2	GC −3,0	GG −4,8

Haarnadelschleifen	+6 bis +8
Interne Schleifen	+2 (2− 6 bp)
	+3 (7−20 bp)
Ausbuchtungen	+3 für 1 bp

Für das Beispiel der hier abgeleiteten Sekundärstruktur errechnet sich die freie Enthalpie der Faltung zu:
$$2 \times (-2,2) + (-1,6) + 2 - 2 \times (3,0)$$
$$-1,6 + 6 = -5.6$$
Für die meisten biologisch aktiven RNAs mit Längen von 120 (5S rRNA) bis einigen tausend Nukleotiden ergeben sich auch nach diesen thermodynamischen Auswahlkriterien einer stabilsten Sekundärstruktur noch verschiedene andere Sekundärstrukturmöglichkeiten. Die tatsächlich gegebene Sekundärstruktur muß dann über den Vergleich der Sekundärstruktur der entsprechenden RNA aus verschiedenen Organismen ermittelt werden, d. h. eine Consensusstruktur erstellt werden, so z. B. für die großen ribosomalen RNAs (16S, 18S rRNA) und die Typ-II-introncodierten Sequenzen eukaryontischer hnRNAs (↑Transkription). Die Sekundärstruktur und Tertiärstruktur bestimmen maßgeblich die Stabilität der mRNA im ‚steady state‘ (↑Transkription, ↑Translation).

RNaseH. Enzymatische Aktivität z. B. von reversen Transkriptasen (Revertasen), die in DNA/RNA-Hybriden selektiv den RNA-Strang abbauen. Bei in vivo-↑Replikation werden die RNA-Anteile von Okazaki-Fragmenten durch RNaseH abgebaut. In der Gentechnik wird bei Erzeugung von doppelsträngiger DNA (↑cDNA-Genbank) die mRNA aus den cDNA/RNA-Intermediaten entfernt ↑cDNA

RNasen. RNA-abbauende Enzyme; die RNasen PhyM, T2, TI, U2, U3 spalten RNA-Moleküle an bevorzugter Stelle (preferential cleavage) und eignen sich deshalb zur enzymatischen ↑RNA-Sequenzierung. Wenn auch nicht vergleichbar spezifisch, können sie in ‚Analogie‘ zu Restriktionsenzymen in der ↑rekombinanten RNA-Technik verwendet werden. Neben der Nutzanwendung sind RNasen unerwünschte, äußerst stabile Kontaminanten, die in Versuchsansätzen nur unter Einsatz chaotroper Substanzen (z. B. Guanidinchlorid) vollständig inaktiviert werden können ↑RNA-Isolierung

RNasin (RNase-Inhibitor). RNasin aus der menschlichen Placenta kann anstatt chaotroper Substanzen als RNase-Inhibitor verwendet werden. Falls während der Inkubation enzymatische Reaktionen an der RNA ablaufen sollen, ist der

Rolling-Circle-Replikation

Einsatz von RNasin unbedingt geboten, da chaotrope Agentien die Enzyme sofort irreversibel denaturieren würden; sie sind daher nur bei RNA-Isolierungen zu verwenden. RNasin behindert die Enzyme nicht.

Literatur
Blackburn P (1979) J Biol Chem 254: 12484

Rolling-Circle-Replikation. ↑Replikation

RP4. Ein mobilisierbares Plasmid mit breitem Wirtsspektrum (broad host range plasmid), das auf alle gramnegativen Bakterien übertragen werden kann. In der Bakteriengenetik und Gentechnik dienen ins Genom integrierte oder freie, in den Eigentransferfunktionen (oriT = bom-site, Origin der Transferreplikation, basis of mobilisation) mutierte Kopien der Transmobilisation rekombinante Plasmide (mit oriT, aber keinen weiteren Transferfunktionen) in gramnegative Bakterien. ↑Agrobakterien-vermittelter Gentransfer, ↑Parasexuelle Mechanismen

RUBISCO-Genpromotor. Der Promotor des Gens für die kleine Untereinheit der Ribulose-1,5-bisphosphatcarboxylase (RUBISCO, prbcs = promoter of the ribulose-1,5-bisphospate-carboxylase small unit gene) ist ein sehr starker lichtinduzierbarer Promotor, der eine Expression bis zu 50% des Gesamtproteins gestattet. Der prbcs wird gerne als Promotor in ↑Expressionsvektoren und damit zur Konstruktion chimärer Gene verwendet ↑Pflanzenvektoren

Literatur
Morelli G et al. (1985) Nature 315:200

Runaway-Plasmide. Runaway-Plasmide (Überlaufplasmide) gestatten bei erhöhter Temperatur eine Amplifikation und damit eine Konzentratinserhöhung des gewünschten Genprodukts („Über-

lauf"). Eine Klonierung in Runaway-Plasmide erfolgt dann, wenn das Genprodukt für den Wirt toxisch oder letal ist. Bei niederen Temperaturen wird wenig Genprodukt angeliefert und der Klon kann erhalten werden, im „Überlauf" wird er abgetötet (z. B. bei Produktion von Hämagglutinin) ↑DNA-Vektoren

S

S1-Kartierung (S1 mapping). = Exon/Intron-Kartierung; ↑Berk-Sharp-Kartierung

S1-Nuklease. = S1-Enzym; einzelstrangspezifische DNA-Nuklease aus *Aspergillus oryzae,* die in der Gentechnik mehrfache Anwendung findet ↑Modifikation von DNA-Enden, ↑DNA/RNA-modifizierende Enzyme

Saccharomyces cerevisiae. Bier- oder Bäckerhefe, ein biotechnologisch und gentechnologisch wichtiger Ascomycet ↑Hefevektoren, ↑Wirte

Saccharosegradient. = Sucrosegradient; in der Gleichgewichtszonenzentrifugation verwendeter Gradient ↑DNA-Isolierung

SAM (S-Adenosyl-L-Methionin). C1-Donor (Methylgruppendonor), ein Cosubstrat von DNA-Methylasen

Sam-Mutanten. Ambermutanten des S-Allels (codiert das Lysozym) des Phagen Lambda verhindern eine Lyse der Zellen bei Phagenvermehrung im lytischen Zyklus ↑in vitro-Verpackung

Säugervektoren (mammalian vectors). Der DNA-vermittelte Gentransfer (DNA mediated gene transfer, DMGT ↑Gentransfer), also das Einführen von Genen über genetische Transformation, verlangt eine Auslegung von Säugervektoren als *E. coli*/Säuger-Shuttlevektoren

(↑bifunktionelle Vektoren, ↑Expressionsvektoren) mit einem in *E. coli* und Säugerzellen funktionstüchtigen Replikationsursprung (origin of replication, ori), einem in *E. coli* exprimierbaren Marker und einem chimären, in Säugern selektierbaren Marker. Als solcher fungiert zumeist ein chimärer G418-Marker, der Resistenz gegen das Aminoglykosidantibiotikum G418 verleiht. Eine Expressionskassette, also eine Säugerpromotor-Polylinker-3'-Terminatorregion erlaubt die Erzeugung eines chimären, in Säugern exprimierbaren Nutzgens (gene of interest) nach Einfügen einer codierenden Sequenz über den Polylinker (chim(a)eric gene of interest, sandwiched gene of interest). Ähnlich den ↑Hefevektoren sind die Säugervektoren als replikative Vektoren (mit Säuger ori), integrative Vektoren (ohne Säuger ori) oder episomale Vektoren (mit Säuger ori) ausgelegt. Integrative und episomale Vektoren verfügen über ein chromosomales DNA-Fragment (repetitive DNA), das eine Integration des Vektors in Säugergenome forciert. In den Expressionskassetten (expressional cassettes, expression cartridges) finden sich neben konstitutiv exprimierten Promotoren induzierbare Promotorsysteme wie Hitzeschock-induzierbare (heat shock inducible) Promotoren, Schwermetallinduzierbare Promotoren (Promotoren von Metallothioneinenzymen) oder über Arzneimittel induzierbare Promotoren (drug resistance gene promotors). Anstatt eines chimären G418-Markers können auch Säugergene wie Thymidinkinasegene (für ↑HAT Selektion), Dihydrofolatreduktasegene (die Methotrexatresistenz verleihen) und andere Wildallele verwendet werden, wenn ein Gentransfer ausschließlich in entsprechend mutierte Zellinien vorgesehen ist. Der Einsatz virusbasierter Vektoren

(↑Adenovektoren, ↑Adeno-SV40-Hybridvektoren, ↑SV40-Vektoren) ist je nach Problemstellung ebenso verbreitet.

↑Expressionsvektoren, ↑Hefevektoren, ↑Gentransfer, ↑Gentransfer in Eizellen

Sanger-Sequenzierung. ↑DNA-Sequenzierung

SatCMV. Das cDNA-Gen der *Sat*elliten-RNA des Gurkenmosaikvirus (*c*ucumber *m*osaic *v*irus) verleiht als chimäres Gen suszeptiblen Pflanzen (Kürbisgewächsen Cucurbitaceae) eine Präimmunität gegen das CMV.
Literatur
Baulcombe DC et al. (1986) Nature 321:446

Satelliten-DNA (Sat-DNA; sat-DNA). Hochrepetitive DNA in Clustern kürzerer Sequenzen, die ihrerseits aus kurzen, einfachen Sequenzmotiven (simple sequence DNA) in alternierender Folge aufgebaut sind. Sat-DNA findet sich in genetisch inerten Bereichen des Heterochromatins, z. B. um Centromerregionen.

Satelliten-RNA (Sat-RNA, sat-RNA). Einige Viren haben keine vollständigen Genome und sind zur Replikation auf Helferviren (helper viruses) angewiesen (assoziierte Viren, z. B. Adeno-assoziierte Viren, Satellitenviren, Virussatelliten). In einigen Fällen sind Satelliten-RNAs zu finden, welche nur bei Infektion mit einem Helfervirus (z. B. Cucumber mosaic virus, Peanut stunt virus) replizieren können. SAT-RNA-Mutanten, welche im Wirt selbst keine Symptome hervorrufen und die Replikation anderer Genomkomponenten des Virus hemmen, verleihen eine Präimmunität.

↑Sat-CMV

SatTobRV. Ein cDNA-Gen der Satelliten-RNA des Tabakringfleckenvirus (tobacco ringspot virus), welches eine Prä-

Scaffold-Technik (scaffolding)

immunität gegen den Befall mit dem TobRV verleiht.

Literatur
Gerlach WL et al. (1987) Nature 328:802

Scaffold-Technik (scaffolding). Eine generelle Methode zur gezielten Integration (targeted integration) beliebiger DNA-Sequenzen an gewünschte Stellen (sites) eines Wirtsgenoms. Mit Hilfe einer klonierten DNA-Sequenz des Zielortes (target site) des Wirtsgenoms wird ein integrativer Vektor konstruiert und dieser am damit vorgegebenen Zielort durch ein einfaches Crossing-over (Looping-in) integriert. Jedes weiterhin in diesen Vektor (meistens ein pBR322-Derivat) klonierte Gen wird nach genetischer Transformation des manipulierten Wirtes über homologe Rekombination in den bereits integrierten Vektor eingebaut. Die Scaffold-Technik wurde beispielsweise zur Konstruktion von Cointegratvektoren (z. B. pGV3850) für den ↑Agrobakterien-vermittelten Gentransfer verwendet.

Schrotschußklonierung (shotgun cloning). Klonierung einer Population von zufällig erzeugten DNA-Fragmenten ohne vorherige Anreicherung einer gewünschten Sequenz ↑Genbank

Schrotschußsequenzierung (shotgun sequencing). Zunächst wahllose Sequenzierung von Inserten einer Subklonierung. Die Gesamtsequenz wird dann anhand überlappender Sequenzen der einzelnen Subklone ermittelt. ↑DNA-Sequenzierung

S/D-Box. = ↑Shine-Dalgarno-Box

Sechs-Basenpaar-Enzym (Sechs-Nukleotid-Enzym; six basepair cutter, six cutter). Restriktionsendonukleasen mit einer Erkennungsstelle von sechs Basenpaaren z. B. EcoRI: 5'GAATTC-3'. Neben Sechs-Nukleotid-Enzymen sind

Vier-Basenpaar-Enzyme (four cutters) häufig. ‚Seven cutters' und ‚eight cutters' sind relativ selten ↑DNA/RNA-modifizierende Enzyme

Segmentgesteuerte Mutagenese (segment directed mutagenesis). = ↑Oligonukleotidgesteuerte Mutagenese, ↑Gerichtete Mutagenese

Selbstligation (selfligation). Ligation der Enden des DNA-Vektors (Rezirkularisierung) ohne Klonierung eines Insertes bei rekombinanten DNA-Techniken. Selbstligation und damit eine drastische Erhöhung der Ausbeute an rekombinanter DNA wird nach Dephosphorylierung des DNA-Vektors mit alkalischer Phosphatase (AP, aP) erzielt ↑Genomische Genbank, ↑Molekulare Klonierung

Semi-dry-Blot. Eine Variante des klassischen Southern-Blots; beim Semi-dry-Blotting werden Puffer-getränkte Filter verwendet, und die DNA durch ein angelegtes elektrisches Feld (Elektroblotting) vom Gel auf den Hybridisierungsfilter übertragen. Ältere Methoden des Elektroblottings haben sich noch der Übertragung durch Anlegen höherer Spannungen an Puffertanks und einer Gel-Filterauflage bedient. Andere Verfahren, z. B. das Vakuum-Blotting, bei dem die Übertragung mit Hilfe eines angelegten Vakuums erfolgt, verkürzen die Transferzeit ebenso auf 1 bis 2 Stunden. Das neueste Verfahren erlaubt einen Transfer in 15 Minuten bei Erzeugung eines Überdrucks zwischen Gel und Filter (positive pressure blotting). ↑Blotting

Sequenase. Modifizierte T7-DNA-Polymerase; wird anstelle der Klenow-Polymerase oder der ↑Taq-Polymerase zur enzymatischen ↑DNA-Sequenzierung verwendet, da sie in vitro eine höhere Lesetreue besitzt.

242

Shine-Dalgarno-Box (S/D Box). Kanonisches Sequenzmotiv 5′ AAGGAGGU 3′ der Ribosomenbindungsstelle. Die S/D-Sequenz ist komplementär zum 3′-Ende der 16S-rRNA ↑Translation, ↑Genexpression in Prokaryonten

Shuttle-Vector. Pendelvektor, ↑bifunktioneller Vektor; ↑Plasmidvektoren

Sicherheitsbestimmungen. In der Bewertung möglicher – auch neuartiger – Risiken durch gentechnisch veränderte Organismen (GVO) ist deren Freisetzung in die Umwelt mit der größten Unsicherheit behaftet. Gentechnisch arbeitende Laboratorien und Produktionsstätten unterliegen deshalb erhöhten Sicherheitsmaßnahmen, die die Umwelt vor einem unkontrollierten Entweichen von Organismen, die rekombinante Nukleinsäuren enthalten, schützen sollen. Andererseits müssen auch zum Schutz von Personen, die in Genlaboratorien arbeiten, geeignete Maßnahmen ergriffen werden.
In der Bundesrepublik Deutschland sind spezielle Vorschriften für gentechnisch veränderte Organismen (GVO) in folgende, schon bestehende Verordnungskataloge aufgenommen worden:

- Unfallverhütungsvorschrift ‚Biotechnologie‘ (UVV) der Berufsgenossenschaften (federführend: Bundesministerium für Arbeit und Sozialordnung, BMA)
- Gefahrstoffverordnung (basierend auf dem Chemikaliengesetz, ChemG) Ergänzung zu § 15 (federführend: Bundesministerium für Arbeit und Sozialordnung, BMA)
- Abwasserherkunftsverordnung (basierend auf dem Wasserhaushaltsgesetz) vgl. § 1, 10 h (federführend: Bundesministerium für Umwelt, Naturschutz und Reaktorsicherheit, BMU)

- 4. Verordnung zum Bundesimmissionsschutzgesetz (Regelung für genehmigungsbedürftige Anlagen; federführend: Bundesministerium für Umwelt, Naturschutz und Reaktorsicherheit, BMU).

Für die Bundesrepublik Deutschland existieren außerdem sog. Genrichtlinien (‚Richtlinien zum Schutz vor Gefahren durch in vitro neukombinierte Nukleinsäuren‘, derzeit 5. überarbeitete Fassung von 1987), die bisher vom Bundesminister für Forschung und Technologie (BMFT) herausgegeben werden. Diese Richtlinien werden in erforderlichen Zeitabständen von dem Expertenkreis der Zentralen Kommission für Biologische Sicherheit (ZKBS) überarbeitet und – in einem sich rapide entwickelnden Feld – ständig den neuen Forschungsergebnissen angepaßt. Die Bundesregierung stimmt dann der jeweiligen Neufassung dieser Richtlinien zu. Mit dieser Handhabung sollen die internationale Konkurrenzfähigkeit der Genforschung gewährleistet bleiben und dennoch inhärente Risiken – gemäß dem aktuellen Forschungsstand – frühzeitig berücksichtigt werden. Die Einhaltung dieser Richtlinien ist für vom Bund geförderte Projekte bindend; für Hochschulen und Forschungseinrichtungen der Länder sowie für Länderprojekte können sie per Verwaltungsvorschrift durch den jeweiligen Kultusminister oder einen anderen zuständigen Minister eingeführt werden. Institutionen im Bereich der freien Wirtschaft fügen sich diesen Richtlinien durch erklärte freiwillige Selbstbindung. Vor Beginn eines gentechnischen Vorhabens ist dieses unter Einstufung der nach den Richtlinien erforderlichen Sicherheitsstufe durch den Projektleiter bei der ZKBS anzumelden. Die ZKBS stimmt zu, modifiziert oder widerspricht. Im

Falle eines Widerspruchs, der innerhalb von 6 Wochen erfolgen muß, darf das Vorhaben nicht durchgeführt werden. Im Falle einer Zustimmung wird das gentechnische Projekt über das Sekretariat der ZKBS beim Bundesgesundheitsamt (BGA) registriert. Die Zulassungsstelle des BGA oder von ihr beauftragte Personen können bei Feststellung von Mängeln die Registrierung widerrufen. Die Einhaltung der Sicherheitsrichtlinien wird zudem in zeitlichen Abständen von einem Beauftragten für Biologische Sicherheit (BBS) oder einem Ausschuß für Biologische Sicherheit (ABS) zusammen mit anderen gentechnischen Projekten in den Genlaboratorien dieser Forschungs- oder Entwicklungseinrichtungen überwacht. Neben den gentechnisch kompetenten Personen in der ZKBS und dem BGA müssen der BBS oder der ABS eine ausgewiesene gentechnische Kompetenz besitzen. Der jeweilige Projektleiter muß neben gentechnischen Kenntnissen über ausreichendes Wissen in klassischer und molekularer Genetik sowie in mikrobiologischer Arbeitstechnik – einschließlich der arbeitsschutzrechtlichen Bestimmungen – verfügen. Gegebenenfalls muß er eine entsprechende Schulung neuer Mitarbeiter vornehmen. Der BBS oder ein Vertreter des ABS hält regelmäßige Sicherheitsbelehrungen ab. Die Sicherheitsmaßnahmen in Genlaboratorien (sog. Containments) sind in 2 Gruppen unterteilt und betreffen physikalische und biologische Vorkehrungen:

- Laborsicherheitsmaßnahmen (Stufen L1–L4)
- Biologische Sicherheitsmaßnahmen (Stufen B1 und B2)

Damit gibt es die Sicherheitsstufen L1B1, L1B2, L2B1, L2B2, L3B1, L3B2, L4B1 und L4B2. Ein L1-Labor umfaßt die üb-

liche Ausstattung eines mikrobiologisch arbeitenden Labors, in dem lediglich mit genetisch abgeschwächten Organismen der Sicherheitsstufe B1 oder B2 gearbeitet wird. L2 umfaßt die Sicherheitsmaßnahmen L1; zusätzlich müssen alle Organismen und rekombinanten Nukleinsäuren direkt im Labor unschädlich gemacht werden. L3-Laboratorien umfassen die Sicherheitsmaßnahmen L1 und L2 in speziellen, über Schleusen zu betretenden Unterdrucklabors, in denen nur in Schutzkleidung und Handschuhen, die im L3-Labor verbleiben, gearbeitet werden darf. L4-Laboratorien umfassen alle L1-, L2- und L3-Maßnahmen und sind in allen Zu- und Abströmen kontrollierte Labors der höchsten Sicherheitsstufe. Im einzelnen existiert für L3- und L4-Labors ein hier in Kürze nicht zu erfassender Katalog der Sicherheitsmaßnahmen. Die biologische Sicherheitsmaßnahme B1 umfaßt die Verwendung genetisch abgeschwächter Mikroorganismen oder nicht genau auf Viruskontamination untersuchter Zellkulturen oder Zellgewebe. Die Sicherheitsstufe B2 erfordert die Verwendung hochgradig abgeschwächter Mikroorganismen und absolut virusfreier Zellkulturen oder -gewebe. Die Zuordnung der Experimente in die entsprechende Sicherheitsgruppe erfolgt nach Risikogruppen:
- Risikogruppe I: DNA-Spender und/oder DNA-Empfänger sind apathogen (L1B1).
- Risikogruppe II: DNA-Spender und/oder DNA-Empfänger sind pathogen; mäßiges Risiko für Beschäftigte; kein oder sehr geringes Risiko für Bevölkerung und Haustiere: L2B1 oder L2B2, z. B. gentechnische Arbeiten mit dem Gonorrhoe Erreger.
- Risikogruppe III: DNA-Spender und/oder DNA-Empfänger sind pathogen;

hohes Risiko für Beschäftigte; geringes Risiko für Bevölkerung und Haustiere; nicht heimische Erreger mit geringem Risiko in Mitteleuropa: L3B1 oder L3B2, z. B. gentechnische Arbeiten am Gelbfieber-Virus.

– Risikogruppe IV: DNA-Spender und/oder DNA-Empfänger sind pathogen; hohes Risiko für Beschäftigte; hohes oder unbekanntes Risiko für Bevölkerung und Haustiere: L4B2, z. B. gentechnische Arbeiten am Virus der Maul- und Klauenseuche.

Die überwiegende Zahl der Genlaboratorien kann unter L1B1-Bedingungen, d. h. niedrigster Sicherheitsstufe arbeiten. Werden die Empfänger-Organismen regelmäßig in Kulturen > 10 Liter angezogen, erhöht sich jede Sicherheitsstufe auf die nächstfolgende Stufe. Das gleiche gilt für Stämme, die biologisch hochwirksame Substanzen produzieren. Die Erzeugung vielzelliger, gentechnisch veränderter Organismen aus eukaryontischen Zellen (z. B. Pflanzen aus Kalluskulturen) muß je nach Risiken unter L2B1-, L2B2-, L3B1- oder L3B2-Bedingungen durchgeführt werden. Ähnliches gilt für die Anwendung gentechnischer Methoden an ganzen höheren Organismen (Pflanzen und Tieren). Der Gentransfer rekombinierter DNA in somatische Zellen (Körperzellen) des Menschen als Gentherapie wird neben L2B2- oder L3B2-Bedingungen jeweils ein ausführliches Gutachten über die gentherapeutische Maßnahme und die Zustimmung einer Ethikkommission erfordern. Dabei muß sichergestellt sein, daß die zu übertragende Erbinformation nicht an nachfolgende Generationen weitergegeben werden kann, d. h. nicht in die Keimbahn, also nicht in die menschliche Eizelle oder die Sperma produzierenden Keimzellen gelangen kann. Nachstehend

aufgelistete gentechnologische Experimente dürfen generell nicht durchgeführt werden: **1.** Übertragungen von Antibiotikaresistenzgenen gegen in der Therapie verwendete Antibiotika in Mikroorganismen, von denen eine solche Resistenz natürlicherweise noch nicht nachgewiesen wurde, und die keinen natürlichen genetischen Austausch mit Mikroorganismen aufweisen, die diese Resistenzgene führen. **2.** Erzeugung neukombinierter Nukleinsäuren für die Biosynthese hochgradig wirksamer bakterieller Exotoxine wie Botulinustoxin, Tetanustoxin etc. sowie Schlangengifte. **3.** Die Freisetzung gentechnisch veränderter Organismen. **4.** Die Einführung rekombinanter Nukleinsäuren in die Keimbahnzellen des Menschen.

Zu Punkt 3 können unter Voraussetzungen, die in den Richtlinien enthalten sind, Ausnahmegenehmigungen erteilt werden.

Die hier für die Bundesrepublik Deutschland näher geschilderten Sicherheitsrichtlinien zeigen weitreichende Übereinstimmungen mit den ‚Safety Guidelines‘ der meisten anderen Industrienationen, die auch einer vergleichbaren Prozedur der Aktualisierung folgen. Seit der historischen ersten Debatte von Sicherheitsrichtlinien (recombinant DNA debate) in Asilomar, Kalifornien (1975), an der international renommierte Wissenschaftler beteiligt waren und der ersten Festlegung solcher Richtlinien des National Institute of Health (NIH) als NIH-Guidelines im Jahre 1976, wurden die Sicherheitsmaßnahmen für gentechnische Experimente weltweit abgeschwächt. Aufgrund fundierter wissenschaftlicher Erkenntnisse der darauffolgenden Jahre (z. B. auch durch eine in die Grundlagenforschung einbezogene biologische Sicherheitsforschung) beinhalten gentechnische Experimente weit geringere Risiken als Mitte der 70er Jahre in der Asilomar-Debatte angenommen worden waren.

Die Sicherheitsrichtlinien waren bisher nur Empfehlungen gleichzusetzen, es fehlten also die rechtlichen Rahmenbedingungen. Eine gesetzliche Regelung und die damit einhergehende Rechtssicherheit wurden jetzt in der Bundesrepublik durch das Gentechnik-Gesetz geschaffen. Das unter der Federführung des Ministeriums für Jugend, Familie, Frauen und Gesundheit ausgearbeitete GenTG gilt seit 1. Juli 1990.

Literatur
Catenhusen WM, Neumeister H (Hrsg) (1990) Chancen und Risiken der Gentechnologie, 2. Aufl. Campus
Klingmüller W (ed) (1988) Risk Assessment for Deliberate Releases. Springer

Sicherheitsrichtlinien (Safety Guidelines). ↑Sicherheitsbestimmungen

Signalpeptid. Oligopeptid am Aminoende eines Polypeptids, welches dieses in verschiedene Kompartimente der Zelle (Chloroplasten, Mitochondrien) dirigiert. Bei der Passage durch Membranen wird das Signalpeptid abgespalten. In der Gentechnik liefern Klonierungen in eine Signalpeptid-codierende Expressionskassette die gewünschten Fusionspeptide. ↑Translation, ↑Expressionsvektoren

Simple Sequence DNA. = ↑Satelliten-DNA

SINES. Im Gegensatz zur Satelliten-DNA (Sat-DNA, sat-DNA) liegen ↑LINES (long interspersed sequences, repetitive Sequenzen von einigen tausend Basenpaaren Länge, die mit single copy DNA in der Abfolge alternieren) und SINES (short interspersed sequences, kurze repetitive DNA-Sequenzen in wechselnder Folge mit unique DNA) mit single copy DNA in Interspersion vor, treten also nicht in Clustern in den hete-

rochromatischen Bezirken auf. Die prominenteste Familie der SINES ist die Alu-Familie (Alu family) ↑Elektronenmikroskopie von Nukleinsäuren

Single-Colony-Lysate. Einzelkolonielysat, wie es zur Gewinnung von Plasmiden, ↑Plasmidvektoren und rekombinanten Plasmiden verwendet wird ↑Birnboim-Doly-Methode, ↑Eckhardt-Methode

Site-Directed-Mutagenesis. = site specific mutagenesis = ↑Gerichtete Mutagenese

snRNAs (small nuclear RNAs). Spezielle RNAs des Zellkerns, die am Processing der prä-mRNA beteiligt sind ↑Transkription

Somatische Embryonen (asexuelle Embryonen, Embryoide, Adventivembryonen). Aus somatischem Gewebe hervorgegangene Embryonen, aus denen ganze Pflanzen regeneriert werden können ↑Reproduktionstechnik Pflanzen

Somatische Hybride. Im Gegensatz zu Artbastarden, die aus sexueller Kreuzung von Arten hervorgehen, entstehen somatische Hybride bei Fusion von Körperzellen (somatischen Zellen) biologisch verschiedener Arten. Bei Pflanzen können nach Protoplastenfusion ganze Bastardpflanzen gezogen werden. Im Gegensatz zu sexuellen Kreuzungen können damit auch unkonventionelle Hybride erzeugt werden (z. B. zwischen Gattungen, die üblicherweise nicht bastardierbar sind, oder Hybride zwischen Arten, die verschiedenen Familien oder Ordnungen angehören). Aus tierischen Zellhybriden können keine Tiere regeneriert werden, da die somatischen Zellen von Tieren ihre Totipotenz verloren haben. Tierische Zellhybride sind genetisch instabil; das Genom einer Art wird über Generationen in verschiedensten Linien deletiert, was eine Zuordnung von Genen zu Chromosomen (chromosome assessment) und z. T. eine Kartierung des Genoms eines Hybridelters gestattet. ↑Reproduktionstechnik Pflanzen, ↑Zell- und Gewebekultur

Southern-Blot. = Southern-Transfer = DNA-Blot; ↑Blotting

SP6-in vitro-Transkriptionssystem. ↑in vitro-Transkriptionssysteme

Spectinomycin-Amplifikation. Plasmidvektoren der relaxierten Kontrolle der Kopienzahl (relaxed copy number control, multicopy plasmids) und deren rekombinante Derivate können statt über Chloramphenicol auch über Spectinomycin amplifiziert werden; was besonders dann erforderlich ist, wenn der Plasmidvektor selbst über ein Chloramphenicolresistenzgen (CAT-Gen) verfügt.

Speicherproteine-codierende Gene (storage protein coding genes). Eine Vielzahl von Pflanzen (z. B. wichtige Kulturpflanzen wie Leguminosen und Getreidearten) verfügen in reifen Samen über artspezifische Speicherproteine, die bis zu 85% des Gesamtproteins ausmachen können. Aus diesem Grund sind einmal die sehr starken Promotoren dieser Gene zur Konstruktion chimärer, hochexprimierbarer Pflanzengene interessant, zum anderen aber auch eine Übertragung dieser Gene in Nutzpflanzen schlechter Futterqualität.

Literatur
Hemleben V (1990) Molekularbiologie der Pflanzen, UTB Fischer, Stuttgart

Sphäroplasten. Bakterien- oder Pilzzellen, die nach teilweiser Entfernung ihrer Zellwand für Makromoleküle besser durchlässig sind ↑Transformation

Spi-Phänotyp. Auf P2-lysogenen *E. coli*-Stämmen können Lambda-Wildtypphagen (Lambda-Vektoren mit stuffer) nicht

wachsen. Sie zeigen den Spi$^+$-Phänotyp (*s*ensitive to *P2 i*nterference). Rekombinante Phagen sind nach Ersetzen des stuffers durch Fremd-DNA Spi$^-$ und können daher auf P2-lysogenen *E. coli*-Stämmen wachsen. Damit ermöglichen P2-lysogene Stämme eine einfache positive Selektion auf rekombinante Lambda-Phagen, was bei der Etablierung von ↑Genbanken von erheblichem Vorteil ist. ↑Lambda-Vektoren

Spleißen (splicing). In vivo-Ligation der exon codierten mRNA-Bereiche nach Entfernung der introncodierten Sequenzen im ↑Processing. Das Spleißen kann über einen Multienzymkomplex (Spliceosom) oder autokatalytisch im Selbstspleißen (selfsplicing) erfolgen.

Spliceosom. Multienzymkomplex aus verschiedenen Proteinen und U-snRNAs. Sliceosomen sind als Hauptkomponenten am Processing der prä-mRNA beteiligt.

Splinkers (*sequencing primer linkers*). Splinkers (*s*equencing *p*rimer *linkers*) sind synthetische Oligonukleotide mit einer invers repetitiven Sequenz (Palindrom; inverted repeat, snap back); sie bilden eine Haarnadelstruktur (hairpin, stem-loop structure) aus, welche im Doppelstrangbereich eine oder mehrere Restriktionsschnittstellen besitzen und über definierte cohäsive oder glatte Enden verfügen. Ein Asp718/BamHI-Splinker:

5′-GATCCGGTACCGCTTTTGCGG-TACCG-3′

bildet die Haarnadelstruktur:

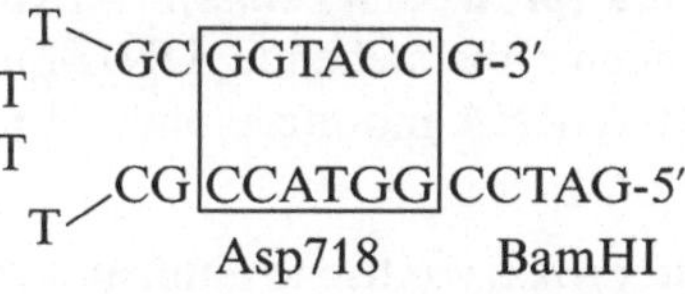

mit einer Asp718-Schnittstelle und einem BamHI-cohäsiven Ende.

Split Gene (Mosaikgen)

Splinker werden an Restriktionsfragmente ligiert, welche direkt (nicht als Insert) in einem M13-Klon oder einem Plasmid sequenziert werden sollen; sie werden daher auch bei genomischer Sequenzierung verwendet. Bei genomischer Sequenzierung muß das Fragment häufig über eine ↑Polymerase-Kettenreaktion (PCR) amplifiziert werden, wobei ein Anfügen des Splinkers (splinking) über Add-on-Primer bereits während der PCR erfolgen kann.

↑DNA-Sequenzierung, ↑direkte Sequenzierung

Literatur
Kalisch BW et al. (1986) Gene 44:263

Split Gene (Mosaikgen). Gene, die in einer Intron/Exon-Abfolge vorliegen ↑Genstruktur in Eukaryonten

Springende Gene (jumping genes). ↑Transposone

Sternaktivität (star activity). Veränderte Spezifität von Restriktionsenzymen in nicht optimalen Pufferlösungen (Salzkonzentration, Tris-Konzentration); bei Sternaktivität (*) dient eine verkürzte DNA-Region als Erkennungssequenz, was zu einer Spaltung an einer größeren Anzahl an Restriktionsschnittstellen führt, als dies bei der normalen Aktivität gegeben wäre, z. B.:

EcoR1   G A A T T C
        ↑

EcoR1*   N A A T T N
        ↑

N = jede beliebige Base

Sticky Ends (protruding ends). = ↑Kohäsive Enden, überstehende DNA-Enden; ↑DNA/RNA-modifizierende Enzyme

Stimulon. Prokaryontische Einheit von Genen (z. B. Operon), die gleichzeitig zur genetischen Aktivität stimuliert, also

transkribiert werden. Die Regulation erfolgt häufig über RNA-Polymerase gebundene Transkriptionsfaktoren. ↑Transkription

Storage Protein Genes. ↑Speicherprotein-codierende Gene

Strangtrennungsgel (strand separation gel). Denaturierendes (alkalisches) Polyacrylamidgel zur Isolierung einzelsträngiger DNA in der Maxam-Gilbert-↑DNA-Sequenzierung

Streptavidin. Protein aus *Streptomyces avidini* mit hoher Affinität zu Biotin. Im ↑Blotting mit biotinylierter Sonden-DNA vermittelt es die notwendige Bindung von Enzymen (Peroxidase, alkalische Phosphatase) an DNA-Hybride und ermöglicht so den Nachweis einer Nukleinsäurehybridisierung.

Streptavidin-conjugierte Alkalische Phosphatase (Streptavidin-conjugierte AP). ↑Enzym-conjugierte Antikörper

Structural Probing. Ermittlung von kanonischen Sequenzen oder lokalen Subtopologien über spezifische Bindung und/oder Aktivität von Proteinen oder Enzymen ↑DNA-Topologie, ↑RNA-Topologie

Strukturgen. In prokaryontischen Operonen oder in Operonen eukaryontischer Organellen, in denen mehrere codierende Sequenzen seriell hinter einen Transkriptionspromotor geschaltet sind, werden die einzelnen Polypeptid-codierenden Sequenzen als Strukturgene oder gelegentlich als Subgene bezeichnet. Da sie jeweils nur ein Polypeptid codieren, kann man die Strukturgene auch als Cistrone bezeichnen.

Stuffer. DNA-Fragment in Lambda-Vektoren, welches ausschließlich Funktionen des lysogenen Zyklus codiert. Bei

Klonierung kann der Stuffer daher durch Fremd-DNA ersetzt werden, weil in einer Phagenbank nur lytische rekombinante Phagen erwünscht sind. ↑Lambda-Vektoren

Subgen. ↑Strukturgen

Subklonierung. Klonierung eines größeren DNA-Inserts in Form mehrerer verschiedener Restriktionsfragmente.

Substitutionsvektor (replacement vector). Im Gegensatz zu ↑Insertionsvektoren wird bei Substitutionsvektoren ein biologisch funktionsloses DNA-Fragment (stuffer) durch Fremd-DNA ersetzt ↑Lambda-Vektoren, ↑DNA-Vektoren

Subtraktionsgenbank (subtraction library). In einer Subtraktionsgenbank sind diejenigen cDNA-Klone enthalten, die von einer für einen Donor A spezifischen mRNA-Population und damit im Donor A aktiven Genen stammen. Zumeist erfolgt die Anlage von cDNA-Expressionsgenbanken eines Donors A und eines Donors A′, in welchem die für A spezifischen Gene nicht aktiv sind (Kontrollgenbank). Eine Hybridisierung der Kolonien oder Plaques der Genbank A mit der Gesamt-cDNA der Genbank A′ ergibt die Subtraktionsgenbank in Form aller Klone von A, die keine oder nur eine schwache Hybridisierung mit A′-cDNA zeigen. Stärker verbreitet ist allerdings ein immunologisches Erfassen der Subtraktionsgenbank. Gegen die Genprodukte der cDNA-Genbank A gerichtete Antikörper lassen nach Antigen-Antikörperreaktion mit den Genprodukten der Genbank A′ nur solche Antikörper im Überstand, die gegen die von der Subtraktionsgenbank produzierten Genprodukte gerichtet sind. Alle Kolonien oder Plaques, die in einer Immunhybridisierung mit dieser Fraktion positive Signale

zeigen, konstituieren die gewünschte Subtraktionsgenbank. Aus einer Subtraktionsgenbank lassen sich all jene cDNA-Kopien eukaryontischer Gene isolieren, die polygen bedingte Merkmale oder Merkmalskomplexe (complex genetic trait) festlegen. So können alle cDNA-Kopien jener Gene isoliert werden, die nach Infektionen, Hormonbehandlung oder Stress (Hitzeschock, Kälteschock, Licht, hohe Schadstoffkonzentration) aktiv sind, ebenso gewebespezifisch transkribierte Gene. Für jeden einzelnen, näher zu untersuchenden Klon einer Subtraktionsgenbank muß mit Hilfe proteinchemischer und/oder immunologischer Untersuchungen im natürlichen Donor noch ein unmittelbares Auftreten des vom Klon codierten Polypeptids beobachtet werden, da eine solche Genbank auch eine größere Anzahl an Artefakten enthalten kann. Mit der entsprechenden cDNA als Sonde läßt sich aus einer genomischen ↑Genbank dann das gewünschte Gen isolieren.

Sucrosegradient. = Saccharosegradient bei der Gleichgewichtszonenzentrifugation ↑DNA-Isolierung

Suicidplasmid. Plasmidvektor mit einem Letalgen als Marker zur positiven Selektion auf rekombinante Klone. Suicidplasmide gestatten nur rekombinanten Klonen ein Überleben (Inaktivierung des Letalgens) ↑Plasmidvektoren

Supercoil. Superknäuel; offen circuläre (oc) DNA-Moleküle können zusätzliche Verdrillungen zu ccc-Formen annehmen. In der Regel liegen Plasmide und RF-Formen als Supercoils in der Zelle vor ↑DNA-Topologie

Superinfektion (superinfection). Infektion einer Zelle mit mehr als einem Phagen der gleichen Immunitätsklasse ↑Immunität

Supertwist. = ↑Supercoil; ↑DNA-Topologie

Suppression. Unterdrückung einer Basensubstitutionsmutation oder einer Frameshiftmutation durch Allele, die veränderte tRNAs (Suppressor-tRNAs) oder veränderte Codasen codieren; z. B. supE-Mutanten von *E. coli*-Stämmen, die in der Gentechnik und Bakteriengenetik häufig eingesetzt werden. Die supE-Mutanten rekonstituierten die Wildtypeigenschaft, da das Stopcodon Amber: 5'-UAG-3' durch eine Suppressor-tRNA als Tryptophan (eigentliches Codon: 5'-UGG-3') gelesen wird. Wann immer die Wildtypeigenschaft eines mutierten Gens konditional rekonstituiert werden soll, ohne echte Rückmutationen zu erzeugen, werden Suppressormutanten verwendet.

SV40-Adenohybridvektoren. Aus Genomanteilen von SV40 und Adenoviren gewonnene ↑DNA-Vektoren

SV40-Vektoren. Von einem Affenvirus (Simian Virus), dem SV40, der 1960 in Kulturen von Affennierenzellen entdeckt wurde, lassen sich potente SV40-Vektoren für die genetische Manipulation von Säugerzellen ableiten. Das SV40-Virus verfügt über ein für Klonierungsvektoren ideales kleines Genom doppelsträngiger DNA (5,2 kb). Die zirkuläre SV40-DNA codiert mit 3 verschiedenen Genen das große T- und das kleine t-Antigen als Genprodukte der frühen Transkription und die Proteine VP1 (Hauptcapsidprotein) sowie Capsidproteine VP2 und VP3, die von nur einem Gen codiert werden, als Produkte der späten Transkription. SV40-Vektoren werden als Substitutionsvektoren (replacement vectors) benutzt. Dabei werden entweder frühe oder späte Gene durch klonierte DNA-Fragmente ersetzt, womit essentielle

Gene für die Vermehrung des SV40 fehlen. Die Multiplikation des rekombinanten SV40-Vektors muß deshalb über ein biologisch aktives SV40-Helfervirus (helper virus, helper) erfolgen. Dabei wird heute nach folgendem System verfahren: Man substituiert zunächst in vitro die späte Region des Virus-Vektors durch das gewünschte Gen, transfiziert dann die neukombinierte DNA mit dem Helfervirus in die Wirtszellen und inkubiert diese bei 41 °C. Das Helfervirus trägt eine *t*emperatur*s*ensitive Mutation (ts-Mutation) in der frühen Region. Diese gestattet bei der gegebenen Temperatur keine Vermehrung des Virus. Gelangt in der Transfektion nur ein rekombinantes Virus in die Wirtszelle, so erfolgt keine Vermehrung, da die späte Region fehlt. Auch das Helfervirus alleine kann sich, wenn es ohne rekombinantes Virus in die Zelle gelangt, wegen der ts-Mutation nicht vermehren. Lediglich Zellen, in die sowohl rekombinantes als auch Helfervirus gelangen, zeigen eine Viruspropagation. Die Klonierung eines Fremdgens in SV40-Vektoren muß mit Transkriptions- und Splicingsignalen erfolgen, um eine ausreichende Expression des Fremdgens sicherzustellen, d. h. man muß das Fremdgen mit seiner Intronstruktur klonieren. Zudem darf eine kritische Gesamtgröße der rekombinanten Virus-DNA nicht überschritten werden, da diese sonst nicht mehr in Viruspartikel verpackt werden kann und somit keine infektiösen, rekombinanten SV40-Viren gebildet werden. Da die Klonierung mit einer Vielzahl von in vitro-Manipulationen oft aufwendig und das Arbeiten mit Säugerzellkulturen teuer und zeitraubend ist, werden die einzelnen Klonierungsschritte in *E. coli* durchgeführt und die Richtigkeit der in vitro-Konstrukte verifiziert. Am Ende wird der SV40-Vek-

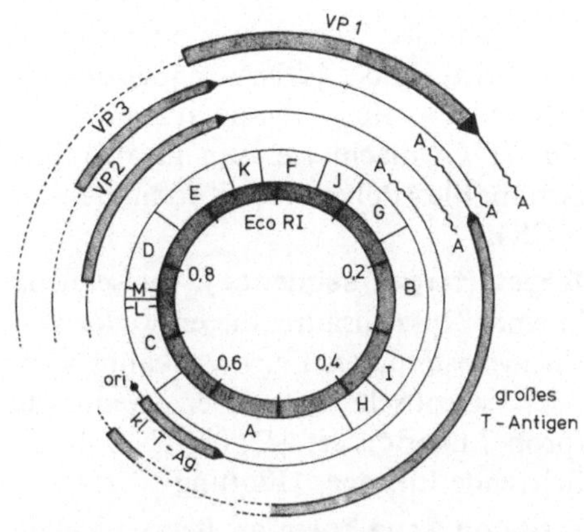

Abb. 50. Genkarte und Transkriptionsmuster von SV40. *Innerer Kreis:* Genkarte. Buchstaben kennzeichnen Restriktionsfragmente. *Äußere Kreise:* Transkriptionsrichtung und Transkriptionsprodukte. VP2 und VP3 werden im gleichen Raster gelesen, VP1 in einem anderen. Balken entsprechen jenen RNS-Abschnitten, die translatiert werden. ~ A bedeutet Anpolymerisierung von Poly-(A) (FIERS et al., 1978). Aus: Molekular- und Zellbiologie, Springer, 1979 [39]

tor mit dem einklonierten Fremdgen aus dem *E. coli*-Plasmid (meist pBR322) durch Restriktionsverdau ausgeschnitten und die virale Hybrid-DNA per Transfektion in animale Zellen übertragen. Neben reinen SV40-Vektoren kommen auch Adeno-SV40-Hybridvektoren in der Gentechnik animaler Zellen zur Anwendung.

↑Gentransfer, ↑Gentransfer in Eizellen, ↑Gewebekultur, ↑Transformation

T

T-DNA (*transferable DNA*). Definierter DNA-Abschnitt von Ti-Plasmiden, der bei Gentransfer in das Genom höherer Pflanzen übertragen wird ↑*Agrobacterium tumefaciens,* ↑Agrobakterien-vermittelter Gentransfer

T-DNA-Tagging. ↑Transposonmutagenese unter Verwendung von T-DNA als mobilem genetischem Element.

T4-DNA-Polymerase. Eine vom Phagen T4 codierte DNA-Polymerase, die neben der T7-DNA-Polymerase (Sequenase), T3-DNA-Polymerase, der *E. coli*-DNA-Polymerase I (Kornberg-Enzym) oder der davon abgeleiteten Klenow-Polymerase und der Taq-DNA-Polymerase in der Gentechnik verwendet wird.

T4-Lambdahybridvektoren. Hybride aus Lambdavektor-DNA können in vitro in T4-Phagen verpackt werden und auf geeigneten *E. coli*-Wirten Plaques bilden. Im Gegensatz zu Lambda-Vektoren und Cosmiden lassen sich in T4-Phagen 166 kb rekombinanter DNA verpacken. T4-Lambda-Vektorsysteme befinden sich derzeit noch in einer Entwicklungs- und Erprobungsphase. T4-Phagen bzw. T4-Phagen-Mutanten liefern wichtige Enzyme der Gentechnik wie T4-DNA-Ligase, T4-RNA-Ligase, T4-DNA-Polymerase und T4-Polynukleotid-Kinase.

Literatur
Black WL (1986) Gene 46:97

TAB-Linker-Mutagenese. TAB-Linker (*T*wo *A*minoacids *B*arany) sind hexamere DNA-Linker, die in Oligonukleotid-vermittelter Mutagenese (oligonucleotid directed mutagenesis ↑Gerichtete Mutagenese) und ↑Protein-Engineering zur ↑Modifikation von DNA-Enden verwendet werden. Sie haben folgende

```
                Thr, Gly
─────── A C C G G T ───────
─────── T G G C C A ───────
            HpaII

           ↓ HpaII
─────── A C        C G G T ──
─────── T G G C        C A ──

        ↓ ←TAB-Linker cgaatt
─────── A C c g a a t t C G G T ──
─────── T G G C t t a a g c C A ──
           EcoR1
```

251

Eigenschaften: **1.** TAB-Linker codieren nach Insertion in eine proteincodierende Sequenz zwei zusätzliche Aminosäuren **2.** TAB-Linker sind zu ↑kohäsiven Enden komplementär. **3.** Die Insertion eines TAB-Linkers führt eine neue Restriktionsschnittstelle in ein DNA-Molekül ein.

Die TAB-Linker-Mutagenese erlaubt ein Absuchen (Scanning) nach funktionell wichtigen Positionen in Polypeptiden und in mühsamer Detailarbeit ein Erkennen allgemeiner Regeln zum Bau von Proteinen (↑Protein-Engineering).

Literatur
Barany F (1985) Proc Natl Acad Sci 82:4202
Barany F (1985) Gene 37:111

tac-Promotor. Ein starker Hybridpromotor mit Sequenzen des trp-Wildtyppromotors (trp = Typtophanoperon) und der promotor-up-Mutante lacUV5 (lac = Lactoseoperon). Der tac-Promotor ist stärker als die beiden Elterpromotoren und wird deshalb neben starken Phagenpromotoren in Expressionskassetten verwendet ↑Expressionsvektoren

Tailing. Vesetzen von DNA-Enden mit kurzen Homopolymeren ↑cDNA-Genbank

Tandem-Promotoren. Seriell hintereinandergeschaltete Promotoren erhöhen die Transkriptionsrate chimärer Genkonstrukte ↑Transkription

Tam. Die mobilen genetischen Elemente Tam1, Tam2 und Tam3 sind Bestandteile des Genoms des Löwenmäulchens *Antirrhinum majus,* einem bekannten Objekt der klassischen Genetik.

Literatur
Sommer H et al. (1988) In: Nelson O (ed) Plant Transposable Elements. Basic Life Sciences, vol 47. Plenum Press, p 227

Taq-Polymerase. DNA-Polymerase aus dem thermophilen Eubakterium *Ther-*

mus aquaticus. Wegen ihrer hohen Lesetreue wird sie bei ↑DNA-Sequenzierung verwendet. Ihr Temperaturoptimum (70–75°C) macht sie zum idealen Enzym für die ↑Polymerase-Kettenreaktion (PCR).

Target (target sequence). Zielsequenz in einer Nukleinsäure, die entweder von einem bestimmten Enzym erkannt wird oder spezifisch mit einer Gensonde (probe) hybridisiert ↑DNA/RNA-modifizierende Enzyme, ↑Blotting

Targeted Gene Transfer. Beim gezielten (targeted) Gen-Transfer trägt der DNA-Vektor Gensequenzen des Wirts, die den Einbau in ein Chromosom des Wirts an definierter Stelle erlauben (z.B. tRNA-Gene, 5s-rRNA-Gene). ↑Gentransfer, ↑Transposone

TATA-Box. = ATA-Box, Goldberg-Hogness-Box, Sequenzmotiv eukaryontischer Promotoren; ↑Transkription, ↑Genstruktur in Eukaryonten, ↑Genexpression in Eukaryonten

TE (TE-Puffer). Tris-EDTA-Puffer pH 7,8, ein Standardpuffer in der Gentechnik ↑Puffer

Telomere. Telomere (MULLER 1940; telos gr Ende, meros gr Teil) sind Enden ausschließlich eukaryontischer Chromosomen, die biologisch äußerst wichtige Funktionen erfüllen und in ihrer Wertung lediglich Centromeren, als den Orten primärer Mendelnder Verteilung, gleichkommen. Telomere (telomeres) üben im Zellgeschehen somatischer Arbeitskerne oder teilungsaktiver Kerne folgende wichtige Funktionen aus: **1.** Markierung der Enden von Chromosomen. Diese ist wichtig, da sonst ein einfaches ‚Anhängen' aberrant chromosomaler Stücke an intakte Chromosomen wesentlich häufiger als in herkömmlicher Translokation erfolgen würde. **2.** Replikation der Chromosomenenden. Eukaryontische Chromosomen sind aus einer Vielzahl replikativer Einheiten (replicative units, replicons; Replikone) als sog. Multireplikone oder Polyreplikone aufgebaut (↑ Replikation). Da eukaryontische Chromosomen im Gegensatz zu den zirkulären Genomen von Prokaryonten lineare DNA-Strukturen darstellen, müssen für ihre vollständige Replikation die DNA-Einzelstränge terminaler (marginaler, endständiger) Replikone stranginterne Rückfaltungen (Haarnadelschleifen; hairpin loops, stem loop structures) ausbilden, also in Palindromen enden. Auf diese Weise werden den DNA-Polymerasen an den Chromosomenenden die zur Primerverlängerung (primer extension) erforderlichen 3′-Hydroxygruppen zur Verfügung gestellt (CHAVALIER SMITH 1976). **3.** Die selektive Entfernung diskreter, terminaler DNA-Einheiten im Verlauf der Zellteilungen einer Zygote gestattet eine Kontrolle der Anzahl der Teilungen (z. B. 43 in Säugern; $2^{43} = 8{,}796 \times 10^{12}$ Zellen eines Säugers) und damit der Differenzierung nicht mehr teilungsfähiger Zellen (Proliferations- und/oder Differenzierungskontrolle).

Die Struktur telomeraler DNA (TEL DNA, TEL; telomeric DNA) besteht aus zwei distinkten Komponenten: **1.** CA-Copolymere mit der Struktur:

$(C_{1-8}A)_n$ z. B. $C_{1-3}A$
Copolymere in der Hefe *Saccharomyces* cerevisiae

$(C_{1-8}AA)_n$ z. B. $C_{1-3}AA$
Copolymere des Schleimpilzes *Dictyostelium discoideum*

$(C_{1-8}TA_m)_n$ z. B. CCTAA
Copolymere des Ciliaten *Tetrahymena pyrimiformis*
mit n = 25 − 75, selten größer.

2. Telomerassoziierte repetitive Sequenzen (telomere associated sequences, telomeric repeats), die in Telomeren aller Chromosomen einer Species beheimatet sind.

Mit Telomer assoziierten repetitiven Sequenzen (TARS) und CA-Copolymeren $(CA)_n$ besitzen die Telomere eukaryontischer Chromosomen die generalisierte Struktur:

$TARS_{1-a}(CA)_n$ oder
$TARS\,I_{1-a}(CA)_n\ TARS\,II_{1-b}(CA)_m$
bzw.
$(CA)_n\,TARS\,I_{1-a}(CA)_m$ oder
$(CA)_n\,TARS\,I_{1-a}(CA)_n\,TARS\,II_{1-b}(CA)$
(verallgemeinert nach BLACKBURN et al. 1984, CAMPBELL 1986). So besitzen speziell die TEL-Sequenzen der Hefe *Saccharomyces cerevisiae* mit TARS I = X und TARS II = Y die Struktur:

$X_{1-4}(C_{1-3}A)_n\ Y\ (C_{1-3}A)_m$
mit X = 6,7 Kilobasen
n, m = 25 − 75

Aufgrund ihrer Struktur, speziell der monotonen CA-repeats, erfüllt die telomerale DNA als Bindeort spezieller Proteine die Funktion chromosomaler Endmarkierung (siehe 1.). Auch die problematische Replikation terminaler (endständiger) Replikone ist wegen der CA-Copolymere, die zur Wahrnehmung der terminal replikativen Funktion mit multiplen Einzelstrangbrüchen (nicks) versetzt sind, bestens durchführbar.

Die Sensitivität der CA-Copolymeren gegenüber einzelstrangspezifischen Nukleasen wie der S_1-Nuklease basiert nicht auf S_1-sensitiven Haarnadelschleifen (hairpin loops, stem loop structures), sondern Einzelstrangbrüchen (nicks), die regelmäßig und in größerer Zahl in den telomeralen CA-Copolymeren auftreten und letztlich die terminale Replikation eukaryontischer Chromosomen gewährleisten. Aufgrund der variablen Länge der mit Einzelstrangbrüchen versetzten CA-Copolymeren (nicked CA repeats, nicked CA copolymers, nicked telomeric CA repeats) einzelner Chromosomen eines Zellkerns (telomeraler Längenpolymorphismus; telomeric length polymorphism), ist die Annahme einer selektiven Entfernung telomeraler Einheiten und die damit mögliche Kontrolle des Zellteilungs- und Differenzierungsgeschehens während der Ontogenese rein spekulativ. Der beobachtbare telomerale Längenpolymorphismus (telomeric length polymorphism) kommt durch Anfügen von CA-Hexa- bis Dekanukleotiden durch eine Telomeren-DNA-spezifische (TEL-spezifische) terminale Transferase (= Telomerase) zustande. Diese wird vermutlich erst in differenzierten, nicht mehr teilungsfähigen Zellen aktiviert und modifiziert die im Proliferationsprozeß kontrolliert verkürzte Telomersequenzen nachträglich in ihrer Länge.

Literatur
Blackburn EH et al. (1984) Ann Rev Biochem 53:163
Campbell JL (1986) Ann Rev Biochem 55:733
Cavalier Smith (1976) Nature 260:467
Muller HJ (1940) J Genet 40:1

Temperente Phagen. Phagen, die neben einem lytischen Zyklus der Vermehrung (Phagenpropagation) auch als Prophagen im Wirtsgenom replizieren können (lysogener Zyklus), z. B. die lambdaoiden Phagen von *E. coli.*

Template (Matrize, Vorlage). ↑Replikation, ↑cDNA, ↑DNA/RNA-modifizierende Enzyme, ↑DNA-Sequenzierung

Terminale Desoxynukleotidyltransferase (TdT). Enzym zum Anfügen von Nukleotiden an DNA-Enden; ↑DNA/RNA-modifizierende Enzyme, ↑DNA-Sequenzierung

Terminale Transferase. Verkürzte Bezeichnung für ↑Terminale Desoxynukleotidtransferase (TdT)

Terminator. Stoppsignal einer Transkriptionseinheit, an dem die Transkription beendet wird. In Eukaryonten erfolgt die Termination vermutlich aufgrund topologischer Eigenschaften, da definierte kanonische Sequenzen im Bereich der Termination der Transkription unbekannt sind. ↑Transkription, ↑Genexpression in Prokaryonten

Terminator-Test-Plasmid (terminator analysis plasmid). Terminatorfreie Plasmide mit einer multiplen Klonierungsstelle (MCS; Polylinker) hinter der proteincodierenden Sequenz eines Markers; eine in diese MCS klonierte DNA-Sequenz hat Transkriptions-Terminatorfunktion, wenn kein Durchlesen (readthrough; run off) in die einklonierte DNA-Sequenz erfolgt. ↑Transkription, ↑DNA-Vektoren

TF = Transkriptionsfaktoren (transcription factors). Transkription

Ti-Plasmide. ↑*Agrobacterium tumefaciens,* ↑Agrobakterien-vermittelter Gentransfer

Thiophosphate. Nukleosidthiotriphosphate oder andere Analoga, die in α- oder γ-Stellung statt mit Phosphat (^{32}P) mit Schwefel (^{35}S) radioaktiv markiert sind. Die Thiophosphate haben eine längere Halbwertzeit ($t_{1/2} = 87$ d) als ^{32}P-markierte dNTPs ($t_{1/2} = 14,2$ d), was bei Langzeitversuchen von Vorteil ist. ↑DNA-Sequenzierung

Thymidinkinasegen. In der Säugergenetik ein beliebter selektiver Marker ↑Säugervektoren, ↑Zell- und Gewebekultur

Tissue Culture. ↑Zell- und Gewebekultur

TK⁻, tk⁻. Mutierte Zellinien mit einer Thymidinkinase-Defizienz ↑Zell- und Gewebekultur

tlc (*thin layer chromatography*). Dünnschichtchromatographie; ↑Automatisierte Proteinsequenzierung, ↑Proteinsequenzierung

T_m-Wert. Der T_m-Wert einer DNA entspricht der Temperatur in °C, bei der die Hälfte einer DNA-Präparation in denaturiertem Zustand, die andere Hälfte noch in nativem Zustand vorliegt. Der T_m-Wert von DNA-Hybriden hängt von drei Parametern ab: **1.** Dem relativen Gehalt an Guaninen und Cytosinen (dem G/C-Wert); je höher der G/C-Wert, desto höher der T_m-Wert. **2.** Der Länge der homologen Sequenz; je kleiner diese Sequenz ist, um so stärker ist die Reduktion des T_m-Wertes, was insbesondere bei Absuchen von Genbanken mit Oligonukleotiden als Gensonden zu beachten ist, besonders, wenn zusätzlich Fehlpaarungen (mismatches) des Oligonukleotides zu erwarten sind. **3.** Fehlpaarungen (mismatches) bei Verwendung heterologer DNA, z.B. heterologe Gensonden oder von Oligonukleotidsonden unterschiedlicher Sequenzmöglichkeiten in verschiedenen Positionen (mixed probes).

Zur Reduktion der Fehlpaarungen bei Hybridisierungen mit gemischten Oligonukleotidsonden empfiehlt sich ein Oligonukleotidgemisch nach „gelehrtem Raten" (educated guess) der in Hybridisierung zu erfassenden Zielsequenz (target sequence). Die so kreierten mixed probes heißen deshalb ‚guessmers'. Allgemein gilt für den T_m-Wert von Oligonukleotiden (<18 Nukleotide):

$$T_m(°C) = 2 \times (A+T) + 4 \times (G+C); \quad \text{ITAKURA et al. 1984}$$

$A+T$ = Anzahl der A- und T-Reste in der Sequenz;

$G+C$ = Anzahl der G- und C-Reste der Sequenz;

Pro Mismatch reduziert sich der T_m-Wert um 2 °C (A- und T-Fehlpaarungen) bzw. 4 °C (G- und C-Fehlpaarungen), im Mittel also um ca. 3 °C.

Eine Hybridisierung mit Oligonukleotiden erfolgt bei Temperaturen um 5–10 °C unter dem kalkulierten T_m-Wert; bei dieser Temperatur erfolgen auch alle Waschungen zur Entfernung unspezifischer Hybride bei entsprechender Stringenz (↑Blotting).

Für DNAs der Länge L > 14 Basenpaare gilt nach BOLTON & McCARTHY, 1962:

$$T_m(°C) = 81,5 - 16,6 \, (\log[Na^+]) + 0,41 \times (\% \, G+C) - (600/L);$$

$[Na^+]$ = molare Natriumionenkonzentration des Inkubationspuffers.

Ein Mismatch von X% reduziert den T_m-Wert um X °C; eine Hybridisierung erfolgt optimal bei 25 °C unter dem T_m-Wert; ebenso die Waschungen nach einer Hybridisierung (↑Blotting).

Literatur
Bolton ET & McCarthy BJ (1962) Proc Natl Acad Sci 48:1390
Itakura K et al. (1984) Ann Rev Biochem 53:323
Sambrook J et al. (1989) Molecular Cloning, 2nd ed. Cold Spring Harbor Laboratory Press 1989

TMV-CP-GEN. Ein chimäres Gen, welches das Hüllprotein (*coat protein*, CP) des Tabakmosaik-Virus (*tobacco mosaic virus*, TMV) codiert und transgenen Pflanzen eine Präimmunität verleiht.

Literatur
Abel et al. (1986) Science 232:738

Tn. = ↑Transposone

Topoisomerasen. Enzyme, welche die Windungen (superhelical turns, supertwists) in Superknäueln festlegen und verändern, also die Tertiärstruktur der DNA bestimmen ↑DNA-Topologie

Topoisomere. DNA der gleichen Primärstruktur (DNA-Sequenz) kann verschiedene Sekundär- und Tertiärstrukturen annehmen, so daß auf diese Weise sequenzidentische, aber topologisch unterschiedliche Topoisomere entstehen.

tra-Gene = mob-Gene. Plasmid-codierte Gene, welche die Übertagungsfunktionen mobilisierbarer Plasmide codieren ↑Agrobakterien-vermittelter Gentransfer, ↑Parasexuelle Mechanismen

Transduktion. Transfer von Fremdgenen durch Viren; ↑Parasexuelle Mechanismen

Transfektion. Genetische Transformation mit nackter viraler Nukleinsäure; ↑Parasexuelle Mechanismen

Transformation. Falls dieses nicht aus dem jeweiligen Kontext hervorgeht, muß in der Biologie zwischen onkogener und genetischer Transformation unterschieden werden. Unter onkogener Transformation versteht man die Überführung normaler Zellen in Krebszellen mittels eines onkogenen (krebsauslösenden) Agens. Genetische Transformation, als solche in der Gentechnik wichtig, basiert auf der Aufnahme nackter DNA durch eine Zelle, wobei diese Zelle sowohl einen neuen Genotyp und – wegen der geforderten Expression der eingeführten DNA – auch einen neuen Phänotyp erhält. Ein in der Gentechnologie wichtiges Verfahren ist die Transformation von *E. coli* mit rekombinanten Plasmiden. *E. coli*-Zellen werden kompetent, d. h. fähig, DNA aufzunehmen, wenn sie mindestens ½ h (bis ca. 20 h) in einer kalten $CaCl_2$-Lösung (4 °C) gehalten werden. Nach Adsorption der DNA und einem kurzen Hitzeschock (5 min bei 37 °C bzw. 2 min bei 42 °C), der der Aufnahme der DNA dient, können je nach *E. coli*-Stamm und Modifikation des Transformationsprotokolls 10^6–10^8 Transformanten/µg Plas-

mid-DNA erzielt werden. *E. coli* nimmt bevorzugt ‚supertwist DNA' (ccc = covalently closed circular DNA) wie Plasmide oder virale RF-Formen (z. B. M13mp-RF-Formen ↑M13-Vektoren) und offen circuläre = oc-DNA, aber kaum lineare DNA auf (Transformationseffizienz: supertwist 100%; oc-Form ca. 40%; lineare DNA 0,1%). Das Transformationsverfahren wurde erstmals 1973 von COHEN et al. nach MANDEL und HIGA (1970) entwickelt und bis heute zum Teil erheblich verbessert (HANAHAN 1983). Ein Transformationsverfahren für den ‚Paradewirt' *E. coli* war ein wesentlicher Durchbruch in der Entwicklung der Gentechnik. Außer über Transformation kann genetisches Material rekombinanter Vektoren über Transfektion (= Transformation mit nackter, viraler DNA), Transduktion (Infektion mit transduzierenden Phagen, z. B. mit in Phagenpartikel verpackten Cosmiden) oder Konjugation über mobilisierbare ↑Plasmidvektoren (Plastramide bzw. Costramide) übertragen werden. Nach Sphäroplastierung bzw. Protoplastierung, d. h. enzymatischem Abbau (partiell: Sphäroplasten, vollständig: Protoplasten) der Zellwand lassen sich neben *E. coli* und weiteren gramnegativen Bakterien (Enterobakterien, Pseudomonaden) auch grampositive Bacillusarten (z. B. *B. subtilis*), Streptomyceten, und eukaryontische Zellen wie Hefezellen (z. B. *Saccharomyces cerevisiae*) nach einer $CaCl_2$/Polyethylenglykol (PEG)-Methode mit nackter DNA, speziell rekombinanten Plasmiden, transformieren. ‚Unbehandelte' Säugerzellen und pflanzliche Protoplasten können mit einer Calciumphosphat/PEG-Methode transformiert werden (KLEBE et al. 1983; PASZKOWSKI et al. 1984). Der Mechanismus der Aufnahme der DNA, also das Gesamtphänomen der Kompetenz als der Fähigkeit zur Aufnahme von DNA durch eine Zelle nach Calciumcopräzipitation der DNA in isotonischem (= isoosmotischem) Calcium/PEG-Medium ist bisher unverstanden. Die weitere Zusammensetzung des Calcium/PEG-Mediums ist hinsichtlich des Gehalts an mono- und bivalenten Kationen, des pH-Wertes, des Polymerisationsgrades des PEG und des Osmotikums (Zucker) je nach zu transformierender Zelle verschieden und zum Teil zu effizienterer Gestaltung der Transformation verbesserungsbedürftig. Je nach Zelltyp erfolgt wegen des unterschiedlichen Aufbaus der Zellwand auch der Zellwandabbau zur Sphäro- bzw. Protoplastierung mit entsprechenden Enzymgemischen:

Eubakterien	Lysozym (z. B. aus Hühnereiweiß)
Hefe	Arylsulfatase und Glucuronidase (= Helicase bzw. Schneckenenzym)
Pflanzen	Pektinase, danach Cellulase

Neben dem direkten ↑Gentransfer in pflanzliche Protoplasten bzw. dem DNA-vermittelten Gentransfer (*DNA mediated gene transfer*, DMGT) in Säugerzellen, der wegen der Aufnahme nackter DNA auch als Transformation nach der Calciumcopräzipitationsmethode bezeichnet wird, gibt es eine Reihe weiterer Möglichkeiten des indirekten ↑Gentransfers (z. B. in pflanzliche Protoplasten) oder Vesikel-vermittelten ↑Gentransfers (vesicle mediated gene transfer) in Säuger. Diese Methoden der Genübertragung sollten sinngemäß als Gentransfer und die Produkte als transgene Organismen (z. B. transgener Tabak; transgene Maus-L-Zellinie) und nicht als Transformanten bezeichnet werden. Die Cokultur von sterilen Blattscheiben bzw. Blattstückchen (leaf discs) mit rekombinanten Agrobakterienstämmen (indirek-

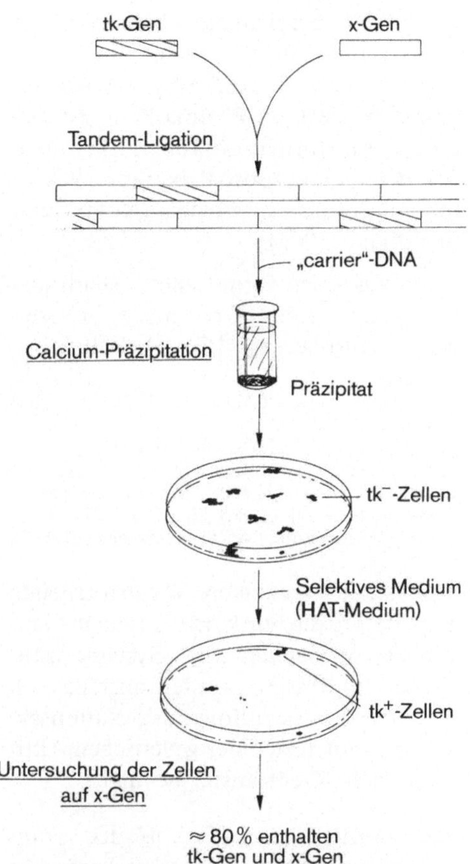

Abb. 51. Co-Transfektion durch DMGT. Das *tk*-Gen und ein nicht selektionierbares Gen (*x*-Gen) werden co-transfektiert. Die Tandem-Ligation erfolgt mit einem hohen Überschuß von *x*-Gen gegenüber dem *tk*-Gen. Der Nachweis des *x*-Gens in den erfolgreich transfektierten Zellen kann z. B. in einer Hybridisierung der zellulären DNA nach Southern bestehen. (*HAT* = Hypoxanthin, Aminopterin, Thymidin; *tk* = Thymidin-Kinase-Gen; *DMGT* = „DNA mediated gene transfer"). Aus: Gentechnik, Gustav Fischer Verlag, 1987 [40]

ter ↑Gentransfer; ↑Agrobakterien-vermittelter Gentransfer) und die damit verbundene Gewinnung transgener Kalli, aus denen ganze, transgene Pflanzen regenerierbar sind, wird dennoch als Leaf-Disc-Transformation (leaf disc transformation) bezeichnet, obgleich keine nackte DNA aufgenommen wird.

Für die Fruchtfliege *Drosophila melanogaster* existiert ein Protokoll zur genetischen Transformation von Embryonen, bei dem ↑Transposon basierte Vektoren mikroinjiziert werden (RUBIN und SPRADLING 1982).

↑Agrobakterien-vermittelter Gentransfer, ↑Gentransfer, ↑Gentransfer in Eizellen, ↑Genisolierung, ↑Gewebekultur

Literatur
Cohen SN, Chang ACY, Hsu L (1973) Proc Natl Acad Sci 69:2110
Hanahan D (1983) J Mol Biol 166:557
Klebe JR et al. (1983) Gene 25:333
Mandel M, Higa A (1970) J Mol Biol 53:154
Paszkowski I et al. (1984) EMBO J 3:2717
Rubin GM, Spradling AC (1982) Science 218:348

Transiente Expression. Vorübergehende Expression, die nur kurze Zeit nach Gentransfer beobachtet wird. Systeme transienter Expression werden anstelle von in vitro-Transkriptions-/Translationssystemen zum Testen der genetischen Aktivität nach ↑Gentransfer benutzt.

Transkription. Der Prozeß der Transkription erstellt eine einzelsträngige RNA-Kopie (Transkription = Umschreibung) einer genetisch aktiven Funktionseinheit, der Transkriptionseinheit (transcriptional unit), die auch als Transkripton bezeichnet wird. In höheren Eukaryonten entspricht dieses Transkripton einer funktionellen Einheit nach dem ↑cis/trans-Test von BENZER (1957), also einem Cistron oder Gen als einer Einheit der Funktion, Mutation und Rekombination. In Zellorganellen (Mitochondrien und Chloroplasten) und Genomen niederer Eukaryonten wie niederen Pilzen sowie Prokaryonten (Archaebacteria, Eubacteria, Cyanobacteria) können im cis/trans-Test mehrere verschiedene cis/trans Funktionseinheiten (Cistrone)

in einem Transkripton vereint sein. Solche Cistronanordnungen bezeichnet man als Operone (↑Genexpression in Prokaryonten), die einzelnen Cistrone eines Operons deshalb auch als Subgene oder Strukturgene. Das Vorkommen operonartiger Strukturen in Zellorganellen wird gemäß der Symbiontentheorie der eukaryontischen Zelle mit dem prokaryontischen Ursprung der Organellen erklärt. Die polypeptidcodierende Transkriptionseinheit (Transkripton) höherer Eukaryonten ist monocistronisch, ebenso die daran transkribierte RNA (monocistronischer Messenger) und entspricht einem Gen, besser Cistron, im Sinne der klassischen Genetik. Die polypeptidcodierende Transkriptionseinheit von Prokaryonten, Zellorganellen und niederen Eukaryonten kann polycistronisch sein; an ihr wird dann ein polycistronischer Messenger formiert. Transkriptone sind entweder proteincodierend oder RNA-codierend. An RNA-codierenden Transkriptionseinheiten erfolgt die Bildung der rRNAs (ribosomale RNA 16S, 23S RNA bei Prokaryonten; 18S, 5.8S und 25S (Angiospermae) bzw. 28S rRNA (Vertebratae)) und tRNAs (transfer RNA, Aminosäureadaptoren für den Translationsprozeß). Die rRNA-Transkriptionseinheiten sind in Prokaryonten und Eukaryonten polycistronisch. Die gebildete prä-rRNA erfährt in einem Maturationsprozeß die Formation der 16S, 23S und 5S rRNA (Prokaryonten); bei Eukaryonten erzeugt die Maturation der prä-rRNA die 18S-, 5.8S- und 25S- oder 28S-Spezies. Introncodierte Sequenzen in rRNA codierenden Sequenzen werden über Selbstspleißen (self splicing) entfernt. Die intronische RNA (Introne der Klasse I; class I introns) besitzt eine autokatalytische Fähigkeit, die die Entfernung ohne katalysierende Proteine erlaubt; sie besitzt quasi eine immanente Enzymwirkung, weshalb sie auch als ↑Ribozym (*Ribo*nukleinsäure mit Enzymwirkung) bezeichnet wird (Selbstspleißen, ribozymatisches Spleißen; self splicing). Die tRNA-codierenden Transkriptone sind in Prokaryonten monocistronisch oder polycistronisch, in höheren Eukaryonten monocistronisch. Ebenso sind die 5S rRNA Transkriptone in Eukaryonten monocistronisch und nicht wie bei Prokaryonten mit den übrigen rRNA-Cistronen zu einer einheitlichen Transkriptionseinheit vereint. Die Bereitstellung funktionstüchtiger tRNA aus den Primärtranskripten erfolgt in Prokaryonten und Eukaryonten in einem als Trimming (trimming) bezeichneten Prozeß, bei dem auch durch chemische Veränderungen an Nukleotiden die für tRNAs typischen seltenen Basen (odd bases) erzeugt werden. Die bisher nur bei Archaebakterien und Eukaryonten gefundenen introncodierten Sequenzen der tRNA-Präcursor-RNA (tRNA precursor) werden enzymatisch, nicht ribozymatisch, über spezifische Nukleasen (RNasen) entfernt. Maturation der rRNA und Trimming der tRNA bedingen die Vielzahl der zellulären RNasen, wie sie in der Gentechnik bei der enzymatischen ↑RNA-Sequenzierung Einsatz finden oder bei der ↑RNA-Isolierung empfindlich stören. Die 5S-rRNA und U-snRNA codierenden Gene (sn *s*mall *n*uclear RNA, mit hohem Uracilanteil U; daher U-snRNA) sowie eukaryontische Gene, welche die 7S-rRNA als RNA-Komponente der Signalpartikel codiert, welche Polypeptide in das Lumen des endoplasmatischen Retikulums (ER) einschleusen, sind monocistronisch intronfrei organisiert; die Primärtranskripte sind ohne Trimming funktionsunfähig und erfahren deshalb sofort ein Assem-

bly in Ribosomen (5S-rRNA), Spliceosomen (U-snRNAs) und die Signalpartikel. Proteincodierende Transkriptone sind in höheren Eukaryonten monocistronisch und zeigen zumeist Mosaikstruktur (Mosaikgene), also eine Abfolge codierender (Exone) und nichtcodierender (Introne) DNA Segmente. Nach Transkription erfolgt obligat ein Prozessieren der an solchen Genen gebildeten prä-mRNA oder hnRNA (*h*etero*n*uclear RNA). Das Processing gliedert sich in Capping, Splicing und Polyadenylierung. Beim Capping werden 5′-Enden der prä-mRNA durch spezifische Basenmethylierungen modifiziert; die Modifikation erfolgt an der naszierenden RNA. Die modifizierten Enden bezeichnet man als Kappe (cap): Am 5′-Ende des Primärtranskripts mit pppXpYp ... wird über die Enzyme Nukleotidphosphohydrolase, RNA Guanyltransferase und RNA-Guanin-7-methyltransferase ein cap 0 $m^7G_{ppp}X_pY_p$ ... erzeugt, das über eine RNA Nukleotid-2′-O-methyltransferase weiter zu cap 1 $(m^7G_{ppp}X_{mp}Y_p)$ und schließlich cap 2 $(m^7G_{ppp}X_{mp}Y_{mp}$ ...; m methylierte Basen) überführt werden kann. Die translatorische Effizienz des Messengers nimmt mit der Reihenfolge cap 2 > cap 1 > cap 0 > uncapped (ungeschützt) ab. Die selektive Entfernung introncodierter RNA-Sequenzen erfolgt ebenso bereits an der naszierenden RNA über einen Multiribonukleoproteidkomplex, dem Spliceosom, das mittels seiner Multienzymaktivität introncodierte Sequenzen erkennt, genau herausschneidet und je zwei exoncodierte RNA-Segmente kovalent und fehlerfrei, also ohne Nukleotidverlust verbindet (ligiert; Spleißen; splicing im engeren Sinne). Vermutlich erfolgt ein weitgehend genklassenspezifisches Assembly der Spliceosomen aus U-snRNP-Partikeln.

Die mit Proteinen assoziierten snRNAs (1–2 Proteine) verleihen den U-snRNPs ihre biologische Aktivität im Splicingprozeß. Dazu zählt die Bindung via Basenpaarung des U1-snRNP-Partikels an den GU-Consensus (donor site) des Übergangs intron/exoncodierter mRNA-Sequenzen (5'intron/exon borders), die Bindung des U2-snRNP an eine konserviert introninterne Sequenz, den ‚branch consensus' 5'UACUAC3' und schließlich die Bindung des U4/U6-snRNP-Partikels an den AG-Consensus am Übergang intron/exoncodierter Sequenzen der „acceptor site" (3'intron/exon border). Eine weitere Assoziierung des Spliceosoms mit U 3-snRNP, U 5-snRNP und U 7-snRNP erscheint akzessorisch und die Aktivität von Spliceosomen modifizierend. Zum Teil verbleiben diese snRNPs am reifen Messenger und liegen nach dem Transport ins Cytoplasma zur Translation des Messengers als scRNPs oder scyrps (*small cytoplasmic ribonucleoproteins*) vor, werden also zur Translation des Messengers freigesetzt. Die im Kern lokalisierten snRNPs bezeichnet man auch als snurps (*small nuclear ribonucleoproteins*). Das Assembly der konstitutiven sowie der akzessorischen U-snRNPs an introncodierten RNA-Sequenzen erfolgt über deren typische und stark konservierte Sekundärstruktur, die als Lariat (lariat Am, Lasso) oder Lassostruktur, also eine Schleifenstruktur mit Haarnadelstrukturen (hairpin structures, stem loop structures, lollypops) vorliegt, weshalb die in ihrer Basenabfolge konservierten Introne proteincodierender Gene auch als Introne der Klasse II (class II introns) bezeichnet werden. Die Entfernung der introncodierten RNA Sequenzen, Lariate, erfolgt nach einem für jeden Messenger spezifischen Muster und folgt nicht der 5'→3'-Anordnung. Die Anfügung eines poly(A)-Schwanzes über eine poly(A)-Polymerase (Bollum-Enzym) geschieht postsynthetisch, also posttranskriptional. Die reife mRNA wird bei teilweise verbleibender Assoziation mit snRNPs als mRNP-Partikel über die Kernporen (Anuli) in das Cytoplasma transportiert. Die cotransportierten mRNPs erfüllen offensichtlich eine Schutzfunktion, der poly(A)-Schwanz determiniert durch seine Länge die Lebensdauer der mRNA im Cytoplasma. Der Mechanismus des Slicings proteincodierender prä-mRNA über Spliceosomen ist konserviert, aber keinesfalls universell uniform, wie Experimente in heterologen Systemen, speziell Xenopusoocyten und pflanzlichen Protoplasten, belegen. Eine Expression klonierter heterologer Gene kann in Systemen transienter Expression abortiv erfolgen, was die Formation inkorrekt gespleißter RNA zur Folge hat. Korrekte Splicingsignale werden übersehen, statt dessen erfolgt ein Splicing an kryptischen Splicingstellen (cryptic splicing sites). Gesetzmäßigkeiten lassen sich bisher nicht ableiten. So kann das eine Gen aus einer definierten Säugerspecies im Xenopusoocytensystem ein korrektes, das andere ein abortives Splicing zeigen. In welchem Umfang Ascomyceten heterologe Ascomycetentranskripte, Angiospermen heterologe Angiospermentranskripte und Säuger heterologe Säugertranskripte korrekt produzieren, kann derzeit nicht gesagt werden. Bei präziser Kenntnis der Genexpression in transgenen Organismen, die die Gentechnik und ihre technische wie akademische Anwendung in mühsamer Kleinarbeit erbringen wird, dürfte dann auch die heute noch als weithin universell angenommene ‚performance' heterologer und chimärer Gene auf enger verwandte Organismengruppen limitiert werden.

Derzeit werden in Nutzanwendung und akademischem Einsatz der Gentechnik fast ausschließlich intronfreie cDNA-Gene zur Erzeugung transgener Biomasse (transgenic livestock) verwendet. Akademische Belange der Molekulargenetik und Molekularbiologie dürften hier aber schon bald eine Vorreiterrolle spielen. Ebenso wird ersichtlich, daß die Mechanismen der Transkriptionskontrolle (transcriptional control) und der Posttranskriptionskontrolle (posttranscriptional control) verstärkter Grundlagenforschung bedürfen. Gerade die Mechanismen der Maturation (bei rRNA), des Trimmings (bei tRNA) und Processings (bei eukaryontischen Primärtranskripten proteincodierender Gene) sowie die postsynthetischen chemischen Basenmodifikationen bestimmen erheblich Stabilität und translatorische Effizienz, besonders der heterologen RNA, wie sie in transgenen Organismen gebildet wird. Schließlich bestimmt das Fließgleichgewicht (steady state) zwischen RNA-Synthese (Transkription) und Abbau (Degradation) die Gleichgewichtskonzentration (steady state concentration), die über die Konzentration des gewünschten primären Genproduktes (Protein) entscheidet. Die RNA-Degradationsrate hängt entscheidend von der Sekundärstruktur der RNA im heterologen System ab und sollte optimal an die Sekundär- und Tertiärstrukturmöglichkeiten (↑RNA-Topologie) des heterologen Systems adaptiert sein. Der Genbestand des heterologen Systems, in das ein Gen unter Erzeugung eines transgenen Organismus eingebracht wurde, repräsentiert ein hochgradig coadaptiertes Netzwerk von Gen-Interaktionen, in denen ein Allel meist pleiotrope Wechselwirkung eingeht und mit den Allelen eines anderen Genortes interagiert. Pleiotrope Wechselwir-

kung wird auf Proteinebene in Form heterooligomerer Proteine sichtbar, die aus unterschiedlichen, von verschiedenen Loci codierten Polypeptiduntereinheiten (subunits) aufgebaut sind; dies kann auf Genebene mit Epistasie korreliert sein. Pleiotrope Wechselwirkung manifestiert sich auf Proteinebene unter anderem in der vielfachen Verwendung eines Polypeptids beim Assembly verschiedener heterooligomerer Proteine. Kaum eine Heredopathie (Erbkrankheit), wie z. B. ein eine Enzymopathie bedingendes Allel des humanen Genpools, folgt der klassischen Beadle-Tatum-Hypothese (1 Cistron → 1 Polypeptid → 1 Phän), wie 4300 bekannte Erbkrankheiten des Menschen eindrucksvoll belegen. Gleiches ist in der Züchtungsgenetik für ähnlich genetisch komplexe, weil verwandte Säuger (Mammalia) bekannt und gilt auch für höhere Pflanzen (Angiospermae) und *Drosophila melanogaster* (Diptera, Hexapoda) mit einem erheblich geringeren Genbestand (*Drosophila* 5000 Loci; Angiospermen 10000–20000; Säuger 20000–50000). So zeigten WILLIAMS und REED (1944) anhand von 70 Drosophilamutanten eine pleiotrope Wechselwirkung in 213 aller betrachteten Allele, wobei sie als zweites Merkmal lediglich Flügelmißbildungen berücksichtigten. Vollständige (100%ige) Pleiotropie erheblich komplexerer Genome (Säuger, höhere Pflanzen) erklärt sich damit nur zu leicht. Die postulierte Monophänie (1 Gen → 1 Polypeptid → 1 Phän) der frühen, an Prokaryonten (*E. coli*) orientierten Molekulargenetik ist lediglich für genetische Systeme geringer Komplexität (wie Prokaryonten) annähernd gegeben. Mit etwa 1000 Loci zeigen Prokaryonten (*Escherichia coli, Bacillus subtilis*) ca. 10% pleiotrope Wechselwirkungen, was mit den Daten von WILLIAMS und REED anhand der Komplexität der Genome (Genbestand) auch berechnet werden kann.

Damit wird in einem transgenen Organismus ein hoher coadaptiver Druck (coadaptive pressure) auf das eingebrachte Allel ausgeübt, der eine Adaptation (adaptation) an das vorgegebene coadaptive Wirtsgengefüge (coadaptive set) forciert und in der Population eine Anreicherung mutierter Allele fördert. Diese werden dann über pleiotrope Wechselwirkung nach ihren coadaptiven Werten (coadaptive values) selektioniert. Dies gilt auch, wenn auf die eigentliche Funktion des Allels selektioniert werden kann, was üblicherweise der Fall ist. Es erfolgt somit eine Selektion auf Mutanten, welche die durchschnittliche Populationsfitness $\bar{W}$ ($\bar{W} = w_1 p_A^2 = w_1$, mit w_1 als Individualfitness, adaptiver Wert des transgenen Genotyps AA; $p_A = 1 \rightarrow \bar{W} = w_1$) erhöhen. Die an einer Population des transgenen Organismus angreifende Evolution (Mutation und Selektion) bedingt eine Verdrängung (substitution) des Allels A durch ein mutiertes Allel A', wenn die Individualfitness homozygoter A'A'-Individuen w' größer als w ist. Nach Substitution durch das coadaptierte Allel A' verbessert sich die Populationsfitness $\bar{W}$ von W auf den höheren Wert $\bar{W} = w' p_{A'} = w'$.

Die erforderliche Akkumulation weiterer Punktmutationen im Allel A' ($\uparrow$Mutation und Mutagenese), die eine Einpassung in die Genlandschaft (genomic adaptation) erfordert, bedingt so eine multiple Abfolge von Gensubstitutionen. So erfordert die Coadaptation einer in höheren Vertebraten (Säuger, Vögel) oder Angiospermen exprimierten prokaryontischen, proteincodierenden Sequenz eine Substitution in der Größenordnung von 70%, wie anhand der evolutionären Uhr (evolutionary clock) des auf Cytochrom

basierenden molekularen Stammbaumes (molecular phylogenetic tree) der Organismen zu entnehmen ist. Dies entspricht 140 Aminosäuresubstitutionen in einem Polypeptid durchschnittlicher Größe (etwa 200 Aminosäuren). Entstammt die proteincodierende Sequenz des heterologen Gens aus phylogenetisch näher verwandten Organismen (wie verschiedenen Pilzen), so sind 60–80%, bei Insekten 30–50% und innerhalb der höheren Vertebraten und Angiospermen nur etwa 6–15% Substitution für eine coadaptive Anpassung (coadaptation) an das Wirtsgenom und damit das Proteingefüge zu erwarten, was in überlappender Abfolge zeitlich hintereinander geschalteter Allelsubstitutionen erfolgt. In den zu erwartenden, enorm großen Populationen speziell transgener Nutzpflanzen, wenn deren weltweite Ausbringung erfolgt, entwickelt der ursprünglich monomorphe Genort eine ausgeprägt multiple Allelie mit einer großen Zahl an in der Gesamtpopulation um die Coadaptation an das Wirtsgengefüge konkurrierenden Allelen. Bei 7 verschiedenen Aminosäureklassen, in die die 20 biogenen, also proteinaufbauenden Aminosäuren eingeordnet werden, sind 65% ($1 - 7/20 = 0,65$) einer Aminosäureabfolge (Polypeptide) in andere Aminosäuren substituierbar, ohne daß die Polypeptidfunktion verloren geht. Sie erfährt durch solche Substitutionen aber qualitative Veränderungen, also eine Minderung oder Verstärkung der Proteinwirkung, z. B. einer an ein Polypeptid gekoppelten enzymatischen Aktivität. Wegen der Degeneration des genetischen Codes (61 Codone sind 20 Aminosäuren zugeordnet) sind auf Nukleinsäure-, und damit auf Allelebene, 88,5% ($1 - (7/20 \times 20/61) = 0,885$) Basensubstitutionen bei Erhaltung der originären Proteinfunktion möglich, auf die nur bei strenger Alles-oder-Nichts-Selektion (all or none selection) absolut selektoniert werden kann, also Arzneimittelresistenzen (drug resistances) oder Agrochemikalienresistenzen (resistances towards agrochemicals). Hier kann die Konkurrenz zwischen adaptiver Einfügung ins genetische Netzwerk (genetic network) und Resistenz bestenfalls zu einer optimierten Einfügung mit reduzierter Resistenz führen, die den vom Menschen gewünschten Nutzeffekt des transgenen Organismus nach allerdings erst einer erheblichen Anzahl von Generationen, also geologischen Zeitspannen, in Frage stellen kann. Wegen der Alles-oder-Nichts-Selektion auf Funktionstüchtigkeit des Proteins erfolgt eine weitreichende Selektion auf präzise ablaufende, nukleotidtreue Rekombinationsereignisse (Crossing-over). Dadurch wird angesichts der ausgeprägten multiplen Allelie, die sich nach einigen Generationen einstellt, neben der Mutation die Schaffung einer Allelvielfalt (genetische Variabilität) beschleunigt. Interessanter als Gene, die Alles-oder-Nichts-Selektion erlauben, sind aber solche, die den Nachteil lediglich partieller Selektionierbarkeit besitzen. Dazu zählen Pathogenresistenzen, die wegen des Pathogen-Wirtsgleichgewichts nur den Befall eines kleineren Anteils der Population bewirken und damit nur eine partielle Selektion erlauben, selbst dann, wenn die transgen resistente Population mit einem Überschuß des Pathogens gehalten würde. Hier kann der Anpassungsdruck an das Gengefüge völlig dominieren. Die Selektion nach dem optimal ins Wirtsgengefüge eingepaßten Allel kann daher leicht unter Verlust der eigentlichen Funktion erfolgen, weil der zunächst monomorphe Locus je nach der anwendbaren maximalen Selektion einer mehr oder weniger freien Evolvierbar-

keit unter dem ausschließlichen Streß der Coadaptation an das Wirtsgengefüge unterliegt. Als Folge treten bei intragenischer Rekombination zusätzlich Genkonversionen (Crossing-over mit Fehlreparaturen am Rekombinationsort), ungleiche Crossing-over (un-equal crossing over) mit partieller Duplikation intragenischer DNA-Abschnitte und schließlich Duplikationen auf. Es handelt sich also um Mechanismen, die auch eine Optimierung der Genlänge erlauben und der Einpassung in das Gengefüge zusätzliche Möglichkeiten eröffnen. Darüber hinaus sind Duplikationen dem Evolutionsprozeß förderlich (OHNO's Prinzip der Genevolution durch Duplikation). Der Zwang coadaptiver Anpassung an das Gengefüge des Wirts umfaßt neben einer Optimierung der Tertiär- und Quartärstruktur des Proteins noch ein Spektrum genetisch nicht unmittelbar vorgegebener, durch das Proteingefüge des Wirts und seine physiologischen Bedingungen geprägte strukturelle Variationsbreite. Die posttranslationale Modifikation der Proteine ist durch die Proteintopologie und das Wirtsproteingefüge bestimmt, das seinerseits über eine genetische, dem Wirtsproteinsystem vorgegebene Variationsbreite verfügt. Nur so erklärt sich die in Zellen des gleichen Gewebes unterschiedliche Ausprägung und damit Normalverteilung des Phänotyps bei identischem Genotyp. Ein Allel determiniert nicht starr den Phänotyp, es legt sein Streumaß (die Reaktionsnorm) fest, innerhalb dessen das System mit erheblichen Freiheitsgraden reagieren kann. Nur so ist ein schnelles Anpassen (Homöostase) an kurzzeitig in einer Normalverteilung schwankende biotische und abiotische Umweltparameter (Peristase) möglich, ohne das Leben nicht denkbar wäre. Das Erbmaterial müßte sonst auf solche Schwankungen unmittelbar reagieren und würde kein durch einen makromolekularen Informationsspeicher hochgeordnetes, sondern ein ungeordnetes System mit maximaler Entropieentwicklung ohne Informationsfestspeicher repräsentieren, wie es in der organismischen Umwelt (Peristase; environment) vorliegt, in der allenfalls lokale Ordnungsstrukturen von temporärer Existenz gegeben sind. Der coadaptive Druck (coadaptive pressure) der Einfügung ins Wirtsgengefüge wird aber dominierend auf posttranskriptionaler Ebene durch notwendiges Proteinassembly zu Multienzymkomplexen und heteromeren Proteinen und der Modifikation von Proteinen zu Proteiden, also Proteinen, denen zur Erlangung ihrer biologischen Funktion enzymatisch niedermolekulare Reste (Zucker, Methylgruppen, Phosphatgruppen) und schließlich niedermolekulare Cofaktoren (Coenzyme) eingefügt werden müssen, bestimmt. Dieses bedingt die *inter se*-Komplexität des genetischen Netzwerkes eines Organismus. Die Biochemische Genetik (↑Genetik), die sich aus der Mutantentechnik der Biochemie entwickelt hat (BEADLE und TATUM 1941) wurde sehr schnell von der Molekulargenetik und Molekularbiologie (↑Genetik) verdrängt (Entdeckung der Doppelhelix 1953, Proteinsequenzierung 1951). Die Kenntnis über posttranslatorische Vorgänge ist daher nicht nennenswert über den Wissensstand der 50er Jahre hinausgekommen, da die Biochemie – sekundär verselbständigt – weiter ohne den genetischen Bezug gearbeitet hat. Die Genetik ist dagegen weitreichend in der Molekulargenetik (Molekularbiologie) aufgegangen, die zwangsnotwendig das methodische Repertoire entwickeln mußte, das heute die Gentechnik erlaubt, die aber ihrerseits –

ohne die Einbeziehung der posttranslatorischen Ebene – vor komplexe Probleme gestellt wird, die zunehmend weniger lösbar erscheinen. Ganz ähnlich verhält es sich mit dem Verständnis entwicklungsbiologischer Vorgänge auf molekularer Ebene. Hier ist das molekulare Verständnis kaum über den Wissensstand der ersten beiden Jahrzehnte dieses Jahrhunderts hinaus gewachsen, weil die Entwicklungsbiologie von der Biochemie überrannt wurde, ein Schicksal, das der Biochemie mit genetischem Bezug, der Biochemischen Genetik, dann durch die Molekulargenetik (Molekularbiologie) widerfuhr. Etwa seit Beginn der 80er Jahre manifestiert sich deshalb eine immer stärker werdende Tendenz zur Wiederbelebung dieser vergessenen Disziplinen, fast eine Renaissance der Biochemischen Genetik und der Entwicklungsbiologie auf molekulargenetischer Ebene. Insbesondere letztere zeigt heute bereits erste erstaunliche Ergebnisse, z. B. einen vollständigen Atlas der Zelldifferenzierung, also des entwicklungsbiologischen „Zellschicksals" des Nematoden *Caenorhabditis elegans* (fate mapping). Schließlich sollte sich die Biowissenschaft – mit ihrer Möglichkeit zur Erzeugung transgener Organismen mit Hilfe fortschreitender Gentechnik – vermehrt mit dem Muster der Expression (expressional pattern) in der Embryonalentwicklung beschäftigen, das vom postnatalen Verlauf der Genexpression verschieden ist. Damit erweist sich die Gentechnik verstärkt als Motor wissenschaftlicher Forschung und sehr viel weniger als über alles erhabene Technologie (supreme technology), die, weil am Erbmaterial angreifend, zumindest im Prinzip alle Probleme zu lösen vermag. Da sie Immanentes – nämlich das Erbmaterial – mehr tangiert als bisherige Technologien, ist die gesellschaftliche Auseinandersetzung erwartungsgemäß härter und somit historisch einmalig (ultimate technology).

Eine globale Verbreitung transgener Organismen (transgenic livestock) ruft die Angewandte Genetik (applied genetics), speziell die klassische Züchtungsgenetik (genetics of breeding), auf den Plan, also eine angewandte Populationsgenetik, die den natürlichen Prozeß der Coadaptation des transgenen Locus an das Gengefüge gegenüber seiner natürlichen Evolution beschleunigt. Neben der Konzentration einer mRNA im Gleichgewicht (steady state) von Transkription und Degradation bestimmt deren posttranskriptionale, enzymvermittelte chemische Basenmodifikation rein qualitativ die translatorische Effizienz und Degradationsrate des Messengers. Die Aktivität modifizierender Enzyme ist aber abhängig von Sekundär- und Tertiärstruktur (dreidimensionale Struktur, 3D-Struktur), die darüber hinaus von zeitlichen Parametern (Zellalter) abhängen kann, also der raumzeitlichen ↑RNA-Topologie. Untersuchungen dazu sind methodisch schwierig, zumal ein geeignetes Repertoire an Enzymen, die eine Erfassung der RNA-Topologie gestatten (structural probing), in der Natur nicht ausreichend vorhanden oder noch nicht erfaßt ist. Die polycistronische Transkriptionseinheit von Prokaryonten (Operon, Stimulon, Regulon) oder das monocistronische Transkripton (Cistron, Gen) der Genome höherer Eukaryonten (Angiospermen, Vertebraten) gliedert sich in drei für die Funktion wichtige Sequenzabschnitte, nämlich eine Bindungsstelle für die DNA-abhängige RNA-Polymerase, die als Promotor (promoter) bezeichnet wird, die codierende Sequenz, von der im Verlauf der Transkription die RNA erstellt wird, und schließlich einen Sequenzabschnitt, der das Ablösen der RNA-Polymerase von der Transkriptonmatrize, also eine Beendigung (Termination) der Transkription mit Freisetzung (release) der synthetisierten RNA bewirkt. Dieser Abschnitt wird als Terminator, präziser Transkriptionsterminator (transcriptional terminator) bezeichnet. Gemäß dieser generellen Transkriptionsarchitektur gliedert sich der Transkriptionsprozeß in die Teilprozesse Initiation, Elongation, also die eigentliche Transkription oder in vivo-RNA-Synthese, und die Termination. In der zwischen dem Promotor und der Startstelle der Translation, dem Initiationscodon AUG (selten GUG), gelegenen Region befindet sich die Initiationsstelle der Transkription (initiation site, bei Eukaryonten auch als cap-site bezeichnet). Wie die Startstelle der Translation (translational initiation site, AUG site) ist die Initiationsstelle der Transkription (transcriptional initiation site) im Falle von Eukaryonten die cap-site, durch eine konservierte Konsensussequenz (kanonische Sequenz; consensus sequence, consensus box) markiert; neuere Ergebnisse (EL-LISTON und MESSING 1988) deuten auf distinkte kanonische Sequenzmotive dieser Region in phylogenetisch verschiedenen Taxa (Pilze, monokotyle und dikotyle Pflanzen, Wirbeltiere) hin. Das gleiche gilt auch für die konservierte Region um den Translationsinitiationsort, also die Shine-Dalgarno-Box (S/D-box) und deren durch die Stormo-Regeln (Stormo rules) gegebenen Abweichungen vom S/D-Consensus (AGGAGG) sowie die für Pilze (Ascomycetes, *Saccharomyces cerevisiae, Aspergillus nidulans*), monokotyle und dikotyle Pflanzen sowie Wirbeltiere verschiedene Consensussequenzen des Translationsortes. Die vom ersten mRNA-Nukleotid bis zum Startcodon reichende mRNA-Sequenz wird als Leader (leader, 5′ flanking region) bezeichnet; in den zwischen den protein-codierenden Abschnitten (Cistrone, Strukturgene) liegenden Zwischenstükken (Spacern; spacers) polycistronischer Transkriptionseinheiten befinden sich S/D-Sequenzen, die eine Ribosomenbindung (ribosomal attachment) der polycistronischen mRNA erlauben. Auch die RNA-codierenden Transkriptone besitzen, falls das Primärtranskript nicht mit der funktionstüchtigen RNA identisch ist (eukaryontische 5S-rRNA), einen Leader (leader), der alle Nukleotide von Position 1 des Primärtranskriptes bis zu Nukleotid 1 der biologisch aktiven RNA umfaßt.

Die Transkription erfolgt bis auf strang-überlappende Gene (strand overlapping genes) bei allen Genen, auch sinnstrang-überlappenden (sense strand overlapping genes), asymmetrisch in 5′→3′-Orientierung, was einen zur RNA komplementären 3′→5′-Matrizenstrang (template strand) oder Nichtsinnstrang (nonsense strand, missense strand) und einen in der Nukleotidabfolge mit der RNA identischen 5′→3′-Partnerstrang (partner strand), Sinnstrang (sense strand) oder nicht-codogenen Strang (non codogenic strand) der DNA-Duplex des Transkriptons festlegt. An den flankierenden Transkriptonen kann die Strangfestlegung anders erfolgen, so daß die Transkription aufeinander zu verläuft ($\vec{T}_x \overleftarrow{T}_{x+1}$ anstatt $\vec{T}_x \vec{T}_{x+1}$ bei gleicher Strängigkeit der Transkriptone $T_x T_{x+1}$).

Überlappende Gene mit partiell symmetrischer Transkription beider Stränge (strand overlapping genes) und sinn-strangüberlappende Gene (sense strand overlapping genes) finden sich in Prokaryonten, häufig in deren Phagen, in Eukaryontenviren, Vertebraten- und Evertebratenmitochondrien (mitochondriale Plasmone mit 16–18 kb Länge; Chondriome = Mitochondriengenome), also in allen Erbträgern, die eine engste Abfolge von Genen benötigen. Eukaryontische Genome mit DNA-Überschuß (C-Wert-Paradoxon) verfügen, von der Ausnahme eines ‚Gens im Gen‘ (nested gene) in *Drosophila melanogaster,* nicht über überlappende Gene, ebenso Pilz- und Pflanzenmitochondrien mit großen mitochondrialen Genomen.

In Prokaryonten findet sich eine DNA-abhängige RNA-Polymerase, RNA-Polymerase oder Transkriptase genannt, die von einem monocistronischen Operon (rpoA), das die alpha-Untereinheit (α subunit), und einem polycistronischen Operon (rpoBC), das die beta (β) und beta′ ($\beta′$)-Untereinheit codiert, gebildet wird. Nach Assembly der Untereinheiten zum Coreenzym (core enzyme) der Struktur $\alpha_2\beta\beta′$ bindet dieses unspezifisch an die DNA und bewegt sich in linearer Diffusion bis zur ersten Promotorsequenz, an die es mit erhöhter Affinität bindet, was dann die Bindung eines Transkriptionsinitiationsfaktors (Sigmafaktors) erlaubt. Das Holoenzym $\alpha_2\beta\beta′\sigma$ erfährt über eine Konformationsänderung (conformational shift) die Möglichkeit der Bildung eines Initiationskomplexes mit der Promotor-DNA (closed binary complex) mit ausschließlich lokaler DNA-Entdrillung (unwinding), an der wahrscheinlich auch noch Topoisomerasen des Typs I (sie setzen Einzelstrangbrüche; nicks) beteiligt sind. Der offene binäre Komplex (open binary complex) gestattet dann die Bildung der ersten 5′→3′-Phosphodiesterbindung zwischen dem ersten RNA-Nukleotid (einem Purin) und seinem Nachfolger. Der damit formierte ternäre Komplex (ternary complex) entläßt den Sigmafaktor; die weitere Elongation, also RNA-

Synthese erfolgt alleine durch das Core-Enzym (core enzyme) mit einer Rate von 100 Nukleotiden/min, wobei das Core-Enzym lediglich zwischen Ribonukleosidtriphosphaten und Desoxyribonukleosidtriphosphaten unterscheiden kann. Der basenspezifisch komplementäre Einbau der Nukleotide erfolgt über die lokale Nukleotidpaarung mit dem Matrizenstrang am temporären Syntheseort. Die Termination ist an eine Terminatorsequenz, die im Matrizenstrang über zwei durch einen Spacer getrennte invers repetitive Sequenzwiederholungen (inverted repeats; Palindrome) festgelegt wird, gebunden. Dies führt zur Bildung einer Haarnadelschleife (hairpin loop, stem loop structure, lollypop), die von der RNA-Polymerase nicht entdrillt werden kann. Das Enzym fällt von der DNA ab und entläßt dabei die mRNA. Neben dieser Rho-unabhängigen Termination (rho independent termination) tritt eine Rho-abhängige Termination an einem Terminator (rho dependent terminator) auf, der im Matrizenstrang durch GC-reiche invers repetitive Wiederholungen (inverted repeats) mit einer kurzen 3′-Oligo(A)-Abfolge (oligo(A)run) festgelegt ist. An der ersten GC-reichen Sequenz angelangt, pausiert die RNA-Polymerase und wird vom Rho-Faktor, der sich während der Transkription auf der synthetisierten RNA zur RNA-Polymerase hinbewegt, eingeholt. Die Bindung des Rho-Faktors an das Core-Enzym bedingt nach Transkription in die Oligo(A)-Abfolge eine Abspaltung der RNA und das Ablösen (release) der RNA-Polymerase. Die Proteinbiosynthese (↑Translation) verläuft synchron mit der Transkription an der wachsenden RNA-Kette, was eine Regulation der Genexpression in Prokaryonten durch Attenuation und Antiattenuation gestattet, also transkriptions-/trans-

lationssynchrone Kontrollmechanismen in Prokaryonten erlaubt (transcriptional-translational control). Eine Transkriptionsregulation erfolgt auch über die negative oder positive Kontrolle (negative, positive control, negative, positive feedback control) durch Repressor/Corepressor bzw. Aktivator/Coaktivator Systeme (↑Genexpression in Prokaryonten). Jüngere Befunde lassen für Prokaryonten eine erheblich bedeutsamere Rolle reiner Transkriptionskontrolle (transcriptional control) im Vergleich mit transkriptions-/translations-synchroner Kontrolle vermuten. Sie erfolgt über eine Vielzahl verschiedener Sigmafaktoren und, entsprechend deren Architektur, über verschiedene Promotoren sowie Transkriptionsfaktoren (*t*ranscriptional *f*actors, TF), die an Sequenzen in 5′-Richtung vom Promotor (5′ *up*stream activator *s*equences, ups oder uas) binden. Diese Faktoren regulieren über das Genom verteilte Transkriptone mit permanenter Transkription, also konstitutiv (constitutive) exprimierte Transkriptionseinheiten in übergeordneten funktionalen Netzwerken (Regulone). Induzierbare (inducible) Transkriptone hingegen unterliegen einer Transkriptions-Translationskontrolle über Repressoren, Aktivatoren und Attenuatoren, wie sie nur in der nicht kompartimentierten prokaryontischen Zelle erfolgen kann. Die Promotoren zeigen eine konservierte „−10“-Box (10 bp in 5′-Richtung vom Transkriptionsstart), die Pribnow-Schaller-Box TATAAT, und eine auch als Eingangsstelle (entry site) bezeichnete „−35“-Box. Die jeweilige Consensussequenz des „−35“-Motivs und der „−10“-Box bestimmen den für eine Transkription erforderlichen spezifischen Sigmafaktor. Der Abstand zwischen „entry site“ und „−10“-Box entscheidet über die Affinität des Holoenzyms zum Promotor und damit die Intensität der Initiation, also Promotorstärke (promotor strength), die entscheidend die Steady-state-Konzentration des Messengers und damit die Konzentration des in der Proteinbiosynthese zu bildenden Proteins bestimmt. Die Ermittlung des optimalen Abstands und der optimalen Sequenz des Linkers durch ↑gerichtete Mutagenese wird als Linker-Scanning bezeichnet. Sie liefert der doch stark für biotechnologische und pharmazeutische Zwecke an Prokaryonten orientierten Gentechnik gewünschte Promoter-up-Mutanten hoher Promotorstärke, die die oft erforderliche konstitutive Expression eingeführter Nutzgene (genes of interest) steigert. Linker-Scanning führt auch dann noch zum Erfolg, wenn bereits starke Phagenpromotoren (T4-, T7-, Lambda-, SP6-Promotoren) im Einsatz sind. Gerade Phagen und Viren verfügen über starke, in der Gentechnik genutzte Promotoren, da sie über diese eine oft souveräne Kontrolle über die wirteigene Transkription erzielen. Auch der häufig verwendete hybride tac-Promotor aus Sequenzen des trp- und lac-Promotors kann potentiell verbessert werden. Neben Promotoren und Terminatoren kommen in der Gentechnik RNA-Polymerasen (T7-RNA-Polymerasen, SP6-RNA-Polymerasen) zur in vitro-Transkription bei Erzeugung von RNA-Sonden (RNA probes) zum Einsatz; ebenso Replicasen (MS2-Replicase, Qβ-Replicase), die an RNA-Genomen von Phagen und Viren sowohl replizierende wie transkribierende Funktionen erfüllen können.

Weniger generalisierbar erscheint derzeit das Bild der Transkription in Eukaryonten, weil diese bei weitgehend gleichem Verlauf des Prozesses an eine größere Strukturmannigfaltigkeit der Promotoren und RNA-Polymerasen (Transkrip-

tasen) gebunden ist. Drei in ihren Untereinheiten (subunits) deutlich verschiedene RNA-Polymerasen I, II und III katalysieren die Transkription verschiedener Genklassen. Die im Nukleolus, einer Substruktur von Chromosomen und damit auch des Kerns (Nucleus), organisierten rRNA-Gene werden von der RNA-Polymerase I transkribiert. Das Nukleoplasma besitzt einen Aufbau aus einem komplexen Gerüst (nuclear scaffold), an dem die Initiation der Replikation und Transkription erfolgt. Die dort lokalisierten RNA-Polymerasen II und III katalysieren die Transkription proteincodierender Cistrone (RNA-Polymerase II) bzw. die Transkription der 5S-rRNA, tRNAs, 7S-RNA und snRNA codierenden Gene. Alle 3 RNA-Polymerasen verfügen über gemeinsame Untereinheiten (subunits), nämlich 2 große und dann über wahrscheinlich 7 (RNA-Polymerase I), 11 (RNA-Polymerase II) und 5 (RNA-Polymerase III) kleinere, zum Teil untereinander noch verwandte Untereinheiten (subunits). Die Promotoren der rRNA-Gene (RNA-Polymerase I-Promotoren) zeigen keine Sequenzkonservierungen mit kanonischen Sequenzmotiven, was topologische Eigenschaften der DNA dieser Region (Sekundär-, -Tertiärstrukturmerkmale) für die Promotorerkennung nahelegt. Gleiches gilt für die Termination. Die Maturation der rRNA verläuft sehr ähnlich wie bei Prokaryonten; das synchron erfolgende Assembly mit ribosomalen Proteinen, das letztlich reife Ribosomen anliefert, ist wenig verstanden, vor allem deren Transport ins Cytoplasma. Die Promotoren für die RNA-Polymerase II (RNA polymerase II promoters), also die Promotoren proteincodierender Gene, zeigen einen Aufbau aus mehreren Konsensussequenzen (multipartite architecture).

Eine als TATA-Box, ATA-Box oder Goldberg-Hogness- bzw. Hogness-Box bezeichnete konservierte Region liegt etwa 30 Basenpaare vor der Transkriptionsstartstelle (cap-site). In Pilzgenen (*Saccharomyces cerevisiae* und *Aspergillus nidulans*) ist sie, weniger präzise als bei Angiospermen und Vertebraten, zwischen −10 und −40 lokalisiert. Die Hogness-Box kontrolliert (als Specifier) den Ort korrekter Initiation, obgleich die meisten Gene in Eukaryonten über multiple Transkriptionsstartstellen (multiple cap-sites) verfügen. In seltenen Fällen (housekeeping genes) kann die TATA-Box auch fehlen. Im Bereich −40 bis −90 liegt eine von 2 oder mehreren GC-Boxen (GGCGGG) flankierte CAAT-Box (Vertebraten-Consensus: GG^C_TCAATCT). Die CAAT- oder CAT-Box fehlt Pflanzengenen und Pilzgenen häufig oder wird durch ein AGGA-Motiv ersetzt. Die CAAT- oder CAT-Box bestimmt die Affinität und damit die Promotorstärke des Gens je nach Sequenzvariante. In einigen Mutanten reduziert sie tatsächlich die Promotorstärke drastisch, wenige Deletionen lassen die Funktion unberührt, wie ↑gerichtete Mutagenese und Linker-Scanning-Experimente ergeben. An die Region mit CAT-Motiv binden transkriptionsstimulierende Faktoren (Transkriptionsfaktoren, TFs; transcriptional factors), die die Transkriptone stimulieren. Weiter von der CAT-Box in 5′-Richtung entfernt, finden sich eine oder mehrere konservierte Regionen der Promotor-upstream-Region (regulatorische Region; regulatory region), die gewebespezifische (tissue specific) oder Streß-spezifische (stress-specific) Proteine (Hormonrezeptoren, Hitzeschockproteine) binden und die Transkriptionsaktivität signalspezifisch (Hormon, Streß) regulieren. Oft weit von einer Transkriptions-

einheit entfernt (10 000 − 30 000 bp), liegen zusätzliche, als Modifier (transcriptional modifiers) oder Modulatoren (transcriptional modulators) bezeichnete DNA-Elemente, die eine gewebespezifische Verstärkung (Enhancer; transcriptional enhancers) oder Herabsetzung (Silencer; transcriptional silencers) der Transkriptionsrate bewirken. Solche Modifier wirken bidirektional, also auf das 5′ wie das 3′ von ihnen gelegene Transkripton. Modifier zeigen keine konservierten Sequenzen, ihre Funktion basiert also ausschließlich auf der Sekundär- oder Tertiärstruktur oder anderer DNA-Topologie; sie zeigen keinerlei Nukleosomenstruktur und agieren deshalb als „Einfangfallen" (trapping sites) für gewebespezifische Proteine. Eukaryonten-Viren enthalten in ihren Genomen häufig Enhancer, die eine wirtsspezifisch verstärkte Transkription im Gewebe der Viruspropagation (Gewebespezifität des Enhancers) bewirken. Der geringe Anteil codierender Sequenzen im eukaryontischen Genom sowie der Überschuß an repetitiver DNA (C-Wert-Paradoxon) führt zu erheblichen Genabständen mit Spacern von 20 000 − 100 000 und mehr Basen mit einer Lokalisation solcher Elemente fernab der bidirektional zu regulierenden Cistrone. Im intergenischen Spacer befinden sich oft multiple Modifierelemente, die sowohl als Enhancer wie Silencer fungieren können. Die jeweilige gewebespezifische Festlegung, die zu einer fast vollständigen Abschaltung (Silencer) oder einer Erhöhung der Transkriptionsrate (Enhancer) führt, ist bisher unverstanden. Ebenfalls noch nicht geklärt ist die differentielle Transkription (differential transcription, tissue specific transcription), die aus dem uniformen Genotyp der Zygote während der Embryonalentwicklung (Embryogenese) der geweblich organisierten Metazoen und Metaphyta die Mannigfaltigkeit der zellulären Phänotypen der Gewebe (tissue) erzeugt. Die Initiation der Transkription erfordert eine Kaskade der Kontaktaufnahme der proteinbesetzten Modifierregionen mit der spezifisch proteinbesetzten regulatorischen Region und des Protein-Protein-Kontakts von Transkriptionsfaktoren an der CAAT-Box, wodurch die ans Hogness-Motiv gebundene RNA-Polymerase zur Transkription aktiviert wird. Ein falscher oder fehlender Proteinbesatz einer dieser Regionen verhindert die Transkription.

Entscheidenden Einfluß auf das Ausmaß der Transkription hat die Modifierregion, mit Silencer- oder Enhancerelementen. Die Elongation verläuft wie bei Prokaryonten. Der Transkriptionsbefehl an die RNA-Polymerase II erfolgt entweder in direktem Protein-Protein-Kontakt mit Ausstülpung der dazwischenliegenden DNA (Looping-Modelle) oder nach Gleiten (sliding) der Proteine entlang der DNA mit Aggregation in der Promotorregion (Sliding-Modelle, Gleitmodelle, Modelle linearer Diffusion). In anderen Modellen wird eine Ausbreitung lokaler Änderungen der ↑DNA-Topologie durch Topoisomerasen zwischen den entsprechenden proteincodierenden Regionen diskutiert. An diesen Orten mit Topologieänderung (DNA-Twisting-Modelle) erfolgt, zur primären Signalübertragung, eine Assoziation der verschiedenen proteinbesetzten Regionen mit definierten Stellen der Kernmatrix (nuclear matrix, nuclear scaffold, nuclear skeleton). Diese Regionen leiten dann als SAR-Region (*scaffold attached region*) das Transkriptionssignal in Protein-Protein-Interaktionen zur RNA-Polymerase II (nuclear address model). Die SAR-Regionen enthalten Topoisomerase II-Konsensus-

sequenzen, nämlich eine 10 bp lange Oligo(A)-Sequenz (A-Box) und eine 10 bp lange oligo (T)-Sequenz (T-Box). Die SAR-Regionen dirigieren aktive Gene in Unterkompartimente des Kerns (nuclear subcompartments), die reich an RNA-Polymerase II und regulatorischen Proteinen (regulatory proteins) sind. An die isolierte Kernmatrix (nuclear matrix, nuclear scaffold) sind 1–2% genomischer DNA gebunden. Gleichfalls werden Topoisomerasen und regulatorische Proteine (Hormonrezeptoren) mit der Kernmatrix coisoliert, ebenso wie Replikations- und DNA-Reparaturenzyme, Primärtranskripte und RNA-Polymerasen. Zudem befinden sich Modifier und ups-Sequenzen in DNase-sensitiven oder -hypersensitiven Regionen ohne Nukleosomenbesatz. Diese fungieren als „Proteineinfangfalle" (trapping site) für Transkriptionsfaktoren, regulatorische Proteine und RNA-Polymerasen (entry sites oder superentry sites, Chromatin-Struktur-Modelle). Die komplizierte Modulation der Transkription eukaryontischer proteincodierender Transkriptionseinheiten an Modifiern und der 5′-flankierenden Region mit Promotor und ups-Elementen verläuft vermutlich nicht streng nach dem einen oder anderen Modell, sondern konzertiert über DNA-looping, Protein-sliding und Topoisomerase-twisting – und von Transkripton zu Transkripton unterschiedlich –, wobei der Kernmatrix (nuclear matrix, nuclear scaffold) eine weitere Bedeutung zukommt. Die multiplen bidirektional aktiven Modulatoren, die als konstitutive Elemente (constitutive modifiers) eine Gewebespezifität der Expression (differentielle Genaktivität) garantieren, werden durch induzierbare Modifier (inducible modifiers), die einer positiven oder negativen Regulation unterliegen, ergänzt. Dies gestattet eine gewebespezifische (tissue specific) Feinregulation der Transkription (modulare Modifier; modifier modules, modules, multiple modifier) wie sie die Modulhypothese für Modifier fordert. Interessanterweise finden sich Konsensussequenzen der Modulatormodule bei näher untersuchten Cistronen (steroidhormonregulierte Gene, schwermetallinduzierbare Metallothioneingene) direkt oder in geringfügiger Sequenzabweichung auch in den ups-Sequenzen oder regulatorischen Region wieder (Kohabitationstheorie der Sequenzmotive; cohabitation theory, die besonders auch für SAR-Motive gilt).

Die Mannigfaltigkeit der *Termini technici* und der Modellvorstellungen zeigt deutlich den geringen generalisierbaren Wissensstand um die Transkription in Eukaryonten; ein Puzzle, das augenblicklich mit jedem näher untersuchten Cistron mehr Verwirrung denn Ordnung schafft. Die Transkription in Eukaryonten erfolgt zudem an demethylierter DNA wie sie für aktive Gene des Euchromatins typisch ist. Die Nukleosomenstruktur bleibt weitgehend erhalten; die Transkription erfolgt an der Perlkettenstruktur (10-nm-Fibrille mit kontinuierlicher Nukleosomenstruktur; Beads-on-a-String-Struktur) ohne Histon H1-Besatz der Nukleosomen im DNA-Linker-Bereich. Dies setzt einen Übergang von der Solenoidstruktur (30-nm-Fibrille mit 6 Nukleosomen pro helicaler Umdrehung; helical turn, bei Histon H1-Stabilisation, ↑Chromatin und Chromosomen) in Perlkettenstruktur über Histon H1-Dephosphorylierung und nachfolgender Ablösung von Histon H1 (H1 dephosphorylation and depletion) voraus. Die nächsthöhere Ordnung der Faltung (higher order folding) der Solenoidstrukturen, die

„looped domains" (20–85 kb DNA), werden über Nichthistonproteine (nonhiston proteins) in einem zentralen Gerüst (central scaffold) verankert. Die „looped domain" repräsentiert zumeist ein Replikon (↑Replikation) und enthält wahrscheinlich die bei Eukaryonten häufig auftretenden Cluster eng verwandter Cistrone, z. B. das Hämoglobin β-Gencluster der Struktur $5'\varepsilon\text{-}G\gamma\text{-}A\gamma\text{-}\psi\beta_1\text{-}\delta\text{-}\beta\text{-}3'$. Die Gene werden während der Embryogenese (ε), Fetogenese ($G\gamma$, $A\gamma$) und schließlich postnatal und in Adulten (δ und β) stadienspezifisch exprimiert. Dies erfordert stadienspezifische Modifiermodule (stage specific modulator-/modifier modules) zwischen diesen Cistronen, also induzierbare, gewebe- und stadienspezifische Modulatorsequenzen. Speziell die Existenz stadienspezifisch exprimierter Gene genügt den Forderungen der verkürzten Rekapitulation der Phylogenie während der Ontogenie (HAECKEL's Biogenetische Grundregel). In Pflanzen, die als ‚offene Form' keine Keimbahn (germ line) besitzen, gestattet dies eine gelegentliche Expression stammesgeschichtlich älterer Gene (Atavismus), was in extremer Umwelt (environmental stress) oder in ökologischen Nischen (ecological niches) von Vorteil sein kann (↑Genetik). Konservierte Konsensussequenzen in der Terminatorregion des 3'-Trailers (3' flanking region) existieren nicht, was eine Termination über die bei der Transkription sich ergebende Sekundär-/Tertiärstruktur (DNA-Topologie des Matrizenstranges) nahelegt. Die einzige Konsensussequenz der 3'-flankierenden Region ist AATAAA, die singulär oder in Verbund mit mehreren kryptischen (inaktiven) Sequenzmotiven als Polyadenylierungssignal fungiert. Die häufigste Ursache ausbleibender Expression eines heterologen oder chimären Genes auf Transkriptionsebene in transgenen Organismen und Systemen mit ↑transienter Expression ist deshalb ein Durchlesen (transcriptional readthrough, run off transcription), gefolgt von abortivem Spleißen (abortive splicing) auf der posttranskriptionalen Ebene. Dies zwingt die Molekulargenetik – als deren späte Nutzanwendung reine Gentechnik betrachtet werden kann –, neue Promotoren zu verwenden, die eine Übertragung von heterologen oder chimären Genen auf ein immer eingeschränkteres Spektrum gentechnischer Wirte gewährleistet. Das erfordert eine erheblich höhere Zahl an chimären Konstrukten mit der gleichen proteincodierenden Sequenz, weil diese eben nur innerhalb eines Wirtsspektrums von Klassen (classis) und, möglicherweise noch eingeschränkter, Ordnungen (ordo) ausreichende Genexpression (performance) zeigen. Dies erlaubt interessante Berechnungen der Beschleunigung der Evolution durch Gentechnik.

Die Transkription in Organellen (Chloroplasten, Mitochondrien) der eukaryontischen Zelle entspricht mit $\alpha_2\beta\beta'$- bzw. $\alpha_2\beta\beta''$-, $\alpha_2\beta\beta\beta''$-RNA-Polymerasen weitgehend der Transkription in Prokaryonten; daneben arbeiten auch cytoplasmatische RNA-Polymerasen in Organellen. Einige mRNAs werden zur ↑Translation ins Cytoplasma entlassen und die Proteine reimportiert. Zusätzlich werden von nukleären Genen (Kerngenen) codierte Proteine in Organellen transportiert. Während die RNA-Polymerase II sich zur Initiationsstelle (capsite) in 3′-Richtung (downstream) bewegt, bindet die RNA-Polymerase III, die die 5S-rRNA-, tRNA- und mRNA-codierenden Gene transkribiert, an einen speziellen Transkriptionsfaktor (ancillary factor), der an zwei Konsensusmotive (Box A; Box B) im Bereich +55 bis

+85 der codierenden Sequenz (coding sequence), also an einen internen Promotor (internal promoter) bindet. Die an den „ancillary factor" gebundene RNA-Polymerase gleitet über diesen Bereich hinweg an die Initiationsstelle der Transkription, bewegt sich also in 5′-Richtung (5′ back step) und beginnt unverzüglich mit der Transkription. Genkonstrukte, die Box A- und Box B-Konsensusmotive enthalten, liefern deshalb Primärtranskripte, die 55 bp in 5′-Richtung (upstream) von Box A entfernt beginnen. RNA-Polymerase III-transkribierte Gene (5 S-rRNA, tRNA, snRNA) weisen eine Tandemorganisation (tandem arrays, clusters) mit nichttranskribierten Zwischenstücken (spacers) auf, die die codierenden Regionen (coding regions) trennen. Die Spacer liegen zwischen multiplen Consensus-Terminationssequenzen ${}^C_G$AA(A)AT und RNA-Polymerase III-Bindestellen (entry sites), die eine Akkumulation von RNA-Polymerase III-Molekülen erlauben, welche dann ihrerseits nach linearer Diffusion (Bewegung längs der DNA; hier in 3′-Richtung) auf ancillary factors auflaufen und nach „5′ backstep" zur Initiationsstelle (inition site) hin die Transkription beginnen. Dem Gencluster (Gentandem; gene cluster, gene array) in 5′-Richtung vorgeschaltet finden sich „superentry sites" als „RNA-Polymerase III-Einfangfalle". In ähnlicher Weise befinden sich vor von RNA-Polymerase I transkribierten Genen (rRNA Genen) des Nukleolus multiple Promotoren (Mehrfachpromotoren, multiple promoters, tandem promoters), die eine ebensolche „RNA-Polymerasefalle" (RNA polymerase trapping centre) bilden. Gleiches gilt für die Histongene, die die Histone H2A, H2B, H3, H4 und H1 codieren. Diese sind in vielen Arten in Tandemanordnung (tandem array) mit

AT-reichen Zwischenstücken (AT rich spacers) zu einer repetitiven Einheit (repeating unit) verschaltet, die dann als Cluster oder Genbatterie (gene battery) in niederen Eukaryonten (*Drosophila;* Seeigelarten, Hexapoda, Protostomialinie) und primitiven Deuterostomiern (Echinodermata) vorgefunden wird; nicht so in höheren Deuterostomiern, also Vertebraten. Auch diesen Genbatterien (gene batteries) ist eine multiple Promotorregion (tandem promoters) als „superentry site" der RNA-Polymerase II vorgeschaltet, die eine RNA-Polymerase II-Akkumulation gestattet. Die Gentechnik verwendet deshalb gern Tandempromotorkonstrukte zur Erhöhung der Transkriptionsrate.

Die in Eukaryonten auftretende strenge Kontrolle der ↑Genexpression auf Transkriptionsebene (Transkriptionskontrolle; transcriptional control) und die posttranskriptionale Kontrolle (posttranscriptional control) ist im Gegensatz zur fast ausschließlich auf Translationsebene kontrollierten Genexpression in Prokaryonten ein limitierender Faktor der ↑Gentechnologie und insbesondere einer ↑Gentherapie am Menschen. Die Transkription und die posttranskriptionale RNA-Degradation unterhält im Steadystate der RNA in Prokaryonten und Eukaryonten einen Anteil von 80–85% rRNA, 1–5% mRNA und 10–15% tRNA. In Eukaryonten splittet sich die Messengerpopulation (Gesamt mRNA; total mRNA) in Subpopulationen von mRNAs mit hoher Abundanz (high abundancy messengers), die von gewebespezifisch (tissue-specific) exprimierten Genen transkribiert werden (10–100 Gene zu 1000–10000 mRNA Kopien), und mittlerer Abundanz (medium, intermediate, abundancy messengers) mit je einigen hundert Kopien von 500–1000

Genen (Gene zur Aufrechterhaltung des Zellhaushaltes; housekeeping genes) und niedriger Abundanz; dies sind in höheren Eukaryonten zehntausende von Messengern, die pro zellulärem Genom in nur 5–10 Kopien vorliegen, also von Genen resultieren, die durch Silencermodule stadienspezifisch oder zum Zeitpunkt postnataler Messung gewebespezifisch fast auf dem Nullevel (zero level) der Transkription gehalten werden. Schließlich bedeutet die hohe Konzentration an Nukleosidtriphosphaten, die bei den großen Genomen der Eukaryonten zur Verfügung stehen müssen, auch eine osmotische Belastung. Diese kann durch makromolekulare Speicherung vermieden werden, was wahrscheinlich energiesparender funktioniert als eine entsprechende osmotische Pumpe, obwohl energiereiche Phosphate in die Reaktion mit eingehen.

Im Gegensatz zu Prokaryonten und eukaryontischen Einzellern (Protisten) mit konstitutiv und reguliert exprimierten Genen, also mit direkter Reaktion auf Außenbedingungen, reagieren Zellen höherer Eukaryonten in stärkerem Umfang auf systeminterne Stimuli von gewebespezifischer und stadienspezifischer Natur und folgen ausgeprägter einer circadianen Rhythmik der Transkription.

Angesichts der Bedeutung und Vielschichtigkeit der Transkription verwendet die Gentechnik ausschließlich von der Molekulargenetik gut untersuchte Promotoren. Ihr Bedarf an neuen Promotoren steigt stetig und rapide.

Literatur
Beadle GW, Tatum EL (1941) Proc Natl Acad Sci 27:499
Beebee T, Burke J (1988) Gene Structure and Transcription. IRL Press, Oxford
Benzer S (1957) In: McElroy WD, Glass B (eds) The Chemical Basis of Heredity. Baltimore John Hopkins Press, p 70

Transkriptionsfaktoren (transcription factors, TF)

Elliston K, Messing J (1988) In: Kahl G (ed) Architecture of Eukaryotic Genes. VCH, p 21
Glass RE (1982) Gene Function – E. coli and its heritable elements. Croom Helm, London
Kahl G (ed) (1988) Architecture of Eukaryotic Genes. VCH
Lewin B (1987) Genes III, 3rd edn. John Wiley & Sons
Lewin B (1990) Genes IV, 4th edn. Oxford University Press
MacLean N (ed) (1988) Oxford Surveys on Eucaryotic Genes. Oxford University Press
Miller OL et al. (1970) Cold Sp Harb Symp 35:505
Renkawitz R (ed) (1989) Tissue Specific Gene Expression. VCH
Strickberger MW (1988) Genetik. Carl Hanser
Williams CM, Reed SC (1944) Amer Nat 78:214

Transkriptionsfaktoren (transcription factors, TF). ↑Transkription

Translation. Als Translation wird die Proteinbiosynthese bezeichnet. Die translatorische Effizienz einer mRNA und damit die cytoplasmatische Konzentration des primären Genprodukts (Polypeptid) wird von verschiedenen Parametern bestimmt. Dazu zählen die Steady-state-Konzentration der mRNA, die RNA-Topologie, die aktuelle Konzentration der Komponenten des Translationssystems (aktivierte tRNAs, Ribosomen, Translationsfaktoren; ATP- und GTP-Spiegel, also die Energiespannung der Zelle) und die Codonpräferenz (codon bias) der Zelle. Die dreidimensionale Struktur (3D-Struktur, Topologie) der mRNA in Eukaryonten wird von der Primärstruktur der mRNA nach dem posttranskriptionalen Processing (Capping, Splicing, Polyadenylierung) innerhalb einer Reaktionsnorm (Streubreite) festgelegt und durch chemische Modifikation zusätzlich beeinflußt. Dies legt dann die akute Steady-state-Konzentration als Gleichgewichtskonzentration aus Transkriptionsrate und Messenger-Degradationsrate fest. Die Abbaurate und damit die biologische Halbwertszeit (half life) der mRNA wird von der ↑RNA-Topologie und der chemischen Modifikation der RNA bestimmt. Die Transkriptionsrate hängt im wesentlichen von der Affinität der RNA-Polymerase und der Transkriptionsfaktoren (transcriptional factors, TF factors) zum Promotor sowie von der Verstärkung (enhancement) oder Abschwächung (silencing) der Transkriptionsrate (transcriptional enhancement, transcriptional silencing) durch Modulatoren (modifiers, ↑Transkription) ab. Schließlich bestimmt auch die je nach DNA-Donor vorgegebene Codonwahl (Codonpräferenz; codon bias) die ↑RNA-Topologie. Somit zeigen die Parameter, welche die Translationseffizienz des Messengers und damit die Proteinkonzentration bestimmen, eine wechselseitige Interferenz.

Die Codonwahl (Codonnutzung; codon usage) des proteincodierenden Gens und die Codonpräferenz (codon preference, codon bias) des heterologen Systems (transgener Organismus, heterologes in vitro-Translationssystem) bestimmen empfindlich die Translationseffizienz, wie auch das Phänomen der Regulation der Genaktivität über Attenuation (↑Genexpression in Prokaryonten) eindrucksvoll belegt. Die Übersetzung (Translation) der genetischen Information in die Aminosäureabfolge der Polypeptide erfordert mehrere Komponenten: einmal die zur DNA eines proteincodierenden Transkriptons komplementäre mRNA und zum anderen sämtliche Bestandteile des Translationsapparats, also Aminosäure-Adaptoren oder tRNAs (Transfer RNA), Aminosäuren, aktivierte Aminosäuren (Aminoacyl-tRNAs, AA-tRNAs), Aminoacyl-tRNA Synthetasen (Codasen), Ribosomen, Translationsfaktoren ATP, GTP und Magnesiumionen, wie man aus der Verwendung von in vitro-Translations-

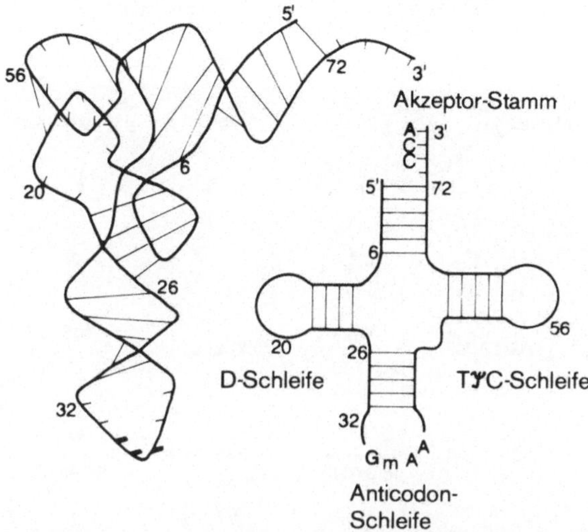

Abb. 52. Tertiär- und Sekundärstruktur einer tRNA: Die L-förmige Tertiärstruktur (*links*) wird durch sog. ternäre Wechselwirkungen – u. a. sind dies ungewöhnliche Basenpaarungen – stabilisiert. Die Basen des Anticodons sind durch dicke schwarze Linien symbolisiert. In der kleeblattförmigen Sekundärstruktur (*rechts*) sind die doppelsträngigen Stamm- und die einzelsträngigen Schleifen-Regionen gut erkennbar. Das Anticodon ist in der Anticodon-Schleife lokalisiert. In diesem Beispiel sind die Anticodon-Basen zwei Adenine (*A*) und ein O^2-Methylguanosin (G_m), d. h. es ist das Anticodon einer tRNA für die Aminosäure Phenylalanin ($tRNA^{Phe}$) gezeigt. Die Basen bzw. Nucleotide einer tRNA werden vom 5'-Ende ausgehend numeriert. (D = Dihydrouridin; ψ = Pseudouridin). Aus: Gentechnik, Gustav Fischer Verlag, 1987 [41]

systemen schon weit vor der Ära der Gentechnik weiß.

Die tRNAs als Aminosäureakzeptormoleküle (Adaptormoleküle) besitzen eine typische ↑RNA-Topologie, nämlich eine Kleeblattstruktur (clover leaf structure), die über konservierte Sequenzen der D-Schleife (Dihydrouridinschleife; D-loop) und der Pseudouridinschleife (TψC-Schleife; TψC loop) für eine spezifische Beladung mit einer Aminosäure durch die Codasen von Bedeutung ist. Seltene, posttranskriptional durch chemische Modifikation erzeugte Basen (odd bases) stabilisieren die Sekundärstruktur (Kleeblattstruktur) und gestatten über ternäre Wechselwirkungen (ternary interactions) die Tertiärstruktur der L-Form (tRNA-Topologie). Die L-Form gestattet eine ausreichende Exponierung des

Anticodonstammes (anticodon stem), der D-Schleife (D loop) und des Akzeptorstammes (acceptor stem) in der tRNA-Bindungsstelle (tRNA binding site) der Aminoacyl-tRNA-Synthetase (Codase), die des weiteren über eine Aminosäurebindungsstelle (amino acid site) und ATP-Bindungsstelle (ATP site), also drei aktive Zentren (active sites) verfügt. Im ersten Reaktionsschritt wird die für die jeweilige Codase spezifische Aminosäure und ATP an die Aminosäurebindungsstelle (amino acid site) und ATP-Bindungsstelle (ATP site) gebunden; danach wird AMP an das Carboxyl-C-Atom der Aminosäure kondensiert und die zu beladende tRNA in die tRNA-Bindungsstelle eingefügt. Unter AMP- und Wasserabspaltung erfolgt dann die kovalente Bindung der Aminosäure an

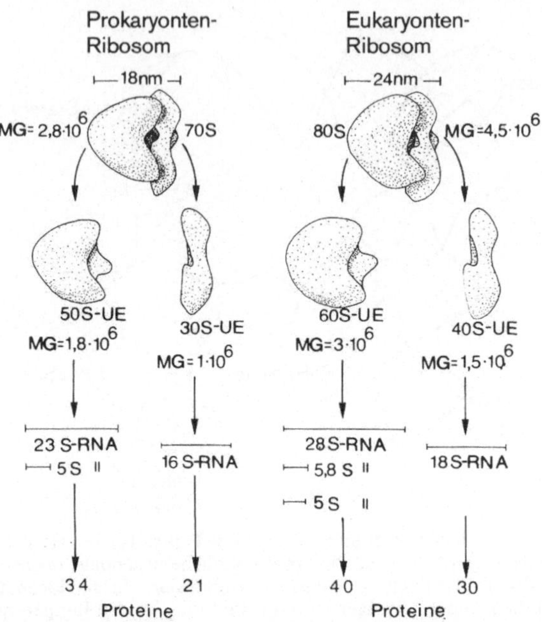

Abb. 53. Die Zusammensetzung prokaryontischer und eukaryontischer Ribosomen aus Proteinen und Nucleinsäuren: Die Striche im unteren Bildteil symbolisieren die Größe der ribosomalen Ribonucleinsäuren (UE = Untereinheit, S = Svedberg-Konstante, MG = Molekülmasse). Aus: Gentechnik, Gustav Fischer Verlag, 1987 [42]

die 3′-OH-Gruppe der CCA-Akzeptorsequenz am 3′-Ende der tRNA. Die Codasen (Aminoacyl-tRNA-Synthetasen) sind somit aufgrund ihrer Funktion Adaptormoleküle und – spezifisch mit Aminosäuren beladen – die eigentlichen Realisatoren des Genetischen Codes. Damit stehen für die Proteinbiosynthese an Ribosomen die aminosäurebeladenen Adaptoren (AA-tRNA = tRNA mit aktivierter Aminosäure) zur Verfügung. Prokaryonten verfügen über 70S-Ribosomen aus je einer 30S- und 50S-Untereinheit (subunit). Die 30S-Untereinheit enthält eine 16S-rRNA und 21 ribosomale Proteine (ribosomal proteins), die 50S-Untereinheit eine 23S-rRNA und 5S-rRNA sowie 34 Proteine. Eukaryonten besitzen 80S-Ribosomen aus einer 40S- und einer 60S-Untereinheit. Bei Proto-

zoen und niederen Pilzen enthält die 40S-Untereinheit eine 17S-rRNA, die 60S-Untereinheit eine 25S-, 5.8S- und 5S-rRNA. Alle anderen Eukaryonten verfügen über eine 18S-rRNA in der kleineren Untereinheit. Die große Untereinheit beinhaltet eine 26S-rRNA in primitiven Protostomia (z. B. Nematoden) und Deuterostomia (z. B. Seeigel) bzw. eine 28S-rRNA in höheren Protostomia (Insekten, Mollusken) und Wirbeltieren. Algen, Pilze, Moose, Farne und höhere Pflanzen verfügen über eine 25S-rRNA der großen ribosomalen Untereinheit, 5S-rRNA und 5.8S-rRNA sind obligate Bestandteile aller großen Untereinheiten cytoplasmatischer Ribosomen der Eukaryonten. Chloroplasten zeigen 70S-Ribosomen mit prokaryontischer rRNA Zusammensetzung (16S-, 23S- und 5S-rRNA).

Mitochondrien von Tieren enthalten eine 12S- (kleine Untereinheit) und 16S-rRNA (große Untereinheit) und keine 5S-rRNA. Die Ribosomen der Organellen von Protozoen und Pilzen beinhalten eine 15S- bzw. 20S-rRNA, keine 5S-rRNA. Grünalgen, Moose, Farne und höhere Pflanzen weisen in den Ribosomen ihrer Chloroplasten eine 18S- (kleine Einheit) bzw. 26S- und 5S-rRNA (große Einheit) auf. Die Proteinbiosynthese gliedert sich in die Teilschritte Initiation, Elongation und Termination. In Prokaryonten beginnt die Initiation mit der Bindung der mRNA an die kleine Untereinheit des Ribosoms und einer nachfolgenden Anfügung von f-Met-tRNA (Formylmethionyl-tRNA) an das AUG-Startcodon. An der Reaktion sind 3 Initiationsfaktoren (IF) beteiligt. An den 30S-Initiationskomplex bindet dann die 50S-Untereinheit. Bei Eukaryonten kommt es während der Initiation völlig analog zur Bildung eines 50S-Initiationskomplexes mit kleiner Untereinheit, mRNA und Met-tRNA (Methionyl-tRNA; nicht f-Met-tRNA wie in Prokaryonten und Organellen). An der Formation des 40S-Initiationskomplexes in Eukaryonten sind mindestens 8 oder 9 eukaryontische Initiationsfaktoren (eIF) beteiligt. Nach Bindung der 60S-Untereinheiten an den 40S-Initiationskomplex verläuft die Elongation wie bei Prokaryonten. Das Erkennen des Startcodons (AUG, selten GUG) erfolgt bei Prokaryonten nach der Contexttheorie mittels einer dem Startcodon vorgeschalteten ↑Shine-Dalgarno-Box (S/D-Box: AGGAGG) oder deren nach den Stormo-Regeln möglichen Abweichungen vom Konsensus mit Paarung einer dazu komplementären Sequenz (S/D-komplementäre Box; S/D complementary box) des 3'-Endes der 16S-rRNA; es wird also

ein S/D-Context erkannt. Bei Eukaryonten bindet der Initiationsfaktor eIF2 an die mRNA-Kappe (cap), und das Ribosom sucht die Leadersequenz nach dem Startcodon ab (AUG scanning); das 3'-Ende der eukaryontischen 18S-rRNA zeigt keinerlei Komplementarität zu 5'-mRNA-Sequenzen.

Die Elongation, das sequentielle Aneinanderfügen von Aminosäuren zu einem Polypeptid gemäß der Codonabfolge der mRNA, erfolgt in Pro- und Eukaryonten gleich. Die kompletten 70S- oder 80S-Ribosomen verfügen über zwei tRNA-Bindungsstellen, die Peptidyl-tRNA-Stelle (P-Stelle, P-site) und die Aminoacyl-tRNA-Stelle (A-Stelle, A-site). Nach Initiation befindet sich die f-Met-tRNA (Prokaryonten) bzw. Met-tRNA (Eukaryonten) in der P-Stelle. Das dem Startcodon in 3'-Richtung folgende Codon befindet sich an der A-Stelle (A-site). Die Elongation beginnt mit der Besetzung der A-Stelle mit einer AA-tRNA, deren Anticodon zu diesem Codon komplementär ist. Als Carrier fungiert ein Elongationsfaktor (Tu; EF-Tu; eEF1 in Eukaryonten) unter GTP-Verbrauch. Die Synthese der Peptidbindung erfolgt durch die Peptidyltransferasereaktion, die von der Peptidyltransferase, einer enzymatischen Aktivität der großen ribosomalen Untereinheit, katalysiert wird. Als Ergebnis liegt in der P-Stelle eine tRNA ohne Aminosäure (deacylierte tRNA) vor. Die tRNA der A-Stelle trägt ein Dipeptid. Ein zweiter Elongationsfaktor (EF-G) bewirkt die Freisetzung der tRNA aus der P-Stelle. Nach Translokation, also dem Weiterrücken der mRNA um ein Codon, ist die A-Stelle für eine erneute Bindung einer AA-tRNA frei; es beginnt ein neuer Elongationszyklus. An einem der 3 Stopcodons (ochre : UAA, amber : UAG, opal : UGA) erfolgt die

Termination mit Ablösung des fertigge-
stellten Proteins vom Ribosom und Dis-
soziation des Ribosoms in seine Untereinheiten, womit es erneut zur Initiation
der Translation am gleichen oder einem
anderen Messenger zur Verfügung steht
(Ribosomencyclus). Die Termination erfordert Terminationsfaktoren (Release-
faktoren, RFs). Da mehrere Ribosomen
gleichzeitig eine mRNA translatieren,
zeigt sich im Elektronenmikroskop ein
als Polysom bezeichnetes Aggregat aus
mRNA und Ribosomen. Die mRNA
wird in 5'→3'-Richtung am Ribosom bewegt und dirigiert die Polypeptidsynthese
vom N-Terminus (Amino-Terminus) zum
C-Terminus (Carboxy-Terminus). In den
kernlosen Prokaryonten erfolgen Transkription und Translation synchron, in
Eukaryonten dagegen auf Kern (Transkription) und Cytoplasma (Translation)
verteilt, also räumlich wie zeitlich getrennt.

In Eukaryonten stehen die freien Ribosomen mit dem Zellskelett (cytoskeleton) in
Kontakt oder sind an das Membransy-
stem des endoplasmatischen Retikulums
(ER) gebunden. Die Insertion von Proteinen in eukaryontische Membransy-
steme erfolgt häufig über Leadersequenzen, also Aminosäureabfolgen vor dem
N-Terminus des reifen Proteins, das damit als Präprotein (preprotein) bezeichnet wird. Vorläuferproteine (Propro-
teine; proproteins) dagegen sind Proteine, die bei adaequatem Stimulus eine
Maturation zum reifen Protein (mature
protein) durch proteolytische Spaltung
(proteolytic cleavage) erfahren (z. B. Pro-
thrombin zu Thrombin). Die Abspaltung
(cleavage) der Leadersequenz eines Prä-
proteins produziert ein reifes, membran-
verankertes Protein (anchored protein)
oder ein membraninseriertes Proprotein
(anchored proprotein). Der Vorläufer ist

dann ein Präproprotein (preproprotein).
Der Transport von Präproteinen durch
das ER-Membransystem erfolgt cotrans-
lational (Cotranslationaler Transfer; co-
translational transfer). Die Präproteine
werden somit nicht ins Cytoplasma entlassen, sondern gelangen über das ER in
den Golgi-Apparat, von wo aus sie an
ihren Bestimmungsort (destination) gelangen, also in Liposomen-, Vesikel-,
Plasma- oder Kernmembran. Neben dem
cotranslationalen Transfer existiert ein
an ein Signalerkennungspartikel (signal
recognition particle, SRP) gebundenes
Transfersystem. Das Signalpartikel ist
ein stäbchenförmiges ($\emptyset$ 5–6 nm; 23–
24 nm lang) 11 S-Ribonukleoproteid aus
6 Proteinen, die mit einer 7 S-RNA als
Rückgrat verbunden sind. Die 7 S-
rRNA-Gene befinden sich als Gene und
Pseudogene in der intermittiert repetitiven DNA. Das SRP bindet während der
Translation an die Leadersequenz, die als
Signalpeptid oder Transitpeptid bezeichnet wird. Dieses bewirkt ein Anhalten der
Translation an internen Stop-Transfer-
signalen (halt transfer signals) und die
Bindung des SRP samt Ribosom,
mRNA und partiell synthetisiertem Protein an einen SRP-Rezeptor mit nachfolgender Fortsetzung der Translation.
Das synthetisierte Protein passiert die
Membran, wobei die Signalsequenz
(Transitsequenz) nach ihrer vollständigen Passage durch die Membran abgespalten wird. Signalpeptide sind 16–29
AA (Aminosäuren; amino acids) lang,
haben am N-Terminus 2–3 polare AA
und einen hohen Gehalt an hydrophoben
AA; ein innerartlicher oder zwischenart-
licher Consensus ist nicht bekannt.

Speziell Proteine des Kerns und der Organellen werden im Cytoplasma synthetisiert und erfahren einen posttranskriptionalen Import über Kern- oder Organel-

len-ständige Rezeptoren, an die Präproproteine zum Import binden.

Die Abgabe von prokaryontischen Proteinen in das Medium (Exoproteine), wie sie für grampositive Bakterien (z. B. *Bacillus subtilis*) typisch ist, erfolgt ebenfalls über hydrophobe Leadersequenzen, die als Signal- oder Transitpeptide bezeichnet werden. Sie bewirken eine Inserierung in der Membran und schließlich den Transport des Proteins durch die Membran bei Abspaltung der Signalsequenz durch Signalpeptidasen (Transitpeptidasen). SRPs fehlen in Prokaryonten. In gramnegativen Bakterien wie *E. coli* erfolgt eine Proteinpassage lediglich durch die Plasmamembran in den Intermembranraum (periplasmatic space) und nicht ins umgebende Medium.

Neben dem cotranslationalen und posttranslationalen Transport mit posttranslationalen Änderungen der Sequenz durch Abspaltungen (cleavage) und regulierter, posttranslationaler Maturation von Proproteinen erfolgen häufig posttranslationale Modifikationen zu Proteiden wie Glykosylierungen, Phosphorylierungen, Acetylierungen u. v. m. und schließlich Assemblies zu Heteromeren, Multienzymkomplexen oder Nukleoproteiden. Diese Modifikationen verleihen den Proteinen zum Teil erst ihre biologische Funktion, sie sind aber auch gewebe- und artspezifisch. Insbesondere letzteres verhindert oft eine erfolgreiche Expression im transgenen Organismus. Fremdgene unterliegen im transgenen Wirt einem hohen coadaptiven Druck an das vorgegebene Wirtsgengefüge, was über klassisch genetische und biochemisch/genetische (↑Genetik) Experimente, also die Beobachtung pleiotroper oder epistatischer Wechselwirkungen im Gendonor abgeschätzt werden kann. Deshalb ist Kenntnis der klassischen und biochemischen Genetik des eingefügten Gens in einen transgenen Organismus gefordert (↑Transkription).

Die Gentechnik bedient sich verstärkt der lesegerechten Einfügung (in frame insertion) proteincodierender Sequenzen in Expressions-Sekretionsvektoren (expression secretion vectors) (↑Expressionsvektoren), um Polypeptide in gewünschte Kompartimente der Zelle, Interzellularräume, den periplasmatischen Raum oder das Außenmedium zu dirigieren. Dies gilt besonders für eukaryontische Organellen, da diese für einen ↑Gentransfer schwer zugänglich sind. Hier stimuliert die Gentechnik die Grundlagenforschung. Die Expression eukaryontischer cDNA-Sequenzen in Prokaryonten ist im allgemeinen gegeben, wenn diese durch prokaryontische Expressionsvektoren mit starker S/D-Consensus-Box vermittelt wird. Schwierigkeiten bei der Expression fremder Gene in prokaryontischen Systemen sind entweder durch Instabilität der Plasmide aufgrund des Inserts oder Toxizität des primären Genproduktes gegeben oder von beiden bedingt. Dies kann mit Hilfe entsprechender Rescuetechniken (rescue techniques), z. B. ↑Runaway-Plasmide (↑DNA-Vektoren) im allgemeinen umgangen werden.

Schwieriger gestaltet sich oft die Expression von Genen in heterologen eukaryontischen Wirten, da hier die Vorgänge während der Transkription und die posttranskriptionalen Ereignisse, die die Translationseffizienz der mRNA bestimmen, nur unvollständig aufgeklärt sind (↑Transkription). Im allgemeinen limitiert die Codonwahl (codon usage) eine Expression, was zunehmend über chemische Nukleinsäuresynthese (↑Gensynthese) nach Codonpräferenz des Wirtes umgangen wird. Darüber hinaus

Transposase (tnp-Gen-codiert)

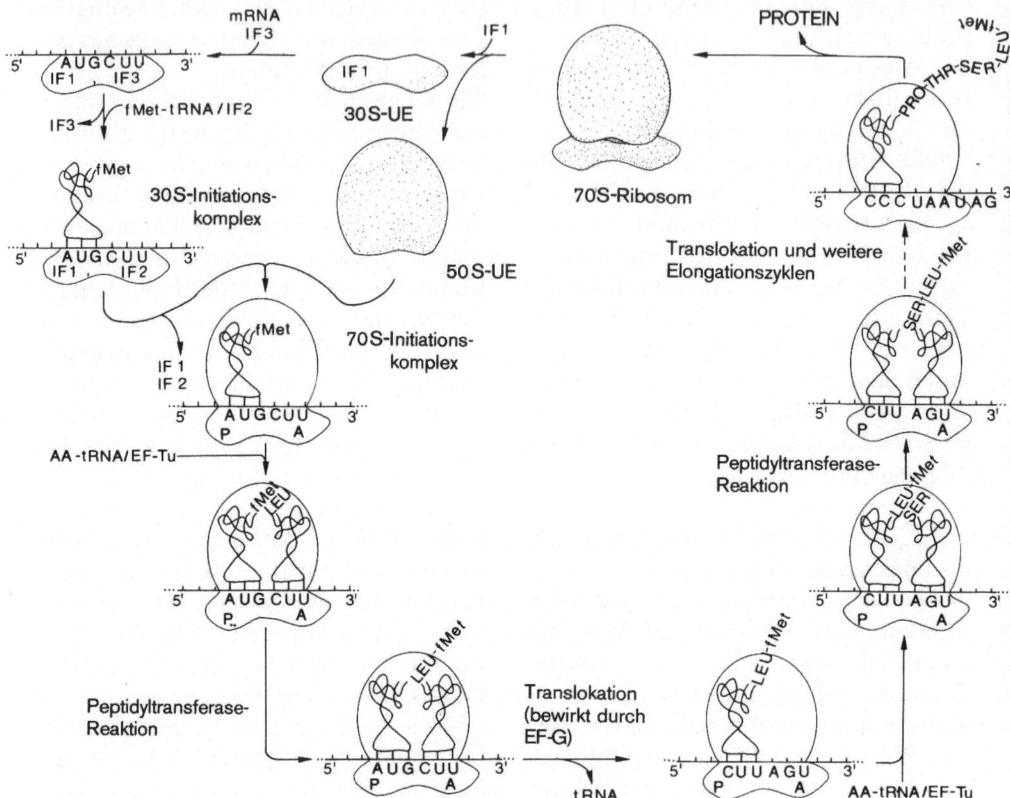

Abb. 54. Mechanistischer Ablauf der Proteinbiosynthese bei Prokaryonten: *UE*=Untereinheit; *IF1, IF2, IF3*=Initiationsfaktoren 1–3; *EF-Tu* bzw. *EF-G*=Elongationsfaktoren Tu bzw. G; *A* bzw. *P*=Aminoacyl- bzw. Peptidylstelle. GTP (Guanosintriphosphat) bzw. GDP (Guanosindiphosphat) und die Terminationsfaktoren sind nicht eingezeichnet. Aus: Gentechnik, Gustav Fischer Verlag, 1987 [43]

werden proteincodierende Sequenzen vor Expressionsvektoren mit starken Consensussequenzen unmittelbar vor dem Startcodon (Monocotyledonae: CCGC^C_AAUGGC; Dicotyledonae: AA^C_AAUGGC und CCACCAUG in Tieren) verwendet. Zudem limitieren G/C-reiche Abschnitte und größere Bereiche mit Haarnadelstruktur (hairpin loops, insbesondere mit G/C-reichem Stamm; G/C-rich stem) das AUG-Scanning und damit eine effektive Translation einer gentechnisch vorgegebenen mRNA in transgenen Organismen. Alle anderen

Limitationen (speziell RNA-Topologie und RNA-Modifikationen) sind in Eukaryonten bis heute unüberwindbar, da praktisch jede Kenntnis darüber fehlt.

Literatur
Lewin B (1987) Genes III, 3rd edn. John Wiley & Sons
Lewin B (1990) Genes IV, 4th edn. Oxford University Press
Strickberger MW (1988) Genetik. Carl Hanser

Transposase (tnp-Gen-codiert). Von den verschiedenen mobilen genetischen Elementen werden Enzyme (Transposasen) codiert, die spezifisch eine Transpo-

280

sition des Elementes durchführen ↑Transposone

Transposition. Bewegung eines mobilen genetischen Elementes von einer Stelle im Genom in eine andere ↑Transposone

Transposonbasierte Vektoren (transposon based vectors). ↑DNA-Vektoren, die mobile genetische Elemente, z. B. das *Drosophila*-copia-Element zur Einklonierung von Nutzgenen (Wunschgenen; genes of interest) verwenden. Nach ↑Gentransfer verhalten sich die Nutzgene dann wie ein Transposon. Da Transposone multipel transponieren können und bei Einklonieren von Sequenzen das Transpositionsverhalten verändert sein kann – je nach Wirt und dessen genetischem Hintergrund (genetic background) – können unerwartete Transpositionen im weiteren Generationenverlauf zu unbeherrschbaren Genomumstrukturierungen (Rearrangements) führen. Transposonbasierte Vektoren werden deshalb weitgehend für akademische Fragestellungen im Labormaßstab und der Möglichkeit leichter Vernichtung des Materials eingesetzt.

Transposone. Transposone sind mobile genetische Elemente (mobile elements), auch transponierbare genetische Elemente (transposable genetic elements) genannte DNA-Einheiten, die im Verlauf der Individualentwicklung eines Organismus ihren Ort im Genom wechseln können, d. h. über keinen im Sinne der klassischen ↑Genetik wohl definierten, kartierbaren Genort (Locus) verfügen. Mobile genetische Elemente, die gelegentlich auch als springende Gene (jumping genes) bezeichnet werden, sind bisher in allen molekulargenetisch näher untersuchten Organismen gefunden worden. Sie gelten deshalb als ubiquitär verbreitete genetische Elemente, die zum DNA-Bestand jeder biologischen Spezies gehören. Speziell in einer Reihe Bakterien (*E. coli*, *Salmonella typhimurium*, *Neisseria gonorrhoeae* u. a.), Trypanosomen, Saccharomyces, Drosophila und einigen Säugergenomen (Maus, Hamster, Ratte) sind einige mobile Elemente molekulargenetisch näher charakterisiert und zum Teil sogar sequenziert. Die ersten mobilen Elemente wurden zu Beginn der fünfziger Jahre als sog. Kontrollelemente (controlling elements) von Barbara MCCLINTOCK im Mais entdeckt und später ihr zu Ehren auch McClintock-Elemente (McClintock elements) genannt. Die Bedeutung solcher mobiler Elemente wurde aber erst nach molekulargenetischen Untersuchungen speziell an bakteriellen transponierbaren Elementen in den siebziger Jahren erkannt. Eine Reihe genetischer, entwicklungs- und evolutionsbiologischer Phänomene, die mit der klassischen Vorstellung eines starren, invarianten Erbmaterials, das jedem Gen einen festen Platz (Locus) im Genom zuweist, unvereinbar sind, können heute über mobile Elemente erklärt werden. So basiert der in der Hefe *Saccharomyces cerevisiae* erfolgende, rasche und reversible Wandel des Paarungstyps (mating type switch) auf springenden Genen (HICKS et al. 1977, 1979). Auch die Antigenvariation, also die rasche Wandlung der Antigene auf der Zelloberfläche von Trypanosomen (Erreger der Schlafkrankheit beim Menschen und ähnlicher Krankheiten bei Haustieren), die etwa wöchentlich in Erkrankten eine völlig neue, der Immunabwehr entzogene Parasitenpopulation schafft, basiert auf einem Transpositionsmechanismus mobiler Gene (siehe BORST und CROSS 1982). In ähnlicher Weise bewirken Genomumstrukturierungen in *Neisseria gonorrhoeae* (Gonorrhoe-Erreger) veränderte Antigenmuster der Zelloberfläche und die Phasenvariation (Umkehr der Schlagrichtung der motorischen Geißel) bei *Salmonella typhimurium*. Vermutlich beruhen Antigenveränderungen und Phasenumkehr generell auf mobilen genetischen Elementen. Die Expression aktiver, Antikörper codierender Gene des Immunapparates der Wirbeltiere (humorale Immunantwort) und der immunologisch wirksamen Rezeptoren auf den Oberflächen aktiver Zellen der zellulären Immunantwort (z. B. T-Zell-Rezeptor) sind ebenfalls auf die Transposition beweglicher Gene zurückzuführen. Neben diesen gut untersuchten Beispielen, die die Bedeutung mobiler Elemente im Zell- und Entwicklungsgeschehen erläutern, gibt es eine Vielzahl weiterer genetischer Phänomene, die die Existenz einer dem streng klassischen Bild mit starrer, invarianter Genanordnung widersprechende mittlerweile akzeptierte – dynamische Genomstruktur mit Genomumstrukturierungen (genomic rearrangements, gene rearrangements) fordern, und die einer natürlichen Erklärung durch mobile genetische Elemente harren. Neben der Bedeutung solcher Elemente in der Individualentwicklung (Ontogenese), in der in vielzelligen Organismen aus dem singulären Genotyp der befruchteten Eizelle (Zygote) eine Vielzahl zellulärer Phänotypen (d. h. Gewebe) mit unterschiedlicher gewebespezifischer Genaktivität (differentielle Genaktivität) entsteht, ist die Rolle transposabler Gene in der Stammesgeschichte (Phylogenese) noch weitgehend unverstanden. So verfügen gerade eukaryontische Organismen über eine Vielzahl unterschiedlicher mobiler Elemente, die deren Genome invasiv durchsetzen. Dies könnte Ursache der erheblich größeren cladogenetischen (Cladogenese = phylogenetische Aufspaltung einer Spezies in

eine Artenvielfalt) wie auch anagenetischen (Anagenese = Höherentwicklung in der Phylogenie) Potenz höherer Organismen sein. So hat der Entwicklungsprozeß in rund 4,5 Millionen Jahren lediglich einige tausend Prokaryonten (Eubakterien, ↑Archaebakterien und Cyanobakterien) mit einheitlich primitivem Einzellercharakter hervorgebracht. Die Herausbildung von derzeit ca. 3 000 000 höherer Organismen hochgradig unterschiedlicher Organisationshöhe (Einzeller wie Amöben bis Säuger und schließlich dem Menschen) beanspruchte dagegen nur ein Drittel der Zeit. Diese stark beschleunigte Stammesentwicklung (Phylogenese) kann wohl kaum über klassische Mechanismen der ↑Mutation (Punktmutation, Chromosomenmutation, Genommutation), der genetischen ↑Rekombination (crossing over) und Neukombination der Gene (3. Mendel-Gesetz) erklärt werden. Vielleicht aber liegt die Erklärung dafür in rasch verformbaren, hochplastischen ↑Genomen und deren mittelrepetitiver (medium repetitive, middle repetitive) DNA-Fraktion, die reich an mobilen Genen bzw. Elementen (nomadisierende Gene, YOUNG und SCHWARTZ 1980) ist.

Hinsichtlich des molekularen Mechanismus der Transposition lassen sich verschiedene Kategorien transposabler Elemente unterscheiden: **1.** Transposable Elemente bei Prokaryonten **1.1.** IS-Elemente (*I*nsertions-*S*equenz; insertion sequence) mit dem Aufbau:

IR	Transposase Gen	IR

IS-Elemente sind 700–1500 Basenpaare lange DNA-Elemente, die Terminationssequenzen und/oder Promotorsequenzen tragen. Je nach Einbaurichtung oder Funktion (Terminator oder Promotor) wird in einem bakteriellen Operon, welches ein IS-Element enthält, die Transkription einiger Strukturgene dieses Operons über eine Promotorfunktion zusätzlich gefördert oder über eine Terminatorfunktion unterbunden. Man bezeichnet diese Wirkung der IS-Elemente auf die Transkription eines Operons als polaren Effekt. Die Transposition eines IS-Elements in ein bisher IS-Element freies, bakterielles Operon ist somit ein Mutationsereignis mit polarem Effekt. Die IS-Elemente sind von gegenläufigen Sequenzwiederholungen, sog. palindromischen (invers repetitiven) Sequenzen oder „*inverted repeats*" (IR) von etwa 30 Basenpaaren Länge flankiert, die für die Transposition der IS-Elemente unerläßlich sind. Die Transposition erzeugt am Zielort (target) eine kurze (3–9 Basenpaare) Duplikation der DNA des Zielortes, die als direkte Wiederholung(DR; *direct repeat*) bezeichnet wird. Inwieweit IS-Elemente, die weit verstreut in bakteriellen Genomen vorkommen, Gene, die die Transposition bewirken (z. B. ein Transposasegen) oder überhaupt Gene codieren, ist derzeit umstritten. **1.2.** Transposone. Abk. Tn (z. B. Tn 1, Tn 2, Tn 3 usw.) sind zusammengesetzte, springende DNA-Einheiten, die vorwiegend Gene codieren, die ihre eigene Transposition ermöglichen (Transposasegen, Resolvasegen). Zusätzlich codieren sie mindestens eine Resistenz, meist gegen Antibiotika (wie Penicilline, Tetracycline, Chloramphenicol oder Kanamycin), Schwermetalle oder bakterielle Toxine. An beiden Enden werden die Transposone von Insertionssequenzen (IS-Elementen) oder von invers repetitiven Elementen (IR) flankiert, die vermutlich defekte IS-Elemente mit nur noch einer intakten IR-Sequenz darstellen. Transposone verhalten sich hinsichtlich ihrer

Transposition wie IS-Elemente; wie diese zeigen sie polare Effekte und erzeugen am Insertionsort (target) kurze Duplikationen (direct repeats) der Wirts-DNA. Die Transposition der IS-Elemente und Transposone erfolgt nach einem definierten Mechanismus (Abb. 55).
Transposone verfügen meist über eigene Transposase- und Resolvasegene. Transposone, denen diese Gene fehlen oder keine funktionstüchtige Transposase oder Resolvase codieren, gehen vermutlich auf Deletionsmutanten von ursprünglich beide Enzyme codierenden Transposonen zurück, die als Helfertransposone die Transposition solcher Transposone ermöglichen. Die Transposition der IS-Elemente erfolgt über nicht von diesen codierte Transposase- oder Resolvaseaktivitäten. **1.3.** Mutatorphage Mu. Der Mutatorphage Mu erzeugt durch sein mobiles DNA-Doppelstranggenom verstärkt Mutationen infolge multipler Transposition im *E. coli*-Genom. Als transponierbares genetisches Element unterscheidet er sich in Struktur und Mechanismus der Transposition von IS-Elementen und Transposonen. **2.** Transposable Elemente bei Eukaryonten. **2.1.** Transposonartige Elemente (transposon like elements). In Eukaryonten gibt es mobile Elemente, die dem gleichen oder einem sehr ähnlichen Mechanismus der Transposition wie bakterielle Transposone folgen. Hierzu werden die P-Elemente in *Drosophila* und die Kontrollelemente Ds und Ac des Maises (Ac-Elemente sind defekte Ds-Elemente) gezählt. Sie codieren wie die bakteriellen Transposone eine Transposase und eine Resolvase. Die Elemente sind ebenso von invers repetitiven Sequenzen flankiert und erzeugen bei Transposition direkte Sequenzwiederholungen der Zielsequenz (direct repeats).

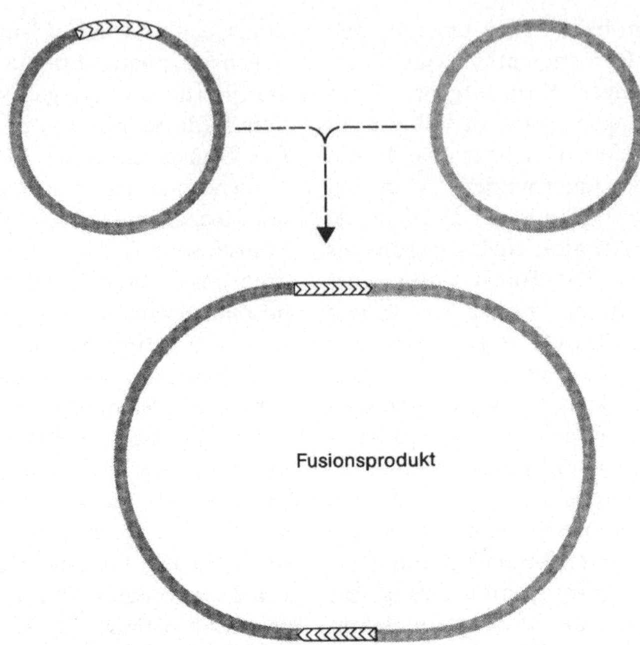

Abb. 55. Cointegrat-Bildung durch Transposition. Durch Transposition können ein Donor- und ein Rezipienten-Replicon zu einem Fusionsprodukt (Cointegrat) verschmelzen. Aus: Gene, Verlag Chemie, 1988 [44]

Die Transposon-artigen Elemente werden auch als P-Elementartige (P element like) oder Ds-Elementartige (Ds element like) mobile, genetische Elemente bezeichnet. **2.2.** Retroposone oder Retrovirenartige Elemente (retroposons, retrovirus like elements). Diese Elemente verhalten sich in ihrer Transposition wie Retroviren (↑Säugervektoren). An einem RNA-Transkript eines solchen Elements wird über Reverse Transkriptase eine doppelsträngige, zirkuläre cDNA-Kopie erzeugt, die dann an einen neuen Ort im Eukaryontengenom springt. Die Elemente sind wie retrovirale DNA von langen terminalen Sequenzwiederholungen (*long terminal repeats*, LTRs) mit einer kurzen, invers repetitiven Basenabfolge flankiert. Am Integrationsort erzeugen diese Elemente ebenfalls kurze Duplika-

tionen (direct repeats) der Wirts-DNA. Wegen ihrer strukturellen Ähnlichkeit mit dem copia-Element aus *Drosophila melanogaster* oder dem Tyl-Element der Hefe heißen Retroposone gelegentlich auch copia-artige (copia like) oder Tylartige (Tyl like) Elemente. Einige repetitive Sequenzfamilien, wie z.B. die Alu-Familie der Säuger, die in hoher Kopienzahl im Genom vertreten ist, zeigen wahrscheinlich Retroposoncharakter. Es wird daher vermutet, daß Retroposone sowohl qualitativ wie quantitativ einen erheblichen Anteil an mittelrepetitiver Eukaryonten-DNA ausmachen.

Derzeit wird auch die Rolle von Retrotranskripten trans-gespleißter RNA (intermolekulares Spleißen; transsplicing) und deren Retroponierung als möglicher Mechanismus der Schaffung neuer Gene in der Phylogenese diskutiert. **2.3.** T-DNA des Ti-Plasmids von ↑*Agrobacterium tumefaciens*. Die T-DNA (*trans*formierende DNA, *t*ransferierte DNA) ist ein transponierbares DNA-Element des Ti-Plasmids von *Agrobacterium tumefaciens*, welches in die DNA zweikeimblättriger Pflanzen (Dikotyledonae) eingebaut werden kann. Sie besitzt weder Transposon- noch Retroposon-artige Struktur und ist ein mobiles genetisches Element mit bisher einzigartiger DNA-Struktur.

In der Gentechnik werden mobile, genetische Elemente nach ↑Transposonmutagenese zur molekularen Klonierung eines transposonmutierten Genes verwendet. Daneben werden Transposone, Transposon-artige Elemente oder Retroposone in ↑Transposon-basierten Vektoren (transposon based vectors) verwendet (RUBIN und SPRADLING 1982).

Literatur
Borst P, Cross GAM (1982) Cell 29:291
Hicks IB et al. (1979) In: Bukhari AI, Shapiro IA, Adja SL (eds) DNA Insertion Elements, Plasmids and Episomes. Cold Spring Harbor, p 457
McClintock B (1951) Cold Sp Harb Symp 16:13
Rubin GM, Spradling AC (1982) Science 218:348
Shapiro IA (ed) (1983) Mobile Genetic Elements. Academic Press, New York
Young MW, Schwartz HE (1980) Cold Spring Harb Symp Quant Biol 45:692

Transposonmutagenese (transposon tagging). Bei Transposonmutagenese (transposon tagging, gene tagging) wird ein mobiles genetisches Element (mobile genetic element ↑Transposon) in einen der Mutagenese zu unterwerfenden Stamm eingeführt. Der Nachweis einer Transposonmutante ist an die Feststellung zweier Ereignisse geknüpft:
1. Nachweis des Transposons oder mobilen Elements im Stamm. Bei Antibiotikaresistenzgen-codierenden Transposonen erfolgt er über den Nachweis des Transposon-codierten, resistenten Phänotyps; wann immer kein phänotypischer Nachweis möglich ist, erfolgt dieser durch Southern-Hybridisierung. **2.** Ausfall eines Phänotyps und Nachweis des mobilen Elements in demjenigen Locus, der den in der Mutante fehlenden Phänotyp im Wildtyp bewirkt.

Transposon-tagging dient in der Gentechnik vor allem der Isolierung von Genen. Aus einer Genbank der Transposonmutante wird zunächst ein Klon des Transposons mit flankierenden Sequenzen isoliert und dann mit dieser DNA als Sonde eine Genbank des Wildtyps abgesucht.

↑Genisolierung, ↑Genbank

Trans-Splicing. Im Gegensatz zum cis-Splicing das Spleißen einer mRNA aus exon-codierten Teilen zweier verschiedener Messenger ↑Genetik

Transvection (Transvektion; transvection, transvection variegation). Ein Positionseffekt, der an Tandemloci eine Unterdrückung der Expression dominanter Allele in trans-Stellung, nicht aber bei cis-Konfiguration ergibt.

Traumatogen-induzierbare Gene. Höhere Pflanzen scheiden bei Verletzungen oder Infektionen traumatogene Substanzen aus. Diese aktivieren Gene, die unspezifische Schutzfunktionen gegen Infektionen codieren. In der Gentechnik an Pflanzen sind speziell die Promotoren (wun-Promotoren, wun für wounding) solcher Gene interessant, da sie eine Expression chimärer Nutzgene, die zusätzliche Schutzfunktionen codieren, erst exprimieren, wenn sie nach einer Verletzung benötigt werden.

Literatur
Hemleben V (1990) Molekularbiologie der Pflanzen. UTB Fischer

trp-Promotor. Im Gegensatz zu den sonst schwachen Promotoren der *E. coli*-Gene verfügt das Tryptophanoperon von *E. coli* über einen starken Promotor, der häufig in ↑Expressionsvektoren verwendet wird.

Ty1. Bekanntes Hefetransposon, das in den meisten Stämmen von *Saccharomyces cerevisiae* zu finden ist. Das Ty1-Element inseriert bevorzugt in Promotorregionen und erzeugt dabei 5 bp lange Duplikationen ↑Transposone

U

U-DNA-Mutagenese (Uracil-DNA-Mutagenese). Rekombinante M13-Phagen oder Phasmide mit M13-Replikationsstartstellen (oris) werden in einem *E. coli*-dUTP⁻,ung⁻-Stamm vermehrt, was zu einem Uracileinbau in die DNA führt, da der Pool an dUTP höher ist und eine Reparatur wegen der Uracilglykosylasedefizienz (ung⁻) unterbunden ist. Bei Phagen- oder Phasmid-DNA ist deshalb der Einbau von Uracil anstelle von Thymidin zu beobachten. An der isolierten U-DNA-Matrize (U-DNA template) erfolgt, nach Anhybridisieren eines Oligonukleotides mit einer Mutation an definierter Stelle, eine normale Synthese des zweiten Stranges mit Hilfe der T4-DNA-Polymerase und den vier dNTPs. Der zweite Strang hat an keiner Stelle, an der ein Einbau von Thymidin erfolgen sollte, ein Uracil, da dieses nicht als Cosubstrat gegeben wurde. Im nächsten Schritt wird das U-DNA-Template entfernt (in vitro durch Einsatz von Uracil-DNA-Glykosylase und anschließender genetischer Transformation in einen *E. coli*-ung⁺-Stamm. Der U-DNA-Strang kann auch direkt nach Transformation in einen ung⁺-Stamm, also in vivo, entfernt werden. Im Gegensatz zu anderen Oligonukleotid-gesteuerten Mutagenesen erhält

man mit der U-DNA-Mutagenese 98% Mutanten bei vorgeschalteter Behandlung mit Uracil-DNA-Glykosylase und etwa 85% Mutanten bei lediglicher Wirkung des intrazellulären Uracil-DNA-Glykosylase-Reparaturmechanismus.
Bei den älteren, Oligonukleotid-gesteuerten in vitro-Mutagenesen beträgt die Mutantenausbeute nur 50%.

↑Gerichtete Mutagenese
Literatur
Kunkel TA et al. (1987) Methods Enzymol 154:367

U-snRNAs. *S*mall *n*uclear RNAs mit hohem *U*racilgehalt. Als Komponenten des ↑Spliceosoms sind sie am Processing der prä-mRNA beteiligt ↑Transkription

Überlappende Gene (overlapping genes). Überlappende Gene codieren innerhalb eines Leserasters – ganz oder in Teilen – ein weiteres, biologisch aktives und im Organismus beobachtbares Polypeptid. Überlappende Gene wurden bei DNA-Viren mit kleinen Genomen (SV40, ΦX174) und in mitochondrialen Genomen von Säugern und *Drosophila melanogaster* gefunden.

↑Gen

Überproduzierende *E. coli*-Stämme (overproducing *E. coli* strains). Rekombinante *E. coli*-Stämme enthalten ein Nutzgen (gene of interest) als Insert in einem Multicopyplasmid (meistens ein pBR322-Abkömmling). Wegen der deshalb erhöhten Gendosis wird eine enorme Überproduktion des gewünschten Genproduktes, z. B. der Klenow-Polymerase und anderer wichtiger Produkte der Gentechnik, ermöglicht.

ung-Mutanten. ↑U-DNA-Mutagenese

ups. *Up*stream activator *s*equences (ups, aber auch uas); in 5′-Richtung (5′ upstream) vor der Promotorregion gelegene

DNA-Bereiche, die mit Proteinen (z. B. Transkriptionsfaktoren) interagieren und die genetische Expression fördern. ↑Transkription

Uracil-DNA-Glycosylase (Uracil-DNA-Glycosylase-Reparaturmechanismus). ↑U-DNA-Mutagenese

V

Vacuumblot (vacuum blotting). Ein Southern-Transfer, bei dem der Übertrag der DNA vom Gel auf den Hybridisierungsfilter nach Anlegen eines Vakuums erheblich schneller als bei einem konventionellen Southern-Blot erfolgt. ↑Semi-dry-Blot, ↑Blotting

Verpackung. ↑in vitro-Verpackung von Phagen-DNA oder ↑Cosmiden in reife Phagenpartikel; ↑Lambda-Vektoren

Verstärkerfolie (intensifier screen). Eine Folie, die bei radioaktiver Bestrahlung Lichtblitze erzeugt und einen aufgelegten Röntgenfilm am Treffort schwärzt. Auf diese Weise ist es möglich, schwache radioaktive Signale in Blots bis um den Faktor 10 zu verstärken.

Vesikelgebundener Gentransfer (vesicle mediated gene transfer). ↑Gentransfer mit in Vesikel verpackter (z. B. in Liposomen) DNA

Vier-Basenpaar-Enzym (Vier-Nukleotid-Enzym; four basepair cutter, four cutter). Restriktionsendonukleasen mit einer Erkennungsregion von vier Basenpaaren ↑Sechs-Basenpaar-Enzyme

Virale Vektoren (viral vectors, virus based vectors). Virale Vektoren sind Vektoren, deren DNA vollständig oder überwiegend aus Viren stammt. Bei der derzeitigen Limitierung des Enzymrepertoirs auf DNA-Klonierungen kommen alle Viren mit doppelsträngiger DNA in

Frage (↑Lambda-Vektoren, ↑Adenovektoren, ↑Adeno-SV40-Hybridvektoren, ↑Caulimovektoren, ↑SV40-Vektoren), also Adenoviren, Papovaviren, Herpesviren, Pockenviren, Vakzineviren, Caulimoviren. Des weiteren eignen sich dazu Einzelstrang-DNA-Viren mit doppelsträngigen, replikativen Intermediaten wie männchenspezifische-DNA-Einzelstrangphagen (male specific single stranded phages; M13, fd ↑M13-Vektoren) und ↑Geminiviren. Einige speziellere virale Vektoren leiten sich von doppelsträngiger cDNA der Retroviren ab. ↑Replikation

vir-Gencluster. Ein Gencluster der Ti-Plasmide, welches wichtige Genprodukte für die Übertragung der T-DNA in höhere Pflanzen codiert. Die vir-Region (vir für Virulenz) ist über Acetosyringon und Flavanderivate induzierbar, was bei einem ↑Agrobakterien-vermittelten Gentransfer zur Erhöhung der Ausbeute an Transformanten benutzt werden kann.

Virulenter Phage. Im Gegensatz zu ↑temperenten Phagen weisen virulente Phagen nur einen lytischen Zyklus auf.

W

Weizenkeimsystem (wheat germ system). Pflanzliches System der ↑in vitro-Translation

Western-Blot. = Western-Transfer, Proteinblot, Immunoblot; ↑Blotting

Wildallel. Neben dem Wildallel, welches in der Population die größte Häufigkeit aufweist, existieren an jedem Genort (Locus) noch weitere, mutierte Allele. An polymorphen Loci existieren sogar zwei oder, selten, mehr Wildallele und, wie bei monomorphen Loci (mit einem Wildallel), eine Reihe seltener, mutierter Allele (private alleles).

Wirte. Die gebräuchlichsten Wirtssysteme (host systems, hosts) zur Einführung in vitro rekombinierter DNA (recombinant DNA) sind Derivate des Darmbakteriums *Escherichia coli,* speziell *E. coli* K 12 oder *E. coli* B-Stammvarianten. *E. coli* und seine Phagen (speziell der Phage Lambda und die lambdaoiden Phagen z. B. Φ80, männlichspezifische DNA-Einzelstrangphagen ↑M13, ↑fd und f1) gehören zu den bestuntersuchten Objekten der Molekulargenetik. Es ist deshalb nicht verwunderlich, wenn gerade für das *E. coli*-Wirtssystem die potentesten Vektorsysteme (↑Cosmidvektoren, ↑M13-Vektoren, Lambda-Vektoren), für die es bisher kaum Ersatz gibt, entwickelt wurden. Die *E. coli*-Wirt/Vektorsysteme besitzen dennoch einige Nachteile, die *E. coli*-Wirte gerade für die gentechnische Produktion therapeutisch wichtiger Proteine (↑Gentechnologie) wenig geeignet erscheinen lassen. Zum einen bildet *E. coli* Endotoxine, von denen Therapeutika kostspielig gereinigt werden müssen; die Therapeutika müssen dann zusätzlich umfangreichen toxikologischen Tests unterworfen werden. Zum anderen sind heterologe Proteine (Fremdproteine, die von heterologen Genen codiert werden) oft instabil.

Ein wichtiges Wirtssystem, das diese Nachteile nicht aufweist, ist mit *Bacillus subtilis* gegeben. *B. subtilis* produziert keine Endotoxine, wird schon lange industriell in Fermentern eingesetzt und scheidet eine Vielzahl von Proteinen ins Medium ab. Bei der heute möglichen gentechnischen Ausnutzung der Proteinausscheidung lassen sich mit *B. subtilis*-Wirtssystemen Instabilitäten der Fremdproteine über deren Exkretion oft umgehen. Die Proteinausscheidung erlaubt zudem eine erheblich leichtere und billigere Gewinnung des gewünschten Fremdproteins. Von Nachteil ist allerdings die Sporulation in *B. subtilis* und die häufig beobachtete Instabilität von Plasmiden.

Weitere gentechnisch bedeutende Wirte sind Streptomyceten als Antibiotikaproduzenten; auch Pseudomonaden und die strikt anaeroben Clostridien gewinnen wegen der Vielzahl ihrer Stoffumsätze eine gentechnische Bedeutung als Wirtssysteme. Ein sehr attraktiver Wirt ist die seit Jahrtausenden vom Menschen genutzte Bier- oder Bäckerhefe *Saccaromyces cerevisiae*. Als niederer Eukaryont kann die Hefe leicht asexuell durch Knospung vermehrt und im Industriemaßstab seit alters her gehandhabt werden. Die Hefe zeigt eine hohe Toleranz gegenüber heterologen Proteinen und eine Anzahl stabiler Plasmide; so erlaubt z. B. die 2 µ-DNA die Konstruktion hochgeeigneter Vektorsysteme für diesen Wirt. Hefe ist bisher zur Produktion von Insulin und Interferon benutzt worden. Allerdings sind die Mechanismen der Genexpression auch bei niederen Eukaryonten weit weniger erforscht als bei Prokaryonten, was einen umfassenden Einsatz der Hefe in der Gentechnik bisher noch limitiert.

Seit einiger Zeit sind auch pflanzliche Protoplasten, aus denen ganze Pflanzen regenerierbar sind („grüne" Gentechnik) und Säuger- sowie Humanzelllinien interessante und attraktive Wirtssysteme.

In der Regel werden keine Wildtypstämme, sondern Mehrfachmutanten mit genetisch stark geschwächter Vitalität (↑Sicherheitsrichtlinien) und genetisch verminderten Nukleaseaktivitäten zur Erhöhung der Vektorstabilität als optimierte Wirtssysteme verwendet. Die Entwicklung neuer und die Optimierung vorhandener Wirt/Vektorsysteme ist noch immer ein bedeutendes Forschungs- und Entwicklungsfeld der Gentechnik.

↑Cosmidvektoren, ↑DNA-Vektoren, ↑Hefevektoren, ↑Lambda-Vektoren, ↑M13-Vektoren; ↑Agrobakterien-vermittelter Gentransfer, ↑Gentransfer, ↑Gentransfer in Eizellen, ↑Gewebekultur, ↑Transformation

Wirtsspektrum. = Wirtsbereich; Spektrum biologischer Arten, auf das eine Übertragung von Fremd-DNA (foreign DNA) in einem Vektorsystem erfolgen kann (z. B. alle durch ↑*Agrobacterium tumefaciens* infizierbaren Pflanzen oder die nur auf *E. coli* beschränkten Lambda-Vektoren) ↑Wirte

X

Xenopusoocytensystem. In die großen Oocyten des Glatten Krallenfrosches *Xenopus laevis* können rekombinante DNA-Vektoren leicht über Mikroinjektion eingeführt und deren Expression in einem eukaryontischen in vitro-System studiert werden.

Literatur
Berger SL, Kimmel AR (1987) Guide to Molecular Cloning Techniques: Methods in Enzymology, vol 152. Academic Press

X-Gal. Das chromogene Substrat X-Gal (5-Bromo-4-chloro-3-indolyl-β-D-galactopyranosid) wird von β-Galaktosidase in das blaue X und Galaktopyranose gespalten ↑α-Komplementation, ↑M13-Vektoren, ↑pUC-Vektoren

X-Glu. Analog zu X-Gal wird das chromogene Substrat X-Glu von der Glucuronidase, die z. B. von einem Glucuronidase-Reportergen (Gus-Gen) codiert wird, in den grünen Farbstoff X und Glucuronat gespalten ↑Pflanzenvektoren

X-Phosphat=BCIP. Ein chromogenes Substrat, das in DNA-Detektionssyste-men mit AP-conjugierten Antikörpern zum Nachweis verwendet wird ↑Enzym-conjugierte Antikörper

Y

Yeast Artificial Chromosomes (YACs). Replikative Hefeplasmide mit centromeraler und telomeraler DNA, die als ↑artifizielle Chromosomen fungieren.

Yeast Centromeric Plasmids (YCp). Replikative Hefeplasmide mit centromeraler DNA. YCps erfüllen teilweise die Funktion ↑artifizieller Chromosomen.

Yeast Episomal Plasmid (YEp). Episomales Hefeplasmid; ↑Hefevektoren

Yeast Integrative Plasmid (YIp). Integratives Hefeplasmid; ↑Hefevektoren

Yeast Replicative Plasmid (YRp). Replikatives Hefeplasmid; ↑Hefevektoren

Z

Z-DNA (Z form DNA). = Zickzack-DNA (zig zag DNA); ↑DNA-Topologie

Zellfreie Systeme (cell free systems). = in vitro-Systeme; ↑in vitro-Transkription, ↑in vitro-Translation

Zell- und Gewebekultur (tissue culture). Obgleich tierische Zell- und Gewebekulturen keine Regeneration ganzer Organismen gestatten, wie dies bei pflanzlichen Zellkulturen möglich ist (↑Reproduktionstechnik Pflanzen), finden sie mannigfaltige Anwendung in der Biotechnologie, wann immer spezielle Leistungen gefordert sind, die nur von diesen Zellen erbracht werden können. In der Gentechnik werden in Zellen von Gewebekulturen über ↑DNA-vermittelten Gentransfer, also genetische ↑Transformation oder ↑Transfektion, Gene eingeführt, deren Primärprodukte (Polypeptide) nur in tierischen Zellen funktionieren, da sie spezifischer Modifikationen durch diese Zellen bedürfen. Des weiteren können in fusionierten Zellen, also somatischen Hybriden aus Zellen verschiedener biologischer Herkunft (Maus × Mensch) wegen des selektiven Verlustes einzelner Chromosomen, Gene Chromosomen zugeordnet (chromosomal assortment) und über spezielle Techniken sogar kartiert werden. Letzteres ist insbesondere für die Humangenetik bedeutsam. Häufig eingesetzte gentechnische Marker sind die Thymidinkinase (TK), die Adenin-Phosphoribosyltransferase (APRT), die Hypoxanthin-Guanin-Phosphoribosyltransferase (HGPRT) und die Dihydrofolatreduktase (DHFR; ↑Säugervektoren). Genetische Transformanten aus dem ↑DNA-vermittelten Gentransfer werden häufig über das HAT-Medium, das *H*ypoxanthin, *A*minopterin und *T*hymidin enthält, selektioniert. Die Technik tierischer Zell- und Gewebekultur wurde erstmals 1912 von CARREL beschrieben.

Literatur
Carrel A (1912) J Exp Med 16:165
Freshney RI (ed) (1986) Animal Cell Culture: A Practical Approach. IRL Press, Oxford
Jacoby WB, Pastan IH (1988) Cell Culture: Methods in Enzymology, vol 152. Academic Press
Paul J (1987) Zell- und Gewebekultur. de Gruyter

Zielsequenz (target site). Filtergebundene einzelsträngige DNA, die zur Einzelstrang-DNA der Gensonde komplementär und damit das Ziel der Hybridisierung ist ↑Blotting

Zwei-Mikron-DNA (2 µ-DNA). Natürlich vorkommendes Hefeplasmid ↑Hefevektoren

Zwei-Mikron-Plasmide. Natürlich vorkommende Hefeplasmide ↑Hefevektoren

Zwei-Schritt-Ligation (two step ligation). Im ersten Schritt der Ligation findet wegen der hohen Konzentration an Vektor- und Insertmolekülen eine bevorzugte Verknüpfung von linearisiertem Vektor und den DNA-Fragmenten statt. Nach Verdünnung erfolgt eine bevorzugte Zirkularisierung der rekombinanten DNA-Moleküle, die erheblich leichter als lineare Moleküle eine genetische Transformation von *E. coli* bewirken und damit die Ausbeute an rekombinanten Klonen drastisch erhöhen.